食品栅栏技术及其应用

王 卫 著

FOOD HURDLE TECHNOLOGY AND ITS APPLICATION

中国轻工业出版社

图书在版编目（CIP）数据

食品栅栏技术及其应用／王卫著. — 北京：中国轻工业出版社，2024.7

ISBN 978-7-5184-4644-5

Ⅰ.①食… Ⅱ.①王… Ⅲ.①栅栏技术—应用—食品加工 Ⅳ.①TS205

中国国家版本馆 CIP 数据核字（2023）第 213275 号

责任编辑：贾　磊　　责任终审：许春英
文字编辑：吴梦芸　　责任校对：吴大朋　　封面设计：锋尚设计
策划编辑：贾　磊　　版式设计：砚祥志远　　责任监印：张　可

出版发行：中国轻工业出版社（北京鲁谷东街 5 号，邮编：100040）
印　　刷：三河市万龙印装有限公司
经　　销：各地新华书店
版　　次：2024 年 7 月第 1 版第 1 次印刷
开　　本：787×1092　1/16　印张：19.25
字　　数：460 千字
书　　号：ISBN 978-7-5184-4644-5　定价：138.00 元
邮购电话：010-85119873
发行电话：010-85119832　010-85119912
网　　址：http：//www.chlip.com.cn
Email：club@chlip.com.cn

210987K1X101ZBW

内容提要

20 世纪 80 年代，随着食品防腐保质方法研究的不断深入，食品防腐基本原理及相互作用机制被逐步揭示，随之形成了较为系统、科学的认知，为栅栏技术（hurdle technology，HT）的创建及其应用体系的构建奠定了基础。本书以解析栅栏技术的基本原理，分析食品主要栅栏因子及其交互作用的栅栏效应，以及揭示涉及的微生物内平衡、代谢衰竭、内环境竞争、靶共效、天平调控、魔方调控和序列调控等防腐保质机制为基础，提出了应用栅栏技术实现栅栏因子的调控，进而控制微生物腐败、产毒或有益发酵、氧化酸败和风味衰减等涉及食品品质和安全性的技术手段。本书介绍作者在栅栏技术领域研究成果的同时，对关键栅栏量化值的测定和经典肉制品加工技术及其标准值控制进行了详细解析，还对国内发酵肉制品、腌腊肉制品、香肠制品、酱卤肉制品、肉干制品、果蔬制品、水产制品、乳制品、预制菜肴、休闲方便食品、调味品等各类食品的栅栏技术应用研究进行了较为系统的总结。

本书共分七章，内容涉及栅栏技术的基本概念、栅栏防腐保质机制、食品中的防腐保质栅栏及其调控、栅栏因子的量化测定、经典肉制品加工技术及其栅栏调控、栅栏技术在国内外的研究与应用进展等。本书将栅栏技术基础理论剖析、经典肉制品加工技术，以及各类食品加工中的栅栏技术实际应用分析融为一体，不仅可为从事食品开发、食品工艺控制的专家以及涉及该领域的人员（如食品微生物、食品工程、食品工艺等方面的研究人员、工程技术人员和高校师生等）提供必要参考，还对从事食品加工、储运流通、产品安全和质量控制等行业的从业人员具有普遍指导意义。

前言

食品加工的目的是提升感官指标、营养特性和可贮性，延长保质期。在古代及现代早期，防腐保质是食品加工的主要目标。无论是过去还是现在，人类采用各种传统的或现代的方法进行食品防腐保质，这些方法的主要功效是杀灭或抑制食品中污染的微生物，抑制活性酶类导致的品质劣变。长期以来，对这些方法的理解是通过经验获得的，然后通过言传身教来传承。但从20世纪80年代开始，随着对防腐方法学的基本原理，如对温度、水分活度、pH、氧化还原电位、防腐剂等及其交互作用的逐步揭示，一种系统、科学的认知已经逐步形成，这些新的认知为“栅栏因子”“栅栏效应”概念的形成和“栅栏技术”（hurdle technology，HT）的创立和发展奠定了基础。

栅栏技术是将各种具体防腐方法综合应用于与之相关食品类型的技术，栅栏技术这一概念涉及对几乎所有食品类型和具体产品中致病性微生物、腐败性微生物，以及其他影响产品质量特性的因子的控制。实际上，栅栏技术的基本原理早已应用于大部分国家和地区。尽管在不同国家和地区，因其历史和社会文化特性及发展阶段不同，栅栏技术的重要性和特点差异较大，也未上升到理论层面和主动式实践，但不乏凭经验将栅栏控制应用于实际生产中的范例。例如，工业化国家可获得充足的能源和先进的技术，冰箱广泛普及，以低温防腐为主要手段的冷藏和冻结食品占据市场主要地位；而许多发展中国家能源短缺、技术落后，大多为简单加工的半干水分和较低水分活度的非制冷可贮食品，以尽可能地减少加工和贮运中的能源消耗，因此，根据实际情况进行主要栅栏防腐手段的选择及其在食品防腐保质中所扮演的角色也就各有侧重。

栅栏技术奠定了食品防腐保质的现代理论基础，经过数十年的研究与应用已逐步构建了食品工程领域实用、成熟的技术体系。随着对其研究的深入与拓展，这一技术已不仅仅是针对食品加工和贮藏中微生物的控制，还与产品感官和营养特性的保持、新产品设计与开发、节能降耗与减排环保等方面有关。因此，简单运用栅栏技术较为容易，但科学化和高效应用则涉及庞大的系统工程，如需要食品微生物学家、工艺学家、营养学家、工程技术人员，甚至市场营销专家的通力合作，还要与标准值控制、危害分析与关键控制点、微生物预报等技术管理体系相结合。

罗塔·莱斯特（Lothar Leistner）教授作为德国肉类研究中心微生物学与毒理学研究所原所长、食品防腐与安全控制国际知名专家，在其职业生涯中致力于食品加工与贮藏的研究，尤其是食品微生物与产品安全控制的研究，通过在实际生产中对大量研究成果的应用和总结，提出了栅栏控制的基本概念，并创造性地将通过栅栏控制实现食品防腐的综合方法命名为“栅栏技术”。莱斯特教授原创的栅栏技术及其研究成果对丰富食品科学理论，以及通过该技术的研究和应用对食品产业发展和食品安全保障做出的卓越贡献，已得到国际上的广泛认可。

笔者早年留学德国，在德国肉类研究中心师从莱斯特教授并参与了有关栅栏技术的研究项目，1987 年担任莱斯特教授来华讲学的专业翻译，首次将这一技术引入中国食品界，并将“hurdle technology”翻译为“栅栏技术”。此后，笔者在长期从事食品，尤其是肉品研究开发工作中又多次赴德国研修或参与国际合作项目，得到莱斯特教授等专家的教诲和帮助，特别是将栅栏技术应用于中国传统肉制品的长期研究过程中，与莱斯特教授等进行了合作。

2015 年笔者曾编撰《栅栏技术及其在食品加工和安全质量控制中的应用》，其中对栅栏技术进行了概括性地介绍。当前栅栏技术从机制研究到实际应用、从质量安全控制到品质提升与新产品开发不断取得进展，积累了大量新成果。本书在进一步深入解析莱斯特教授的栅栏技术基本原理，总结归纳和引用其早期研究成果的基础上，介绍了基于栅栏技术控制原理的、以德式肉制品为代表的西式经典肉制品加工技术，并对国内外众多专家近年在栅栏技术方面的研究与应用成果进行了总结和综述。为此向长期从事栅栏技术研究及其在食品加工中的应用的同行致敬，并在此申明：这些研究成果知识产权归属于原研究者，相关内容在编入本书的各章节中时特别予以标注。本书的编写还得到成都大学四川肉类产业技术研究院、肉类加工四川省重点实验室的张佳敏、张锐、白婷及其他团队成员在外刊查阅、图表绘制、资料查阅、文本校对等方面的大力协助，在此一并致谢。

成都大学四川肉类产业技术研究院

肉类加工四川省重点实验室

2023 年 9 月

目录

第一章　栅栏技术导论

第一节　食品防腐保质技术进展

食品防腐保质的目的是保护食品在贮藏期间的质量和安全，而食品在原料生产或加工之后，其质量都会因微生物或不存在微生物的其他生态作用而产生风味衰减、品质下降甚至腐败。不同食品基于微生物或其他生态作用取决于特定产品自身特性以及所采用的加工及防腐保质方法也不同。从获得原材料到消费者最终消费食品的过程中的任何一个阶段都可能发生或引发质量劣化。这些阶段涉及种植植物或饲养动物的生长，农产品收获或畜禽屠宰、分割环境与技术条件，农产品或畜禽产品的原材料贮存、运输，加工配方和工艺，以及产品包装、贮运、分销、零售展示，甚至购买后的储存以及消费者的食用。在此链条中，不同阶段采用不同的方法与技术，目的是提升产品品质，或者阻止产品质量劣化，尽可能地确保最终食用时的食品安全。

食品质量劣化是由多种反应（或变化）引起的，如表 1-1 所示，包括化学反应、物理变化、酶促反应以及微生物反应。微生物引起的质量劣化有的可能只是导致产品感官上（如质构、气味、味道等）的变化，但会破坏食品的商业属性，从而限制了保质期或导致被投诉，不过，从公共卫生角度来看很可能是安全的。更严重的是微生物导致的腐败和产毒，如导致食品腐败的芽孢杆菌和梭菌等，致病性金黄色葡萄球菌、肉毒梭菌等，因为它们会威胁消费者的健康。在不同的食品变质中，有的是物理因素或化学因素导致的、有的是微生物因素等导致的，还涉及内在因素、加工因素、外在因素、隐性因素，以及其净影响和交互作用等，这些因素及其来源（或作用）在表 1-2 中进行了列举，而何种因素占主导地位取决于食品本身以及所存在的微生物特性。

表 1-1　　食品质量劣变的主要反应（或变化）

化学反应	物理变化	酶促反应	微生物反应
氧化酸败	水分进入或逃逸	脂肪分解引起的酸败	传染性致病菌的污染与生长
氧化和还原变色	酥脆性等质构的破坏	脂氧合酶催化引起的酸败	产毒菌的污染与生长
非酶褐变	风味衰减及香味散失	蛋白质水解	腐败菌的污染与生长
营养物质的破坏	冻结引起结构的破坏	酶促褐变	

表 1-2　　食品变质因素及其来源（或作用）

因素	作用
内在因素	主要是食品中的物理和化学因素，污染微生物与这些因素密不可分

续表

因素	作用
加工因素	为达到更好的保存效果而特别应用于食品加工与贮藏的技术手段
外在因素	影响食品中微生物的因素，但这些因素是在食品中应用的或存在于食品外部的，并在贮存期间发挥作用
隐性因素	与存在的微生物性质、它们之间的交互作用以及与它们在生长过程中所接触的环境交互作用有关的因素
净影响	不同因素往往同时存在，而许多因素会彼此影响，各种因素组合的总体影响可能又无法准确预测，最终的实际（净）影响可能比预期的单个因素存在时的影响作用更大
交互作用	食品中微生物生长和存活预测模型的许多最新进展，聚焦于多因子的交互作用，这是栅栏技术高效防腐的基础

因此，通过应用一系列不同的针对影响微生物生长和存活的主要因素的保存技术，可以在最大程度上减少和阻止食品质量的劣化。目前主要的食品防腐技术（表 1-3）是通过减缓微生物的生长而不是通过杀灭来发挥作用的，如冷藏、冷冻、干燥、腌制、罐藏、真空包装、气调包装、酸化、发酵、添加防腐剂等。通过杀灭微生物而不是通过抑制微生物来发挥防腐作用，实际上可应用的技术不多，仅局限于高热灭菌和巴氏杀菌等少数几种。而相应的附加手段是通过阻止微生物进入加工体系，从而避免其对食品的污染，如无菌加工和无菌包装等，对食品防腐发挥辅助作用。

表 1-3 目前主要的食品防腐技术

目的	作用因子	作用方式
延缓或完全抑制微生物生长	降低温度	冷藏、流通，冻结储运流通
	降低水分活度/提升渗透压	以风干、烘烤等方式干燥，再冷冻干燥，添加食盐等腌制，加糖
	降低氧化还原电位（脱氧、阻氧）	真空包装，氮气包装
	增加二氧化碳浓度	富含二氧化碳的气调贮存或气调包装
	降低 pH	添加酸（乳酸或醋酸），发酵
	限制营养素的供应	微观结构的调控：油包水乳液中水相的分隔等
	添加防腐剂	无机盐（亚硫酸盐、亚硝酸盐等）、有机盐（丙酸盐、山梨酸盐、苯甲酸盐、对羟基苯甲酸酯等）、细菌素（乳酸链球菌素、多肽等）、抗真菌剂（纳他霉素等）
微生物灭活	热加工	热效应：损伤对热敏感的营养体微生物 巴氏杀菌：灭活热敏性微生物 高温灭菌：杀灭细菌芽孢

续表

目的	作用因子	作用方式
限制微生物进入食品中	脱菌处理	胴体、水果、蔬菜等的脱菌，如使用蒸汽、有机酸、次氯酸盐、臭氧去污脱菌、减菌处理等；原辅料的减菌、脱菌，如热处理、辐照等；包装材料的脱菌，如加热、过氧化氢处理、辐照等
	无菌处理	无二次污染的热处理（如包装后的巴氏杀菌热处理），无菌包装等

食品防腐技术进展呈现的重要趋势是施加较低作用强度，通过协同产生更高的效能，更“天然”或“生态”，含有更少添加剂且更营养、更健康的食品防腐手段，一些新兴技术方法旨在满足上述目标。这些新兴食品保鲜技术（表1-4）大多通过灭活作用达到保鲜目的（如高静水压、高压电脉冲、高强度激光和非相干光脉冲等）。一些天然存在的抗微生物制剂已被探索用作食品防腐剂，如溶菌酶可有效抑制丁酸梭菌芽孢在一些奶酪制品中的生长，其市场化应用已取得进展。乳酸链球菌素（nisin）在奶酪、罐头、肉制品和一些其他食品中也得到广泛应用，抗真菌制剂纳他霉素也应用于抑制奶酪和意大利发酵香肠类产品表面的霉菌生长。而一些新组合技术，如法国餐饮业推出的、且日益成熟的烹煮-冷却技术（cook-chill process）旨在追求更少的过程控制程序，又能确保产品品质。这些技术均建立在传统的栅栏技术基础上，对此在后文中予以介绍。

表1-4　新兴食品保鲜技术

技术		作用机制及效果
辐射		γ射线和电子束电离辐射，以足以根除的剂量杀灭寄生虫和微生物病原体，以及采用可达到无菌状态的剂量用于食品的辐射巴氏杀菌
高静水压		使营养体微生物失活，延长保质期，提高安全性
高压电脉冲		使液体食品中的植物微生物失活，结合超声波、加热和稍微升高的压力（“压力热超声”），以降低液体食品巴氏杀菌所需的温度
高强度激光或非相干光脉冲、强磁场脉冲		快速净化透明饮料、食品和包装表面
添加天然防腐剂	动物源性	抗菌剂：鸡蛋清溶菌酶，防止奶酪乳过氧化物酶系统中酪丁酸梭菌芽孢的生长，提高牛乳乳铁蛋白的含量和保存质量
	植物源性	迷迭香、葡萄籽等草药和香料提取物
	微生物源性	乳酸链球菌素、纳他霉素等

第二节　栅栏因子、栅栏效应与栅栏技术概述

一、栅栏因子

食品的微生物稳定性、卫生安全性，以及总的品质特性取决于产品加工所采用的防腐保质方法。过去在描述这些食品保存方法时，使用了加热、干燥、盐渍、酸化、发酵等一般表达方式。按照这种传统的表达方式，现今可用于食品防腐保质的方法可描述为传统的腌制、干燥、烟熏、发酵，以及现代的速冻、脱氧包装、气调包装、添加微生物制剂、辐照等，而每一大类又衍生出各种不同的具体技术方法。在现代食品防腐保质理论与实践中，这些具体的方法采用了所依据的基本原理的值的量化表达，如用 F 值量化加热、用 A_W 量化干燥、用 pH 量化酸度（尤其是基于可滴定酸度等）、用 Eh 值量化氧的残留等。按照这种表述，多种多样的防腐保质方法按其基本原理大致可分为 11 大类，包括温度调节（高温或低温）、酸度调节（酸化或碱化）、降低水分活度、降低氧化还原电位、添加防腐剂、优势菌群竞争、压力调节、辐照、微结构调整、物理加工法、特型包装，其中最常使用的调节方法为温度、酸度调节，降低水分活度、氧化还原电位和添加防腐剂。

可将每一类方法依据的基本原理的值的量化表达，看作食品防腐保质的一个因子（Factor）。例如，干燥以降低水分活度为 A_W（水分活度因子）、低温冷却为 t（低温因子）、高温杀菌为 F（高温因子）、自然发酵或添加发酵菌发挥乳酸菌等有益性优势菌群作用为 c. f.（优势菌群因子）、添加防腐剂或烟熏为 Pres.（防腐剂因子）、降低氧化还原电位为 Eh。现今已确认的食品主要防腐保质因子类型（栅栏）及其相应的技术方法如表 1-5 所示。Leistner 和 Rödel（1976）将各种防腐保质因子比拟为有效抑制腐败菌和病原菌生长繁殖，阻止不利因素对食品质量的影响，从而保证食品的微生物稳定性、卫生安全性以及总的质量特性的“hurdle”，王卫（1995）将其定义为“栅栏”。Leistner 等提出了栅栏因子（hurdle factor）的概念，并通过对大量研究结果的总结，提出了“一种安全、可贮、优质的食品，是产品内不同抑菌、防腐和保质的栅栏因子交互作用的结果”的论据。

表 1-5　食品主要防腐保质因子类型（栅栏）及其相应的技术方法

栅栏	技术方法
F 或 t	高温热加工、处理，或低温冷却、冻结
pH	高 pH（碱化）或低 pH（酸化）
A_W	降低水分活度（干燥脱水或添加水分活度调节剂）
Eh	高氧化还原电位（充氧）或低氧化还原电位（真空脱氧，二氧化碳、氮气等气调阻氧或添加抗氧化剂）

续表

栅栏	技术方法
c. f.	自然或添加发酵菌，发挥乳酸菌等有益性优势菌群作用
Pres.	添加防腐剂：有机酸、乳酸盐、醋酸盐、山梨酸盐、抗坏血酸盐、异抗坏血酸盐、葡萄糖醛酸内酯、磷酸盐、丙二醇、联二苯、壳二糖、游离脂肪酸、碳酸、甘油月桂酸酯，螯合物、美拉德反应生成物、乙醇、香辛料、亚硝酸盐、硝酸盐、臭氧、次氯酸盐、纳他霉素、乳杆菌素等；烟熏或添加烟熏剂
特型包装	活性包装、无菌包装、涂膜包装等
压力	高压或低压
辐照	紫外线、微波、放射性辐照等
物理加工法	阻抗热处理、高电场脉冲、高频能量、振动磁场、荧光灭活、超声处理等
微结构	乳化法、固态发酵等

关于一些关键因子与食品中重要微生物生长、存活和死亡的关系，尤其是其中一些对微生物关键限制值的研究数据，为食品防腐保鲜技术的改进和优化提供了理论基础。而在大多数食品中，对微生物稳定性和安全性起决定性作用的不仅仅是单一的防腐方法（单一的栅栏因子），而是两个或多个因子的组合，这也是栅栏技术的核心所在。例如，在一些主要通过添加高量防腐剂保证其可贮性和安全性的食品，如果在工艺上可行、产品特性上可接受的条件下，适度降低产品的 A_W，则可通过“栅栏效应”在保证产品微生物稳定性的同时，最大程度地减少防腐剂的添加量。

二、 栅栏效应

对于每种稳定、安全的食品，都有其固有的栅栏系列，这些栅栏的质量和强度因特定的产品而异。无论如何，这些栅栏必须控制每种特定食品中微生物的“正常”和“稳定”数量。如果这些栅栏不足以有效抑菌防腐，也就是说食品内栅栏过少或强度太弱（栅栏高度太低），食品在加工或贮藏过程中不利微生物已成功逾越了这些栅栏，则产品为不可贮食品，会很快腐败变质。因此食品的可贮与不可贮以及质量的优与劣取决于这些栅栏因子在食品内的相互影响，即取决于栅栏效应（hurdle effect）的作用结果。Leistner 等对不同类型的食品中可能存在的不同栅栏的栅栏效应进行了研究分析，图 1-1 是 Leistner 列举的不同食品内栅栏效应基本原理的模式。

图 1-1（1）是理论化栅栏效应模式，某一食品内涵盖了食品防腐保质常用的手段，涉及高温热加工（F）、冷链贮藏运输（t）、加工中降低水分活度（A_W）、调节酸度（pH）和真空包装等降低氧化还原电位（Eh），还添加了防腐剂（Pres.），含有同等强度的 F、t、pH、A_W、Eh、c. f. 和 Pres. 共 6 个栅栏因子，残存的微生物最终未能逾越这些栅栏，因此该食品是可贮和卫生安全的。

图 1-1（2）则比较符合实际食品真实状况。其中起主要作用的栅栏因子是 A_W（干燥脱水、添加 A_W 调节剂）和 Pres.（添加亚硝酸盐等防腐剂），5 个栅栏因子的交互作用已能保证食品的可贮性。如果食品内初始菌量很低，如无菌包装的冷鲜肉，则只需少数栅栏因子即

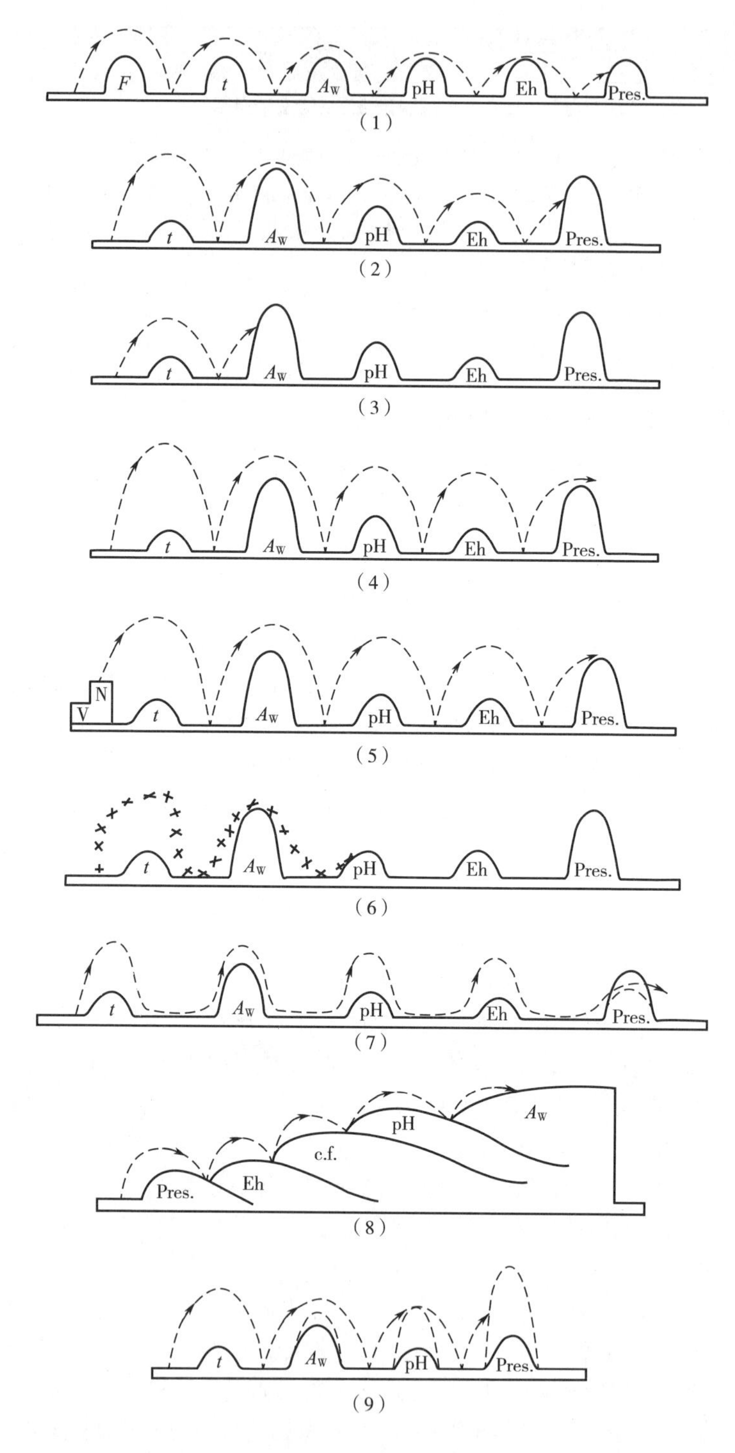

F—热加工处理； t—冷却或冻结； A_W—调节水分活度； pH—调节酸碱度； Eh—降低氧化还原电位； Pres.—添加防腐剂； N—富含营养素； V—富含维生素； c. f.—竞争性微生物菌群。

图 1-1　栅栏效应机制模式

可有效抑菌防腐，这就是图 1-1（3）的情形。易腐食品的超洁或无菌包装，能最大限度地减少热加工产品的再污染，就是基于这一原则。

如果尽可能减少微生物负载量高的食品的初始菌量（如通过使用脱菌或蒸汽脱菌等，对高水分水果或畜禽胴体进行脱菌处理），更容易实现抑制不利微生物、延长产品保质期的作用。反之，如果原料污染严重或加工卫生条件恶劣，初始菌以及加工过程污染菌量极高，则即使产品中固有的常见栅栏也可能无法防止腐败菌或产毒菌的繁殖［图 1-1（4）］，或食品富含营养素（N）和维生素（V），导致微生物具有较强生长势能［图 1-1（5）］，此情形类似微生物有了“助推器”或具有“蹦床效应”，产品内的栅栏因子就不足以有效抑菌防腐，必须增强栅栏因子强度或增加新的抑菌因子，以确保其质量稳定性。

图 1-1（6）是一些经过加热处理的不完全杀菌食品内的情况，这时细菌芽孢尚未受到致死性损害，但已丧失了活力。例如，一些热加工度不高的肉制品，其细菌芽孢受到热的亚致死性损伤，那么这些芽孢的萌发体就缺乏“活力”。营养体细菌受到热的亚致死性损伤，它们就变得更容易受到防腐剂等因子的抑制影响，即使再施加的栅栏强度较低、数量较少，也能够对微生物起到有效抑制作用。

食品的稳定性还与加工、贮藏密切相关，在此进程中，有的栅栏可能发生变化。例如，有的食品在加工或贮藏时逐渐干燥，则 A_W 栅栏随时间延长作用强度增强，于是产品微生物稳定性逐步改善，从而提高产品的微生物稳定性；有的食品中的栅栏可能随时间延长逐渐减弱，如腌肉罐头制品，在贮存过程中其亚硝酸盐残留量递减，亚硝酸盐耗尽后休眠芽孢可能开始生长，导致 Pres. 栅栏的抑菌效能逐渐不复存在，产品腐败，这是图 1-1（7）的情形，在最后环节因该栅栏强度的下降致使产品腐败或食物中毒风险上升。

在一些食品中，微生物稳定性是在加工与贮藏过程中通过一系列时间依赖各栅栏因子之间以不同顺序作用来实现的，这些栅栏在不同阶段尤其是在发酵或熟成过程中非常重要，并影响最终产品的卫生安全。图 1-1（8）显示的发酵香肠中栅栏效应顺序图，即产品中各栅栏因子既按照一定顺序，又相互叠加发挥栅栏效应。

图 1-1（9）说明了食品中不同栅栏之间可能存在协同效应，即两个或两个以上因子的作用大于这些因子单独作用的累加。Leistner 等的研究提出了食品中不同栅栏可能会对彼此产生强化效应，进一步的研究发现，几种食品添加剂都会导致肉制品中 A_W 的降低，从而利于产品可贮性，但它们之间并没有相互增强，只是起到了补充作用（简单的累加）。之所以只是简单的累加，其原因可能是所有被研究的添加剂的作用机制都是通过降低 A_W 发挥作用，因此在细菌细胞内具有相同的目标（靶）。此外，如果食品中的不同栅栏因子（如 A_W、pH、Eh、防腐剂）在微生物细胞内具有不同的目标，从而在多个方面干扰内环境稳定，则可发挥预期的栅栏协同效应或靶向调控。因此，在特定食品的保存中使用不同作用的栅栏应该具有更大的优势，因为通过较为温和的栅栏的结合实现微生物稳定性，比单独使用较高强度的栅栏更为有效，而过高强度的栅栏本身就是一个可能导致食品品质受损或不安全的因素。例如，在食品加工中防腐剂的使用，添加多种但量很小的防腐剂，可能比仅使用一种且高量添加的防腐剂更为安全和有效，因为不同的防腐剂可能在微生物细胞内具有不同的目标（如针对细菌的细胞膜扰动、DNA 复制、对 pH、A_W、Eh 等特别敏感的酶系统等不同靶），这即 Leistner 阐述的基于协同效应的栅栏技术。因此，栅栏技术应用上的关键之一，是不要被限制在单一的高强度栅栏上，而是可考虑减小其强度而增加其数量，以实现多靶向防腐的协

同效应。涉及微生物内稳态的多重干扰是构建栅栏技术的重要基础之一，对此将在之后的章节予以介绍。

三、 栅栏技术

Leistner 通过对食品防腐保质机制的长期研究分析后提出，栅栏效应是食品防腐保质的根本所在，不同的食品有独特的抑菌防腐栅栏的交互作用，两个或两个以上栅栏的作用不仅仅是其单一栅栏作用的累加。保证食品的可贮性最好是通过两个或多个栅栏因子的交互作用，这些因子中任一单一的存在都不足以抑制腐败性微生物或产毒性微生物。对一种可贮而优质的食品，其中 F、t、A_W、pH、Eh、Pres. 等栅栏因子的复杂交互作用控制着微生物腐败、产毒或有益发酵。通过对这些因子交互作用（栅栏效应）的调控，实现对食品的联合防腐保质，Leistner 等（1978）将其命名为 “hurdle technology”，王卫（1995）将其理解并翻译为“栅栏技术”。

对栅栏效应机制的揭示发展出栅栏技术，以更好地理解食品中不同防腐因子（栅栏）及其交互作用，特别是为食品防腐保质技术提供符合逻辑且强有力的理论基础。Leistner 认为，传统食品的可贮性，通过长期的实践积累实现栅栏因子的“被动式”经验调控，而研究揭示的已知特定食品中的所有栅栏，则可以通过调控这些栅栏的强度或特征来优化该食品的微生物稳定性。这意味着无论是在传统食品还是新型食品的加工贮藏中，主动结合栅栏技术的应用，通过智能栅栏组合，不仅可以改善微生物的稳定性和安全性，还可以改善食品的感官、营养和总体质量特性，甚至提高加工经济效益。例如，对于一些为确保可贮性而极度干燥的食品，产品中的水分含量与其微生物稳定性紧密相关，如果提高产品的水分含量（A_W随之上升），产品感官和质地会得到改善，更能通过产品出品率的提高而获利。但产品的可贮性和安全性受到影响，为此可通过附加其他栅栏（如通过调节 F、pH、Eh 等）予以补偿。亚洲一些新型的肉干制品，即通过真空包装（降低 Eh）后通过巴氏杀菌（附加 F），在改善产品干硬特质的同时确保了产品所必需的保质期。

栅栏技术受到广泛的关注，越来越多地用于发达国家和发展中国家的传统产品优化、加工技术改进、新产品设计与开发。例如，在发展中国家，在能源短缺和设施条件较差的条件下，冷藏或冷冻等耗能栅栏可被其他不需要大量能源但仍能确保稳定安全食品的栅栏（A_W、pH 或 Eh 等）所取代。尽管有的栅栏在效能和效益上尚不能令人如意，但我们想减少或取代食品防腐剂，开发一些消费者认为更“绿色、健康”的产品，如肉制品中广泛使用的亚硝酸盐，可以强化食品中的其他栅栏（如 A_W、pH、t、c.f. 等），以替代亚硝酸盐的发色、防腐等作用，适当降低亚硝酸盐添加量，在发挥亚硝酸盐诸多功能的同时尽可能减少其在产品中的残留。任何食品中保证其微生物稳定性的栅栏在一定程度上是可互换的，这对于应用栅栏技术优化食品加工工艺、提升产品品质具有重要意义，对此将在后面的章节予以介绍。

大多数传统腌腊食品的微生物稳定性和安全性，以及感官、营养和总体质量特性，是基于其经验性应用的防腐栅栏的组合，而在食品加工中主动性应用栅栏技术在各国受到广泛关注，甚至智能化调控栅栏因子实现产品的有效保存和品质提升也不断取得进展，栅栏技术在各个国家和地区得到认可，而这一概念在不同语言中却使用了不同的表述，根据 Leistner（2000）的总结，见表 1-6。在欧洲，由欧盟委员会支持的“联合工艺食品保存”研究项目的实施推进了栅栏技术的相关研究与应用，来自 11 个欧洲国家的 13 名科学家进行了长达 3 年的研究，并在此领域做了突出贡献。理论研究与实际应用均证实了栅栏技术概念的成功性，栅栏的智能组合确保了微生物的稳定性，以及食品的感官和营养特性，在推进食品的优质安全方面具有重要意义。

表 1-6　不同语言对“栅栏技术”的表述

语种	表述
英语	hurdle technology
德语	hürden technologie
汉语	栅栏技术
法语	technologic des barrieres
俄语	baijer-naja technologya
波兰语	technologia plotkow
塞尔维亚语	technology a Prepeka
土耳其语	engeler teknolojis
意大利语	technologia degli ostacoli
西班牙语	technia de obstaculos 或 methodos combinados
日语	shogai gijutsu

在栅栏技术刚提出时，一些学者并不太认同这种表达，因为他们将栅栏与实现特定目标的栅栏或阻碍联系起来。然而，食品防腐保质机制用栅栏进行表达，通过调控实现的栅栏技术，有利于理解和表达食品保存技术。导致食品腐败最重要的因素微生物，食品中的栅栏对其影响的确极为关键，如果它们不能克服（逾越）这些栅栏，那么其代谢、生长就会受到抑制，甚至走向死亡。因此，栅栏技术一词从微生物的角度来解释特别妥当。现在，这种语义上的不同理解已经被克服，栅栏技术从概念到过程、从理论到实践，已经被全球广泛接受。

第三节　栅栏防腐保质机制

一、微生物的内稳态机制

（一）微生物的内平衡与稳态反应

从栅栏效应概念理解食品防腐保质的本质，不同的食品有其独特的抑菌防腐栅栏因子的交互作用，这些因子可能很少也可能有多个，这些因子中任一单一的存在不足以抑制腐败性微生物或产毒性微生物。分析食品中可能存在的F、t、A_W、pH、Eh、Pres. 等栅栏，实现栅栏因子的量化和栅栏技术调控，将是未来食品防腐保质技术研究最具有挑战性的技术领域。因此，对栅栏因子防腐保质机制的揭示，将为理解和应用栅栏技术提供最为重要的理论依据。Leistner 和 Gulden 等（2001）在涉及微生物内稳态、应激反应、代谢衰竭、多靶共效防腐，以及栅栏因子的天平式和魔方式效应等方面进行了长期的研究和总结，从不同角度对栅栏技术防腐保质机制进行了解析，其中微生物的内稳态（homeostasis）在栅栏技术防腐保质中扮演着最为重要的角色。

为保障食品的安全可贮，所施加的栅栏必须是能够有效抑制食品特定微生物的生长或者使其失活，然而大多数微生物在一定程度上均具有抵抗对其进行抑制的栅栏影响的能力，有时它们的抵抗力是顽强甚至极端的。从进化的角度来看，不难理解为什么微生物会产生如此极端的抵抗力。与大型多细胞真核生物的细胞不同，微生物非常小并与外部环境紧密接触，它们没有大型多细胞生物所拥有的能够控制其组成细胞周围环境的优势，而是顺从于周围环境以及可能对其生理产生重大影响的因素，而这些因素随时都可能会发生变化，有时是以快速为特征的变化，有时又是巨大甚至超过许多数量级的变化（Leistner，2001）。这些因素涉及盐度、渗透压、气体、不同类型酸和其他小分子的存在等，特别是包括许多通过栅栏技术在食品保鲜中施加的栅栏，包括t、A_W、pH、Eh 等因子。从生物进程分析，微生物演变出面对环境的势能并不奇怪，它们已经进化出了能够克服极端环境（一些主要的栅栏因子）的重要机制。其中最重要的机制之一，是以各种形态显现的内稳态，即是其保持内环境稳定的机制，这是当其周围的外环境受到很大干扰和波动时，用于确保其特性和关键生理活动保持相对不受干扰的机制，有此机制的存在，微生物的代谢和增长可能会继续，生存可得到保证。

微生物的稳态机制包括微生物细胞的主动易变性、内置稳定性和种群的相对稳定性三种。微生物的稳态机制大多是展现主动（活跃）易变的，因为微生物细胞必须消耗能量来对抗极端环境施加的压力，如合成新的细胞成分、修复受损的成分、增加特定分子跨细胞膜的运输等，这就是主动易变性稳态机制。相反，又有些稳态机制是被动、不易变的，因为它们在施加环境压力之前就已内置于细胞中。Gerhardt 为细菌芽孢这种在其形成过程中内置的机制创造了“牢固性稳态”这个名称，这种内置性稳态使得微生物在随后的生存中能够抵抗加热和其他极端环境，即是内置的牢固稳定性机制。尽管对此有不同的理解，但第三类稳态机制在微生物种群中起到的作用是毋庸置疑的，即使在环境可能发生变化的情况下，也尽可能致力于维持特定生态体微生物种群的总体相对恒定，即 Gould 提出的“种群稳态”（Leistner，2001）。通常包括复杂的微生物交互作用以及不同菌群之间的竞争性，经典例子如微生物的产酸以及乳酸链球菌肽、乳酸菌素和其他细菌素等天然抗菌剂的合成。这些行为旨在增强自身竞争性并防止可能的竞争对手的入侵与生态占位。在发酵食品中，这种群稳态有助于确保理想、安全菌群的优势主导地位，为此该特性在基于发酵食品的栅栏技术中发挥着重要作用。协同种群稳态的另一个例子是在牙菌斑等栖息地中形成的稳定微生物群落，这种机制与食品保存相关的是，在食品加工和处理设备的表面可能形成生物膜。

内稳态是食品防腐中特别值得注意的重要现象，它是微生物处于正常状态下内部环境的统一和稳定，如无论是对高等细菌或一般微生物，通过内部环境 pH 或其他因素自我调节，使之处于相对小的变化范围是保持其活性的先决条件。如果其内环境，即内部平衡被食品中防腐因子（栅栏）所破坏，微生物就会失去生长繁殖能力，在其内环境重建之前，微生长将停滞，甚至死亡。因此，食品防腐就是通过临时或永久性打破微生长的内稳态，破坏其内平衡而达到，应用成功的栅栏技术的一个主要要求必须是克服最重要的微生物稳态反应，打破其内平衡。微生物在进化过程中或多或少已形成在一定范围的迅速反应机制（如在食品内的反渗调节以平衡不利的水分活度），这一功能可使微生物即使在外部环境发生极不利变化的情况下，也能保持重要生理系统的运作、平衡和不受扰乱。在大多食品中，微生物正以自动平衡调节式运作以适应通过加工防腐工艺施加的环境应激。因此食品加工防腐上最值得推荐的有效工艺是尽可能克服微生物形成的各种抵御特殊环境应激的内稳态机制。被破坏的内环境的修复需要更多的能量，因此能量提供的限制阻止了微生物的修复机制，使得防腐保质栅栏因子间的协同效应成为可能。微生物修复内环境时能量的限制可通过无氧条件（如食品的真空或气调包装）等所导致。因此低 A_W、低 pH，或者低 Eh 等之间具有协同作用。类似的微生物及其微生物菌群内环境的扰乱为食品防腐技术的进步提供了逻辑上的可能。

表 1-7 是 Gould（1995）给出的与栅栏技术调控食品相关的主要环境应激和稳态反应示例。在微生物的主动易变性、内置稳定性和种群相对稳定性三种稳态机制中，大多是易变性，以主动变化应对营养不足、pH 降低、有机酸防腐剂的存在、A_W降低、生长温度降低、生长温度上升、O_2含量提高，或者某些杀菌剂或防腐剂的存在、紫外及电离辐射等状况下的生存、正常代谢或生长；被动内稳态是内置性，微生物细胞等天然应对高温、高静水压、高电压、放电超声波等异常情况；种群内稳态主要是在面临其他微生物菌群的竞争时保持大环境下整个群体的稳定和生存。

表 1-7 与栅栏技术调控食品相关的主要环境应激和稳态反应

稳态机制	环境应激	稳态反应
主动性内稳态	营养不足	养分不足，寡营养（oligotrophy），静态响应，进入具有活力但不能增殖的状态
	pH 降低	质子穿过细胞膜的渗压；维持稳定的细胞质 pH，保持静态
	弱有机酸防腐剂的存在（如山梨酸盐、苯甲酸盐）	同上，有时渗出有机酸
	A_W降低	渗透压调节，“相容性溶质”的积累，避免水分流失；维持膜膨胀
	生长温度降低	“冷休克”反应，膜脂改变以保持良好的流动性
	生长温度上升	“热休克”反应，膜脂改变
	O_2含量升高	酶保护免受 H_2O_2和氧衍生的自由基的危害，如通过过氧化氢酶、过氧化物酶、超氧化物歧化酶的保护作用
	某些杀菌剂或防腐剂的存在	表型适应；降低细胞壁/膜通透性
	紫外、电离辐射	胸腺嘧啶二聚体的切除，DNA 修复，DNA 单链断裂的修复

续表

稳态机制	环境应激	稳态反应
被动（内置性）内稳态	高温	形成芽孢结构，维持芽孢原生质体低含水量的内在机制
	高静水压、电压	可能是形成水含量低的芽孢
	高电压	形成芽孢原生质体的低导电率
	放电超声波	细胞或芽孢壁的结构强度变化
种群内稳态	源自其他微生物的竞争	形成互动区域，展现一定程度共生的细胞聚集体，生物膜，抗菌剂的合成

表1-7中提到的营养不足时微生物的寡营养状态，但这些微生物即使在养分非常低的条件下也能生长，甚至能从某些水解过程中产生的氢气获得其生长所需的电子。这是在近乎饥饿的条件下低水平营养的清除，这时微生物与水的关系可能比其与食物的关系更密切（Leistner，2000）。近年来的研究已经很明确地揭示了微生物对饥饿条件的反应及其在生长的稳定阶段所经历的复杂反应，这可能对一些腐败菌或致病菌的抵抗力及其在食品加工环境和菌群中的持久性都是很重要的，对此将在后面微生物的应激反应部分予以讨论。

Leistner等（2000）指出，在所要面对的pH、A_W、Pres.、t等栅栏因子中，微生物对具有较低pH的低亲脂酸防腐剂的反应，成为许多利用防腐剂进行Pres. 栅栏设计的基础。同样，想要设置的栅栏程序有效，必须克服微生物对A_W降低的适应性反应。稳态机制有助于细菌（尤其是酵母菌和霉菌）对重要的生物杀虫剂和食品防腐剂（特别是弱有机酸防腐剂）的极端抵抗力。类似地，微生物对低温的适应性反应限制了冷藏食品配送系统的有效性，这类系统在许多国家被广泛推广应用。在食品辐照处理中，微生物将受损的DNA恢复到其先前未受损的状态，这从某种意义上说肯定属于其稳态机制。辐照损伤中微生物对DNA的修复机制，则极大地影响着辐照技术实际应用的有效性，尽管该类技术因对其安全性的质疑尚受到很大限制，但其用于食品防腐仍然在研究中，打破微生物这一被动稳态机制的技术方法仍然是未来研究中的主要挑战。

（二）微生物对栅栏的稳态反应

微生物对其所处环境的反应范围如此之大，以至于大多数食品污染的微生物将在某一水平或其他水平上进行稳态反应，因此在栅栏技术应用中尽可能地尝试干预微生物的内稳态是合乎逻辑的，目的是放大任何特定栅栏组合的影响，从而提高食品防腐效率。以下是Leistner等（2000）对微生物置于食品防腐栅栏中的一些稳态反应的研究进行分析。

1. 酸化与稳态反应

虽然酸化很容易阻止对酸特别敏感的微生物的生长，但它也会降低耐酸菌群的生长速度，并降低产量。这是因为，尽管大多数食品中微生物的内部pH通常比环境中的高1~2个单位，但随着环境pH降低，越来越多的质子通过细胞膜渗入细胞质中。对这种质子流入的主要稳态反应是其能量依赖性的输出，其作用是保持细胞pH高于环境pH并接近恒定。随着pH的进一步降低，质子输出的能量需求也随之增加，因此用于其他细胞功能（包括生物质能的生成）的能量需求相应减少。图 1-2 是 Gould 等（1985）研究得出的葡萄糖上生长的粪肠球菌的生长变化，显示出生长产量随 pH 的降低而下降。随着生长速率的下降，在不同 pH 下，当细胞产生能量的能力达到无法再阻止净物质流入时，细胞质 pH 将下降，细胞生长将停止，并且以某种速度或其他方式走向死亡。因此，任何降低能量效率的额外栅栏都将有效地放大 pH 降低的影响，这构成了一些最经典的栅栏技术的基础，对此将在后面的“有机酸防腐剂”部分予以介绍。

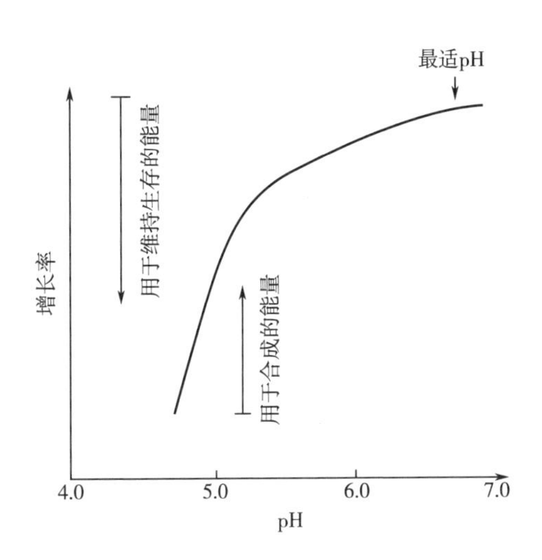

图 1-2 粪肠球菌生长与 pH 的关系

许多微生物能够对降低的 pH 做出应激反应，从而提高其耐酸性。例如，微生物暴露在不足以完全阻止其生长的温度和酸性条件下，能够产生适应性并在此 pH 下生长和存活，而没有此反应时微生物在此 pH 下将是致命的，这对于以 pH 作为抑制腐败性微生物的关键栅栏，用于抑制腐败微生物的生长潜力以及病原体的潜在存活率非常重要。研究显示，酸适应的沙门菌在奶酪中存活的时间比不适应的细胞长得多（图 1-2）。此后其他研究者在对大肠杆菌、沙门菌、单核细胞增生李斯特菌、嗜水气单胞菌等的研究中也证明了类似适应性的存在。以往曾发生用未经高温消毒的 pH 较低的苹果汁、苹果酒中因存在沙门菌和大肠杆菌 O157 引起食物中毒的事件，均证实了这些致病菌在低 pH 条件下的存活能力，这在细菌的致病性研究中具有重要意义（Leistner，2000）。

对于一些导致食物中毒的微生物，胃和吞噬细胞中的极低 pH 是动物机体对其有效抵御的防御机制的关键。pH 降低的另一个重要影响是，除了降低生长速率和产量外，还降低了特定微生物开始生长的可能性。这对于某些食品的保存非常重要，尤其是那些卫生质量较佳、初始菌量较低的食品，或者那些加热后仅含有少量芽孢菌的食品。例如，一些通过高温灭菌成为常温可贮的耐贮藏食品就是这种情况。以 A 型肉毒梭菌为例（图 1-3），其中芽孢萌发的概率从 pH 接近 7 时的近 100% 下降到 pH = 5.5 时的 0.001%。通过其他栅栏，如通过添加食盐降低 A_W，进一步使其降低也是有很大可能性且非常高效的，实际应用也证实了其在一些保藏食品中发挥的良好作用，而其中尽可能保证原料卫生质量、控制初始菌数保持在低水平，成为整个保藏技术中的重要组成部分。

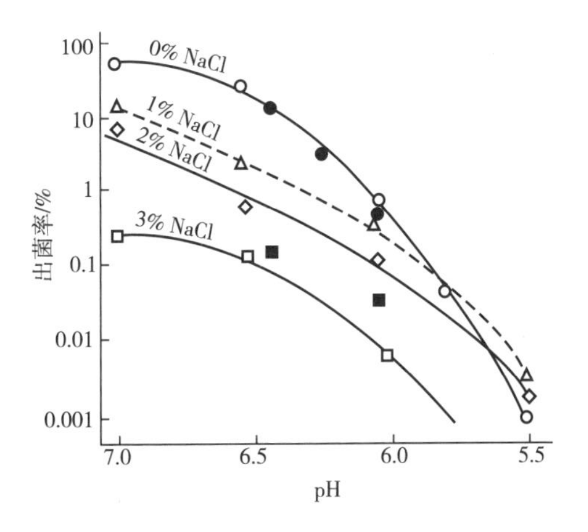

图 1-3 pH 和盐浓度对 A 型肉毒梭菌芽孢萌发的影响

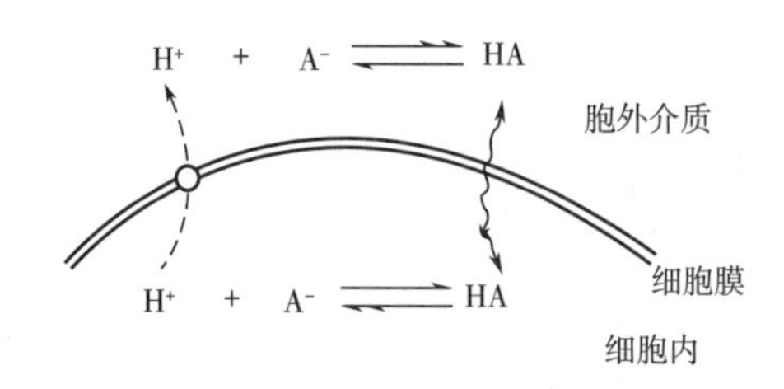

图 1-4 弱亲脂酸存在下的细胞质酸化

2. 有机酸防腐剂与稳态反应

最广泛使用的食品防腐剂是弱亲油性有机酸（丙酸、山梨酸、苯甲酸）和酸化剂，如乙酸。这些仅在 pH 低到足以确保存在大量未解离形式的酸时才有效。众所周知，造成这种情况的主要原因是未解离酸的脂溶性导致它们容易分配到细胞膜中并进入微生物细胞的细胞质，还有其他阴离子特异性作用，如以及由酸分配到膜中引起的特定效果。未解离酸的一个主要作用是充当“质子离子载体”，这导致质子进入细胞质的速率增加。图 1-4 是 Gould 等（1985）所绘的弱亲脂酸存在下的细胞质酸化图。在弱亲脂酸存在下，低外部 pH 成为细胞质酸化的基础。图中虚线表示需要能量的质子输出，这通常使细胞内部比环境碱性更强。HA 是亲脂酸的未解离形式，倾向于在膜的每一侧平衡到相等的浓度；双头箭头则表示当外部比内部酸性更强时反应物的净流量。这对细胞提出了更高的要求，排出额外的质子以保持稳态，维持适当高的内部 pH。只要有效，细胞的内部 pH 通常几乎不会下降。相反，抑制程度与细胞内 ADP/ATP 比密切相关，因为消耗率增加，ATP 腺苷三磷酸产量下降，如果超过质子输出的能量需求，最终内部 pH 崩溃，生长停止。因此，与单独使用低 pH 一样，限制微生物可用的能量在通过低 pH/有机酸组合保存食品中，是一个合乎逻辑的目标。事实上，这种限制在经验上被广泛采用，如通过在真空包装或改性气调包装去除氧气保存食物，或进一步通过使用对微生物细胞施加额外能量需求的其他栅栏，以这种方式运行的最广泛使用的附加栅栏可能是 A_w 的降低。

3. 降低 A_W 与稳态反应

与微生物的代谢和生长关系最密切的另一个因素是水分活度 A_W，通常是通过干燥脱水、腌制或添加水分活度调节剂（有时也是调味料）增加溶质浓度而降低 A_W。溶质不会迅速扩散穿过微生物细胞膜，因此它们倾向于通过简单渗透从细胞质中提取水分，而渗透压调节是微生物对这种水分损失或 A_W 降低的潜在水分损失的主要稳态反应。渗透压调节在动物、植物和微生物中很普遍，但对微生物最有效，尤其是对渗透压耐受性最强的酵母和霉菌。渗透压调节细胞在其细胞质内充分积累所谓的“相容性溶质”，以至于细胞质的渗透压刚好超过环境的渗透压。这导致水重新进入细胞并重新建立对发挥膜的正常功能至关重要的膨胀压力。相容的溶质包括多种分子，它们都必须具有高溶解度，包括甜菜碱（三甲基甘氨酸）、四氢嘧啶、脯氨酸、小肽、海藻糖、甘油、蔗糖、甘露醇和阿糖醇，以及在细菌中更常见的氨基酸和氨基酸衍生物，而多元醇在酵母和霉菌中更常见。它们的“相容性”是指它们往往不会干扰细胞的代谢活动，而被排除在外的环境溶质通常具有很强的抑制性。相容的溶质可以在渗透压调节细胞内合成，或者从环境中转运到其中，如海藻糖在大肠杆菌中被合成为相容的溶质，而甜菜碱可以从环境中积累或通过类似积累的胆碱的氧化而获得。以往研究已揭示了在许多引起食物腐败和食物中毒的微生物中渗透压调节系统的主要途径，对于这些微生物，大多数食物都含有一定水平的相关相容溶质或可以通过代谢产生它们的前体。相容性溶质的积累，通过合成或通过从环境中迁移，以及细胞膜维持溶质在整个溶液中的陡峭浓度梯度，是对栅栏保存食品中微生物的额外压力，这在逻辑上再次放大了其他栅栏的影响，如上述的降低 pH、有机酸的存在、氧气的缺乏等（Leistner，2000）。

4. 温度变化与稳态反应

由以往的研究已得知，微生物通过改变其膜脂的组成以保持流动性和随之展现的特性以维持其正常功能（表 1-7），从而对温度降低以及温度升高（非致命的升高）做出稳态反应。“冷休克”条件下，更多的是对“热休克”条件下微生物反应的研究，且已阐明了其对温度和其他压力的更广泛反应，这将在后面的“压力反应”部分予以介绍。最常见的膜脂变化是脂肪酸的改变，如在酵母菌中低温会增加不饱和脂肪酸的含量，又将降低饱和脂肪酸的含量。类似的变化也发生在细菌中，但要复杂得多，通常伴随着酰基链长度缩短、支链脂肪酸比例和环丙烷脂肪酸水平变化。虽然经常看到这些类型的变化，但有许多研究者指出，微生物在广泛的温度范围内的膜脂成分变化很小，如在 0~20℃ 范围内，许多嗜冷假单胞菌的膜脂组成几乎没有变化。

5. 热加工处理与稳态反应

热休克反应是研究得最充分的微生物应激反应，它的实际重要性源于它可以导致微生物对热以及其他压力的抵抗力增加。将营养体微生物细胞暴露于接近其生长最大值的温度会导致其耐热性大大增加。即使是相对较短的加热时间，如只有 30min，也会导致几倍甚至超过 100 倍的耐热性增加，在对大肠杆菌 O157:H7、沙门菌、鼠伤寒菌和单核细胞增生李斯特菌的很多研究中显现的结果即是这样。此外，残留菌生长曲线的形状可能会在热休克后发生显著变化。例如，对鼠伤寒沙门菌的研究结果表明，在 57℃ 热处理时，对未经受热休克的菌群可产生至少 0.99999 范围内的指数灭活动力学曲线。而在 48℃ 培养 30min 后，动力学曲线在指数下降开始之前呈现出一个长肩状的波峰。该结果的实际意义在于，在 57℃ 热处理未经过热休克的细菌细胞 10min 可导致菌体数量降低 6 个数量级以上，而经受过热休克的热处理 10min 减少的数量则不到原来的 1/10。食品加工中热休克现象的重要性还取决于所采用的加热速率，如果加热速度很快，微生物将在适应之前被灭活。然而，如果栅栏调控过程采用缓慢加热，如大块状食物（如大块状熟火腿）发生的情形就是这样，对鼠伤寒菌和单核细胞增生李斯特菌的研究结果也是如此，热适应可能极为重要，因为微生物抵抗力的最大增加发生在热处理温度非常缓慢地上升时（Leistner，2000）。

使用较温和、较低温度的热处理对食品进行灭菌的一个主要障碍是细菌芽孢的内置性稳态。芽孢的中央细胞质区室和固定在其中的小分子是赋予芽孢抗性和休眠的主要因素。然而，确实存在降低芽孢耐热性的栅栏。已知的如细菌芽孢充当了阳离子交换剂的角色，它们在低 pH 的条件下比在接近中性 pH 时对热更敏感。在低 pH 下长时间培养会导致阳离子（如 Ca^{2+}）损失的增加，并在芽孢内的某些位点被质子取代。这将伴随着耐热性的显著降低，即使在加热前 pH 恢复到较高值，耐热性也会保持一段时间，如图 1-5 中展现的就是离子交换处理对细菌芽孢的热敏化作用。在低 pH（4.0）下预培养对芽孢杆菌芽孢耐热性的影响，以及在较高 pH 下与阳离子重新平衡后产生的热敏化的逆转。如果经受这种热处理的食品在感官品质上仍然在可接受范围内，这可能使热处理加工作为附加栅栏在提升产品可贮性上得到应用（Leistner，2000）。

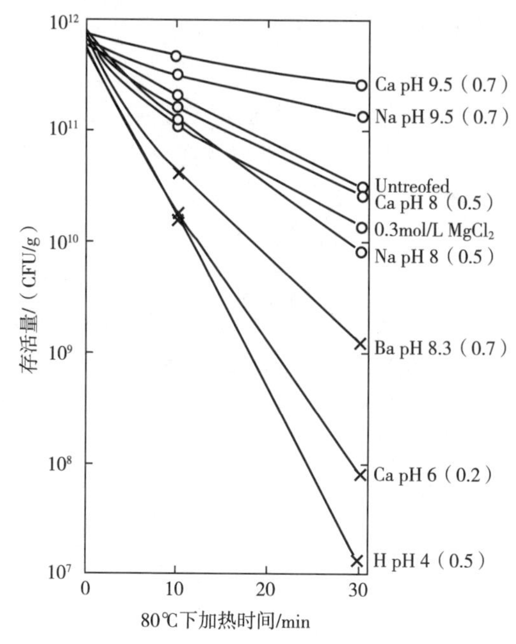

图 1-5 离子交换处理对细菌芽孢的热敏化作用

二、 微生物的代谢衰竭与应激反应

（一）微生物的代谢衰竭与自动灭菌

另一个具有实际意义的现象是微生物的“代谢衰竭”（metabolic exhaustion），这可能导致食物的“自动灭菌”，Leistner（1994）首次在对中热杀菌（至中心温度 95℃）的罐装肝肠的研究中观察到这一现象。在罐装肝肠中不同批次产品添加不同量的食盐、脂肪和乳粉等以调整 A_W 在不同范围，所有批次产品均接种带有梭状芽孢杆菌（*C. sporogenes* PA 3679），产品在 37℃贮藏。结果显示，如果每克样品只有 17 个芽孢成活残留，则 A_W 值为 0.961 或更低时产品具有微生物稳定性和安全可贮性，而每克样品存活的芽孢达到 22000 个时，需要 A_W = 0.942 或更低时，产品才具有可贮性。而呈现稳定性和可贮性的产品，热处理后存活的梭状芽孢杆菌贮藏期间在产品中逐步消失，显现“自动灭菌”态势（表 1-8）。这类产品置于环境温度下贮藏，更是经常观察到梭状芽孢杆菌和芽孢因“自动灭菌”而消亡，这将在后面章节有关肉制品货架稳定性（*F*-SSP 和 A_W-SSP）部分予以讨论。

表 1-8 PA 3679 的萌发芽孢代谢耗尽后的自动灭菌*

批次	样品 A_W	热处理后芽孢数/（个/g）	梭状芽孢杆菌数/（个/g）	
			贮藏 14d	贮藏 30d
1	0.970	35	>240000	a
2	0.967	35	>240000	160000000
3	0.962	110	>240000	5400000
4	0.961	17	32	0

续表

批次	样品 A_W	热处理后芽孢数/（个/g）	梭状芽孢杆菌数/（个/g）	
			贮藏 14d	贮藏 30d
5	0.959	24	10	0
6	0.957	92	2	0
7	0.954	54	1	0
8	0.947	170	2	0
9	0.974	3500	a	a
10	0.965	9200	35000000	a
11	0.957	11000	16000000	1700000
12	0.947	17000	18000000	>24000
13	0.942	22000	3100	0
14	0.933	19000	11	0

注：表中 a 表示样品已腐败；0 表示未检出梭菌。

表 1-9 是 Leistner 开展的一项研究，在添加有 50mg/kg 亚硝酸盐的 A_W-SSP（如意大利 mortadella 香肠）中接种产孢梭菌和肉毒梭菌（*Clostridium sporogenes* 和 *C. botulinum*），热处理至中心温度 78℃，随后在 25℃贮藏。接种了微生物的香肠在贮藏进程中，细菌芽孢会慢慢萌发，但较高的渗透压条件刚好足以防止芽孢萌发后生长及形成营养体，结果是代谢衰竭导致萌发芽孢很快死亡，因此产品产生自动灭菌，尤其是在未冷藏的食品中。因此，这种食品的微生物稳定性状态会随着贮存时间的延长而逐渐改善。在 A_W 更低的食品中，如在低水分食品中，A_W 是如此之低，以至于如果芽孢是唯一的污染物，则可以防止其萌发；或者如果存在营养体细胞，则可以防止渗透调节的启动，因此代谢衰竭不会发生，并且微生物污染物的存活实际上得到了增强。

表 1-9 A_W-SSP 中萌发芽孢代谢耗尽后的自动灭菌

微生物	产品 A_W	贮藏期间每 100g 样品微生物计数/CFU							
		0 周	1 周	2 周	3 周	4 周	6 周	9 周	21 周
产孢梭菌	0.936	1000	100	30	30	10	2	0.1	nd
肉毒梭状芽孢杆菌	0.950	50	nd	30	nd	10	nd	2	1

注：nd 表示不确定。

对于营养体微生物细胞来说，栅栏技术必须攻克的微生物的稳态机制主要涉及能量的消耗及其从生长细胞的正常生物合成活动中转移出来的能量。随着特定栅栏的强度增加，更多的能量被如此转移，接近代谢衰竭。例如，当细胞不能再输出维持酸化食物内部高 pH 所必需的质子时，或者不能再积累在较低 A_W 的食物中足够浓度的相容性溶质时，处于这种状态的细胞将以某种速度走向死亡，这与栅栏的强度有关，死亡率有时在接近生长的最小栅栏强度时最高，而不是在栅栏强度较高时。在冷藏的情况下，这可能在特定意义上发生，如果食物随后在冷藏温度下贮存，在环境稳定的食品中加工后微生物的存活可能会持续更长的时间。这可能反映了在较高温度下发生的更快的代谢衰竭，并且如果幸存的微生物是病原体，则可能对安全性产生明显的影响。

（二）栅栏技术食品微生物代谢衰竭示例

在各国的一些食品中，尤其是易于实现栅栏技术的传统或现代食品中，均存在微生物代谢衰竭导致的食品自动灭菌现象，这对于栅栏技术应用于食品防腐保质具有重要意义。

1. 中国的肉干制品

Leisner 等（1987）研究了传统的、环境稳定的中国肉干制品的微生物稳定性和安全性，这些制品的A_W值为 0.55~0.69，并且由于其属于广式的甜味型（含糖量高达 20%~35%），加工制作中还涉及一些美拉德反应产物。如果这些肉干制品在加工后受到葡萄球菌、沙门菌或酵母菌的污染（以模拟不卫生的处理方式），则这些微生物的数量在稳定产品的非冷藏贮存过程中会迅速下降，尤其是还存在大量美拉德反应化合物的食品中，这将提高此类肉制品的安全性。

2. 拉丁美洲各国的果脯

拉丁美洲多位研究人员在高水分水果产品（果脯）的研究中，也观察到了代谢衰竭现象。这类产品为防腐保鲜施加多重栅栏（调节 pH 和A_W、使用山梨酸盐和亚硫酸盐）以抑制不利微生物的生长。这些产品在非冷藏贮存期间，在温和热处理过程中幸存下来的各种细菌、酵母菌和霉菌迅速减少，因此这些果脯产品在贮藏过程中会自动灭菌。

3. 德国迷你萨拉米香肠

意大利式迷你萨拉米香肠（mini-salami）是德国流行多年、经久不衰的休闲方便肉制品，该产品是典型的发酵香肠，其$A_W<0.82$，真空或氮气气调包装能防止酸败和抑制霉菌的生长，产品在常温下的保质期长达 7 个月。在德国，该类香肠从未引起食物中毒，但该产品出口到其他国家却引起了沙门菌中毒事件，其原因可能是德国的迷你萨拉米香肠总是在室温下贮藏，而一些进口国却将这种产品冷藏贮藏。为了确保沙门菌和任何其他革兰阴性病原体（如大肠杆菌 O157 菌株）在迷你萨拉米香肠中的代谢衰竭，一些德国制造商现在通过将产品在装运前将其在 25℃放置 10d。如果产品在此环境温度下贮藏，迷你萨拉米香肠发酵过程中存活下来的革兰氏阴性病原体会更快地消失，而产品在冷藏条件下贮藏，它们会存活更长时间并可能导致食源性疾病。众所周知的沙门菌在蛋黄酱中的情况也是如此，其冷藏比常温贮藏更容易存活。

4. 荷兰的人造黄油

荷兰鹿特丹市附近的联合利华实验室专家在对类似人造黄油的食品研究中也证实了微生物的代谢衰竭现象。给这种油包水乳液产品接种无害李斯特菌（*Listeria innocua*）后，观察到无害李斯特菌在环境温度（25℃）下比在冷藏（7℃）条件下消失得更快；在 pH=4.25、pH=4.3 和 pH=6.0 的条件下，pH 越低无害李斯特菌死亡越快；在厌氧条件下比在有氧条件下死亡更快；在细乳液中比在粗乳液中消失更快。从这些实验数据得出结论，如果存在更多的栅栏，代谢衰竭会加速，这可能是由于在压力条件下维持内部稳态的能量需求增加。因此，冷藏并不总是有利于食品的微生物安全性和稳定性。然而，只有当食品中存在的栅栏在没有冷藏的情况下也能抑制微生物的生长时，这才是合理的。如果不是这种情况，那么冷藏是必不可少的环节，常温可贮的栅栏技术食品中微生物的存活时间，在没有冷藏的条件下才肯定要短得多。

通过如上所述的范例可得出结论，如果食品可贮性、稳定性接近微生物生长阈值、贮存温度升高、存在抗菌物质、厌氧条件占优势，以及微生物受到亚致死伤害，则营养微生物的代谢衰竭会更快地发生。显然，稳定可贮的栅栏技术食品中的微生物为了克服恶劣的环境，会根据它们的体内平衡对所有可能的修复机制进行应变。而这种应变，又使得它们耗尽了自身的能量，新陈代谢随之枯竭并很快死亡，这正如 Leistner 所定义的最终导致此类食品产生的“自动灭菌”。

（三）微生物的应激反应

在将栅栏技术及其他技术手段应用于食品防腐保质时，必须考虑到所要抑制或杀灭的目标微生物对所应用保存手段的反应。如上所述，最常用的技术手段必须克服微生物的稳态反应，而构建稳态等反应的基础，是微生物存在的一系列复杂而有效的机制应激反应（stress response），这些应激反应已在微生物以及高等植物和动物中通过长期进化而形成（Leistner，2001）。多年来，微生物应对的压力范围不断扩大，包括高温、低温、高氧和低氧、渗透压升高、钠、重金属、乙醇和其他化学物质等，其应对能力不断升高。此外，微生物细胞通过细胞间信息传输系统沟通导致对各种高密度产生的潜在压力作出反应的适应性能力的变化。在医学领域，由于抗生素的广泛使用而产生的耐药性代表了微生物对新施加压力的长期遗传适应。因此，应激反应可发生在细菌、酵母和霉菌中，发生在导致食物腐败后引起食物中毒的微生物中，这些反应通常会使微生物对已施加的特定压力的抵抗力的增强，更重要的是，通常也会增加对其他看似无关的压力的抵抗力。这些反应有时还可能导致其他不良变化，包括致病细菌致病性的升高。Gould（1995）根据研究结果，提出了对微生物暴露于最低限度保存食品中的压力可能导致人造食品食物中毒发生率增加的担忧。此外，使用较温和的保存技术也可以减少应激反应，从而降低新的或更好的宿主适应病原体出现的概率。在任何情况下，压力反应都令人担忧，如果不加以重视，并尽可能避免，则更难实现有效和安全的食品保存。

越来越多的研究结果表明，微生物对特定压力的许多明显的个体反应背后都有一个普遍的“整体反应”机制。很明显，整体反应包括微型生物的许多组成部分，即对饥饿的正常反应。饥饿通常发生在培养物中，因为营养物质耗尽，生长减慢，细胞进入静止期。因此，这些反应被视为复杂的“固定相响应”（stationary phase response）的一部分，受到栅栏防腐保质技术的有效抑制，微生物也会减缓或停止生长。因此，在保存的食品中出现类似的细胞反应也许并不奇怪。Hengge-Aronis 等研究提出，已知固定相响应主要由调节器 RpoS 介导。RpoS 是一个 σ 因子，是 RNA 聚合酶的一个亚基，它决定启动子的特异性，从而调节许多重要的静止期抗逆基因的表达。目前，已知有 20 多个基因受 RpoS 调节。RpoS 的关键作用有助于解释为什么会产生反应，以及对特定个体压力的抵抗力反应的进一步发展，通常也包括对其他显然不相关压力的交叉抵抗力反应的进展。例如，整体反应机制负责微生物细胞对亚致死加热的许多反应，包括“热休克蛋白”的合成，以及热休克反映其他要素的产生。但是，类似地，它是细胞对氧化应激反应的一部分，如过氧化氢的存在，或大肠杆菌中的高浓度氧气，以及酵母对厌氧条件的反应等。

如上所述，低A_W食品中的微生物如果要继续生长，就必须进行渗透压调节，并且渗透压调节反应与许多关键反应相同，上面已讨论的包括链球菌等微生物，对低 pH 的质子输出反应也是如此。细胞对乙醇浓度升高的反应包括部分整体反应，如在白色念珠菌中，这有助于解释令人惊讶但可能很重要的交叉反应，即一些微生物（包括单核细胞增生李斯特菌）暴露于亚致死浓度的乙醇中，有助于保护它们免受其他一些原本具有高度抑制性或致命性保存栅栏的影响，包括 pH 的降低及氯化钠水平升高所导致的A_W值的降低。与食品安全性特别相关的是，病原菌的毒力可能会因某些防腐剂的胁迫而增强，因为 RpoS 调节某些细菌（如沙门菌）中的毒力决定因素。谷氨酸脱羧酶基因的表达受到酸休克的正向调节，也受到盐水平升高和生长稳定期的调节，这种可诱导的氨基酸脱羧酶有助于保护肠道病原体（如一些大肠杆菌和沙门菌）免受在胃中遇到的酸和肠道中膳食糖发酵产生的脂肪酸的侵害。

在某种程度上，这些应激反应与生长或饥饿之间的联系源于这样一个事实，即 RpoS 在快速生长、无应力的细胞中通常是不稳定的，并通过蛋白质水解降解。当细胞进入固定相时，这种降解停止，因此 RpoS 浓度升高，其调节活性也相应地增加。RpoS 参与了许多可能在食品栅栏调控中触发的应激反应，这强调了 RpoS 在保存微观生物学和安全性方面的核心重要性，它被认为是细胞在各种压力环境中的整体“安全网”。微生物的应激反应可能是限制栅栏技术防腐保质效率的重要因素，在应激状态下某些可产生抗应激蛋白（stress shock protein）的细菌变得对环境条件有（如高温）更强的抵抗力或更强的毒性。保护性抗应激蛋白是细菌在不利于自身的高热、pH、A_W、乙醇等不利环境，或者饥饿状态的诱导下产生的。细菌的这一应激反应有可能影响食品的防腐性，且为应用栅栏技术防腐保质带来问题。此外，如果细菌同时面临多种应激条件，则需持续合成使之应付不利环境的抗应激蛋白，其基因活性将处于更为疲乏、艰难的状态。在同时应付多种应激时，细菌需合成数倍甚至更多的抗激蛋白，因而需消耗更多的能量，这也更能导致细菌代谢衰竭。因此，以下要讨论的食品的靶共效防腐就可通过阻止影响栅栏技术食品微生物稳定性和卫生安全性的细菌的抗应激蛋白的形成而实现。

三、 栅栏因子的天平式或魔方式调控

（一）栅栏因子的天平式调控

近年的研究表明，各种食品内都有其不同的栅栏因子共同作用，达到一种保证微生物稳定性的平衡。这一平衡如同天平一样，哪怕是其中一个因子发生微小变化，都可对食品中的达到微生物稳定性的平衡产生影响，即栅栏因子的天平式调控（balance control）（图 1-6）。例如，对于肉制品的安全可靠性因子条件：F值为 0.3 或 0.4，A_W值为 0.975 或 0.970，pH 为 6.4 或 6.2，Eh 值因不同产品可有高低。这些栅栏因子交互作用达到一平衡状态，其中天平一端是栅栏因子的共同作用，另一端是产品可贮特性和产品不可贮特性。栅栏效应端某一栅栏因子的小幅度提高或降低，都会使天平的另

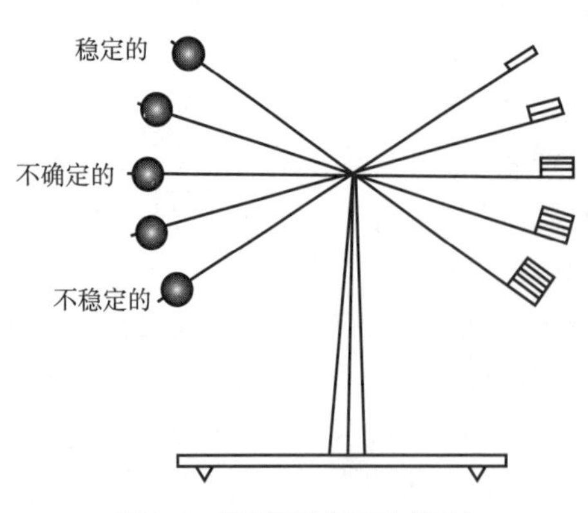

图 1-6 栅栏因子的天平式调控

一端产品在可贮或不可贮特性上发生变化。如何确定食品微生物稳定性的影响因子及对其强度的量化，或许会成为食品防腐保质研究与应用领域最具挑战性的课题。对食品中 F、t、A_W、pH 和 Eh 等各栅栏微调的实现，可能在实际生产中产生重大成果，带来极为显著的效益。

对于实现食品生产的天平式控制，需要食品加工工艺学家、微生物学家、营养学家等的密切合作。例如，在使用食品添加剂提高产品中抑制微生物生长的 Pres. 栅栏时，食品加工工艺学家必须判断此法从毒理学、感官质量、营养特性及饮食习惯上是否可行。对于西式蒸煮香肠中的肝香肠的研究显示，其水分活度可通过添加脂肪（约 30%）和食盐（1.6%～2.0%）而调节到可贮性所需的低于 0.96 的范围，这一添加量在产品感官上是可接受的。而微生物学家则要考虑，对某一食品中，各栅栏因子应达怎样的强度，才能保证可有效抑制有害微生物，确保产品安全可贮。例如，对蒸煮香肠软罐头的研究结果，在室温下贮藏时这类罐头制品达到可贮的栅栏因子交互作用条件是 $F>0.4$，$A_W<0.97$（如果产品中加入了亚硝酸盐防腐）或 $A_W<0.96$（未加亚硝酸盐），pH<6.5，以及残留氧尽可能少（很低的 Eh 值）。又如通过降低 A_W 提升产品的安全可贮性，添加食盐是最有效的方法，每添加 1% 的食盐可使 A_W 值降低 0.001 左右，从而显著延长产品保质期。微生物学家对其出色的抑菌效果予以肯定，而食品加工工艺学家需考虑在哪一水平能够实现满足工艺特性（增加保水性、乳化性等）与感官（咸度）可接受性的平衡；营养学家则从人体健康上考虑，追求低盐低钠。

（二）栅栏因子的魔方式调控

无论是理论研究还是实际应用，栅栏因子在对经加热处理生产的肉制品的 F、A_W 和 Eh 等栅栏进行调节具有最现实的意义，这样可应用栅栏技术开发出经中热处理而可非冷保存的耐贮存产品（SSP 产品），Leistner（1986）将其发展比拟为“魔方式控制”（rubik's cube control）（图 1-7），德国最常见的蒸煮香肠罐头就是以此原理生产的。这类产品只经过中热处理（F 值约为 0.4）就能有效抑制所有营养体微生物细胞的活性，而对细菌芽孢尚未造成致命性损伤，但这些受损芽孢再发芽的繁殖力大大减小。只需通过 A_W 和 pH 两道栅栏已能将其有效抑制，而无损于肉制品的感官质量。当然 Eh，即有效含氧量也是影响产品微生物稳定性的因素。当 Eh 低时，不仅好气菌，甚至兼性厌氧菌也不会很好地生长。因此在 Eh 很低的情况下，一些对水分活度耐受性高，在实验室培养基上中度有氧条件下，A_W 值为 0.86 时仍生长的杆菌，在香肠中 A_W 值为 0.97～0.96 时即可受到抑制，氧化还原电位对肉制品中好气性芽孢杆菌起重要的抑制作用。pH 栅栏因子，以及与 pH 直接或间接相关的 F、A_W 和 Eh 因子，如魔方式变幻构成了肉制品的微生物稳定性和总体质量特性，这 4 个因素通常是食品的必需栅栏，每一栅栏的变化均如同魔方变幻对整体产生重大影响。根据魔方式控制原理设计肉品生产，调节控制其最佳的栅栏因子，就需要可靠的、有关其 F、A_W、pH 和 Eh 的数量化资料，这在栅栏技术的进一步研究与应用中，将是一个浩大且意义重大的工程。

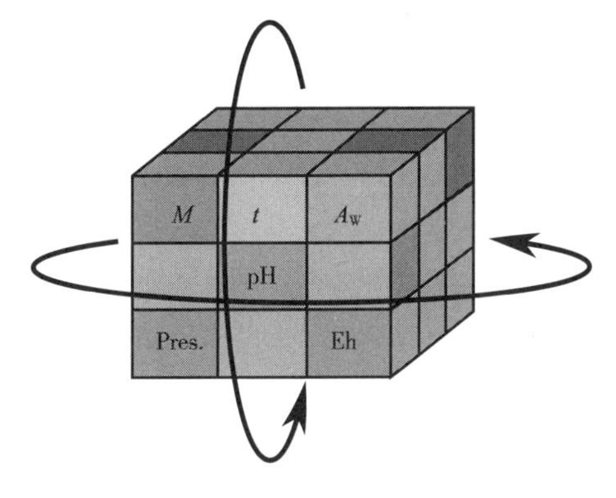

图 1-7 栅栏因子的魔方式调控

（三）栅栏因子的顺序式作用

在栅栏效应机制模式图（图 1-1）所举例子中，图 1-1（1）至图 1-1（7），各种情况下的栅栏序列是相互独立且不固定的。但在某些食品如发酵火腿和发酵香肠中，其栅栏序列则是按一定程序固定不变的，在这些肉制品生产和贮藏的各阶段，各栅栏相继发挥作用或消失，这是图 1-1（8）的情形，即 Leistner（1986）提出的生熏火腿各栅栏因子作用顺序。这类发酵生熏火腿可贮性的必要条件：初始菌数少，pH<6.0，加工开始的温度低于 5℃，在用腌制剂（含盐量 4.5%）腌制前，低温 t 是主要栅栏，随后盐逐渗透火腿内使 A_W 值降至 0.96 以下，然后进一步发酵熟成和烟熏，通过酶解使产品产生特有风味，这就是栅栏因子的顺序式作用（sequence of hurdles）。

而发酵萨拉米香肠（salami）的栅栏及其作用顺序要复杂得多。在这类产品的生产中，栅栏分别按图 1-8 的顺序发生作用，某一阶段、某一栅栏能最有效地抑制使产品腐败的微生物（沙门菌、肉毒梭菌、金黄色葡萄球菌）以及其他导致食物中毒的细菌、酵母菌和霉菌的繁殖，同时又有利于对香肠的风味和可贮性起重要作用的竞争性菌落（乳酸杆菌、非致病性葡萄球菌等）的生长。图 1-8 清楚地表明了能抑制腐败菌和病原菌，同时又容许所选择的有益菌（乳酸菌）生长的栅栏顺序。香肠早期发酵阶段最重要的抑菌栅栏是 Pres.（亚硝酸盐、食盐），未抑制菌的生长耗氧，又使 Eh 值逐渐下降，利于好氧菌的抑制和乳酸菌的生长，于是优势菌群的竞争性作用（c. f.）栅栏继 Eh 之后发生作用，乳酸菌不断增多，产酸导致酸化，pH 栅栏强度随之上升。对长期发酵加工生产的萨拉米香肠，随着 Eh 和 pH 栅栏增强，亚硝酸盐逐渐耗尽，乳酸菌逐渐减少，Pres. 和 c. f. 栅栏随时间推移而减弱，只有 A_W 栅栏始终呈增强态势，因此 A_W 是萨拉米香肠等长期发酵肉制品最重要的防腐抑菌栅栏。由于对萨拉米香肠栅栏因子及其作用顺序的揭示，其加工控制、工艺优化和产品质量改善已成为可能。

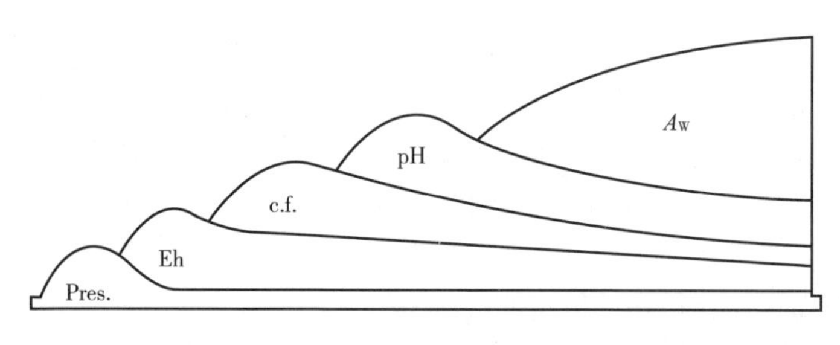

图 1-8 发酵香肠（salami） 栅栏因子顺序作用模式

王卫等（2018）对风干的传统中式香肠栅栏因子及其作用顺序研究后认为，风干的传统中式香肠栅栏效应与西式发酵肠颇为接近，但中式香肠的快速风干使其 A_W 迅速降低，微生物还未来得及大量繁殖即受到有效抑制，产品的腌腊风味主要通过内源酶对蛋白质和脂肪等的分解产生，而非微生物发酵分解所致。在其风干进程早期阶段最重要的抑菌栅栏是 Pres.（亚硝酸盐、食盐），传统的冬季季节性加工中较低的气温对微生物的抑制也很重要，还有优势菌群的竞争性作用（c. f.），以及微生物生长耗氧，仅仅在个别添加有富含微生物调味料的产品类型（如四川的酱香型香肠）中才出现有益微生物的生长，但很快又由于水分活度的快速下降而受到抑制。王卫等（2021）通过研究将其称为“浅发酵”，并开发出一种“浅发酵香肠”，其风味与传统中式香肠略有不同，产品特性介于中式香肠和西式发酵肠之间。但中式香肠的防腐保质栅栏，是通过A_W的不断下降及该栅栏的不断增强而实现的。

四、栅栏因子的多靶共效防腐

（一）栅栏因子的作用靶向

实现栅栏技术的高效防腐保质，首先是栅栏因子的有的放矢，某一栅栏因子针对某一确定的靶。某一食品内的不同栅栏是有效针对微生物细胞内不同目标的，即不同靶子，如针对细胞膜、DNA或酶系统，以及针对pH、A_W或Eh等内环境条件，扰乱其内环境平衡，打破其内稳态，使细菌抗应激蛋白的形成更为困难，则可实现基于多靶共效（multiple targets）的栅栏效应。作为Pres.栅栏因子的防腐剂，其针对的目标靶及其靶向调控成为栅栏因子抑菌防腐机制研究中的亮点之一，在此领域的一些研究结果如表1-10所示。

表1-10　抑菌防腐剂靶向调控

抑菌防腐剂	靶向机制
山梨酸盐类	抑制微生物的脱氢酶系统
迷迭香等	终止自由基，抑制单线态氧
尼泊金酯	破坏微生物的细胞膜
乳酸钠	破坏胞菌细胞膜，抑制胞内ATP合成
细菌素（如nisin）	破坏细胞膜，或抑制其DNA、RNA蛋白质和多糖等的生物合成
紫外线等辐照	抑制微生物DNA复制与转录
植物溶菌酶	降解微生物细胞壁的β-1,3-糖苷键、β-1,6-糖苷键和壳聚糖聚合物，导致原生质暴露
抗菌肽（如抑菌肽）	损伤胞内酶或遗传物质（DNA），或抑制细菌细胞呼吸
植物多酚	影响微生物膜电位（如石榴皮单宁），扰乱其能量代谢（如橄榄多酚、葡萄藤叶提取物），抑制生物大分子合成（如百里香酚）
小檗碱及其衍生物	与细菌的辅酶竞争酶蛋白，抑制细菌糖代谢过程
纳米银、纳米氧化锌	破坏细壁，影响细胞内膜电势，诱导自由基生成而损伤胞膜
臭氧	损伤细胞膜，使菌体蛋白质变性、酶系统被破坏
微藻	改变细胞膜通透性，破坏细胞壁
植物提取物（精油）	干扰细胞膜结构和酶系统

研究已证实，很多天然防腐剂都是通过所含的精油中的有效成分，干扰细胞膜结构和酶系统来抑制微生物的生长。例如，精油中的类萜类化合物，可降低生物膜的稳定性，抑制电子传递和氧化磷酸化作用，从而干扰能量代谢的酶促反应；而植物溶菌酶能降解真菌细胞壁

的β-1,3-糖苷键、β-1,6-糖苷键和壳聚糖聚合物，导致原生质暴露；芥菜籽和辣根提取物中的异硫氰酸酯和异硫氰酸盐是有效抗菌成分，它通过形成活性硫氰酸盐自由基，氧化断裂胞外酶的二硫键使其失活，从而发挥抗菌活性；α,β-不饱和羰基结构是食品防腐剂表现抗菌活性的有效功能性结构；而对羟基苯甲酸酯类、山梨酸类、延胡索酸酯类、肉桂醛类、紫苏醛等都含有 α,β-不饱和羰基结构，具有强的电子缓冲能力，有强的抗菌活性；对羟基苯甲酸、丁烯二酸、肉桂酸等一元有机酸和二元有机酸防腐剂随着酯化程度和酯链长度的增加，抗菌效果显著增强，抗菌半衰期也显著延长。关于山梨酸钾的研究很明确地揭示了其通过抑制微生物脱氢酶的活性，同时与酶系统中的巯基结合，破坏多个主要的酶系统，实现防腐的功效；尼泊金酯类是破坏微生物的细胞膜，使细胞内的蛋白质变性，并抑制细胞的呼吸酶系和电子传递酶系的活性；对臭氧的杀菌机制的研究结果，其抑菌是通过其分解放出新生态氧并在空间扩散，能迅速穿过真菌、细菌等微生物的细胞壁、细胞膜，使细胞膜受到损伤，并继续渗透到膜组织内，使菌体蛋白质变性、酶系统破坏、正常的生理代谢过程失调和中止，导致菌体休克死亡而被杀灭，达到消毒、灭菌、防腐的效果。

生物抗菌肽的相关研究表明，其抑菌效能是通过其本身的正电荷或疏水性与细菌胞浆膜磷脂分子上的负电荷形成静电吸附或者是相似相吸而结合在脂质膜上，由于胞浆内的高渗透压使胞内离子大量流失，细菌不能保持正常渗透压而死亡，同时抑制细胞呼吸，细菌呼吸作用变弱甚至完全停止直至死亡。抑制细胞壁的形成及其他作用，使细菌不能维持正常的细胞形态而生长受阻，或者迅速穿过膜作用在细胞内部的靶位点上，如 DNA 和 RNA 上，抑制细胞功能，导致细菌死亡。对蜂胶等的研究也显示，其抑菌效能主要来源于其中的黄酮、芳香酸及其化合物、酸及其脂类化合物对细胞膜的作用。细菌素作用机制所呈现的多样性中，其主要机制是破坏细胞膜结构，使细胞膜形成孔隙，导致细胞组分泄漏。例如乳酸链球菌素，广泛认同的是“孔道理论”（channel theory），其可以使微生物细胞膜中形成孔道，使细胞内三磷酸腺苷、核苷酸以及氨基酸等小分子物质快速流出，造成细胞的生物合成过程受阻，从而导致微生物细胞裂解死亡；ε-聚赖氨酸（ε-PL）能够增强大肠埃希菌细胞表面疏水性及细胞内、外膜的通透性，并且改变其细胞膜内、外电势，使其细胞内容物如核酸、蛋白质等大量渗出，从而实现杀灭。

大多植物提取物的抑菌效能来自其含有的多酚。多酚可破坏细胞壁的完整性和细胞膜的通透性，从而破坏微生物的细胞形态；也可能影响微生物膜电位，造成膜电位的去极化或者超极化，从而导致微生物生理活动紊乱，起到抑制微生物生长繁殖的作用。有的则是可以通过降低胞内 ATP 的含量，扰乱其能量代谢，抑制微生物的生长。甚至可通过抑制生物大分子的合成发挥其抑菌作用。一些植物提取物，如草果和花椒等，能够显著破坏细菌细胞的正常形态和结构，导致细胞受到破坏且使得细胞内容物外泄，对此在后文中还将进行介绍。例如，对微藻的研究结果，证实了其含有的脂肪酸可改变微生物细胞膜的通透性，使细胞压力升高，胞内的 K^+等外泄，进而导致微生物细胞死亡，从而达到抑菌效果。而微藻中的类胡萝卜素可导致溶菌酶增多以及抗菌免疫酶消化细菌细胞壁，从而产生抗菌性能；微藻中的萜烯类物质和其他物质也显现出对微生物的抑制作用。

对抑菌剂的靶向研究，涉及植物性、化学性和生物性等，在医学上的研究与成功应用对于食品防腐具有重要借鉴意义。例如诸多文献中对于中草药中活性成分的抑菌机理研究进行了总结，涉及的中草药包括丁香、甘草、艾叶、鱼腥草、苍术、藿香、山柰、香茅、高良姜、大黄、黄芩、大青叶、黄柏、玄参、连翘、知母、马鞭草、乌梅、白头翁、茵陈、蒲公英、鹿蹄草、韭菜、桃金娘、儿茶、诃子、牛至、百里香、乳香、月见草等，其中很多是药食同源的植物，甚至是作为食品的调味料广为使用。分析其作为防腐保鲜剂的活性成分，可划分为含氮或含硫化合物、芳香族化合物、黄酮类化合物、芪类化合物、脂肪类化合物以及蛋白质类等，涉及如酚类、酚酸、醌类、黄酮、类黄酮、黄酮醇、单宁酸和香豆素、萜类等。

植物性抑菌剂的抑菌机理大致分为三类。一是作用于细胞壁和细胞膜系统，破坏其屏障作用，使细胞不能生长繁殖。目前已发现中草药提取物某些成分可以引起细胞膜破裂，导致细胞内容物的泄漏、干扰主动运输和代谢酶活性，或者消散细胞能量，如 ATP。许多研究报道了中草药抗菌剂的效力及其抑制病原性微生物和腐败菌的有效成分。细胞壁的降解、细胞膜和细胞质以及膜蛋白的损坏，细胞内容物的泄漏和细胞质的凝固均会导致细胞死亡等。二是作用于遗传物质或细胞微粒结构，阻碍遗传信息的复制。例如澳洲茄胺、紫檀和白鲜碱直接或间接影响了真菌细胞遗传物质的正常合成，使其不能完成正常细胞周期，从而抑制真菌生长，甚至导致死亡。三是作用于酶或功能蛋白，使细胞丧失生长繁殖的物质基础。有研究表明大蒜和洋葱含有蒜素及其他含硫化合物，其中蒜素能抑制多种代谢酶的作用，氧化使带巯基的蛋白质变性，也会抑制其他一些物质的活性，最终可以抑制金黄色葡萄球菌和大肠杆菌生长。

对于一些生物防腐剂的抑菌机理，如溶菌酶、噬菌体裂解酶、肽聚糖水解酶可损伤细胞壁；细菌素、聚赖氨酸、植物精油或提取物损伤细胞膜；细菌素、诺卡噻唑菌素、硫链丝菌肽和一些抑菌肽可损伤胞内酶或遗传物质 DNA。研究显示，茶多酚的抑菌效能是多种因素共同作用的结果，包括影响基因的复制和转录；茶多酚分子中的酚羟基与蛋白质分子中的氨基或羧基发生氢结合，疏水性的苯环也可与蛋白质发生疏水结合，影响蛋白质和酶的活性，破坏细胞膜的脂质层，细胞膜的通透性发生改变，使得细胞膜微脂粒凝集；与金属离子发生络合反应，导致微生物因某些必需元素的缺乏而代谢受阻，甚至死亡等。

将植物提取物用于食品防腐抑菌近年在清洁标签食品、绿色食品、无硝肉制品等的开发中受到推崇。至今尚未找到其他食品防腐剂来替代硝酸钠、亚硝酸钠等硝酸盐在食品防腐、抑菌、抗氧、增香、上色的诸多作用，且更为安全和廉价的替代性食品添加剂。不过，只要按照卫生标准添加使用，硝酸盐的安全性是完全可以得到保障，这类食品添加剂在食品中的功远大于过，且已得到广泛的认同。但不少消费者对无硝食品，尤其是不添加硝酸盐的肉制品情有独钟，因此利用植物提取物替代硝酸盐等抑菌抗氧及其抑菌机理的研究与应用成为热点。

杨轶浠等（2021）对植物中属于香辛料来源的提取物的抑菌防腐机理进行了分析总结，涉及芳香和辣香等不同类型，包括大蒜、洋葱、肉桂、肉豆蔻、咖喱、芥末、黑胡椒、百里香、薄荷，以及迷迭香、牛至、鼠尾草、茴香、罗勒、姜黄、香菜和姜等。其中具有显著抗菌活性的是香辛料富含的精油，可用来延迟或抑制致病微生物或腐败微生物的生长，其成分如表 1-11 所示。由于香辛料提取物中存在大量不同的化合物，其抗菌活性不是一种特定机制，但其与细菌细胞中的几个主要作用靶点有关，如图 1-9 所示，其中包括细胞壁降解、细胞膜的破坏、膜蛋白的损伤、细胞内容物的泄漏和质子动力源的消耗。在这些抑菌作用机制中，每个靶点并非是独立运行的，更多地是一个联动的过程。

表 1-11 香辛料提取物的主要活性成分

名称	拉丁名	活性成分
胡椒	*Piper nigrum* L.	3-Δ-蒈烯、石竹烯、柠檬烯、α-蒎烯和β-蒎烯
牛至	*Origanum vulgare* Linn.	香芹酚、百里香酚、单萜烯、γ-萜烯和对伞花烃
迷迭香	*Rosmarinus officinalis* Linn.	鼠尾草酸和双酚松香烷二萜
肉桂	*Cinnamomum cassia* Nees ex Blume	反式肉桂醛
鼠尾草	*Salvia japonica* Thunb.	莰酮、桉叶素、侧柏酮、α-蒎烯和β-蒎烯
百里香	*Thymus mong*	百里香酚、香芹酚、γ-萜烯和对伞花烃
姜	*Zingiber officinale* Rose.	姜醇、姜酮酚、姜烯酮
藏红花	*Crocus sativus*	藏红花素、藏花酸
甘牛至	*Origanum. majorana* L.	3-蒈烯、百里酚、松油烯-4-醇和水合桧烯
大蒜	*Allium sativum var. pekinense*(Prokh.)F. Maek.	蒜素、二烯丙基二硫、二烯丙基三硫化物、二烯丙基四硫醚和己二烯一硫化物
芥菜	*Brassica juncea* (L.)Czern & Coss.	异硫氰酸烯丙酯

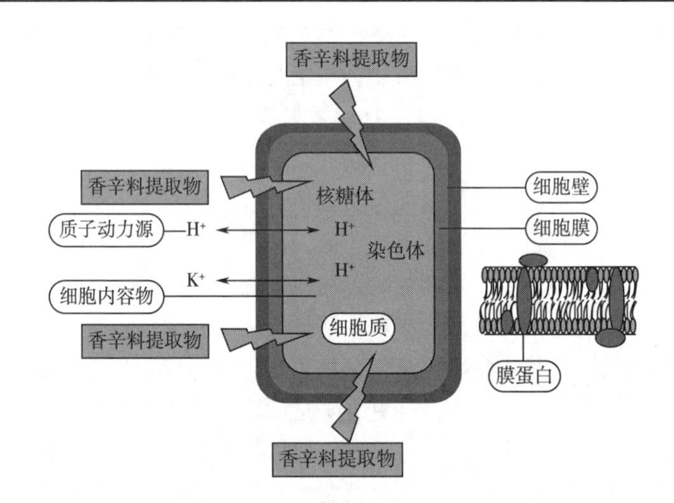

图 1-9 香辛料提取物在细菌细胞中的几个作用靶点

源于香辛料的植物提取物的精油的一个重要特征是具有疏水性，因此其能够分割细菌细胞膜脂质和线粒体，干扰细胞膜结构和提高渗透性，引起离子和其他细胞内容物的泄漏。虽然细菌细胞在一定量内容物泄漏时仍然可以保持细胞活力，但细胞内容物大量流失或关键分子和离子的排出将导致细胞死亡。香辛料提取物也作用于嵌入细胞质膜中的蛋白。亲脂烃分子可在脂质双层中积累，扭曲脂质—蛋白发生交互作用，或者亲脂化合物与蛋白疏水部分发生直接交互作用。另外，一些酶如 ATP 酶位于细胞质膜中并与脂质分子相邻，而香辛料提取物会作用于参与能量调节或结构成分合成的酶。肉桂油已被证明可以抑制产气肠杆菌中的氨基酸脱羧酶。

一般来说，对食品源性微生物具有较强抗菌性能的香辛料提取物通常含有较高比例的酚类化合物，如胡萝卜酚、丁香酚和百里香酚等。它们主要对细胞质膜进行破坏，扰乱质子动力源、电子流动、细胞内容物的主动转运和聚集。单核增生李斯特菌在百里香精油的作用下就会发生细胞壁增厚和代谢干扰，并伴随细胞质的减少；在牛至和肉桂提取物的作用下，大肠杆菌 O157:H7 也会发生此类变化。就非酚类物质而言，异硫氰酸酯的抗菌活性主要是使二硫键的断裂而导致细胞外酶失活。萜类能够破坏和穿透细菌细胞壁的脂质结构，并最终导致细胞死亡。香芹酚能够分解革兰阴性菌的外膜，释放脂多糖，并增强细胞质膜对 ATP 的渗透性。香芹酚对革兰阳性细菌的抗菌活性是由于它与细菌细胞膜的交互作用改变了 H^+ 和 K^+ 等阳离子的渗透性。烷烃的类型也会影响抗菌活性（烯基>烷基），如柠檬烯比对伞花烃更有活性。

食品栅栏技术防腐保质，对食品贮藏中的氧化酸败的抑制也是设置栅栏因子的主要目标之一。除了化学抗氧化剂，一些源于植物的天然抗氧化剂研究也受到关注。杨轶浠等（2022）分析了一些天然植物材料所含的化合物具有的抗氧化能力，涉及从蔬菜、水果、香辛料、草本植物和种子等中提取的活性成分。在食品中添加这些天然提取物可降低脂质氧化，改善色泽稳定性和总抗氧化能力，并在一定程度上抑制有害菌的生长，各类抗氧化提取物来源及其成如表 1-12 所示。

表 1-12 各类抗氧化提取物来源及其成分

分类	来源	活性成分
蔬菜提取物	豇豆果	多酚、单宁、原花色素
	番茄	番茄红素
	西蓝花	胡萝卜素、生育酚、黄酮
水果提取物	牛油果	多酚、生育酚
	蔓越莓	鞣花酸、黄酮、原花色素
	石榴皮	黄酮、花青素、单宁
	诺丽果	蒽醌
香辛料提取物	迷迭香	鼠尾草酸、双酚松香烷二萜烯
	肉桂	p-香豆酸、2-羟基肉桂醛、肉桂醛
	丁香	没食子酸、黄酮醇糖苷、丁子香酚、单宁
	黑胡椒	酚酰胺
草本提取物	柠檬叶	多酚、倍半萜、类单萜醛、黄酮
	可可叶	多酚
	绿茶	酯型儿茶素（表儿茶素、表儿茶素没食子酸酯、表没食子儿茶素没食子酸酯）
	芦荟	多酚、蒽醌
	牛至	迷迭香酸、酚羧酸和糖类
	姜	姜黄素、二甲氧基姜黄素、双二甲氧基姜黄素和 2,5-二甲酚

续表

分类	来源	活性成分
种子提取物	罗勒	芳樟醇、肉桂酸甲酯、丁香酚、1,8-桉叶素
	百里香	百里酚、香芹酚、芳樟醇、松油醇
	葡萄籽	黄烷醇、酚酸、儿茶素、原花青素和花青素。其中，儿茶素和原花青素约占多酚总量的77.6%
	油菜籽	没食子酸

被分离出来的有抗氧化作用的天然提取物大多是具有亚稳态抗氧化特性的多酚类物质或具有共轭双键的次生代谢物，其主要活性成分是多酚、类黄酮、酚二萜以及单宁酸等。例如，单萜酚中麝香草酚和香芹酚是天然提取物抗氧化作用的活性成分，其活性与酚结构和氧化还原特性有关。研究证明，芳香植物是抗氧化剂的有效来源，如罗勒、牛至、柠檬、百里香、鼠尾草等，它们多以精油的形式存在。除精油类天然抗氧化提取物外，还存在其他形式的抗氧化剂，它们主要来源为葡萄籽、绿茶、橄榄叶、西蓝花、蔓越莓等。

食品中脂质等氧化是一种复杂的现象，涉及自由基链式反应（引发、增长和终止3个阶段）。脂质氧化过程中形成的活性氧（reactive oxygen species，ROS）和铁、铜等过渡金属将对肌肉蛋白造成氧化损伤。在反应引发阶段，因促氧化剂（prooxidants，P_0）、ROS或任何其他有利氧化条件的存在，都会导致不饱和脂肪酸失去氢自由基。由于脂肪酸和氧分子间基态不等的电子态和自旋势垒，ROS或P_0只能在热处理后、氧化还原反应或光反应条件下产生自由基，从而启动脂质氧化的初级反应。在第二阶段中，氧分子与不饱和脂肪酸的烷基自由基发生反应，生成过氧化自由基。在随后的反应中，会生成氢过氧化物。在肌肉类食品中，氢过氧化物易进一步受自由基连锁反应的影响，如异构化和分解生成第二阶段产物，其中包括戊醛、己醛、4-羟基壬醛和丙二醛（malondialdehyde，MDA）。最后一个阶段被称为终止反应，期间自由基与各组分反应形成稳定的产物。但是，其他不稳定的化合物也会在终止反应过程中形成，正是这些不稳定的化合物影响肉制品的质量，产生令人不快的味道和气味。对于动物性食物，畜禽被屠宰后，血红蛋白和肌红蛋白作为促氧化剂，在肉品的加工和贮存中发生脂质氧化反应。在发生脂质或蛋白质氧化反应时，影响消费者对肉品接受度的首要质量和感官因素——颜色，颜色的变化反映了肌蛋白的氧化速率。除了脂类自身氧化外，肉类蛋白质在加热和贮藏过程中对氧化反应的敏感性也会导致肉质的有害变化，其中包括保水能力、色泽和整体营养质量，如必要的氨基酸损失等。抗氧化剂被添加到不同的肉品中以防止脂质氧化，延缓异味的形成，维持颜色的稳定。

抗氧化剂的化学结构多样，作用机制各不相同，其关键机制是抗氧化剂与自由基反应形成相对稳定的非活性产物。根据抗氧化剂的作用方式，它们又被分为两类：一类是初级抗氧化剂，其直接与脂质自由基反应并将其转化为相对稳定的产物，这类抗氧化剂被称为断链抗氧化化合物；另一类是次级抗氧化剂，通过不同的作用机制降低氧化速率。初级抗氧化剂主要供给氢原子，次级抗氧化剂主要与有催化效能的金属离子（Fe^{2+}、Fe^{3+}和Cu^{2+}）结合。一些抗氧化天然提取物，如酚类化合物同时采用初级和次级抗氧化剂的作用机制。其中如酚酸、酚二萜和挥发油等天然抗氧化剂具有很强的供氢活性并阻止自由基的形成和活性氧的繁殖，而其他酚类物质则可与 P_0（过渡金属）螯合，如黄酮类化合物。

脂质氧化无疑是导致食品变质的主要原因，它限制了食品的保质期，影响了食品的质量。肉品对氧化反应敏感，且稳定性低。脂质氧化导致组织、味道、气味和颜色恶化，同时形成次生的、潜在的毒素。正因如此，肉品中需要添加抗氧化剂以维持颜色稳定，避免维生素被破坏，防止毒素的形成。一些合成抗氧化剂，如丁基羟基茴香醚（BHA）、丁基羟基甲苯（BHT）、没食子酸丙酯（PG）和叔丁基对苯二酚（TBHQ）长期以来被用于抑制肉类氧化所引起的有害变化，但其具有潜在的遗传毒性效应，在高剂量应用水平下存在致癌隐患。因此，当前的产业趋势已经转向从各种植物中提取的天然抗氧化剂，如可清除自由基的多酚类物质等。除了顺应消费者对“天然来源”的需求外，很少有证据表明这些天然抗氧化剂有不良影响。天然抗氧化剂不仅能够中和活性氧（ROS），还能减少高温下形成毒素的可能。当天然抗氧化剂在肉品配方中应用时，即使肉不经过大量加工，它们也能具有强大的抗氧化能力。这种既健康又有营养价值的天然抗氧化剂在肉类加工中的使用具有独特的优势。

从饮食中的水果、蔬菜、豆类获取的各种外源酚类化合物，如在肉类加工中使用的香料和草药，都有助于形成天然抗氧剂集群。研究了牛至提取物对脂肪酸甲酯氧化的预防作用，从小鼠大脑中提取了含有 16~24 个碳原子的饱和脂肪酸及单、双和多不饱和脂肪酸混合物。在有或没有牛至油的情况下，观测在己烷溶液中酯一年内在光照下的自氧化过程中的变化。结果表明，不饱和脂肪酸的氧化速率随不饱和程度的增加而增加，而牛至油能阻碍不饱和脂肪酸的氧化过程。其中，芹酚和百里酚是牛至油的主要抗氧化成分，牛至油抗氧化活性随着其浓度的增加而增加。

除单一成分的抗氧化天然植物提取物在肉品中的使用外，很多情况是采用多种抗氧化天然提取物的混合物应用于肉类食物中。例如鼠尾草、牛至与 5% 和 10% 蜂蜜的混合物具有很高的接受度，并表现出更好的抗氧化活性。它们的混合物降低了熟肉在 4℃ 贮存 96h 的硫代巴比妥酸反应物（TBARS）值和己醛值。而迷迭香和柠檬香脂天然提取物结合对改良空气包装中的熟猪肉肉饼的抗氧化性的研究结果显示，在光照条件下贮藏 3d，天然提取物显著降低了样品中硫代巴比妥酸反应物值和己醛含量。此外，天然提取物载体的不同也会影响其抗氧化活性。测定不同载体材料对纳米封装迷迭香提取物的化学成分、热稳定性和抗氧化活性的影响，与羧甲基纤维素（CMC）或海藻酸钠相比，以壳聚糖为载体的迷迭香提取物的总酚释放量和 1,1-二苯基-2-三硝基苯肼（DPPH）清除活性最高。

（二）栅栏因子的共效防腐

食品中可能存在的栅栏因子之间的交互作用，包括拮抗作用、累加作用和共效协同作用，而栅栏技术的本质，就是利用因子之间的协同作用进行共效防腐（synergy preservation）。应用于防腐保质的栅栏因子，具有拮抗作用的在选择过程即被淘汰，起码应该是累加或叠加的，这在图 1-1 中予以了阐述。栅栏技术的防腐剂保质机理之一，即是多个因子的作用不是单纯的累加，而且单一的因子不足以保证产品的安全可贮。有效的栅栏技术通常采用多个栅栏来保存食物，在使用这种多重栅栏时，考虑到微生物所经历的稳态适应和应激反应，就可以在可能的情况下使用影响微生物细胞中不同目标的栅栏。同样，目标应该是互补的，以获得协同效应，而不是简单的相加效应。

以往有关协同效应的许多例子都是根据多年来的经验得出的。例如，弱亲脂性防腐剂酸和低 pH 之间的协同作用可能是最明显、最容易理解且使用范围最广的。然而，多目标栅栏的进一步合理使用还不太确定。如果食物的 pH 可以降低，当然，如果可能的话，加入弱亲脂性酸是合乎逻辑的。但是，降低细胞输出质子所需能量的可用性也是合乎逻辑的，pH 稳态的大量能量需求在上文已做了介绍。因此，应考虑真空包装或改性空气包装，并可能加入还原剂（如抗坏血酸盐或异抗坏血酸盐）或氧清除剂（如葡萄糖氧化酶），因为这些方法将极大地限制兼性厌氧菌的可用能量，并完全阻止严格需氧菌的生长。任何能够实现的 A_W 降低都将通过解决另一个目标来进一步改善保存，迫使细胞渗透调节，并消耗额外的能量，从而减少可用于质子输出的能量等。这种“能量转移”对于相容性溶质积累的重要性已得到很多研究者的认可。然而，有研究发现，随着 A_W 的降低，摩尔生长产率保持较高且接近恒定，直到接近最小生长 A_W 时，其突然降至零。如果可以对食品进行温和加热，那么采取可能导致伤害（如对膜的伤害）和损害其功能性的措施，可能是一个更合理的目标，应该扩大先前应用的栅栏的影响，这些栅栏依赖于功能正常的膜。因此，多目标方法的潜在价值可以很容易地被理解，并且在未来可能会建立在更合理的基础上。多目标新工艺的一个例子是应用乳链菌肽，它与溶菌酶和柠檬酸盐一起破坏细胞膜，然后导致细胞壁中的肽聚糖水解，其由于乳链菌肽的膜活性作用而无法修复。因此，攻击两个不同的目标会干扰体内平衡。另一个例子是提高对溶菌酶的敏感性，如对于大肠埃希菌，由于冷冻和解冻造成的亚致死性损伤（Leistner，2000）。

在过去的探究中，研究者一直在预想食品中的不同栅栏可能不仅对微生物稳定性有相加性影响，而且可以协同作用。如果食品中的栅栏同时击中微生物细胞内的不同目标（如细胞膜、DNA、pH、A_W、Eh 等相关的酶系统），从而干扰微生物在几个方面的稳态，则可以实现协同效应。如果是这样，体内平衡的修复以及“应激休克蛋白”的激活将变得更加困难。因此，在保存特定食物的过程中同时采用不同的栅栏，应能获得最佳的稳定性。实际上，这可能意味着使用不同的较弱的低强度防腐因子（栅栏），比使用一个高强度防腐因子更有效，因为不同的防腐因子可能具有协同效应，而且对于产品感官和营养性的保持更具有优势。

食品栅栏因子的多靶效应及其共效防腐是一个很有前景的研究领域，因为如果选择具有不同目标的小栅栏，可以实现最小但最有效的食品保存。预计不同防腐因子在微生物中的交互作用将得到更充分的阐明，然后可以根据目标将栅栏分为不同的类别。如果防腐措施基于对不同目标类别栅栏的智能选择和组合，则食品的温和有效保存，即栅栏的协同效应是可能实现的。这种方法可能不仅适用于传统的食品保存工艺，也适用于现代工艺，如食品辐照、超高压、脉冲电场、光技术以及常规栅栏，如乳链菌肽与亚致死静水压力和降低温度的组合对植物乳杆菌、大肠埃希菌和酿酒酵母即显现这种效果。

食品微生物学家可以求教于药理学家，因为杀菌剂的作用机理在医学领域已经得到了广泛的研究。已知至少有 12 类杀菌剂在微生物细胞内具有不同的目标，有时不止一个。通常，细胞膜是主要靶点，会使细胞膜泄漏并破坏生物体，但也会损害酶、蛋白质和 DNA 的合成。事实证明，在医学领域，多药攻击在对抗细菌感染，特别是结核病方面是成功的。即使是可导致治疗失败的艾滋病病毒的变异问题，也可以在疾病早期通过多种药物的攻击来克服。人们相信，只有联合用药才有可能战胜艾滋病毒，这种鸡尾酒式策略对病毒和细菌有效。通过比较，对微生物的多目标攻击（多靶效应）也应该是食品微生物学中一种很有前途的技术。在微生物细胞内不同防腐因子的目标被阐明后，这肯定会成为未来的一个重要研究课题，食品防腐效果可能会远远超过我们今天所已知的最佳的栅栏技术应用结果。

抑菌剂的协同效应（表 1-13）也显现在植物源成分中，当使用植物提取物时，普遍认为无论是抗菌活性还是其他的化学反应，都是多种生物活性化学物质交互的协同作用，即组合物质的效应大于个体效应的总和。牛至提取物的两种结构上相似的主要成分，即胡萝卜素和百里香酚，在对金黄色葡萄球菌和铜绿葡萄球菌进行测试时就具有协同作用。肉桂醛和丁香酚浓度分别为 250μg/mL 和 500μg/mL 的混合物能抑制葡萄球菌、微球菌和大肠杆菌的生长长达 30d，而单一的化合物却没有抑制作用。

表 1-13　一些抑菌剂的协同效应

抑菌防腐剂	协同效应
精氨酸乙酯盐酸盐（LAE）与山梨酸钾	单一使用需求量大，复配使用能使榨菜等食品中微生物增殖降低 2 个数量级
苯甲酸钠和山梨酸钾	在相同质量浓度下复合抑菌效果显著高于单独累加
溶菌酶与 EDTA 二钠（乙二胺四乙酸二钠）	在溶菌酶较低浓度时，EDTA 二钠复配可将抑菌效能提高 1~4 倍（较高浓度无协同作用）
儿茶素与壳寡糖	比单独使用抑菌率提高 30%~60%
金属离子与乳酸菌素	Cu^{2+}、K^{+}、Al^{3+}、Zn^{2+}、Fe^{2+}、Fe^{3+} 对乳酸菌素抑菌性其有显著增强作用
nisin 与其他抗菌剂	与山梨酸钾、异维生素 C 钠、EDTA、溶菌酶等复配，其抑菌效果显著优于单一防腐剂
苯乳酸和醋酸	显著提升抑菌效能，协同破坏细菌基因组 DNA
迷迭香酸和 ε-聚赖氨酸	复合呈现不单独更较强的抑菌活力
抗菌肽与植物精油	复配使用对细菌的穿膜效率显著提升
纳他霉素与其他抗菌剂	与苯甲酸、硝酸钠、山梨酸钾、脱氢乙酸钠配伍，使纳他霉素的抑菌率提高 30%~60%

除同一植物提取物的不同化合物有协同作用外，从不同植物提取的化合物之间也能表现出协同效能。如将柠檬中的柠檬酸添加到香料中，可以观察到协同抗菌作用。黑胡椒也是一种“生物利用度增强剂”，这意味着它具有协同作用，可以增加包括微生物在内的细胞与其他天然抗菌剂作用的速率。又如在百里香和牛至中发现的主要抗菌化合物是百里香酚和香芹酚。最近在一项使用百里香酚、香芹酚和丁香酚抑制李斯特菌的研究中，当使用混合物时表现出协同效应，相较单个化合物，这三种化合物的三元混合物极大地降低了抑制浓度。

食品的多靶共效防腐将是食品防腐根本而有效的最终目标。栅栏技术应用于食品防腐，其可能性不仅仅是根据食品内不同栅栏所发挥的累加作用，而是这些栅栏因子的交互作用与协同效应性。如果某一食品内的不同栅栏是有效针对微生物细胞内不同目标，即不同靶子，如是针对细胞膜、DNA 或酶系统以及针对 pH、A_W 或 Eh 等内环境条件，从多方面打破其内环境平衡，使细菌抗应激蛋白的形成更为困难，则可实现有效的栅栏交互作用。因此在食品内应用不同强度且温和的防腐栅栏，通过这些栅栏的交互作用使食品具有微生物稳定性，比应用单一而高强度的栅栏更为有效，更益于食品防腐保质。而在多靶效应应用上，医学领域早已走在前列，如上所述的对杀菌剂杀菌机理的研究，至少已有12类杀菌剂对微生物细胞的多靶效应作用被揭示。细胞膜常常是受到进攻的第一个靶，使细菌变得千疮百孔甚至四分五裂，同时杀菌剂又可阻止酶、蛋白质和DNA等的合成；多靶效应性药剂已在抗细菌性传染病（如布鲁菌病）和病毒性传染病（如艾滋病的鸡尾酒疗法等）上得到成功应用，其原理在食品微生物学及食品防腐保质方面大有启迪，建立于栅栏技术的“多靶共效防腐”技术的应用将具有广阔前景。

第四节　栅栏技术与食品质量

一、栅栏技术与食品总体质量

栅栏技术在食品中的应用可扩展到食品保存以外的更广泛概念，即不仅仅局限于微生物稳定性和安全性，还可以涉及感官、营养特性和经济效益等。因此，基于多因子组合调控的栅栏技术的作用应致力于食品的整体质量的提升，而不仅仅是微生物稳定性和安全性的狭窄范围，尽管该范围是食品防腐最为重要的方面。但目前，将栅栏技术应用于食品总体质量的改善仍然受到限制，通过建模预测食品质量也是如此。然而，研究人员应该充分理解和认识到栅栏技术概念对于食品总体质量的重要意义，食品产业应充分发挥基于多因子组合的栅栏技术的作用，尽可能地提升食品质量。为了更好地发挥各栅栏因子的作用，需要准确了解特定食品的每个栅栏的有效性。有研究者建议将栅栏对食品质量的影响划分为正向性和负向性两类，且栅栏技术对产品质量的积极性和消极性不仅仅在微生物方面，也在于其他质量方面，尽管食品的非微生物劣变的研究探索要比微生物方面少得多。虽然栅栏技术主要在于确保食品的微生物稳定性和安全性，但食品的总体质量是一个更为广泛的领域，涵盖了广泛的物理、生物和化学属性。图1-10是Leistner（1994）对食品中栅栏与食品总体质量关系的图示，每一栅栏都有合适的强度范围，过低则发挥不出应有的防腐保质作用，在一定适度范

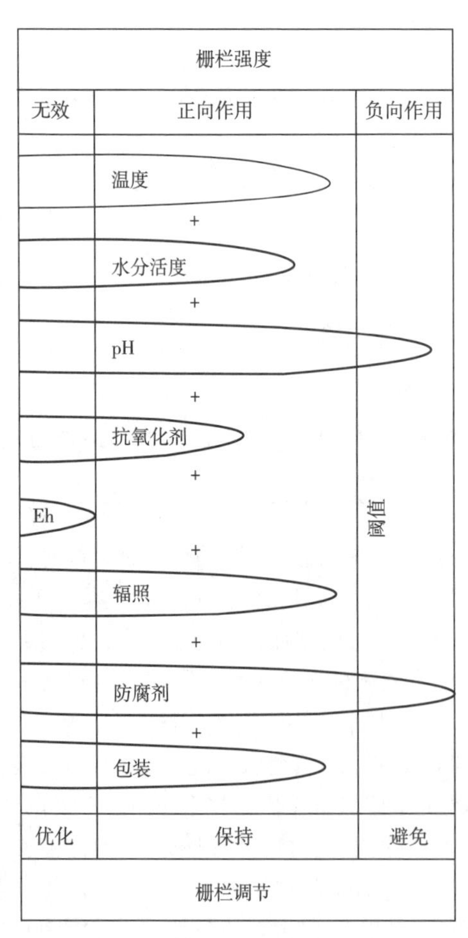

图1-10　食品中栅栏与食品总体质量关系

围对产品防腐保质有利，超过一定限度就会对产品带来不良影响。

食品中的一些栅栏，如美拉德反应形成的产物，可影响食品的安全性和质量，因为这些产物具有抗菌特性，同时可改善产品的风味。腌制肉制品中的亚硝酸盐也是如此，不仅仅能抑制微生物生长，也有助于改善产品色泽、提升产品风味，因此食品中存在的栅栏可能与产品的微生物稳定性和安全性，以及产品的感官、营养、技术和经济特性相关。而栅栏可能对食品产生积极或消极的影响，这主要取决于它的强度。例如，有的水果冷藏时，过低的温度对水果品质有害（冷害），而适度的冷藏则有益于延长产品保质期。此外，食品的不同质量属性也受到栅栏的影响，如食品的流变特性可能受到不同栅栏的影响。Rao 和 Patil（1993）进行了栅栏因子对印度乳制品 paneer 流变特性（特别是咀嚼性和硬度）影响的综合研究，通过使用温和加热处理（F）、适度降低 A_W 和 pH 并添加山梨酸钾（Pres.）的方法，在延长保质期的同时改善了产品质构特性。在此研究中，采用了响应面分析法（Hoke 设计）对新工艺开发的产品及其贮藏特性建立预测模型，分析 A_W 和 pH 的降低导致的硬度和咀嚼性增加，以及热处理 F 值变化导致这些特性值的降低。各因子之间的交互作用显示出很有意义的协同效应。这一研究展示了对调控产品质量栅栏的定量评估，为其他食品特定质量属性调控的定量化提供了重要借鉴。

二、栅栏技术应用的多维度扩展

栅栏技术最初的概念仅仅构建于与食品的微生物稳定性和安全性的关系上，随后的进展将加工感官质量和营养特性纳入食品优化中，而进一步的多维度扩展应用（表 1-14）受到广泛关注，这些领域主要涉及医学、食品栅栏、酶活性、可持续食品加工以及栅栏技术的定量化方面。

表 1-14 栅栏技术进一步的多维度扩展应用

扩展维度	应用方式
医学	栅栏对人的健康维护的有效性决定其摄入病原体后是否会导致食物中毒
食品防腐栅栏	食品加工和包装过程中的污染或再污染可以通过机械、物理、化学和生物性栅栏使之最小化
酶活性	食物中的酶活性受 F 或 t（温度）、A_W（水分活度）、pH（酸度）和 Pres.（防腐剂）等少数几个栅栏的影响
可持续食品加工	不仅是工业化国家，也包括发展中国家的食品加工和贮藏中，栅栏技术适用于调控和降低资源（能源和成本）的耗用，有助于推进可持续性发展
栅栏的定量化	目前栅栏技术应用中栅栏的度量仍然主要处于定性阶段，未来将向定量化发展，其应用效率将产生飞跃

（一）医学领域

与食品安全相关的一个重要医学方面是人体内的栅栏，Leistner（2002）认为，这些栅栏决定了含有病原体的食品是否会导致食物中毒。关于微生物穿透进入人体的自然屏障，以及人体相关的抗菌防御机制，已通过大量的研究予以明确。第一道防线是消费者口腔中的唾液，其中含有杀菌和抑菌物质（如溶菌酶、乳过氧化物酶）。胃中极低的酸度（正常情况 pH<4）是阻碍病原菌通过的一个很强的栅栏，其有效性受食物在胃中停留时间的影响。如果亚硝酸盐被食物（如加硝腌制肉制品）吸收，那么亚硝酸盐有助于杀死胃中不受欢迎的细菌，因为硝酸根离子在低 pH 下具有很强的杀菌能力。接下来的第二道防线是高 pH、胰酶和小肠胆汁盐的表面活性。此外，大肠中的正常肠道菌群发挥着极其重要的保护作用，其作用机制十分复杂，因而人们对其仍知之甚少。其竞争能力可以阻止致病性、毒性微生物（如沙门菌或志贺菌菌株）在肠道中定植。肠道蠕动和腹泻有助于摆脱有害的病原体，而病原体是否会引起菌血症受肠黏膜状况的影响，尤其是受人体免疫防御状态的影响还无从得知。

将栅栏技术的应用范围扩展到包括食物来源的动物或植物的健康是可行的（在某些食用动物中，类似的栅栏同样有效），设计良好的食品中的预防致病微生物的栅栏，然后是以上所述的在消费者体内的有效栅栏，在链条上的这些关键环节决定食物中毒可以预防或是否将发生。

（二）食品栅栏

食品加工厂的洁净加工区应尽量避免（或尽量减少）加工和包装过程中已经经过热加工或去污的产品再污染。洁净加工区由数个隔间（即卫生区）组成，这些隔间是具有不同用途的相邻房间，仅供授权人员使用。此外，还采取了不同的措施（即卫生栅栏），包括机械性（员工专用服装，包括口罩、手套和鞋子）、物理性（洁净室中的空气过滤器和超压，应凉爽干燥）、化学性（清洁时无气溶胶和腐蚀、杀菌表面）和生物性（废水管中的保护性培养物）措施。在加工和包装过程中，尽量减少微生物对食品污染。包装后，易腐产品应迅速再次冷却，或在冷却前进行包装产品的巴氏杀菌。

（三）栅栏技术与酶

许多食品酶，它们要么是某些植物或动物源性食品中的固有酶，要么是由与这些食品相关的微生物产生的，会导致腐败（如在巴氏杀菌牛乳或果汁中）或感官改善（如在长期发酵加工的带骨火腿，或通过排酸嫩化的畜禽胴体中）。当产生这些酶的微生物被灭活（如通过热加工处理）或被抑制（如通过降低水分活度）时，这些微生物来源的酶通常仍然具有活性。然而酶的活性肯定还受到若干环境因素（栅栏）的影响，如与水分活度 A_W 相关的酶活性的众多研究，但大量的研究是局限于单一的栅栏对酶的性能的影响，多重栅栏对酶的影响的研究相对较少。

对芽孢杆菌在不同温度和水分活度组合下的研究显示，在温度 2~37℃，A_W 值为 0.748~0.980 的条件下，会影响蛋白水解活性。降低温度和降低 A_W 导致蛋白水解活性显著降低。与 A_W 相比，在实验范围内，温度能更有效地抑制蛋白水解酶。在 A_W 值为 0.748（NaCl 浓度达到饱和）条件下，观察到意外的高蛋白水解活性，而在 2℃ 温度下检测的酶仅显示出低活性。对不同温度（2℃ 和 7℃）、A_W（0.80~0.98）、pH（4.0~7.3）的不同组合对芽孢杆菌和假单胞菌产生的蛋白酶活性的影响的研究结果显示，温度、pH 和 A_W 的下降均导致蛋白酶活性降低，最显著的影响是由这三个栅栏的组合引起的，温度、pH 和 A_W 的组合对酶活性的影响程度大于单一栅栏。当温度在 30~37℃、pH = 7.3、A_W = 0.95~0.98 时，发生最大酶促反应。一般而言，酶活性的丧失总是与温度、pH 或 A_W 的下降相关联，但即使在 2℃ 或 A_W 值为0.80，以及在65℃加热30min或在75℃加热5min后，仍可检测到脂肪酶和蛋白酶的反应。通过对实验数据分析，得出了哪些栅栏组合导致荧光假单胞菌蛋白酶和脂肪酶明显完全失活的结论。该研究还证实了酶活性具有的栅栏强度范围比细菌生长的范围广得多，即是在相同温度和 A_W 条件下，被测细菌的生长早就停止了，但酶活性仍然可检测到。

在对用作发酵香肠发酵剂的木糖葡萄球菌脂肪酶的研究，也显示了温度、pH和 A_W 栅栏的组合对酶活性的影响程度大于单一栅栏，由此认为以此方法可能有助于更准确地评估食品的保质期（Leistner，2000）。依据该研究引入了酶促活动模型，以便更接近他们的研究目标，即表征和预测由已经发生或可能仍然发生的酶促过程引起的食品微生物腐败。基于收集的数据，使用英国Baranyi等的DMFit程序建模。对于每个测试的温度、pH和 A_W 条件，酶活性曲线作为时间的函数，通过线性回归拟合曲线并导出参数。使用多项式回归将来自每个测试细菌菌株的多达400条曲线的速率建模为环境因素（栅栏）的函数，将基质内条件的速率预测与原始酶数据进行比较，因此可以对不存在实验数据的条件进行预测。这种方法可以根据对测试环境因素（即栅栏）的酶反应的定量知识，以便更准确地预测食品的保质期。因此，可以使用高温超声波处理来解决由耐热酶引起的问题，基于组合栅栏的累加或协同效应对食品中酶的刺激、抑制或失活的进一步研究展现出广阔的前景，有可能成为深化栅栏技术研究的新方向。

（四）可持续食品加工的栅栏技术

基于栅栏技术的食品满足了消费者的需求，即安全、营养、美味和方便兼具的食品。由于这些新产品在加工和贮存过程中不需要耗用较多的能源，且投资低，对资源的需求适度，适用于发达国家，也适用于发展中国家。这些食品加工方法符合可持续发展和确保未来充足食品供应的新要求。因此，基于栅栏技术的可持续发展食品保存已被选中作为生命支持系统百科全书（EOLSS）的一部分，该百科全书旨在成为新千年全球可持续生命的指南，并将在联合国教科文组织的指导下进行编写。2020年以来，“可持续动物生产、健康和环境”受到全球的特别关注，联合国召开了多次与此相关的各国领导人高层峰会以及国际研讨会，多次食品安全会议也涉及通过栅栏技术保存食品的话题。专家学者指出，基于栅栏技术的温和且可持续的一个食品加工重要方面将是制定简单的食品保存指南，这些食品在微生物学上稳定且安全，美味且营养丰富，易于中小型企业（small business，SME）加工，应该可以在无需冷藏的条件下贮存，更符合节能环保的发展要求。

（五）栅栏技术的定量研究

目前栅栏技术基本上仍是一种定性方法，而先进、智能的栅栏技术应是定量化的。在特定产品中使用哪些栅栏取决于食品类型、所需的稳定性和质量以及可用的设施。目前，为特定食品选择的栅栏类型传统上取决于经验、良好的判断以及反复试验。此外，所应用栅栏强度通常不是基于数学统计和工程方法，而是基于食品设计在工艺学、营养学、毒理学、微生物学等不同领域的工程师之间的合作。在食品栅栏的定量研究中，如果工艺学家和微生物学家在食品设计中合作，那么微生物学家应考虑该产品的常见微生物风险，从而确定特定食品所需的微生物安全性和稳定性所需的栅栏类型和强度。工艺学家应通过考虑法律、感官、营养和技术等方面，确定哪些成分或工艺是合适的，并以此为基础选择和调控这些栅栏。总体而言，未来的食品设计应考虑尽可能少地使用化学防腐剂。而从微生物学的角度来看，栅栏是否合适，可以通过微生物试验得到证实；从感官和技术的角度来看，栅栏是否合适，可以通过对大量实验产品质量的评估来判断。

这种实证方法在食品工业的实际食品设计中被证明是成功的，然而从定量统计学上看并不合理，特别是对食品工程师来说带有明显的主观性。因此，更合理的栅栏技术定量方法正在研究中。研究人员提出，随着对定量方法的不断改进，特别是新模型的出现，预报微生物学（predictive microbiology）的进一步发展将逐渐为栅栏技术带来定量维度。在最新的研究与应用中，已在将栅栏技术、预报微生物学和危害分析关键控制点（HACCP）或良好生产规范（GMP）有机结合，从而开拓栅栏定量新途径。但目前预报微生物技术的应用对象更多是食物中毒细菌，涉及食物腐败物的很少，也几乎不包括食品的感官和营养质量。此外，预测微生物学目前只能涵盖防腐剂等少数因子（栅栏），而如上所述食品的微生物稳定性、安全性和质量特性取决于多个栅栏。此外，许多食品开发商、制造商和零售商仍然认为预报微生物学的结果应用于实际市场上的食品时显得过于谨慎，因此预测微生物学作为栅栏技术的一种特别有价值的定量方法尚有待探究。进一步研究显示，在允许微生物生长的条件以及阻止其生长的条件之间的界面往往很狭窄，从而可以较为精确地定义和构建模型以提供食品长期稳定性和安全性的栅栏因子组合。这些生长/非生长界面模型量化了各种栅栏对增长概率的影响，并定义了增长率为零或无限滞后的交互作用。以此为依据，特别是边界（概率）模型的构建可能会为栅栏技术提供基于可靠和真正量化的研究方法。

第二章　栅栏因子调控与量化测定

第一节　食品防腐保质栅栏

一、 食品防腐保质的主要栅栏

在上一章中，以食品防腐保质发展为基础，介绍了从栅栏调控理论理解可能存在的栅栏，以及大多数传统和“新兴”栅栏及其主要抗菌效能。食品加工贮藏中可以利用以及已经利用的栅栏数量很多，但过去最受关注的、在食品中发挥主要作用的传统栅栏仅为少数几个，包括 A_W因子、t 因子、c. f. 因子、Pres. 因子等（表 1-5），这里通过表 2-1 予以强调。因为它们在组合工艺中使用的频率及有效性，所以它们得到了最广泛的应用，也是研究最多的。尤其是 4 个主要的微生物抑制栅栏：通过降低加工与贮藏温度 t，通过部分干燥或添加溶质（主要是氯化钠和糖）降低 A_W，通过发酵或添加酸实现的 pH 降低，以及导致微生物失活或杀灭（巴氏杀菌或高温杀菌）的 F 值升高。在许多长期经验推导的过程中，这 4 个因子是栅栏技术成功应用的关键。而在过去的几个世纪及至今被广为用于大多类型的食品的保存之后，近年通过其他栅栏来扩大其功效甚至参与共效，其稳步提升食品品质和安全性的作用已显现。例如，使用亲脂性弱有机酸（即山梨酸、丙酸或苯甲酸）可大大增强 pH 降低的抗菌效果；脱氧包装的使用显著提高了降低的 A_W 的抗菌效果；使用 CO_2 的改性气调包装极大地改善了冷藏等的有效性。除加热（F）、冷藏（t）和调节酸度（pH）或调节水分活度（A_W）外，使用微生物防腐剂（Pres.）和降低氧化还原电位（Eh），以及在大多数通过微生物作用发酵的食品中的竞争性菌群（c. f. ），如乳酸菌、霉菌等，也成为食品防腐的主要传统栅栏。在发达国家 t 栅栏应用最广，而在发展中国家的传统食品加工中，A_W 和 c. f. 的应用比发达国家更普遍。

表 2-1　　食品中发挥主要防腐保质作用的传统栅栏

栅栏符号	参数	应用
F	高温	热加工
t	低温	冷却、冻结
A_W	降低水分活度	干燥脱水、盐渍
pH	调控酸度	发酵产酸或添加酸

续表

栅栏符号	参数	应用
Eh	减低氧化还原电位	脱氧、阻氧或添加抗氧化剂
Pres.	防腐剂	添加山梨酸盐、亚硝酸盐等
c. f.	竞争性菌群	微生物发酵或添加益生菌

二、 食品防腐保质潜在栅栏

毫无疑问，在食品加工中，新产品开发涉及的产品配方和工艺，传统技艺与现代食品加工和包装技术的结合，为传统栅栏效能的提升和潜在栅栏的出现提供了新空间和机会。而更多的机会存在于栅栏因子的智能调控，既包括迄今为止未充分使用的技术的组合，又包括与更传统的技术的新组合。在这方面，潜在栅栏的数量很大。例如，在欧盟资助的“食品防腐栅栏共效作用研究”项目中，对在联合保鲜技术中的传统及潜在可用栅栏进行分类和罗列，并解释其作用模式。该研究共列出了约 60 个栅栏，它们被分为物理栅栏、物理化学栅栏、微生物衍生栅栏和其他栅栏（表 2-2），其中列出的一些栅栏本身代表了某一类别，而不是单个的某个栅栏。表中列出的主要物理和物理化学栅栏在上一章节进行了介绍。其中大多数（如基于酸化的 pH、基于添加 NaCl 的 A_W、使用山梨酸的 Pres. 等）是单一栅栏，而在自然界还存在的栅栏，即在动植物和某些微生物群落中存在的防止有害污染物入侵的系统，被认为是有应用潜力的栅栏。

研究者已在药草、香料和其他可食用植物材料中检测到数千种抗菌物质。其中许多已在实验室研究中使用细菌学介质进行了测试，以对抗腐败和病原微生物。实验已对其有效性予以了证实。进一步对其在大量食品中实际应用的功效进行了评估，结果显示了其有效性在具体的食品环境中会有所降低。例如，由于活性化合物分配到脂质中，而与食品的蛋白质成分结合较少等原因。在食品实际应用的具体环境中进行的评估，涉及存在潜在栅栏的食品较少，尽管这些潜在栅栏的交互作用很可能最终实现天然抗菌剂的实用价值。对大量植物源性抗菌剂的抗菌活性和食品相容性进行的研究，确认了挥发油具有最大的实际应用潜力。在气候炎热和喜食辛辣食物的国家和地区，抗菌香料和草药的用处甚广。在西方国家的食品工业中，普遍认为香料和草药的抗菌特性价值有限，而且很多作用机理不清，而且在添加量达到栅栏作用阈值时西方消费者会认为添加后的食品味道过浓过辣。然而，随着超临界 CO_2萃取香料和香草的应用越来越多，部分提取物具有明确的抗菌特性并且没有强烈的味道，由于这一技术的进展，使用香料和草药作为“天然”防腐剂的情况可能会普遍增加。同样，一些香料（如迷迭香）的提取物的实用性得到公认，它们在食品中具有明确和显著的抗氧化作用，可以改善食品的风味和保质期。然而，仅使用原始香料和草药，也许还有粗“提取物”不需要法律批准和标签明示，而高度纯化的天然抗菌剂和抗氧化剂物质必须被批准用作食品添加剂并标记为化学添加剂，这些要求显然可能会限制纯化提取物在许多国家的应用。作为替代方案，可以使用与食物风味相容的相对低浓度的天然抗微生物香料或粗提物，与其他栅栏组合仍然有效。但现有涉及以低浓度（与食品风味相容）单独使用或与其他栅栏组合使用的天然衍生抗微生物剂抑制微生物活性的研究仍然较少。

此外，已经发现的40多种细菌素中，仍然只有个别的（如乳酸链球菌素）已在食品防腐中广泛使用。虽然已有关于乳酸链球菌素在内的细菌素与其他栅栏组合的保存系统（例如，与溶菌酶和高静水压技术）结合应用的研究报道，但仍然缺乏大多数细菌素和细菌培养物产品与其他栅栏结合应用的效能评估。对于动物源性抗微生物剂，其中一些已被证明在某些食物中是非常有用的抗微生物剂（如溶菌酶、乳过氧化物酶系统、抗生物素蛋白等），对此也仍然缺少与其他栅栏相结合的应用及评估的研究。新兴物理技术，如超高压、高电场脉冲等也是如此，对这些潜在栅栏的研究甚少，在此领域栅栏技术的应用还处于起步阶段。

表2-2提供了可用于食品联合防腐保质的潜在栅栏，大多在食品防腐中的组合效能及其评估尚缺乏，但包括数百甚至数千个其他可能的栅栏肯定存在，而且将受到广泛关注，其可能会提供的新的、有价值的、用于食品防腐的效能将被研究开发。未来，食品设计师或许能够从数百种选项中选择最适合特定食品的栅栏，前提是它们与其他栅栏结合的有效性已得到研究阐明，并且其在食品中的应用已获得法律上的批准。

表2-2 可用于食品联合防腐保质的潜在栅栏

类型	具体的技术与方法
物理栅栏	加热（高温灭菌、巴氏杀菌、热化、热烫）；辐射（非电离紫外线，β、γ、X电离）；低温（冷藏、冷冻）；电磁能（射频能量-微波、高电场脉冲-电穿孔、振荡磁场）；光动力灭活；高强度激光和非相干光脉冲；超声波处理；温热超声波处理；超高压；包装（真空、“活性”包装、可食用涂层）；气调包装（N_2、O_2、CO_2）；气调贮存；可控气氛贮存；低压贮存；无菌包装；微观结构控制等
物理化学栅栏	A_W；pH；Eh；氯化钠和其他盐；亚硝酸盐；硝酸盐；亚硫酸盐；二氧化碳；氧气；臭氧；过氧化氢；有机酸防腐剂（丙酸、山梨酸、苯甲酸等及其衍生物）；乳酸；醋酸；抗坏血酸；赤酸盐；焦磷酸盐和聚磷酸盐；葡萄糖酸δ内酯（生成葡萄糖酸）；酚类抗氧化剂；甲醛、酚和烟雾的其他成分；螯合剂（EDTA；柠檬酸盐；磷酸盐）；表面浸渍和喷雾（乳酸、乙酸、山梨酸、磷酸三钠）；糖；甘油；丙二醇；乙醇；美拉德反应产物；香料、草药和其他可食用植物成分；乳过氧化物酶；乳铁蛋白；溶菌酶等
微生物衍生栅栏	竞争性菌群区系；微生物发酵剂；细菌素；纳他霉素等
其他栅栏	单月桂碱；游离脂肪酸；脂肪酸过氧化物和其他氧化产物；壳聚糖；氯等

三、栅栏因子作用的先决条件

严格原料获取及产品加工各个环节的卫生条件，使原料的初始菌数尽可能低，是保证食品可贮性的先决条件。早期研究就已表明，初始菌量低的食品保存期可比初始菌量高的产品长1~2倍，食品中污染的微生物越多，其生长繁殖活力以及对加工中各种杀菌抑菌工艺的抵抗力就越强，食品也就越容易变质腐败。活体畜禽肉基于自身防御体系基本上是无菌的，只有在病态或屠宰时应激状态，可发生内源性微生物对畜肉的污染，因此原料肉卫生质量

（污染菌量）主要取决于屠宰、加工过程的卫生条件。在常规所要求的卫生条件下，鲜肉表面污染菌量很低，加工处理时间越长，污染菌量越高，至分割肉出售时，表面污染菌量已相当高。例如，在严格的卫生条件和净化的加工车间，采用机器人分割和无菌包装的冷鲜肉，其洁净度可达到菌落总数低于 100CFU/cm^2，在气调包装及 2~4℃贮运流通下，其保鲜期可达到 14d 以上；而在目前我国大多屠宰分割卫生条件下，冷鲜肉的初始菌数往往较高，即使气调包装并冷链贮运，产品保鲜期也不超过 7d。

在现代食品加工管理中，原料质量和加工卫生条件对产品的影响更为重要。以此为前提，仅通过对主要栅栏因子的调控就极易达到产品的优质可贮。因此，对食品中主要防腐保质栅栏进行调控，首要条件是尽可能减少食品中微生物的初始菌量并避免加工中的再污染。在上一章在有关栅栏机理效应模式的讨论中，图 1-1（4）即是原料污染严重或加工卫生条件恶劣，初始菌量以及加工过程污染菌量极高的情形，则产品中固有的常见栅栏也可能无法防止腐败菌或产毒菌的繁殖。而原料肉污染较高量的有害菌，不仅仅是使冷鲜肉、冷鲜调理肉品的保鲜期缩短，也影响这些肉料加工产品的保质期。对巴氏杀菌冷链贮运流通和非辐照杀菌泡凤爪进行的研究对此予以了进一步的印证。采用初始菌量低于 1000CFU/cm^{2}的原料加工酱卤制品黑牛肉，添加 nisin 和乳酸钠防腐剂，包装后巴氏杀菌，在 2~4℃贮运流通，保质期可达 3 个月以上；而初始菌量高于 10^4CFU/cm^{2}的原料肉加工产品，在同等条件下保质期不足 30d。如果要达到 3 个月以上的保质期，则必须添加高于食品添加剂卫生标准 3 倍以上的防腐剂，或者提高杀菌温度至中心温度 90℃以上，而过量添加剂的安全风险，以及较高温度杀菌对酱卤肉感官品质的不利影响是显而易见的。

除严格原料肉屠宰、分割加工中卫生条件外，有效的、不中断的冷链是防止污染菌生长的最佳方法。在严格加工处理卫生条件中，与原料接触的加工设备、器具表面的消毒和灭菌尤为重要，为此可应用符合卫生标准的清洁剂、消毒剂，并结合物理法。另一要求是随时保持加工设备、器具、加工场地表面的干燥和冷却。此外，可适当采用一些减少胴体表面污染菌的方法，如热水冲淋、蒸气喷淋、有机酸处理等，脱菌量可达 20%以上。何丹等（2019）以切片猪耳为原料加工称为“层层脆”，以及以带骨鸭爪为原料加工称为“柠檬凤爪”的酱卤制品类型的产品。该类产品杀菌只能采用较低温度的巴氏杀菌，又要求常温可贮。而这类产品的原料来源复杂，有害菌污染严重。如果不对包装后的产品再进行辐照处理，则无法达到常温长期可贮条件，产品往往在 1 周内就有胀袋现象出现，2 周内一些产品腐败。而包装产品运输到装备有专用辐照设备的机构进行辐照，来回运输导致生产成本上升。此外，对于带骨凤爪等产品辐照难以达到 100%杀菌效果，且辐照食品的安全性始终受到一些消费者的质疑。为此采用了对原料的脱菌技术如下：将切片猪耳或鸭爪采用符合卫生标准的低剂量除菌液浸泡清洗、机械甩干，然后在卤汁浸泡环节添加专属乳杆菌和片球菌，通过可发挥较佳菌群竞争性作用的益生菌对可能残留的有害菌及其芽孢产生有效的 c. f. 栅栏的抑制作用，再结合常规的酸度调节（降低 pH）和添加乳酸链球菌素防腐剂（Pres.），以及真空包装（Eh）、多个栅栏因子的交互作用，保证了产品不用辐照处理也能达到在常温下贮藏 3 个月以上的保质期。

第二节 食品中主要防腐保质栅栏调控

食品中源于原料、辅料，以及处理加工过程中污染微生物的生长代谢，除了基于微生物本身的特性，还取决于其所处的内外环境因素。尽管食品保存的目的是控制所有形式的质量劣变，但主要是采用适宜的技术方法，尽可能地抑制食品中存在的腐败性和产毒性、致病性微生物的生长，然后是减少非微生物因素的化学、物理、酶促反应，抑制其导致的氧化酸败、褐变、风味衰减等品质劣化。所采用的与微生物代谢与生长最为相关的技术方法主要涉及 F、t、A_W、pH、Eh、c. f. 、Pres. 以及新兴的物理保鲜技术，构成了现今和未来食品防腐保质的基础。这些不同的防腐因子的单独和结合使用，需是以灭活或抑制相关的微生物的程度来评估这些因子对腐败和食物中毒微生物的影响。

优质食品应具备高营养性、卫生安全性和可贮性。卫生安全性意味着这一食品不含有害物，不会导致食品中毒；可贮性是指在所要求的贮存期内不会腐败变质。防腐保鲜是食品加工的主要目的之一，防腐保鲜技术贯穿于不同的加工工艺，通过加工以保证产品特有感官及营养特性、可贮性和卫生安全性。导致食品腐败的原因有物理性的也有化学性的，但最主要的是微生物性的，当微生物在食品内大量生长，增殖至较高量时食品即腐败变质。尤其是肉类食品由于具有高蛋白及较高水分的特性而易于腐败，尤其是在其贮存过程中易腐败变质而失去食用价值。导致食品腐败的微生物在食品中具有极强增殖势能。在食品中通过工艺设置的 F、t、A_W、pH、Eh、c. f. 和 Pres. 等防腐保质栅栏因子的作用，即是有效针对宜于微生物生长的较高 pH、较湿环境、较热温度等条件。主要是在严格加工卫生条件下，尽可能减少食品中微生物的初始菌量并避免在污染的前提下，抑制食品中微生物的生长代谢和酶的活性，阻止或抑制残存的微生物在食品处理、加工和贮存阶段的生长繁殖，保证产品的安全性和可贮性。首选方法是通过冷藏、干燥脱水、酸化等方法去除利于微生物生长和酶代谢的温度、湿度、pH 等条件，也可辅以添加剂增强其抑制效能。防腐方法包括腌制、干燥、热处理、烟熏或添加防腐剂等，需使食品内发生理化变化才能实现，而保鲜常用方法是冷却、常规冻结和低温速冻，可不改变食品内理化状态而延长产品贮存期。以下所列出的微生物有效抑制值，仅适用于所有其他因素对相关微生物的最佳状态下，而在不同的食品及不同的外在条件下，其效果显然是不同的。如果存在一种以上的防腐因素（栅栏），则会产生附加效应甚至协同效应，这是栅栏效应及其栅栏技术的基础。

一、 低温控制

温度因子（t）是影响微生物最重要的因素，在加工及贮藏中，随着食品温度的降低，可在其中生长的微生物种类也随之减少。表 2-3 是 Gould 等（1985）确定的某些食物中毒和腐败微生物生长的低温极限。Graham 等早期的研究就已表明，重要的病原体如产气荚膜梭菌和蛋白水解型肉毒梭菌不能在 12℃ 以下生长，而非蛋白水解型肉毒梭菌的生长下限为 3℃。一些病原体（如单核细胞增生李斯特菌、嗜水气单胞菌、小肠结肠炎耶尔森菌等）可以在低于此温度，接近 0℃ 时繁殖。因此，对接近 0℃ 的低温的可靠精准调控可提供高效和安全保存的可能性。然而在商业实践中，零售食品无法实现这种精确控制，只是在控制良好的餐饮操作中，如冷藏和真空低温烹调处理以及贮存/分发等程序已经取得了一定程度的成功，可将温度稳定保持在3℃以下，以确保食品安全。然而，即使是在0℃以下，许多非芽孢腐败微生物也能够缓慢繁殖，甚至在低至-7℃左右也具有生长活力，如果冷冻食品升温到这个温度范围，即使没有解冻，产品也可能通过微生物的活动缓慢腐败。在低于约-10℃的环境下，在冷冻食品中很可能不会发生微生物生长，这些食品通常贮存在-18℃或以下，当然在个别条件下，偶尔也有在此低温下微生物仍然缓慢增长的研究结果，如 Collins 和 Buick（1989）发现在-17℃冷冻豌豆中出现酵母菌的生长。冷冻条件对食品的影响是降低了食品的 A_W，显然冷冻食品中某些类型的微生物受到的抑制不是由低温引起的，而是因 A_W 的降低所致。Leistner 等的研究早已证实，由于霉菌和酵母菌比细菌更能耐受较低的 A_W，因此这些真菌更有可能在冷冻食品上生长。因此，冷冻食品的变质更多是由霉菌和酵母菌，而不是细菌引起的。

表 2-3　　某些食物中产毒性和腐败性微生物生长的极限温度

微生物	生长极限温度/℃	微生物	生长极限温度/℃
弯曲杆菌	32	大多数乳酸菌	5
肉毒梭菌（蛋白水解菌株）	12	肉毒梭菌（非蛋白溶解菌株）	3
产气荚膜梭菌	12	单核细胞增生李斯特菌	0
蜡样芽孢杆菌（嗜中性菌株）	10	某些种类微球菌	0
大肠埃希菌	7	嗜水气单胞菌	0
金黄色葡萄球菌	7	小肠结肠炎耶尔森菌	-1
蜡样芽孢杆菌（嗜冷菌株）	5	荧光假单胞菌	-2
沙门菌属	5	某些酵母和霉菌	-7
副溶血性弧菌	5		

由表 2-3 可见，一般微生物生长繁殖温度范围是 5~45℃，较适温度是 20~40℃，嗜冷菌-1~5℃，特耐冷菌-18~-1℃。45℃以上及-18℃以下，一般微生物不再具生长势能。有效控制温度，采用低温冷藏或冻结，可有效抑制食品中残存的微生物的生长繁殖，延长产品保质期。低温冷藏或冻结贮藏是食品防腐保质的最好方法之一，表 2-4 是实验室条件下对几种肉制品在不同贮藏温度下保质期的测定结果，结果表明温度越低，保质期越长。发达国家工业化程度高，技术较先进，通常可以比发展中国家更好地利用冷藏和冷冻技术保存食品，更好地发挥冷链的优点。而在发展中国家和地区，由于能源不足或价格昂贵，有的电力无法保证持续供给，加上特殊的气候条件（高温或高湿度），低温保存食品困难的现象普遍存在。而从防腐保鲜的意义上讲，低温冷却贮藏是真正意义上的“保鲜”，其他方法则是防腐。

表 2-4　几种肉制品不同贮藏温度下的保质期

食品	贮藏温度/℃	保质期
鲜肉（真空包装）	-20～-18	6～10 个月
	2～4	7～10d
	15～20	1～2d
西式蒸煮香肠	2～4	30～60d
	8～10	20～30d
	15～20	7～10d
高温火腿肠	2～4	12～14 个月
	15～20	6～8 个月
	28～30	2～3 个月
酱卤牛肉（真空包装）	2～4	10～15d
	15～20	4～5d
	28～30	<1d

在西式肉制品加工贮运实际生产上，标准控制参数中温度调控排在首位，低温控制是最主要的保证产品质量和安全性的栅栏，冷链控制贯穿于各类各型产品从原料处理、绞制斩拌、腌制、冷却、包装、贮运全过程，涉及产品加工环境温控和原辅料及产品温控。例如冷鲜肉、预调理保鲜肉、蒸煮香肠、盐水火腿、压缩火腿、腌腊酱卤肉等主要产品的冷却、贮藏、运输和营销环境温度均要求不中断冷链并保持在稳定的-1～2℃。

优质食品大多数属于 pH>5.2、A_W>0.95 的易变质甚至腐败的食品，在控制食品的卫生安全性及质量特性的栅栏因子中，需要在加工和贮运中予以冷链栅栏控制，否则极大增强 A_W、F、Eh、c.f 和 Pres. 等栅栏因子的作用强度就不可避免，这对于产品总体质量的保持是极为不利的。以冷链控制为主要栅栏的产品综合质量更佳，产品更安全，这也是先进工业国在保证食品可贮性和卫生安全性上主要采用低温冷却贮藏，构建较为完整的不中断冷链以确保食品优质安全的原因之一。食品加工与贮运流通冷链体系的缺失所导致的微生物超标、产品质量下降和腐败损失难以避免，为此不得不通过添加防腐剂，酸化、高温处理等增强其他栅栏来达到缓解的目的，但也会带来对于产品质量特性的不利影响和导致的潜在风险。

二、 高温灭菌

食品的热加工及杀菌工艺，是通过适宜的温度和加热时间的控制，使营养体微生物细胞失活（巴氏）或细菌芽孢杀灭（高温或超高温）。高温的 F 因子是食品防腐保质最为重要的手段。不同类型的微生物各自特定的耐热性，因微生物种群及菌株，以及细胞是处于营养状态还是芽孢状态而异，其耐热性范围很广，这对于以栅栏因子调控防腐为主的食品具有重要意义。以往许多从基础理论到实际应用的研究，已揭示了热处理温度和时间与不同微生物的致死关系，表 2-5 即是主要的营养性及形成芽孢微生物致死的极限热处理温度（D 值）示例。一些细菌（如弯曲杆菌）对高温有极端敏感性，在60℃下仅几秒钟就达到可将其杀灭的D值。因此，通过最温和的巴氏杀菌法，已很容易将这类微生物从食品中根除。一些肠球菌的耐热性则要高出几百倍，因此它们往往容易存活下来，并在巴氏杀菌的食品中引起产品腐败，特别是当大批量产品（如蒸煮火腿）缓慢加热处理时，残留的微生物会有时间进行“热适应”，从而进一步提高自身的耐热性。虽然大多数酵母菌和霉菌在营养菌的状态下具有较高的耐热性，但经常引起产品腐败的却是其中属于子囊孢子（如毛霉菌和铁青霉菌）的菌群，其耐热性甚至可超过一些耐热性较低的芽孢菌（如E型肉毒梭菌和丁酸型梭菌）。在芽孢菌中，最敏感的菌株在80℃下其杀灭D值为数分钟（如E型肉毒梭菌），这对于保证食品的安全贮藏很重要。而另一个极端是A型肉毒梭菌芽孢，在100℃下的杀灭D值长达30min。

表2-5　　主要的营养性及形成芽孢微生物致死的极限热处理温度（D值）

微生物	处理温度/℃	可达到的近似D值/min
细菌营养体		
某些弯曲杆菌	60	0.1~0.2
大多数沙门菌	60	0.1~2.5
埃希大肠杆菌	60	2
金黄色葡萄球菌	60	5
单核细胞增生李斯特菌	60	3~8
森夫滕贝格沙门菌775W	60	6~10
粪肠球菌	60	5~20
酵母菌和霉菌		
酿酒酵母菌	60	4
尼维雅和富尔瓦菌（子囊芽孢）	80	5
塔拉莫尼斯菌（子囊芽孢）	80	8~200
细菌芽孢		
E型肉毒梭菌	80	0.3~3
酪丁酸梭菌	80	13
产气荚膜梭菌	90	4.5~120
A型肉毒梭菌	100	7~28
产孢梭菌PA3679	110	21
嗜热脂肪芽孢杆菌	120	1~5.8
热解糖梭菌	120	3~4

尽管电离辐射等冷杀菌在食品保鲜中的使用逐渐被接受，常规热加工处理仍然是杀灭食品中微生物的唯一重要手段。有关加工热处理与微生物的致死已有从理论到实践的大量研究，甚至也涉及热处理在杀灭或伤害营养性或芽孢形式的微生物中的作用方式。Andrew等（1984、2000）的研究发现，较为温和的热处理的一个有利的方面，是它可能不足以灭活特定的微生物，但它可能会增加它们对其他抗菌剂的敏感性，使得在食用防腐剂技术的效能得到提高，这种温和的基于加热的处理技术与其他技术的组合，构成了后文要介绍的依据与交互作用栅栏技术取得成功的范例的基础。

在一些发展中国家，热处理是消除食品中有害微生物的主要手段。但这些地区的热处理往往低于100℃，高压灭菌技术在数量众多的小微企业中的应用因设备等受到限制，而当地天气炎热，又缺乏冷链，原料中的微生物含量（初始菌数）往往很高，因此巴氏杀菌程度通常比工业化国家更为严格，即完全将食品煮熟煮透。一些发展中国家的街头小摊食品，如东南亚街角及中国小城镇小作坊中的面条、方便小食等街头食品，即是采用这种方式。如果烹调制作后立即出售并食用，物流时间很短，则产品在微生物稳定上是安全的。在另一些产品的加工中，如中国的肉干制品，除了干燥脱水外，通常充分的热加工也很重要，因此此类食品的安全性可得到保障，食用后引起食品中毒的情况并不常见。而未经热加工处理的肉干产品，如非洲生制并生食的比尔通牛肉干（Biltong），沙门菌导致的中毒有时就成为食品安全中的严峻问题。

热加工是熟制食品防腐必不可少的工艺环节。蒸煮加热的目的之一，是杀灭或减少食品中存在的微生物，使制品具有可贮性，同时消除食物中毒隐患。对蒸煮香肠加工各工序微生物残留状况（表2-6）进行实验，反映出热加工在减少肉中存在的微生物的重要作用，蒸煮后产品中菌落点数已从肠馅的2.1×10^6CFU/g降至4.0×10^3CFU/g，完全达到产品卫生质量要求。多数低温肉制品的加热温度设定在72℃以上，如果提高温度，可以缩短加热时间，但是细菌死亡与加热前的细菌数、添加剂和其他各种条件都有关系。如果热加工至食品中心温度达70℃，尽管耐热性芽孢菌仍能残存，但致病菌已基本完全死亡。此时产品外观、气味和味道等感官质量保持在最佳状态。这时结合以适当的干燥脱水、烟熏、真空包装、冷却贮藏等措施，则产品已具备可贮性。在高温高压加工的罐头食品中，高温杀菌成为防腐的唯一作用因素。热加工至中心温度120℃以上，仅数分钟即可杀灭包括耐热性芽孢杆菌在内的所有微生物，产品室温保质期1年以上。与此同时，食品的感官质量和营养特性或多或少要受到损害。尽管如此，加工温度越高，产品可贮性越佳（表2-7），充分热加工对于保证食品安全性和可贮性是极为重要的。

表2-6　　　蒸煮香肠加工各工序微生物残留状况

蒸煮香肠加工工序	香肠中心温度/℃	微生物残留/（CFU/g）
充填肠馅时	18	2.1×10^6
预干燥结束时	30	2.5×10^6
烟熏结束时	42	2.4×10^6
蒸煮前	55	3.1×10^6

续表

蒸煮香肠加工工序	香肠中心温度/℃	微生物残留/(CFU/g)
60min 蒸煮结束时	69	2.3×10^4
75min 蒸煮后	71	1.5×10^4
90min 蒸煮后	72	1.1×10^4
水冷法急冷后	54	4.0×10^3

表 2-7 几种肉制品的加工温度与产品可贮性

肉制品	热加工温度(中心温度)/℃	可贮性
蒸煮香肠	70~75	冷藏可贮，2~4℃，不超过 20d
烫煮香肠	75~80	冷藏可贮，4~8℃，不超过 25d
高温火腿肠	115~120	常温可贮，不超过 6 个月
罐头(软罐、硬罐)	80~95	常温可贮，5℃，不超过 6 个月
	100~110	常温可贮，15℃，不超过 1 年
	121(5min)	常温可贮，25℃，不超过 1 年
	121(15min)	常温可贮，40℃，不超过 4 年

三、 调节水分活度

在微生物和酶类导致的食品腐败过程中，水的存在是必要因素。食品的贮藏性与水分有直接关系，水分多的食品容易腐败，水分少的食品不易腐败。食品中水分由结合水和游离水构成，与食品的贮藏性有密切关系的是游离水。游离水可自由进行分子热运动，并具有溶剂机能，因此必须减少游离水含量才可以提高食品的贮藏性。减少游离水含量，就要提高溶质的相对浓度。食品中游离水状况可从 A_W 反映出，游离水含量越多，A_W 越高。在传统食品中，通过降低水分活度保证产品微生物稳定性已得到极其广泛的应用。

加工过程的干燥脱水，添加食盐和糖进行腌制和糖渍，添加某些溶质，以及通过冷冻食物固定水分等，都会导致水分活度值降低。尽管存在重要的“特定溶质效应”，但食品的 A_W 已被发现是食品中决定微生物生长潜力最为重要的决定因素，食品中的大多微生物都只有在较高的 A_W 下才能迅速生长，当 A_W 值低于 0.95 时大多导致食品变质腐败的微生物的生长受阻。因此，食品的 A_W 已被广泛作为判定其可贮性的重要指标。表 2-8 为某些食物中产毒性和腐败性微生物生长的极限 A_W 值。一些最常见的腐败细菌，如假单胞菌，对 A_W 降低极不耐受，即使 A_W 值降低到约 0.97，也无法生长。梭状芽孢杆菌在 A_W 值低于 0.94 时受到抑制，其中大多数在 A_W 值为 0.93 时已可受到抑制，也有少数在 A_W 值略低于 0.90 时也可能具有繁殖能力。金黄色葡萄球菌是食物中毒细菌中对 A_W 耐受性最低的细菌，在 A_W 值为 0.86 的有氧条件下能够增殖，但在厌氧条件下 A_W 值为 0.91 已是其生长下限。许多酵母霉菌在 A_W 值低于 0.86 时能良好生长，一些嗜渗酵母和嗜干霉菌甚至在 A_W 值略高于 0.6 时也能缓慢生长。微生物对 A_W 耐受性的强弱次序：霉菌>酵母菌>细菌。因此，即使是 A_W 较低的食品，如肉干和腊肉，仍然容易霉变。而大多数极度干燥食品的 A_W 值均低至 0.3，以使任何微生物失去生长的可能，而且这一 A_W 范围也将化学和物理变化保持在最低水平。

发展中国家的大多腌制食品属于中等湿度食品，或称为中间水分食品（intermediate moisture food，IMF），其 A_W 值在 0.60~0.90，也有的处于低湿度范围（A_W<0.60），在此范围内它们不需要冷藏即可安全贮存。然而，发展中国家有逐渐远离中等水分食品的趋势，因为其中许多食品为确保可贮性和安全性往往采用较为深度的干燥，或添加较高量的食盐/糖，使得产品太咸/太甜，而且它们的较硬质地和外观对年轻消费者越来越没有吸引力。因此随着经济发展和技术进步，通过应用栅栏技术可将这些食品改造成具有更佳的感官特性，较低食盐含量或糖的高水分食品（A_W>0.90）。发展中国家的研究者已充分了解了 A_W 在食品防腐保鲜中的原理和应用，但在企业的实际应用中能够主动通过适宜的测定仪进行 A_W 的可靠测定和调控的仍然很少，大多生产企业更是普遍不熟悉水分活度的概念，他们遵循世代相传的食谱和制作经验，加工出具有良好保存性的中低水分食品。

表 2-8　某些食物中产毒性和腐败性微生物生长的极限 A_W 值

微生物	生长极限 A_W 值	微生物	生长极限 A_W 值
某些弯曲杆菌	0.98	某些乳酸菌	0.92
荧光假单胞菌	0.97	金黄色葡萄球菌（厌氧型）	0.91
嗜水气单胞菌	0.97	某些芽孢杆菌（嗜氧型）	0.89
肉毒梭菌（E 型）	0.96	金黄色葡萄球菌（嗜氧型）	0.86
产气荚膜梭菌	0.96	脱盐微球菌	0.85
大多数乳酸菌	0.95	尼氏拟青霉菌	0.84
沙门菌	0.95	黄曲霉菌	0.80
大肠埃希菌	0.95	嗜盐杆菌	0.75
副溶血性弧菌	0.95	阿姆斯特丹散囊菌	0.70
肉毒梭菌（A 型）	0.94	瓦氏菌	0.69
蜡样芽孢杆菌（嗜中性菌株）	0.93	鲁氏接合酵母菌	0.62
单核细胞增生李斯特菌	0.92	双孢干酵母	0.61

A_W 值大于 0.96 的食品易腐，贮存的必要条件是低温；A_W 值低于 0.96 的食品较易贮存，低于 0.90 的在常温下也可较长期贮存。含水量 72%~75% 的食品是微生物的最佳营养基，湿润的肉表 A_W 较高，被污染的微生物就易于生长，如果贮存阶段逐步干燥，则可抑制其生长而有助于产品保存。如表 2-9 所示，食品的可贮性与其 A_W 紧密相关，一般来讲，A_W 越低产品越易于贮存。当然微生物对 A_W 的敏感性还取决于诸多因素，如环境温度、有无保湿剂等。

表 2-9　　食品 A_W 与其可贮性

肉品	A_W（变动范围）	贮存条件
冷鲜肉	0.99（0.98~0.99）	冷藏可贮（2~4℃）
蒸煮香肠（法兰克福肠）	0.97（0.93~0.96）	冷藏可贮（2~4℃）
烫香肠（肝肠、血肠）	0.96（0.93~0.97）	冷藏可贮（2~4℃）
酱卤肉	0.96（0.94~0.98）	冷藏可贮（2~8℃）
西式发酵香肠	0.91（0.72~0.95）	常温可贮（<25℃）
中式腊肠	0.84（0.75~0.86）	常温可贮
中式腊肉	0.80（0.72~0.86）	常温可贮
发酵火腿（中式） （西式）	0.80（0.75~0.86） 0.92（0.88~0.96）	常温可贮
肉干制品（肉干） （肉松）	0.68（0.65~0.84） 0.65（0.62~0.76）	常温可贮

降低食品 A_W 是延长其保存期常用而极为有效的方法。其中，干燥脱水（风干、日晒、烘烤等）最为快速而高效，中式香肠、腊肉等中间水分食品（IMF）多采用此法作为主要防腐手段。而添加 A_W 添加剂也可在一定程度上降低 A_W，这些添加剂大多本身也是食品加工的辅料，包括食盐、糖、磷酸盐、柠檬酸盐、醋酸盐、甘油、乳蛋白等，甚至作为原料的肥肉（脂肪）也可有助于食品 A_W 的降低（表 2-10），其中食盐的作用最强，糖次之，甘油最差。其中有一个特例是添加甘油降低 A_W 以抑制金黄色葡萄球菌的作用比添加食盐更强。由于不同添加剂在食品中的添加量是有限的，如食盐受咸味所限，添加量一般不超过 3%，因此应用于降低产品 A_W 的作用范围也就有一定限制。冻结贮存食品的重要机理之一也在于降低食品的 A_W，以鲜肉为例，在 -1℃ 时，A_W 值为 0.99，而在 -10℃、-20℃ 和 -30℃ 时，A_W 值分别降至 0.907、0.823 和 0.746。传统的食品腌制法的实质也是通过提高产品中的渗透压，降低水分活度，达到抑制微生物繁殖的目的，同时改善产品风味。

表 2-10　　几种添加剂不同添加量对降低食品 A_W 的作用

添加剂	添加量					
	0.1%	1%	2%	3%	10%	50%
食盐	0.0006	0.0062	0.0124	0.186	–	–
聚磷酸盐	0.0006	0.0061				
柠檬酸钠	0.0005	0.0047				
抗坏血酸	0.0004	0.0041		0.09		
葡萄糖酸内酯	0.0004	0.004				
醋酸钠	0.0004	0.0037				

续表

添加剂	添加量					
	0.1%	1%	2%	3%	10%	50%
丙三醇	0.0003	0.003	0.006	0.015	0.03	
葡萄糖	0.0002	0.0024				
乳糖	0.0002	0.0022	0.0044	0.066		
蔗糖	0.0002	0.0019	0.0026			
乳蛋白	0.0001	0.0013	0.0012	0.039		
脂肪	0.0001	0.00062		0.019	0.006	0.031

四、调节 pH

pH 是影响微生物的内环境的重要因素，表 2-11 中列出了某些食品中产毒性和腐败性微生物生长的极限 pH。一个特别重要的 pH 是 4.5，低于此值即使是危险的肉毒梭菌也被认为无法生长。因此，在食品的热加工中，没有必要将 pH 低于此值的“酸性”食品的热加工度提高至与高 pH 食品相同的程度。防止其他一些食物中毒微生物生长的极限 pH 低于 4.2，此时食物中的腐败微生物是乳酸菌、酵母菌和霉菌，甚至有的微生物在低于 3 的 pH 值下也能生长繁殖。

在发展中国家，pH 也常作为食品防腐的一个重要栅栏，一些常见的食品，尤其是水果，天然就是 pH 较低的食品。山梨酸钾、苯甲酸钠等防腐剂在发展中国家食品中的使用越来越多，显然是在降低食品的 pH 后，至少在一定程度上能提高这些产品的防腐效能，确保产品安全可贮。一些如发酵香肠等类型的食品，在许多西方国家广为流行，消费者可以接受低 pH（pH 可低于 5）的该类食品。但在东方国家（如中国和日本），这种较酸的肉制品却不受欢迎，因为肉类食品的酸味常常与腐败联系起来，而肉制品的甜味能被接受。

表 2-11 某些食物中产毒性和腐败性微生物生长的极限 pH

微生物	生长极限 pH	微生物	生长极限 pH
蜡样芽孢杆菌	5.0	大多数沙门菌	3.8
产气荚膜梭菌	5.0	凝结芽孢杆菌	3.8
某些弯曲杆菌	4.9	大多数乳酸菌	3.0~3.5
副溶血性弧菌	4.8	某些葡萄糖酸杆菌	3.0
肉毒梭菌	4.6	某些醋酸杆菌	3.0
大肠埃希菌	4.4	酸性芽孢杆菌	2.5
荧光假单胞菌	4.4	脂环酸芽孢杆菌属	2.0
单核细胞增生李斯特菌	4.3	黄曲霉菌	2.0
小肠结肠炎耶尔森菌	4.2	酿酒酵母菌	1.6
金黄色葡萄球菌	4.0	克鲁西假丝酵母菌	1.3

在食品内环境条件下，微生物适应的 pH 范围是 6.5~9.0，较适 pH 大约是 6.5，当食品内 pH 降至一定酸度，即可比在碱性环境下更能有效抑制甚至杀灭不利微生物。表 2-12 是 Rödel 等（1994）根据 A_W 和 pH 对食品可贮性的分类及其所需的贮存温度条件。pH>5.2 和 A_W>0.95 的食品属于极易腐败类食品，所需的贮存温度不高于 5℃；pH=5.2~5.0、A_W=0.91~0.95、pH≤5.2 且 A_W≤0.95 的食品属于易腐败类食品，所需的贮存温度≤10℃；pH<5.0 或 A_W<0.915 的食品属于易贮藏食品，常温下也可较长时间贮藏。

在食品感官特性容许范围内降低其 pH 是有效的防腐法。通过加酸（如肉冻肠、荷兰腊肠）或发酵（如发酵香肠、发酵生熏火腿）可降低食品 pH，从而达到防腐的目的。肉和食品中最常使用的是乳酸，但乳酸抑菌作用相对较弱。几种常用的酸按抑菌强度大小依次排列：苯甲酸>山梨酸>丙酸>醋酸>乳酸。但实际生产中可添加于食品中的酸很少，常用的如乳酸、抗坏血酸等。根据食品 pH 可将其分为三类，即低酸度食品（pH>4.5）、中酸度食品（pH=4.0~4.5）和高酸度食品（pH<4.0）。食品 pH 通常大于 4.5，pH 大多在 5.8~6.2，pH 的可调度极为有限，如何通过微调其 pH 而有效抑制微生物，延长产品保存期就显得尤为重要。如果在降低 pH 的同时调节 A_W，则可发挥较好的共效作用。例如，萨拉米发酵肠等发酵食品发酵熟成同时伴随着 A_W 降低，以及益生菌优势菌群（c.f.）的共效抑菌作用。

表 2-12　根据 A_W 和 pH 对食品可贮性的分类及其所需的贮存温度条件

食品类型	pH 或/和 A_W 值	产品举例	所需的贮存温度条件
极易腐败类	pH >5.2，A_W >0.95	冷鲜肉、生鲜预调理制品、西式蒸煮香肠、中式酱卤肉制品、中式灌肠	≤ 5℃
易腐败类	pH=5.0~5.2 A_W=0.91~0.95 pH≤ 5.2，A_W≤ 0.95	泡凤爪、层层脆、中式泡菜	≤ 10℃
易贮存类	pH <5.0 A_W <0.91	肉干、腊肉、腊肠、酸果汁	常温可贮

很高的 pH 也可抑制微生物的生长，如古埃及的木乃伊制作，将其 pH 通过碱处理提升至 11 左右，同时与降低水分活度 A_W 和涂抹天然防腐剂 Pres. 因子的交互作用，发挥了极为出色的联合防腐功效。然而食品采用高 pH 保藏的方法，鉴于其对产品感官特质的不良影响和消费习惯等原因，应用范围极为有限。其用于食品的特例之一，是中国著名的传统风味食品皮蛋（松花蛋），将鸭蛋等禽蛋浸泡在氢氧化钠（NaOH）溶液中，或者用碱性涂泥包裹腌制，使禽蛋的蛋白 pH 上升至大约 11，蛋黄中的 pH 达到 9 左右。这种传统的皮蛋生产过程可使禽蛋表面和内部的大量的沙门菌失活，这些沙门菌会凝结稳定，不会继续生长产毒和产生肥皂味，产品无须热处理即可安全食用，尽管如此，在原料沙门菌污染较高时仍然存在安全风险，并且已经出现过食用皮蛋导致沙门菌毒素中毒的报道。

五、 降低氧化还原电位

大多数腐败菌属于好氧菌，生长代谢所需氧一般从环境大气中吸取，大气中氧含量约为

20%。食品中含氧的多少也同样影响残存微生物的生长代谢，对此可以用能反映氧化还原能力的 Eh 作为判定食品中氧含量的指标。氧残存越多，Eh 越高，对食品的保存越不利；Eh 越低，有害微生物生长繁殖的机会也越小。通过对 Eh 的调节，尽可能减少氧的残留，在抑制或延缓食品脂质酸败上极为重要。

食品生产上降低 Eh 的主要方法是采用真空等除氧或阻氧措施，如香肠加工中的真空绞制、斩拌，真空充填灌装；盐水火腿等加工中的真空滚揉；罐头制品的真空封罐等均是脱氧作用。成品的真空包装，脱氧剂包装或气调包装（CO_2、N_2单独或两者混合）均可起到脱氧和/或阻氧作用，是食品加工中简易而有效的防腐法。加工中添加抗坏血酸、维生素 E、硝酸盐或亚硝酸盐，以及其他抗氧化剂也可以在一定程度上降低 Eh 值并增强食品抗氧化能力。

近 30 年来，真空和气调包装技术取得较大的进展，其技术功效通常首先取决于对氧的脱除，从而对好氧菌产生良好的抑制作用，并减缓兼性厌氧菌的生长速度。其次，通常加入到改性气调包装中的二氧化碳具有额外的特定抗菌效果，而在低温下气调包装的效果尤为显著。在鲜肉和鱼的包装中，通常使用氧气和二氧化碳的混合物，以便在延长保质期的同时保持合适的颜色和合理的安全性。富含油脂的干食品，如炸薯片等类似的零食，虽然在微生物上是稳定的，但通过防止氧化酸败，特别是当油脂含有高水平的特别敏感的不饱和或多不饱和脂肪酸时，气调隔氧的包装对品质的保持效果颇佳。相比之下，大多数低脂肪或高饱和脂肪干性食物，如谷类、干果、茶等，对有氧条件的耐受性更好。而在将氧化应激作为食品防腐附加栅栏，高 O_2水平会增加微生物中潜在致命自由基的浓度，如超氧化物和羟基自由基。然而在大多数情况下，许多食品中的微生物生长更受到气体中高 O_2和 CO_2组合的影响，而不仅仅是单一气体的影响。虽然在保存红肉中广为采用高浓度氧气和一定浓度二氧化碳（70%~80% O_2、30%~20% CO_2）组合，使肉能够保持氧化肌红蛋白的鲜红色泽，并在长时间冷藏期间抑制革兰阴性细菌的生长，但对其他食品（如鲑鱼、胡萝卜）的研究结果显示，高氧气浓度对很多产品的质量造成破坏，如氧化酸败的早期发生。

在发展中国家，真空包装的应用也已相当普遍，如中式香肠和腊肉广为采用真空包装，其良好色泽得到保持，而酸败和霉菌生长受到抑制。在一些发展中国家，抗坏血酸的应用也已较广泛，它的使用对进一步改善产品色泽、抑制霉菌的生长发挥良好作用，其机制是降低氧化还原势能。由于改性气调包装需要较高的投资和气调所需的不同气体的稳定供应，具有良好效果的改性气调包装在发展中国家和地区的普及尚需时间。

此外，与降低 Eh 相关的是避光，光照可刺激腐败菌代谢，提高分解脂肪的酶类（解脂酶）的活性，而对食品贮存造成不利影响，特别是导致产品外观褪色和脂肪氧化酸败。因此食品贮藏中应尽可能避光，并选用深色避光材料包装。尤其是脂肪含量高的产品，避光包装、贮藏对防止脂肪氧化酸败极为重要。但在一些企业，在加工和贮运中对半成品和成品的避光防护往往未受到重视。

六、 添加防腐剂或烟熏

食品加工中防腐剂的使用不可缺少，防腐剂的英文为 preservative，因此该因子用 Pres. 表示。Pres. 因子的防腐保质效果受到防腐剂类型的影响，如山梨酸、苯甲酸和丙酸等弱有机酸防腐剂，以及亚硫酸盐和亚硝酸盐等无机酸防腐剂，在低 pH 下比在高 pH 下具有更佳的防腐效果。但除了对羟基苯甲酸酯外，仍然没有在接近中性 pH 又具有广谱抗菌效果的防腐剂。一些在食品中常用的防腐剂如表 2-13 所示。在发展中国家，化学防腐剂的使用呈现上升趋势，如山梨酸盐和亚硝酸盐（替代硝酸盐）等。只要按照标准限定剂量和正确方法添加使用，这些防腐剂在提升食品可贮性和安全性是极为有益的。然而当前存在的问题是其被不当使用甚至滥用，尤其是在食品生产过程中，有时甚至会出现某些化学防腐剂的过量使用，为此应引入良好生产规范（GMP）规则，严格进行安全管理。在一些发展中国家和地区，化学防腐剂必须依靠进口，价格昂贵，加工成本高。在一定条件下，这些化学防腐剂也可以用当地普遍存在的香料类植物提取物予以部分替代。

表 2-13 食品中常用的防腐剂

类型	防腐剂	应用的食品举例
弱亲脂性酸和酯	山梨酸	奶酪、糖浆、蛋糕、调味品、肉类
	苯甲酸盐	泡菜、软饮料、调味品
	对羟基苯甲酸酯	腌制鱼制品
	丙酸盐	面包、蛋糕、奶酪、谷物
有机酸酸化剂	乙酸、乳酸、柠檬酸、苹果酸及其他	低 pH 酱汁、蛋黄酱、调味料、沙拉、饮料、果汁及其浓缩物
无机酸酸化剂	盐酸、磷酸	低 pH 酱汁、蛋黄酱、调味料、沙拉、饮料、果汁及其浓缩物
无机阴离子	亚硫酸盐（SO_2、偏亚硫酸氢盐）	水果片、干果、葡萄酒、肉类（生鲜香肠）
	亚硝酸盐	腊肉、腊肠等腌腊肉制品
生物抑菌剂	乳酸链球菌素	乳及乳制品
	纳他霉素	干酪和再制干酪及其类似品
熏烟		肉和鱼制品
天然植物提取物		各类食品

添加适量、卫生、安全的防腐剂有助于改善食品可贮性、提高产品质量，食品加工研究与应用对此早已予以充分肯定。但即使研究和应用均已证实了的食品中最常用防腐剂（硝酸盐类和山梨酸盐类）的安全性，其不当使用或滥用可能导致的安全隐患仍值得关注。硝酸钠、亚硝酸钠等硝酸盐是食品中应用历史最长且范围最广的添加剂，除了可以赋予产品良好的外观色泽外，还具有出色的抑菌防腐功能，同时也具有增香和抗脂肪酸败的作用。尽管近代研究揭示了亚硝酸盐的过量残留可能导致的致畸致癌性，但食品加工业至今仍未找到另一类更卫生安全又能发挥硝酸盐类诸多功能的更为高效、廉价的替代物。现代食品加工业的原则是严格控制其添加量和使用范围，尽可能少而又能实现工艺要求的发色、防腐、增香等作用。例如，$NaNO_2$添加量 20~40mg/L 足以满足发色所需；30~50mg/L 可增香，发挥防腐功能则需 60~150mg/L。因此将 $NaNO_2$ 添加量控制在此范围内，食品的卫生安全性完全可

以得到保证。

山梨酸和山梨酸钾具有良好的抑菌防腐功能，又卫生安全，已在各国广泛应用。一些国家将其作为食品通用型防腐剂，最大使用量为0.1%～0.2%。德国等曾经将其作为干香肠、腌腊发酵生制品的防霉剂，以5%～10%溶液外浸使用，可起到良好防霉变效果，但此法的利用已经被更为有效安全的方法取代，如发酵前在香肠或火腿表面接种上优化改良的纳地青霉（*Penicillium nalgiovense*）、干酪白霉等特异性霉菌，发酵干燥进程中霉菌生长覆盖并布满表面，不仅能阻止其他不利杂菌或有害霉菌的生长，接种的霉菌还均有发酵分解蛋白质和脂肪并产生良好风味的作用，从而提升产品风味。

对涉及面广、具有一定副作用的硝酸盐类防腐剂，严格的加工管理和产品检测体系尤为必要。在食品生产中，严格限制其使用的同时，已在积极开发可起部分替代或协同作用以减少其用量的安全防腐剂。例如，天然植物迷迭香、石榴籽、芹菜、芹菜籽等的提取物，各种食用酸盐类（乳酸钠）、乳酸菌素类（nisin）等因其良好的安全性和防腐性而日益广泛地被人们应用。此外磷酸盐类、抗坏血酸盐类也可与其他添加剂起到协同防腐效能。在清洁标签及有机生态食品的开发中，天然植物提取物替代硝酸盐的应用受到关注，其商业化产品不断推出。在近期的研究与应用中，开始与天然植物提取物等的联合使用，可在充分发挥硝酸盐发色等功能的同时，尽可能地减少其在产品中的残留。

食品加工中的烟熏，除了有上色、增香、改善产品感官质量的作用外，其主要作用还在于防腐。烟熏防腐的机理是熏烟中含有可发挥抑菌作用的醛、酸、酚类化合物，且加工中的烟熏工艺同时伴有表面干燥和热作用，所发挥的防腐效能显著。对于中间水分产品（IMF），如腊肠、火腿、腌腊肉等传统食品，其中烟熏是既传统又现代的高效防腐防霉法。但烟熏工艺的卫生安全性不容忽视，熏烟中含有的3,4-苯并芘等化合物具有致癌性，特别是烟熏物燃烧温度高于400℃时会加剧有害物苯并芘及其他环烃的形成。因此，在加工中应尽可能将烟熏降低到最低程度。有效方法是使实际燃烧温度不高于350℃，并采用间接烟熏法，通过烟发生器生烟，分离过滤再进入熏制室，同时也应选择优质烟熏料。采用萃取法开发的液熏剂在一些只需要赋予熏香味的食品中得到应用，也已有众多的商业化液熏剂产品，对具有烟熏味食品的标准化、安全化加工具有优势，但其防腐抑菌效果甚微，开发出既可以发挥烟熏防腐作用，又能提升产品风味的液熏产品尚有待时日。

七、其他栅栏的调控

（一）微生物菌群的竞争性栅栏

无论是在传统还是现代食品加工中，微生物菌群的竞争性栅栏效应均广泛应用，该因子用c.f.表示。中国及亚洲许多国家的酒类，豆瓣、豆酱、醪糟、酱油、醋等调味品，泡菜、榨菜等的加工都要利用乳酸菌、酵母菌、霉菌等有益菌进行发酵生产，发酵微生物在此区域比在欧美发达国家的利用多。而益生菌在发酵食品中的功能，大多是通过发酵分解糖原、蛋白质和脂肪，产生特有的发酵风味，改善产品风味和营养特性。有的还同时通过乳酸菌等的发酵产酸，降低pH以提升产品可贮性和安全性，延长产品保质期。在提升产品可贮性和安全性这一功能中，发酵食品富集的有益微生物菌群的竞争性栅栏效应功不可没。其机理，一是有益微生物的大量蓄积，占据和耗用了食品内环境空间和营养，其他杂菌难以“挤入”和生长繁殖；二是益生菌生长代谢的副产物“菌素”（如乳酸链球菌素等）具有抑制其他菌群的作用，对此，利用乳酸菌素类等益生菌菌素于低温肉制品防腐保鲜已得到广泛应用。

西式肉制品利用微生物菌群的竞争性栅栏效应的经典范例是发酵香肠的加工，即图 1-1 (8) 中的情形。发酵香肠萨拉米在加工及贮存中存在的栅栏及其交互效应，可有效抑制腐败菌和病原菌，同时又允许所选择的有益菌（乳酸菌）生长。在其栅栏作用顺序中，早期发酵阶段最重要的抑菌栅栏是 Pres.（亚硝酸盐、食盐），此后随着好氧菌的抑制和乳酸菌的生长，大量有益菌群富集，于是 c. f 栅栏继 Eh 之后发生作用，乳酸菌不断增多，产酸并导致酸化，pH 栅栏强度随之上升，同时乳酸菌代谢物有效发挥了对其他菌群的抑制作用。在发酵香肠或火腿的现代工业化加工中，通过在肉馅、肉块中，或者肉品表面接种上特异微生物，发挥其发酵和抑菌的复合功能，接种的一些霉菌（如纳地青霉菌等）的作用，这主要是发挥其竞争性栅栏效应，抑制不利菌群的生产繁殖，确保产品安全可贮。

微生物菌群的竞争性栅栏（c. f.）应用研究的新领域，有的发达国家将其作为食品添加剂中的抑菌剂，特定微生物添加与产品对特定的微生物发挥靶向性抑制作用；有的则是作为肉品发酵剂，在促进发酵进程以缩短加工期，改善产品感官和风味特性的同时，也发挥抑制不利微生物、提升产品安全性的作用，也是同时具有 pH（发酵产酸）、c. f.（竞争性菌群）栅栏的作用。在我国，目前微生物制剂仍然作为食品原料的益生菌予以添加使用，某一微生物首先要属于食品微生物名录，再通过新食品原料申请并专用于食品的防腐保鲜。对此已有用于发酵肉制品、低温肉制品、果蔬制品以及海鲜制品等食品的商业化产品推出，如表 2-14 所示，有的用于发酵肉制品表面抑菌防霉、有的用于低温肉制品中抑制李斯特菌、有的则具有抑菌和提升产品风味等复合功能。

表 2-14 几种肉制品专用商业化微生物制剂

菌群	机制及作用	应用推荐
乳酸乳球菌乳酸亚种	可消耗肉品中残存的氧气，调控气调包装袋中氧含量	气调包装肉制品
清酒乳杆菌	抑制单核细胞增生李斯特菌及其他腐败菌的生长	真空包装或气调包装的肉制品、植物基新蛋白食品
乳酸片球菌	抑制单核细胞增生李斯特菌的生长	腌制类肉制品或发酵肉制品
弯曲乳杆菌	抑制单核细胞增生李斯特菌及其他腐败菌的生长	冷藏的开袋即食肉制品，或者蔬菜沙拉、水果沙拉等预制菜肴
乳酸片球菌+肉葡萄球菌	抑制单核细胞增生李斯特菌的生长；延缓酸败；改善产品色泽和风味	腌制熟肉制品
肉葡萄球菌+木糖葡萄球菌	促进颜色和风味的形成，也具有一定的抑菌功能	发酵生火腿，腌腊制品及腌制熟肉制品
小牛葡萄球菌+木糖葡萄球菌	在低温下促进风味的形成并加速颜色的生成和稳定，通过营养和空间竞争抑制致病菌和腐败菌的生长	生腌肉制品，腌制熟肉制品和发酵香肠、风干肠等肉制品
乳酸片球菌+清酒乳杆菌+肉葡萄球菌	促进特有风味和色泽的形成，抑制单核细胞增生李斯特菌的生长，通过营养和空间竞争抑制其他杂菌的生长	发酵肉制品

续表

菌群	机制及作用	应用推荐
弯曲乳杆菌+乳酸片球菌+肉葡萄球菌+木糖葡萄球菌	促进特有风味和色泽的形成，抑制单核细胞增生李斯特菌的生长，通过营养和空间竞争抑制其他杂菌的生长	发酵肉制品

（二）新兴物理保存技术

新兴物理保存技术受到关注，其目的也是使食品中的微生物失活，但本质上是非热的物理过程，包括辐照、高静水压、脉冲电场、高强度激光、非相干光脉冲，以及超声波处理等，近年其研究与应用得到推进。其中一些技术在可保持某些食品的最低所需保质期方面具有潜在应用价值，而且与传统热加工技术相比，具有风味、营养、质地和其他重要质量特性损失更少等优势。目前，40 多个国家和地区已批准电离辐射技术用于灭活各种食品中的微生物，而大多法定权威部门严格限制其可允许的辐照剂量。例如，通常为 10kGy，这足可用于巴氏杀菌的食品，但不能用于如罐头类食品的杀菌。然而，联合国粮农组织、国际原子能机构的一些专家在 1999 年审议了食品辐照的安全问题之后，就提出过可以不设置辐照剂量上限的建议。虽然这最终可能会导致更多的食品辐照应用受到鼓励，但大多是在发展中国家，在发达国家则源于消费者的普遍抵制，其广泛应用仍然面临较大阻碍。辐照食品在许多发展中国家已经合法，但因设施和成本等的限制，一些大宗食品的实际应用仍然非常有限，而对高价值、高售价的出口产品（如香料等）辐照技术则表现出可行性和有效性。

在新兴物理加工技术中，高静水压技术的商业应用最为成功，并在保存高质量、低 pH 食品（包括果酱、果汁、果冻、酱汁、酸奶、冰淇淋、调味品、鳄梨酱等），以及一些较高 pH 的食品（预包装切片肉制品等）方面占据了市场。高达约 600MPa 的静水压力可用于自养营养型微生物，包括酵母和霉菌，但许多类型的芽孢菌仍然对单独压力的影响具有极强的抵抗力，而压力与其他抑菌栅栏的结合，可较为成功地弥补这方面不足。对于发展中国家来说，食品的高静水压加工也很有意义。然而适用于发展中国家的防腐保质技术，原则上应简单、廉价、节能，并适用于当地加工条件，而高静水压技术显然不能太满足这些要求，以下要讨论的其他新技术或多或少也存在同样的问题。

高压电脉冲技术主要应用于液体食品，其作用是灭活细菌、酵母和霉菌，但对芽孢达不到灭活效果。该技术已有效应用于果汁、牛乳、液体蛋制品、汤料等食品的非热巴氏杀菌。高压脉冲采用的电压梯度超过 20~30kV/cm，并且持续时间短，在处理过程中尽可能使温度的上升保持在最低限度。

高强度激光和非相干光脉冲技术用于食品的微生物失活，致死效应通常主要由辐射的紫外线成分引起，有时也由额外的局部瞬态加热引起。使用高强度非相干光脉冲和无菌包装对食品进行处理已实现了商业化，即利用不同的光谱分布和能量来满足实际应用上不同杀菌的要求。在包装材料、水和其他透明液体的去污中，建议使用波长小于 300nm，能量约 30% 的富紫外线光。其中，紫外线成分是起到杀灭作用的主要因素。相比之下，对于食品表面的处理，当紫外线照射可能导致产品的有害变化（如褪色等）时，紫外线被过滤掉，杀灭效果主要来自热效应，但仅限制在局部，即使在食品表面下层，其加热也可以非常有效地进行限制。

较早的研究就已表明，高强度超声波能够通过破坏微生物使其失活，而超声波的作用可以通过与热协同作用和稍高的静水压力来实现，这启发了“多因子”组合交互作用的“压力热超声波”，尽管该研究仍处于实验阶段，但已证实该技术对芽孢和营养细菌细胞的有效杀灭作用。

从尽可能保持食品优质角度来看，使用非热加工的“冷杀菌”技术杀灭不利微生物具有优势，但一些冷杀菌技术，特别是应用越来越广泛的高压技术等，尚有一些难题需要解决，才能得到更普遍应用。首先，细菌芽孢对大多数这类新技术都有很强的抵抗力而难以达到与热灭菌相当的效果；二是涉及技术的安全可靠性，即它们是否能够完全杀灭清除食品中的致病性微生物，有的技术尚有缺陷；三是某些技术导致的失活动力学并不像加热导致的失活动力学那么简单，如它们通常不是指数型的，有时在存活曲线上带有长长的“尾巴”，这使得达到食品安全的杀菌操作程序不如加热技术容易。然而，考虑到冷杀菌技术具有诸多优势，这类新技术的开发与应用显然会越来越多，特别是它们作为多种可选技术组合中防腐保质栅栏的机理揭示，其研究和应用具有良好的前景。

（三）微观结构调整

油脂食品如黄油、人造黄油和低脂酱中水的保存主要取决于其微观结构，即各自的相区。只要在严格的卫生条件下加工制备，这些产品中的大部分水相液滴不含微生物。此外，周围连续脂质相的存在也会阻止微生物进入无菌液滴，此类产品在长期贮存期间的质量稳定性取决于以下因素：生产期间的卫生控制程度，稳定液滴结构的形成和维持，液滴大小的分布，以及在某些情况下防腐剂的添加。在一些类型的肉制品，如蒸煮香肠和重组火腿中，肉馅或肉块良好的乳化性和保水性将有助于产品的保质期延长，其机理之一也是基于良好的质构减少游离水，以及连续脂质相的存在，从而阻止微生物进入。

在发展中国家，有关对食品的微观质构及其机理的应用不多，对其详细研究需要精密仪器，如电子显微镜和图像分析，这些仪器只在专门实验室使用。但从实际应用的角度来看，食品的微观质构在发展中国家也同样重要。一些发酵食品，如发酵调味酱、发酵肉制品等，在发展中国家比发达国家更为普遍，其微观质构对产品的微生物稳定性和安全性的意义重大。例如，在发酵香肠中，微观质构对于有益而适当的发酵很重要，并且在以液体形式添加发酵剂的情况下，将其均匀地分布在微观质构中，则可以促进发酵剂培养物（如乳酸菌）对病原体（如沙门菌）的抑制和灭活。在对所有发酵食品进行微生物稳定性评估时，应特别关注其微观质构，尤其是固态发酵产品。

以上讨论了对微生物生长代谢重要的因子，包括高低温、水分活度、pH、氧化还原电位、防腐剂、微观质构，以及新兴的物理防腐技术等，这构成了现代甚至未来食品防腐保鲜的基础，需利用这些不同的防腐因子灭活或抑制相关微生物的有效性，来评估这些因子对腐败和食物中毒微生物的影响。但上述讨论涉及的各防腐因子灭活或抑制微生物的有效性，都是以单独发挥最佳作用为前提，而实际上各防腐因子在食品中的作用不会这样简单。例如，在防腐剂因子中，如果使用多种的防腐剂（栅栏），则会产生相斥、相加或协同效应，这是栅栏效应及栅栏技术的基础。

第三节 主要栅栏因子量化及其测定

一、栅栏因子与标准值控制概述

传统食品加工长期以来通过言传身教和自身领悟保持制作技艺的传承，产品特色风味和品质也由制作者的经验来掌握，这种传统和基于经验的食品的加工，产品的优质与否凭借加工者的感官，即通过其所看到的、感觉到的和品尝到的予以把控，利用这种方式，人们世世代代生产出成千上万的优质名产。因此良好的观察、组合技能和经验将继续是食品加工业日常运营的基本要素。但是，随着食品产业的工业化进程的发展，加工标准化使这种传统加工方式面临着巨大挑战，为保持食品加工的高效、同质和合理化，机械化甚至是智能调控需要对产品各关键环节的设定标准值进行控制。当然这种标准化不应演变为一种呆板的模式，更不能导致产品品质的下降和特有风味的缺失。

通过过程控制取代或补充凭经验式加工来实现肉制品的合理化和标准化生产，其先决条件所需的物理或化学参数值是已知的、可测定的，以及通用化及易于操作的。食品加工经过几十年的技术进步，大量的研究和应用已经可以确定加工关键环节的标准控制值，尤其是依托于加工技术的物理值，进而是化学值和微生物值等。然而这种具体数字化的标准值控制在实际生产中的应用仍然不多。在技术和设备走在前列的欧美国家，越来越多的产品均建立了可供加工者参考的标准控制值及其相关的指导说明，用来指导食品的标准化生产，这使得同一品牌的产品，如法兰克福香肠、维也纳香肠、肯德基肉饼，无论在德国的法兰克福金融中心的小食店，还是在汉堡港码头的快餐店，或是在德国柏林的肯德基店还是在法国巴黎香榭大街的风味餐馆，其品质和风味几乎相差无几。而在我国肉制品加工体系中，只有生产工业自动化程度较高产品（如蒸煮香肠等西式肉制品）的企业具备这种意识和能力，即同一产品向同质化发展，但在产业领域通用性的、针对不同产品的推荐标准值及其明确说明尚缺乏。尽管同类产品不同的风味可以满足消费者的不同味觉需求，但在品质控制和安全性保障上无疑是弊大于利的。

随着食品工业的快速发展，测量技术领域也经历了长足进步，为食品加工中一些重要的物理及化学值的可测定和通用化带来可能，用于测定各种理化值，以及测量的方便、廉价、易于使用和便携式的测量仪器也不断推出。有了这些测量仪器的帮助，食品生产技术就可以在许多领域实现可测量、可把控。例如，在肉类行业，可以更有效地选择优质原料和辅料，并对机器、设备和加工车间，以及在肉类贮藏、分割、绞切、斩热加工、风干发酵、包装、贮藏等关键点进行必要的重要技术参数控制，以确保生产过程中的标准可控和产品的同质优质与卫生安全。

本节将阐述肉制品加工中最为关键的温度、A_W、相对湿度、pH、Eh、色泽、气流、光照、菌落总数等理化参数的测定仪器、测定方法，特别是针对不同的西式和中式肉制品提出的标准控制值，涉及生产原料的冷却与冻结，以及西式发酵香肠、发酵火腿和中式腊肠、腊肉等生制品，西式蒸煮香肠、烫香肠（如肝肠中的血肠）、蒸煮火腿和中式灌肠、火腿肠、中式酱卤肉制品等熟制品各加工环节的主要物理或化学参数，供肉类加工工程技术人员参考。因此，这里所说的“标准值”，更应该理解为“推荐值”或“指示值”，欧美国家对此的文字表达，也不是“standard value”（标准值），而是英文的“indicative value”或德文的“richtwert”（指示值）。需要特别说明的是，这不是以肉类基础理论研究的理论形式呈现，而是以提供肉类加工实践中可指导生产实际应用的方式，以可测定、可调控的参数值进行说明。这些参数值源于以往生产实践中经验的总结以及现代优质标准化加工的要求，对指导肉制品的标准化和优质化生产、不断提升肉类加工技术进步无疑具有重要意义。尽管在我国目前的肉类加工中，主要技术参数的标准值（推荐值或指示值）控制的广为应用上尚待时日，但一批大型龙头企业已经实现了产品加工过程控制中现代仪器的使用和关键工艺环节的HACCP控制。随着肉类产业的发展和技术的快速进步，通过标准值控制实现肉制品加工的优质可控将具有更广阔的前景，这也是在本书中编撰此内容的一个原因。

食品加工发展日新月异，加工技术和设备不断进步，即使是同一类型产品的分类也越来越精细化，其关键加工环节的控制参数也各有所异，而我们在此提出的较佳参数控制值具有通适性和广泛指导性，即使该产品加工时所提供的技术参数可能不在最理想的范围内，也不一定会导致产品出现缺陷，甚至给消费者带来风险。因此，只要遵守相关食品安全法规和加工卫生规范，就不可能产生产品质量安全隐患，甚至因为产出次品而引发消费者投诉。同时，食品加工企业应将具体的生产过程与建议的指示性标准值进行比较，根据实际加工技术和设备条件及具体的产品，优化建议值以满足自身加工需求。

以下提供的不同肉类制品的标准控制值，旨在为企业员工提供清晰、快速的重要数据参数，从而帮助选择和处理原材料，以及控制各个生产步骤。测量技术的快速发展以及新的技术出现和应用都被考虑在内，前提是这些新技术可能导致物理测量数据的改变或增加。栅栏技术的概念被认为是健康安全和可贮产品过程控制的现代策略，自HACCP概念引入食品产业以来，控制操作中的关键点成为共识。通过这种方式，放弃了限制物理指示值的初衷，采用了一些过程控制的微生物标准，并将其转换为标准控制值。在栅栏防腐保质的理念中，主要技术参数的调控所涉及的相关栅栏因子，即温度与 t 和 F、湿度和气流与 A_W、酸碱性与pH、氧含量和光照与Eh等密切相关，而色泽测定和噪声测定则与对影响产品感官质量因素的快速判定，以及员工福利及环境保护的关系最为密切。尤其是对于肉类加工企业，应该主动在HACCP体系下进行栅栏技术调控，实施对每一产品的标准值制定和标准化。因此越来越多地配备便携式测量设备，强化产品加工的过程控制，甚至是对企业相对较难的微生物进行快速准确测定。在年轻员工的技术培训，以及技术人员和工程师的培养中，标准值控制的学习与传统经验的传授相结合，将在推进企业技术提升中发挥重要作用。

传统食品加工一直以传统经验为基础，而创造力和创新的勇气是进一步发展的动力。如果将这些要求与现代过程控制相结合，不仅可以提升合格产品率，还可以使肉类加工厂的生产标准化和合理化，面对不断加剧的国内和国际竞争以及不断上升的生产成本，这是实现产品质量稳定的先决条件。为了简化过程控制，首先有必要了解各种加工工艺的物理或化学量度和数值，以尽可能缩短加工周期，保证产品优质可贮，提升加工效率并降低生产成本。近年来，加工装备的快速发展推进了这一标准化的进程，现代制造业已经生产出大量功能强大、便于使用的计算机调控设备。只有在这一条件下，为各种肉类产品加工技术建立一个可衡量的基础，并选择和确定对不同对象的调控条件，如对原料、机械设备、加工过程，以及车间空间的环境条件等，才可以确保在生产过程中保持最佳条件。如上所述，涉及肉制品加工最为关切的理化值的测定，其数值可通过简单、方便的测量仪器确定，包括车间的空气流速和照度，以及作为产品内部因素的酸度、水分活度、电导率和色泽；在预防性健康保护方面，还必须包括工作噪声水平的测量；在产品加工、贮运等过程中的光照，以及微生物控制值等。

二、 温度栅栏及其测定

（一）原理与方法

温度表示物体的物理的冷热程度，国际单位制中采用热力学温度。我国常用的是摄氏度（℃），在一个标准大气压下冰水混合物的温度为0℃，沸水的温度为100℃。

在肉类加工企业中，温度测量在肉类和肉制品的冷却、冻结贮藏、运输、切割、加工、包装和贮存，以及肉类制品的发酵、烹饪、消毒和熟制的设施设备及加工车间中尤为重要，而在加热和冷却以及运输和销售过程中，产品的温度测量也很重要。表2-15列出了肉和肉制品加工、贮运中的温度范围。

表2-15 肉和肉制品加工、贮运中的温度范围

产品	温度范围/℃	产品	温度范围/℃
高温杀菌罐头	120~130	西式巴氏热加工产品	60~75
蒸煮香肠类罐头	110~115	车间温控	15~25
巴氏杀菌罐头	68~75	产品冷却与冷藏	-1~10
酱卤肉制品	95~100	产品冻结	-30~-18
中式腌腊肉制品	5~30（风干）或55~80（烘烤干燥）		

肉类加工中，使用高温旨在杀灭腐败菌、致病菌等不利微生物，或通过冷藏区的低温来抑制这些微生物的繁殖。肉制品生产过程中需要高温的是高达130℃的超高温灭菌和110~115℃的较高温灭菌，可用来保存不同类型的肉罐头制品，这两种高温技术要求迅速杀灭肉品中的所有的营养体细菌和细菌芽孢。但是，由于热处理时间较短，耐高温的细菌芽孢有可能无法被完全杀灭。对于一些西式香肠罐头制品，如蒸煮香肠、肝香肠与血香肠等烫香肠，以及啫喱肉冻肠，由于经过高温度杀菌香肠的感官品质会出现不利变化，因此其杀菌温度限制在110~115℃。在此温度下肉馅中的营养体细菌和杆菌类芽孢可被杀灭，但肉毒梭菌芽孢则可能残存，因此这类产品的保质期显然比高温罐头短得多。

罐头食品根据包装材料可分为马口铁罐、玻璃罐、耐高温复合薄膜袋或其他包装材料容器罐头，按原料分为肉类、水果类、蔬菜类和其他类，而肉制品又包括清蒸类、调味类、腌制类、烟熏类、香肠类和内脏类。而在标准值控制上主要是按照加热方式来划分，根据产品原料、pH的不同，对保质期的要求也不同，可采用75~130℃的不同温度进行杀菌。例如，高酸度水果罐头75~80℃即可，部分果蔬90℃即可。与之比较，杀菌温度更低的是火腿罐头等巴氏杀菌罐头肉制品，杀菌过程中肉品中心温度只可达到65~68℃，只能杀死营养体细菌，不能杀灭芽孢。因此，产品的保质期也较短，只有在5℃的条件下冷藏才能保证其较长的保质期。

在德国乃至欧洲，罐头根据杀菌温度分为表2-16中的6种类型，半杀菌罐头（halbkonserven，HK）、蒸煮杀菌罐头（kesselkonserven，KK）、四分之三高温杀菌罐头（dreiviertel-konserven，DK）、全高温杀菌罐头（vollkonserven，VK）、超高温杀菌罐头（tropenkonserven，TK），以及货架稳定产品（shelf stable products，SSP），有关HK和SSF的杀菌，机制上属于软罐头的杀菌。

表2-16　　德国罐头根据杀菌温度的分类

类型	杀菌温度/℃	类型	杀菌温度/℃
半杀菌罐头（HK）	68~75	全高温杀菌罐头（VK）	120~130
蒸煮杀菌罐头（KK）	95~100	超高温杀菌罐头（TK）	120~130
四分之三高温杀菌罐头（DK）	110~115	货架稳定产品（SSP）	60~75

如果热加工的目的不是杀死微生物，只是为了抑制其生长繁殖，则采用的温度应低于10℃或高于60℃，因为大多细菌物种能够在10~60℃生长繁殖。当食物在保温时，如在公共餐饮环境中提供的保温温度是60~75℃，这一温度范围可以防止菜肴食品的中毒性微生物的生长和扩散。低温也可以抑制食物中毒和腐败微生物的繁殖，即通过冷藏或冷冻肉类和肉制品等食品。用于食品冷藏的温度为-1~10℃，温度越低对食品中微生物繁殖的抑制就越有效。其中，常见的对有害菌的抑制条件：肉毒梭菌小于10℃，金黄色葡萄球菌小于7℃，沙门菌小于5℃，单核细胞增生李斯特菌小于2℃。对于大多导致肉品腐败的微生物，需在较低的-1~2℃才能有效抑制。肉的冻结温度是-1.5℃左右，低于-5℃时大多细菌都会受到抑制，酵母菌需低于-10℃，霉菌则需低于-18℃。

温度可以用不同的方法测量，如使用玻璃液体温度计、双金属温度计或电导温度计。肉类加工实际生产中的温度测定大多使用电导温度计，在这一类型温度计的温度传感中，可以分为电阻传感器和热电偶传感器，电子放大器和显示部分则基于此。电阻探针（热敏电阻）承受辅助电压，显示单元记录电阻变化，作为温度的函数。与之对应，热电偶传感器中的两种金属或金属合金的结合产生热电应力现象。热电电压的大小，也称为电动势（EMK），取决于测量温度和仪表内置的0℃参考点之间的差值。与热电偶相比，热电阻传感器的测量精度更高，只需要微小的信号即可产生较强大的输出信号，也不需要每次都进行0℃-标准值的校正。更高的输出信号由半导体传感器，即所谓的热敏电阻（NTC）传输。鉴于测定的温度范围大（与温度变化有关的电阻变化大），这一传感器的探针仅在有限的温度范围内使用，其精度与热电偶相当。然而，在使用热电偶进行温度测量的情况下，与其他两种方法相比，其优点是测量线的长度在一定范围内对测量结果没有影响，因此可以忽略不计。因此，即使是遇到难以测量的情况，如在高压灭菌器中加热过程中，通过测定填充在密闭容器（金属罐、玻罐、铝箔袋软罐）中的产品温度换算为F，也很容易解决。

非接触式高温计测量是一种在温度测量领域极为有前途的技术方法，这种热处理工艺下的检测在食品行业也将更为广泛地得到应用。由于每个物体都发射与温度相对应的能量，因此按照测定原理，只有位于红外或红外范围（波长0.7~20μm）的能量部分通过空心镜以光学方式提供给红外探测器（通常是热电偶），将热能转换成适当的电信号，放大后其测量结果在显示设备上可见。这种红外温度测量装置（高温计）通常采用类似射击枪的设计，能够通过目标装置精确瞄准被测物体，而无需接触物体就能进行小测量点的测量。根据该类仪器类型，其测定的温度范围低至-30℃，高至100℃以上。对于实际加工中的温度测量，带有可校准指示器的电阻和半导体传感器尤其适用。用于非移动式固定用途的测定，如 F 值的测定，热电偶温度计显现较大的优势。在购买温度计时，使用哪种温度计、在哪些环节测定哪些指标，是否用来确认冷却、冷冻食品温度，或测定冷冻食品的商业运输、仓库或销售设施中的空气温度，需按照相关管理部门的测量仪器验证法规规定执行，由校准机构校准，并带有校准铭牌和有效期限。

（二）测定仪的选择及操作

在肉类加工场所测量和控制温度范围（-50~150℃）对电子温度计的要求相对较低，且通常分辨率为1/10℃就已足够，因此可使用的电子温度计范围相当宽泛。如上所述，可使电子温度计分为电阻测量的温度测量和热电温度测量。基于电阻测量原理的电子温度计广泛用于肉类和肉制品的温度测量，此外，热电温度测量用来确定罐头肉制品的中心温度特别有效。有许多易于使用和方便的测量仪器，其中大多数都配有单独的操作指南和数字显示器。图2-1和图2-2是德国2种较为廉价而高效的温度测定仪，型号分别为THERM 2280和THERM 2244，制造商均为Ahlborn公司。

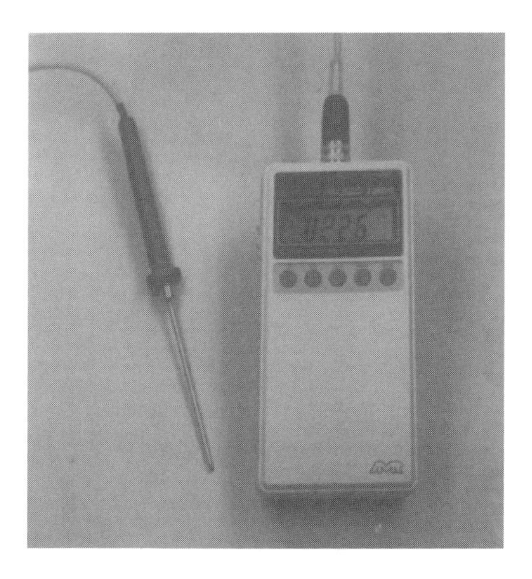

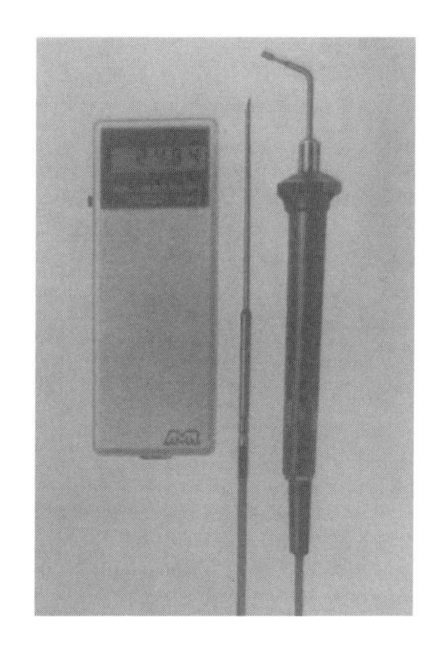

图2-1 THERM 2280温度测定仪

图2-2 THERM 2244温度测定仪

THERM 2280温度测定仪（图2-1）的热电偶NiCr-Ni、Fe-CuNi和PtRh10-Pt 3个传感器和热敏电阻探针（NTC）传感器都可以连接到该温度计的微处理器上，从而可以在内部选择量程。当使用热电偶时分辨率为0.1℃，使用热敏电阻探针时分辨率为0.01℃。该仪器还配置连接最大/最小-微处理器的2个可插入式温度探针，适于不同温度范围的差值测定和数据输出。THERM 2244温度测定仪（图2-2）为后来推出的一款带有微处理器的便携式温度测定仪，带有2个可自由互换的NTC精密测量传感器，以及可插入式探针。可用于测定食品加工所需的-50~150℃，精确度可达到±0.25℃。

在德国企业中被广泛应用的另一款温度测量仪是 Technoterm 9500（图 2-3），制造商是 Testo-term 公司。该仪器有三种不同类型传感器的探针（NiCr-Ni、PtRh-Pt 和热敏电阻探针）可以连接到该微处理器控制的温度仪上，但只有热敏电阻探针能够进行校准，其测定范围为-40~130℃，尤其适用于食品生产中的温度检测。其中带热敏电阻探针的精确度为 0.1℃，测定范围只是在-25~40℃，通常的变动范围不超过±0.2℃，温度的测定范围可通过仪器配置程序的调整而变动。测定时超过了测定范围值，仪器会自动声音警示并在显示器上显示，测定结果也可以通过连接外置打印机打印。图 2-3 展示了 Technoterm 9500 适用于食品加工空间、食品表面和插入食品内部的三种探针，可显示测定数据，以及报警的界面显示盘，可在较为恶劣的环境下工作，具有防水防尘功能。

图 2-4 是一款国产测温仪，型号为 AS877，其主要的元件是一个用两种或多种金属片叠压在一起组成的多层金属片，利用两种不同金属在温度改变时膨胀程度不同的原理进行工作。当温度发生变化时，感温器件的自由端随之发生转动，带动细轴上的指针产生角度变化，并在表牌上指示对应的温度。此外，它还可以实时显示温度数据，温度单位可选，取样时间为 2 次/s，还具有数据保持和低电量提示功能。

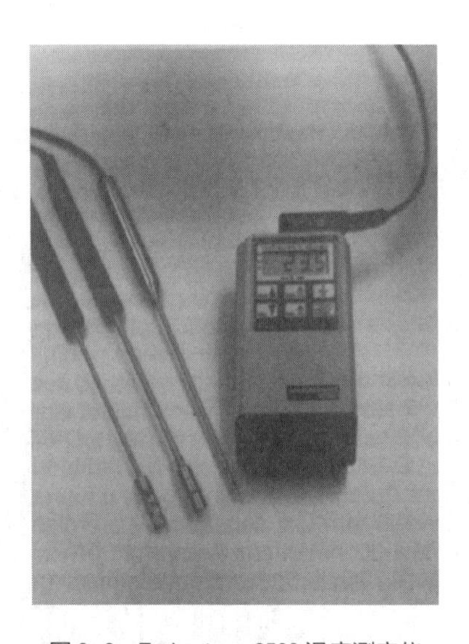

图 2-3 Technoterm 9500 温度测定仪

图 2-4 AS877 温度测定仪

近年来罐头肉制品再次兴起，一些经典的特色肉类菜肴工业化产品均采用软罐、硬塑罐或金属硬罐的形式推出，而罐头制品的温度测定及其调控在品控中尤为重要。对于当今的罐头食品生产产业来说，根据对整个加工进程的产品进行温度测量的要求，研究可靠的热加工技术参数是非常重要的。因此，以保证必要的杀菌温度为前提，应在很大程度上避免过度加热的风险，以及因过热而导致的变质、食物中毒或质量意外损坏。特别是在引进新产品时导致其他类型的防腐剂以及改变配方的情况下，根据某一产品认真分析并确定其可靠的热加工参数值，通过对参数值的测定和调控实现产品优质可贮，这应该成为企业的日常要求，然而在实际生产中，很多企业计较测量所带来的成本增加。然而，此成本往往被高估，却忽视了不测定、不调控导致的风险和损失。事实上，按照标准值测定并调控所带来的巨大效益与经验式加工可能导致的巨大损失远远不成比例。

在现今的罐头食品加工中，对封闭容器内整个加热和冷却过程中灭菌值的测定趋向于热电偶温度测量。热电偶放置在固体的冷点，导线穿过固定器、高压釜被引至测量装置。制造商已可提供完整的热电偶测定仪器及配套装置，包括可插入式探针、连接装置，以及适于不同温度范围的差值测定和数据输出器。为此，工业制造的热元件应具有与待测量罐头内的食品馅料相适应的各种不同型号，每一仪器的探针都通过橡胶塞或金属插座连接插入并固定到测试盒中。

对于这些基于热电偶的测定仪器，也要求企业可以轻松连接并操作，即可便捷使用。例如，德国 Heraeus 公司和 Degussa 公司等提供的便携式温度测定仪，就具有轻薄、便于拆卸和组装的优点，通过一个小开孔轻易地与直径为 0.5mm 的铁铜合金导线和铜镍合金导线连接，绝缘和分离的单独导线通过绕组或塑料护套连接，形成直径不超过 1.2mm 的双芯导线。如果要改装为热电偶，必须在用作传感器的线路末端将两根导线剥离干净，然后小心地焊接在一起，或用小燃烧器焊接。焊接后管线的另一端（也已剥离）连接至相关类型的适当热电偶测量装置，并使用新热电偶校准测量装置。该校准可在沸水（如在海平面海拔的100℃）和搅拌的冰水混合物（约 0℃）中进行。为了将自制的测定导线插入罐中，可在盖子、底部或侧壁上打一个孔，并将橡胶塞压入其中，通过一个大的注射器套管将测量线穿过。如果设计合理，即使在高温和较高的压力下，橡胶塞也会在密封罐的冲孔和塞中热电偶的穿孔通道之间形成良好封闭连接。

在其他情形下，热电偶的组装也可采用与此类似的技术进行。通过一个橡胶密封的螺纹接头将测定线从高压灭菌器中引出，并连接到测定仪上。热电测量可以在立式和旋转高压釜中进行。对于旋转式高压灭菌器，热电偶线必须通过空心中心轴的滑环触点连接到测量仪器。在旋转灭菌的情况下，要特别注意计量箱和管道的安全固定，因为旋转运动会使计量头损坏和移位，从而导致读数错误。为了获得可靠的平均值，建议每次热电测量至少同时对 3 个罐点进行测定，而且应始终使用温度梯度最不利的罐来评估和确定可靠的灭菌参数。

不同的罐头肉制品由于其成分、稠度和肉块形状的差异性，在热电测量温度梯度时会产生各种问题。对于粗料，应优先选择薄而灵活的热电偶，将其引入质构紧凑肉块的内部，且结构和体积不会发生重大变化。同时，当使用这种热电偶时，优点是在热灭菌的情况下，测量探针尖端的位置在测量过程中几乎不会改变，这类具有大块状肉的罐头产品包括古拉牛肉汤、煎肉块、肉类菜肴、腌制熟肉块、小香肠等。相对更粗且固定测定的探针头，热电偶更适合于测定肉汤、肉酱、黏稠粥状菜肴。这种较粗大的探针头测定的优点在于可测定物的均质性和测定仪的可固定性。在灭菌过程中加热状态下测量温度时，必须考虑许多误差源。例如，排气尖端可能在加热过程中移动，或处于空气空间（空腔、大孔隙）。因此，始终有必要检查测定仪探针尖端在加热和打开的罐头食品上的位置。

三、 水分活度（A_W）栅栏及其测定

（一）原理与方法

水分活度，其定义为一定温度下食品所显示的水蒸气压 P 与同一温度下纯水蒸气压 P_0

之比，即：$A_W = P/P_0$。其实质是反映某一体系中水分存在的状态，即水分的结合程度（游离程度），A_W越高，结合程度越低（游离水越多）；A_W越低，结合程度越高（游离水越少）。水分活度范围在0~1，蒸馏水不含盐或其他物质，其A_W值为1.0，而完全无水物质的A_W值为0。A_W的大小与微生物的生长率有直接关系，这在上一章节已作了详述。由于微生物的生长和代谢活动需要水，因此A_W可用来作为衡量微生物可利用的水的一个指标，食品中的A_W越高，微生物可利用的水越多，产品越容易腐败变质；A_W越低，产品微生物稳定性越高，保质期越长。因此，可以利用水分活度的测试可调控，抑制微生物的生长。

水分活度A_W与pH一样，是肉制品质量控制中极为重要的指标，也是栅栏技术中涉及的最关键的栅栏因子之一。表2-17是几种典型肉和肉制品的A_W值及其变动范围值。生鲜肉A_W值约为0.99，在冷藏保鲜条件下对其肉品表面A_W的测定可调控至关重要。表面相对干燥对肉的保质期有利。肉制品的A_W肯定是低于鲜肉，主要是因为加工进程进行了干燥脱水或添加了食盐等可发挥调节A_W作用的食品添加剂等成分。脂肪对肉制品的A_W也有间接影响，因为它所含水分很少，因此会增加产品瘦肉含量水中无水物质的浓度（根据总质量计算），从而起到降低A_W的功能。切块的熟肉制品，如蒸煮火腿、挤压火腿等，A_W值在0.98~0.96之间，其变化范围取决于不同类产品中添加的食盐和所含水分，以及热加工水分进入的多少。蒸煮香肠的A_W值也相对较高，通常为0.97，因此其保质期较短。在这类蒸煮香肠中，以德式肝酪肠、里昂肠和啤酒火腿肠的A_W最高，而德式哥廷根肠（Göttinger wurst）、蒂罗尔肠（Tiroler）、卡巴诺西肠（Cabanossi），以及意大利蒙特拉肠（Mortadella）则较低，其保质期也相对较好。不同类型蒸煮香肠的A_W差异与产品的水分含量有关，但也与脂肪和盐分含量有关。烫香肠中的肝肠一般有较高的脂肪含量和较低的水分含量，其A_W通常略低于蒸煮香肠。而在肝香肠中，肉粒较粗的产品的A_W又比肉馅绞切更细的产品的相对较高。烫香肠中的血肠A_W及其变动范围与肝肠类似，血肠中A_W相对较高的是图林根红肠和添加猪舌等制作的舌肠。肉脂肠、培根类（speck wurst）肉制品，由于其高脂肪含量和有时强烈的干燥处理，因此A_W可能非常低（甚至可能小于0.90），远远低于蒸煮香肠的平均A_W，但具有较佳的保质期。可生吃的非热加工肉制品，其A_W须低于热加工熟肉制品，以确保产品尽管因缺乏热加工而容易变质仍然具有足够的微生物稳定性，从而确保消费者的身体健康。发酵生火腿、发酵香肠、风干肉等产品，即使是在传统的加工方式下，也达到了这一卫生安全要求。尽管如此，这类肉制品中个别产品在保质期上的差异还是很大的。

表2-17 几种典型肉和肉制品的A_W值及其变动范围

产品	A_W（变动范围）	产品	A_W（变动范围）
生鲜肉	0.99（0.99~0.98）	发酵火腿类	0.92（0.96~0.80）
蒸煮火腿	0.97（0.98~0.96）	中式香肠	0.80（0.86~0.75）
蒸煮香肠	0.97（0.98~0.93）	发酵香肠	0.91（0.96~0.70）
肝肠（烫香肠）	0.96（0.97~0.95）	风干肉	0.70（0.85~0.65）
血肠（烫香肠）	0.96（0.97~0.86）	肉干、肉松	0.70（0.80~0.60）

中式香肠在工艺和产品特性上实际属于腌腊制品类型，腌腊制品如腊肉、板鸭、风干鸡等，是典型A_W值为0.60~0.90的半干水分食品（IMF），成品A_W值为0.88~0.70，这类产品一般可贮性较佳，在非制冷条件下可贮存较长时间。无论是风干法还是烘烤干燥法加工的产品，其A_W值均低于0.89，并在贮藏过程中继续下降，完全可保证这一传统产品的微生物稳定性。传统自然风干的腌腊制品加工期更长，内源酶引起的脂肪和蛋白质分解为风味物成分的含量更高，A_W可相对较高，产品风味也更佳。而烘烤法较高温度（约60℃）有助于杀灭肉料中污染的有害微生物，尤其是较高温（<15℃）腌制肉料，因此此工序特别重要。这类产品的主要抑菌防腐栅栏是A_W，加工中的干燥脱水可使A_W下降最明显，添加盐和糖也有助于A_W的降低。中国火腿是腌腊制品中的特型产品，尽管在分类上将其单独划为一类，但其产品特性与常规腌腊制品接近，其A_W值在0.88~0.79，基于不同地区和发酵风干程度产品含盐量变动范围较大，可在8%~15%和发酵风干程度而异，较高含盐量和较为干硬特性是非制冷可贮性和食用安全性所需。肉干制品，包括肉干、肉松和肉脯，属于即食方便肉制品，较低的A_W保证其可贮性和食用安全性的作用甚至比腌腊制品更为重要，因此大多产品的A_W值均较低，传统制作非真空包装贮藏的肉干可低于0.65，肉松甚至低至0.60。对于极度干燥到低水分食品程度的肉干制品，其可贮性极为出色，耐受低A_W的霉菌在此产品中也会受到抑制，甚至即使存在沙门菌和葡萄球菌等微生物，在产品存放过程中也会因“自动衰竭”而死亡。因此腌腊肉制品和肉干制品的A_W的测定和调控在其生产中极为重要。

（二）测定仪的选择及操作

肉制品的水分活度测定和调控在发达国家受到特别的重视，并将A_W作为产品可贮性监控最重要的指标之一，而我国大多企业在产品管控中仍停留在传统的通过水分含量的测定予以调控，A_W则仅限于肉类研究中的广为应用。随着肉类工业发展和质量控制技术的提升，在实际生产中的A_W的测定和调控也越来越受到关注，市场上可供选购的A_W测定仪也陆续推出。

A_W测定通常采用平衡相对湿度法原理，在数值上等于密闭环境的相对湿度，所以对样品A_W的测量可以转化成对密闭环境中相对湿度的测量。测试样将被置于一个密闭的容器中，被测试样与密闭空间中的环境之间进行水分子交换平衡，待达到平衡后测定容器内的压力或者相对湿度，从而得到样品中的A_W。A_W主要的测试方法有冷凝露点法、电容传感器法和电阻传感器法等。

图2-5和图2-6为两款国产水分活度仪。图2-6的GYW-1G水分活度仪，内置美国HW传感器，带7寸大彩屏，触摸式操作。A_W值测定准确性为0.010、分辨率为0.001、精度为±0.015，重复性不超过0.005，测量范围0.000~1.000，测量时间在一般样品10~15min，特殊样品最长时间60min，同时可进行温度和相对湿度测定，温度显示范围0~50℃，相对湿度0%~95%。有单通道和多通道可供选择并自动校准，实时显示检测曲线和微型打印机打印输出。图3-22的HD-3B水分活度仪，其原理基于卡尔弗休微库仑滴定法，以双铂电极检测滴定过程，以单片机控制测量和电解及数据处理，并自动打印参数和测量结果。仪器具有自动基线校正、空白补偿、终点自动判断等功能，其平衡速度快、稳定性好、结果准确、操作方便、分析速度快、数据重复性好、便于安装。

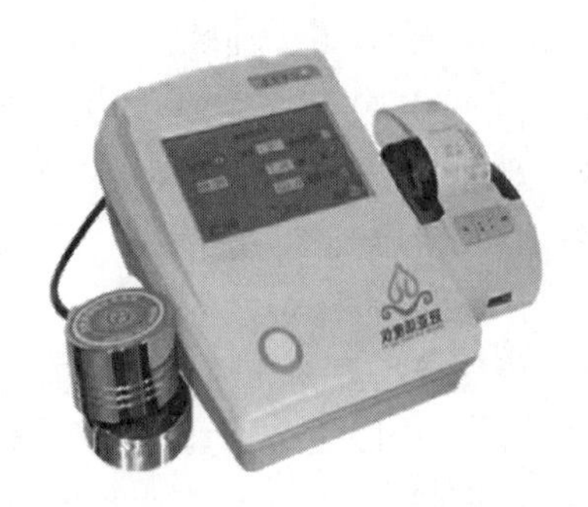

图 2-5 GYW-1G 水分活度仪

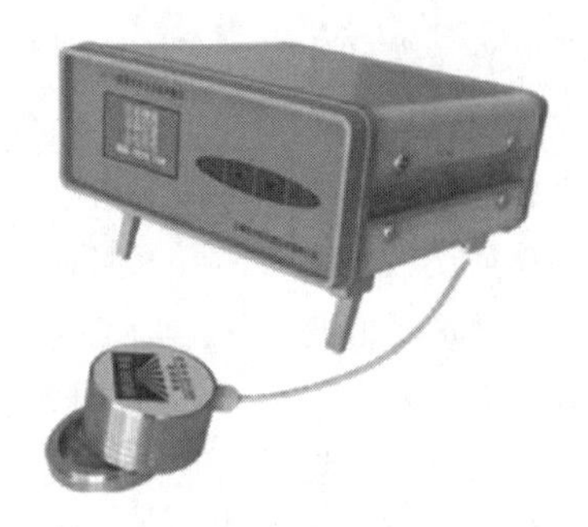

图 2-6 HD-3B 水分活度仪

图 2-7 和图 2-8 是德国生产的两款水分活度仪。图 2-7 为 Lufft 公司早期推出的 LUFFT 水分活度仪，结构简易但测量较为可靠准确，只是测定中要确保精确的温度（25℃，或置于同等温度的恒温环境中），以避免测量误差，因此频繁且仔细的校准也是获得准确结果的先决条件。图 2-8 是一款专用于肉制品的 NAGY 水分活度仪，制造商为 NAGY 公司。该仪器不需要复杂的温度控制，且测定时间短（取决于样品的 A_W 范围，8~25min）。在该测量仪中，样品在-50~-40℃的冷却槽中冷却，测量仪器自动确定相应的冰点，转换成适当的 A_W，并在显示屏上显示该值。当仪器确认了 A_W 时会自动发出声音信号，并启动仪器进行新的测量。测量值可存储在设备中，也可以通过按下连接的小型打印机上的按钮输出打印。该仪器实际上是多功能体系，除 A_W 外还可用于测量温度、相对湿度、pH 和氧化还原电位等。

图 2-7 LUFFT 水分活度仪

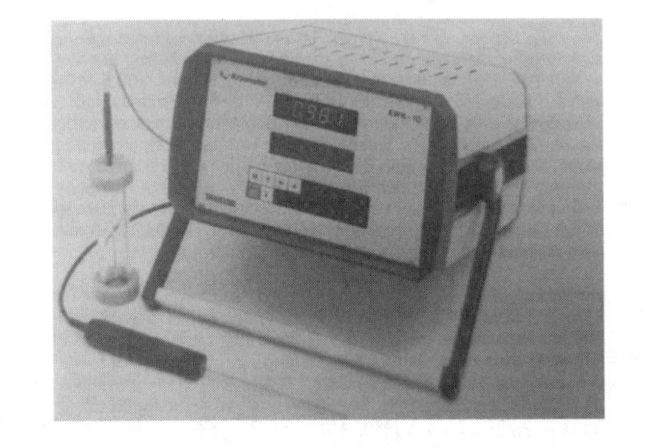

图 2-8 NAGY 水分活度仪

四、 相对湿度栅栏及其测定

（一）原理与方法

“相对湿度”用来表示空气的干湿程度，这与空气中所含有的水汽量接近饱和的程度有关，而和空气中含有水汽的绝对量却无直接关系。例如，当空气中所含有的水汽的压强同样等于 1606.24Pa 时，在炎热的夏天中午（气温约 35℃），人们并不会感到潮湿，这是因为此时离水汽饱和气压还很远，物体中的水分还能够继续蒸发；而在较冷的秋天（气温约为 15℃），人们却会感到潮湿，因为这时的水汽压已经达到过饱和，水分不但不能蒸发，而且水汽还要凝结成水，所以我们把空气中实际所含有的水汽的密度 ρ_1 与同温度时饱和水汽密

度 ρ_2 的百分比，即 $\rho_1/\rho_2\times100\%$ 称作相对湿度。

“相对湿度”的值是空气中实际所含水蒸气密度和同温度下饱和水蒸气密度的百分比值(%)，意为在一个空间内现有的水蒸气压力与同一温度下可能的最大水蒸气压力之比。随着温度升高，在水蒸气量保持不变时，该比值会下降。而温度下降，水蒸气量仍然不变时，该比值又会上升，因为热空气与冷空气比较，冷空气会产生更高的水蒸气绝对量。通过%RH 的表达方式，可描述空气中被水蒸气饱和的百分比。当饱和水蒸气达到最大，其相对湿度就是 100%。如图 2-9 所示，其中上横坐标和左纵坐标均为冷藏空间的相对湿度，下横坐标为冷藏物品表面的温度。当达到露点时，水蒸气以水滴的形式凝结，当寒冷的表面进入温暖的环境空气时，可以观察到这一现象，如在温暖的夏日，冷啤酒倒入啤酒杯时，杯外壁上就可见到凝结的细小水滴。

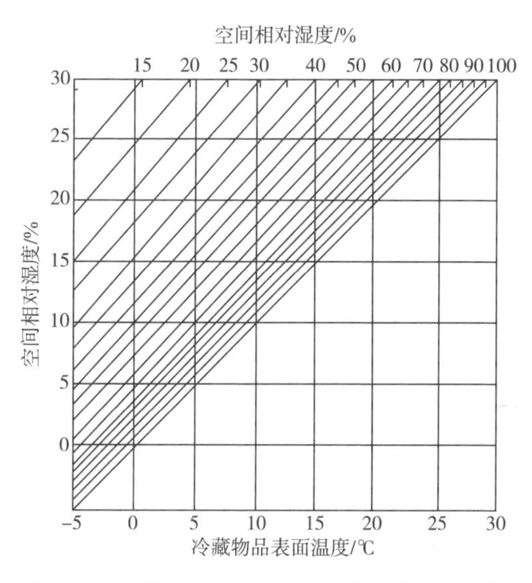

图 2-9　不同温度和相对湿度下肉品表面露点形成图

不同的食品加工对相对湿度的测定和调控关键点有差异，如肉制品企业的相对湿度测定和调控主要是在分割、预包装及需要制冷调节的车间和冷库，以及西式发酵香肠和发酵火腿悬挂加工的车间。在腊肠、腊肉、板鸭等中式肉制品加工中，适宜的相对湿度对产品恰到好处的风干脱水的作用已受到重视，但大多仍凭经验操作，通过精准测定和调控以稳定和提升产品质量是未来的必然发展方向。相对湿度的度量范围是 0%~100%，肉制品加工中企业根据不同产品确定贮藏车间所需的相对湿度（表 2-18）。

表 2-18　肉制品加工贮藏车间所需的相对湿度范围

车间	相对湿度/%	车间	相对湿度/%
分割间	45~60	发酵香肠、火腿发酵间	45~60
包装间	70~85	中式香肠、腊肉等腌腊制品自然风干间	40~60
挂晾间	70~85	中式香肠、腊肉等腌腊制品烘烤干燥间	40~50
腌制发色间	80~90	冷藏间	85~95

在肉和肉制品分割和包装间内，相对湿度应仅为45%~60%，在此相对湿度下产品表面源自空气中的水蒸气才能凝结成水滴，因为部分产品通常在分解切割和包装过程中得到了很好的冷却。如果空气中的冷凝水在肉和肉制品表面凝结为小水滴，肉品表面的水分活度就会升高，微生物在肉品上就会快速生长，可能导致肉品表面在短时间内变得黏腻。发酵香肠和发酵火腿发酵前挂晾车间的相对湿度控制在70%~85%为宜，在此相对湿度下挂晾有助于香肠在此后发酵进程中水分的均匀逸出和风干，其A_W的有效降低，对于保证较长时间发酵的干香肠的长期可贮性甚为重要。在火腿腌制发色的车间，相对湿度需在70%~85%，这一方面是保证肉中的水分能较为有效地逸出（风干），另一方面又要防止因表面水分散失过快引起肉表面的干膜化（形成干壳），这将对肉品中水分的进一步均匀散发很不利。发酵香肠的发酵间的相对湿度的调控，在最初发酵的8~15d从90%缓慢降至80%，过快的表面水分散失可能导致干壳的形成，在以后的阶段加工将使得发酵和风干将不能正常进行而出现次品。但相对湿度也不能过高至香肠表面水蒸气凝结，当温度较低（约0℃）状态下香肠灌装后进入温度较高一点（如20~25℃）的发酵间，以及较高的相对湿度（如大约90%）下，就可能发生这种情况。避免水蒸气的措施是将香肠推入发酵间后，在香肠的温度逐步回升至室温，将发酵间相对湿度调至很低（如约40%），使之经过一段称为“平衡相”的阶段，一般为6h左右，这样可以避免香肠表面上形成这种“出汗”的不良现象，然后再进一步将发酵间相对湿度调节至发酵初期所需高湿度（90%），对此在下一节还要讨论。肉制品冷却间的相对湿度应在85%~95%，该车间的相对湿度越高，产品因水分蒸发导致的失重就越高。过高湿度所带来的问题上文已经提及，即肉和肉制品表面因微生物滋生导致的黏腻化。因此相对湿度不宜高于90%，既要尽可能使产品的失水率不过大，又要使产品表面保持一定的干燥度以保证其可贮性。

原则上，肉类处理和肉制品的加工应避免达到露点，肉品表面的细小水滴的形成（雾化）不是逐渐发生的，而是在达到露点后突然发生。露点由产品的表面温度、周围空气的温度和空气的含水量决定。图2-10是避免水蒸气在肉品表面凝结时，源自产品温度、车间温度，以及车间空气中最大相对湿度的计算。根据对上述3个参数的测量，即可预测肉品表面是否会发生冷凝。因此，在任何肉类加工企业中，通过简单的测量仪器和适当的应对措施都可以进行此类测定和预测，并通过调控避免对肉类和肉制品表面水汽冷凝而对产品保质期产生不利影响。现通过图2-10和图2-11两个示例进行解释。

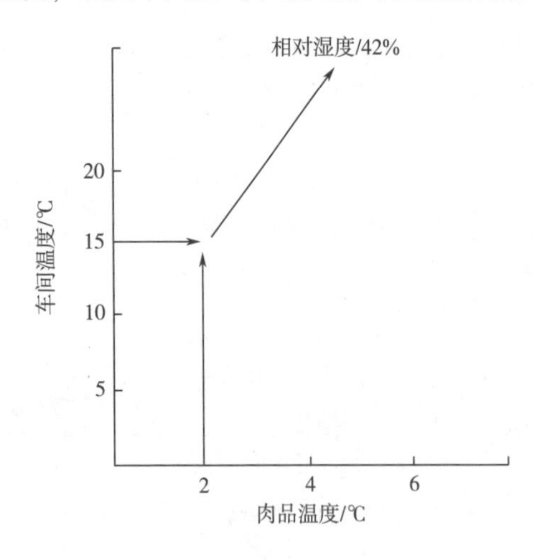

图2-10 避免水蒸气凝结的车间最大相对湿度（%）计算

在图2-10的示例中，如果一个温度较低的车间温度为2℃，肉品在其中贮藏数小时后，肉的表面温度也将达到2℃。这一肉品在温度为15℃的分割车间分割。在各自的基本线上建立的2℃和15℃两线的交点标记了一条斜线上的一个点，该斜线在其需求中指示值为42%的相对湿度（图2-10中的上斜线值）。为了避免本例中所示肉品发生表面水汽冷凝，加工车间相对湿度应不超过42%。

在图2-11的示例中，如果包装车间空调温度为12℃（图2-11中左边纵坐标上的值），相对湿度为50%（图2-11中的上斜线值）。在此车间进行蒸煮香肠的切片和预包装，切片点位的温度和相对湿度则达到12℃和50%，而香肠的温度是2℃（图2-11下面的横坐标值）。如果要避免香肠预包装前切片时不出现水汽冷凝，则香肠的温度不应低于2℃。如果将包装间的相对湿度升高至60%，则香肠的温度不应低于4.5℃，才能防止表面水汽冷凝。

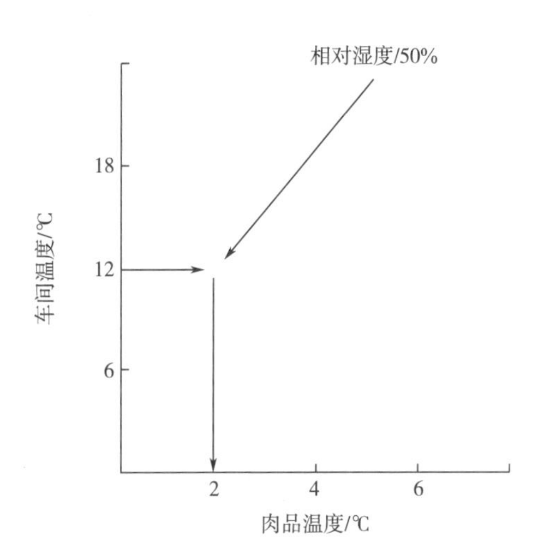

图2-11　避免水蒸气凝结的肉品的最高温度（℃）计算

在测定露点时，总是从两个已知值来确定第三个露点值。在只知道一个露点值的情况下，另两个值的大小可以通过其相互依赖程度来确定。因此，冷却的肉和肉制品外部空气中水蒸气的冷凝可以通过以下措施进行避免：一是降低加工车间的环境温度，二是降低加工车间的相对湿度，三是提高产品温度。提高产品温度的措施涉及微生物风险，因此应仅适用于例外情况，因为肉品保质的基本原则是尽可能保持肉和肉制品的贮存温度低。

（二）测定仪的选择及操作

相对湿度的测定，可通过测定湿度的方式，即通过干湿温度、导电电阻的变化，或者取决于蒸汽容量变化的湿度仪进行测量。在德国的标准仪器是符合“Assmann”要求的空气湿度计，根据读取的干燥和潮湿温度，通过表格或湿度/滑块确定相应的温度值。而应用电子干湿表更简易，它通过一个小型计算机芯片的温度值进行计算，相应的相对湿度可以在按钮上调用。对于湿度测量，湿度温度计上浸渍水的织物体必须不断用蒸馏水湿润。根据湿度的不同，以一定的气流速度流过织物的空气会从织物中吸收不同数量的水，从而在湿度温度计处或多或少地实现蒸发冷却，所需温度与第二个温度计（干式温度计）同时测量的空气温度值进行换算，可得出相对湿度值。

图2-12是德国Ahlborn公司制造的AMR THERM 2286-2数字式湿度测定仪，该仪器由一个微处理器控制的显示器和一个带有两个高精度NTC电阻器的湿度传感器组成。两个探头中的一个被格栅水箱前面的内置水中的薄棉丝织物浸湿。手柄内置风扇，确保必要的空气速度。对于较长时间内的静态测量，有一个具有较大供水量的特殊传感器。

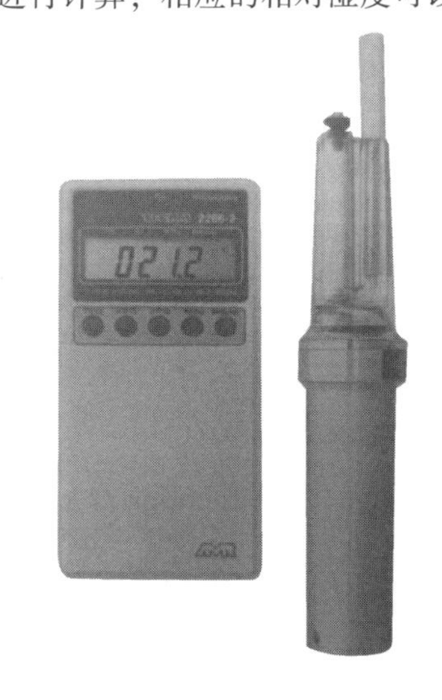

图2-12　AMR THERM 2286-2数字式湿度测定仪

这种带有微处理器的 THERM 2286-2 数字式湿度测定仪具有较多功能，其中测量值的计算基于德国气象局的湿度表。测量范围为 0.0%~100.0%，露点值也由设备自动计算，其温度范围可在-25.0~100.0℃。干湿温度分辨率 0.01℃，相对湿度分辨率 0.01%，计算精度±0.05℃和±1%。记录仪可持续进行测定记录并可输出打印湿度变化值及变化曲线。德国其他公司，如 Rotronic Mebgrate、Novasina AG、Steinecker Elektro 等公司，均推出了不同类型的湿度仪，测量原理基于电导率变化，或吸湿材料（电容器）的电容变化，通过电信号转换为相对湿度值。

图 2-13 AR827 数字式湿度测定仪

图 2-13 是一款国产 AR827 数字式湿度测定仪，其工作原理是根据湿敏电阻或者湿敏电容在不同湿度下的导电性，测定环境的湿度，以确定产品生产或贮藏的环境条件。该仪器设计精致、体积小巧、携带方便，显示屏可以实时显示和记录数据，因其迷你机身和直观数显的特点被广泛应用于冷链食物、冷藏集装箱、仓储、实验室、日常家居等食品所处环境的湿度检测，同时也可进行温度的适时测定。

五、 气流速度及其测定

（一）原理与方法

气流速度或空气流速是影响肉料或产品 A_W 的重要因素，该指标在常规上是指气体的移动速度，即在某一点上流动的气体的位移对时间的导数，以“米/秒”（m/s）表示。空气流速与风速类似但和风速不是一个概念，但由于风速的实现载体是空气，所以经常将空气流速和风速混为同一概念。

空气流速的测定和调控在不同食品加工及贮藏均显现其意义，如对于肉或肉制品，其冻结、冷却、分割，腌腊肉制品、发酵肉制品的风干发酵，以及在肉和肉制品的贮藏、运输装载箱过程中的湿度测定和调控均十分重要。通过测量空气的流速，可以评估在某些过程中散热或干燥所需的空气运动。例如，生产风干发酵的香肠或腊肉，可通过的气流速度的测定和适宜的流速的调控，在早期采用稍高的气流强度，抑制霉菌在表面的生长，在此后可通过检测判定气流是否合理，并适时进行调控和优化以确保产品质量。在肉的分割车间，需要一个适宜的温度以及与之相匹配的气流速度，同时又要确保符合人体健康要求（不会带来影响健康的隐患），这主要通过送风口前面用纺织物制作的净风袋来实现。

对于肉制品加工厂，其加工、贮藏过程中气流速度范围在 0~5m/s（表 2-19），发酵香肠或冷风干在香肠加工较适宜的空气流速在 0.05~0.8m/s。发酵香肠加工的第一发酵阶段为 0.5~0.8m/s，第二段为 0.2~0.5m/s，第三段 0.05~0.1m/s。尤其是在发酵香肠的熟成阶段，需以水蒸气散发形式去除大量的水分。而在熟成阶段结束时，只需进行少量的水分交换，这时气流速度应降低。在肉和肉制品的冷藏中，所需的冷、热空气交换与排出，是在冰箱和冷冻柜中实现的。冰箱和冷冻柜中的平均气流速度在 0.1~0.3m/s，如果要快速冷却，冷却隧道必须有一个较高的平均气流速度，即达到 1.0~4.0m/s。在肉品冻结的冻结隧道，更需要较高的风速以促进热能的快速排出，其冷风流速可达到 2.0~4.0m/s。在此强风情形下，就要特别注意肉品表面，如猪和牛等的胴体表面的极度干裂，甚至会导致“冻伤”等质量缺陷。

表 2-19　　肉制品加工、贮藏中常用的气流速度

车间或场地	气流速度/（m/s）	车间或场地	气流速度/（m/s）
发酵风干间	0.05~0.8	冷却隧道	1.0~4.0
冷却间	0.1~0.3	冻结隧道	2.0~4.0
冻结间	0.1~0.3		

（二）测定仪的选择及操作

已有易于操作且精准度高的风速计可供企业选用，图 2-14 为来自德国的一款气流测定仪，型号为 TESTOTERM 4501，制造商为 Testoterm 公司。该仪器为带有叶片探头的精密流量计，量程为 0.4~40m/s。置于测量探头中的叶轮由感应式传感器根据其转速进行扫描，信号被适当放大或平均后直接显示在显示屏上。模拟输出可以在更长的观察期内记录气流变化的数值，并可以连续变化值或阶段平均值的输出。使用这种由微处理器控制的测定仪，除了风速以外，还可以同时测量相对空气温度和相对湿度，并将其记录在一个小型连接的贮存器打印模块上，将记录值打印显示。根据与此不同原理设计推出的另一款仪器，是 Digital-Thermo-Aneemometer 温度-气流测定仪，制造商为 Driesen+Kern 公司。该测量仪器中，在测量传感器中设置了两根细镍丝。其中一根加热，另一根保持低温，两条电阻线构成惠斯通电桥电路的支路。如果被测空气流过导线，加热的导线将冷却，从而降低其电阻，而未加热的导线则不受影响，其温度也不受影响，因此对温度和气流的测定都很灵敏且准确。

图 2-14　TESTOTERM 4501 气流测定仪

图 2-15 为一款风速测定仪，型号为 AR856，工作原理是根据叶轮的转速计算出风速和风量。配备叶轮探头，适用于进风及出风口的测量。内置的风口格栅面积修正系数可准确地完成格栅风口的风速和风量的测定，清晰而易读的显

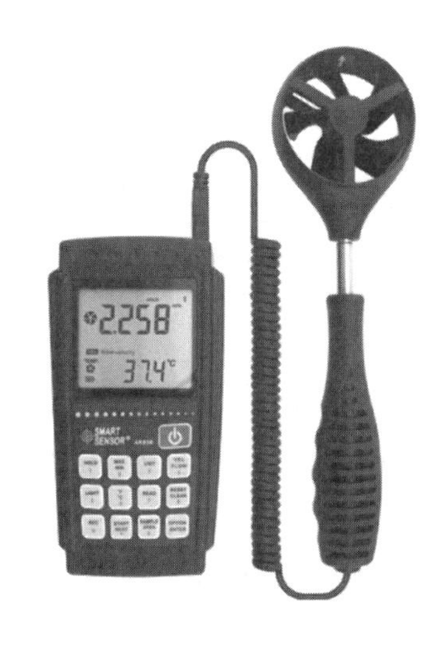

图 2-15　AR856 风速测定仪

示屏可显示所有重要参数，包括风速和风量。

六、 光照强度栅栏及其测定

（一）原理与方法

光照强度是指单位面积上所接受可见光的能量，简称照度，单位勒克斯（用 lx 表示），用于指示光照的强弱和物体表面被照明的程度。如果 $1m^2$ 的平面接受的光通量为 1lm，则照度为 1lx。

光照强度对加工产品的品质和企业员工健康均有影响。特别是肉品原料或加工产品，光是氧化反应的催化剂，过高的照度将加速产品氧化酸败或腐败变质。因此一些食品的加工场所，如畜肉的排酸车间、香肠加工的发酵风干车间等，均要求极弱的光照甚至避光，大多产品的贮藏也尽可能避光。与之相对，工作场所长期照明不足，将可能导致员工的视力损伤，以及在工作中发生事故风险的增加，尤其是在机械化操作的肉制品加工车间，刀具高速运转，模糊不清的现场是事故的多发地。此外，从员工福利上讲，如果没有足够的照明，人的心理和生理也将受到影响。研究表明，工作场所良好的照明能提高工作人员的幸福感和工作效率，且有助于防止过早疲劳。

表 2-20 是推荐的对于肉类加工企业不同车间或场所的光照强度。应注意的是，员工工作车间所需较高的照度，此照度原则上对肉品防腐保鲜不利，但这对肉类和肉制品的影响应是非常短暂的，过长才会产生不必要的颜色和味道的不良变化。

表 2-20 推荐肉制品加工企业不同车间或场所光照强度

车间或场地	光照强度/lx	车间或场地	光照强度/lx
腌制、冷却、冻结车间	<60	包装车间	300~400
预贮藏及贮藏车间	60~120	员工工作操作场所	300~500
产品零售柜	200~350	产品出售间	400~600

对于肉类加工业来说，确定的光照范围可低于 60lx 及高至 600lx。但对于员工的感知而言，低于 100lx 的照度也被视为较低并引起不适，较为适宜的是 100~250lx，250~500lx 均过高，高于 500lx 的光照则过强。肉和肉制品最好在黑暗避光条件下腌制、蒸煮烹饪或贮藏。如果需要在一定的光线下操作，可在腌制、盐水注射、滚揉、蒸煮、冷藏和冷冻等车间和场所则开启光源，但照度不得超过 60lx，贮藏室不超过 120lx。产品零售柜调控在 200~350lx，因为要确保产品有具有吸引力的外观，而又不至于光照太强，对产品感官等品质的造成不良影响。对于在悬挂状态销售的预包装产品，应尽可能避免强光，以便将光线对肉品的不良影响降至最低。如果光线不直接作用于产品，也可将产品出售间的亮度调控在 400~600lx，以实现最佳的产品展示效果。包装间和其他员工操作场地则需要相对较高的亮度，光照强度可在 300~500lx。

（二）测定仪的选择及操作

在光照强度的检测上，已有众多的仪器可供选择，图 2-16 是一款国产便携式照度仪，型号 AR823，为3 1/2位 LCD 显示，测量范围 0.1~200000lx，精确度±3%，温度特征

±0.1%/℃，取样率2.0次/s感光体。

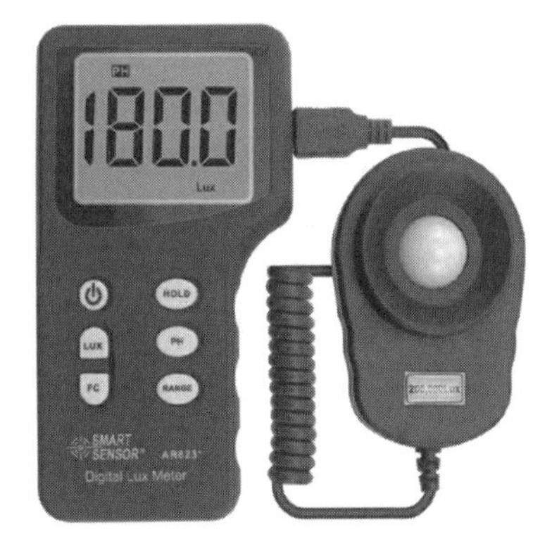

图2-16　AR823照度仪

图2-17的TESTOTERM Lux-Meter 0500和图2-18的MINOLTA Chroma-Meter两款照度仪为一些德国肉类加工企业广泛使用，均为便携式。TESTOTERM Lux-Meter 0500制造商为Testoterm公司。该测量仪器由显示仪器和硅光电池传感器组成，可以测量日光和人工光源的照度，可直接读取，常规测量范围0～2000lx，通过设置的一个调控键可将其测量范围扩大到100000lx。

图2-17　TESTOTERM Lux-Meter 0500照度仪

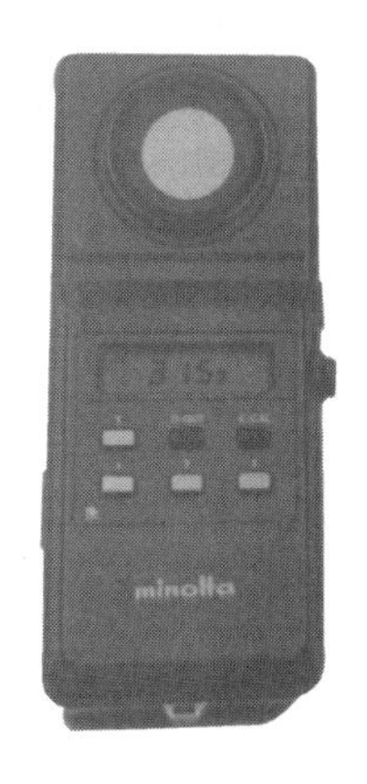

图2-18　MINOLTA Chroma-Meter照度仪

而MINOLTA Chroma-Meter照度仪为日本美能达公司制造，是一种紧凑型三色计。除了照度外，还可用于测量颜色度和色温，三个硅光电二极管同时测量光源或物体的颜色，色相和照度的坐标以及色温由仪表中的微处理器进行自动计算，并在按下相应按钮后进行数据输出。

七、 pH栅栏及其测定

（一）原理与方法

pH是氢离子浓度的负对数，是用来表示溶液酸性或碱性程度的数值。如果某溶液所含氢离子的浓度为0.00001mol/L，它的pH就是5。相反，如果某溶液的pH=5，也可知它的氢离子浓度为0.00001mol/L。pH一般在0～14，当pH=7时溶液呈中性，pH<7时呈酸性，值越小，酸性越强；大于7时呈碱性，值越大，碱性越强。

pH是食品防腐保质最为重要的栅栏因子之一，因此，pH的测定在食品生产，尤其是肉和肉制品生产中是至关重要的。例如，对畜肉的白肌肉和黑干肉的监控，都要涉及肉的pH的测定。在发酵香肠发酵进程中，pH的测定和调控更是与成品品质紧密相关，可以使用pH测量并调控香肠的发酵，并评估产品的成熟度或变质程度。泡凤爪等肉制品中，较适宜的

pH 的调控可使产品具有优质的、恰到好处的酸辣口感，又能在一定程度上通过 pH 的下调和该栅栏强度的适度提高抑制不利菌的生长。在食醋等发酵调味品和泡酸菜等发酵果蔬制品的加工中，进行 pH 的测定和调控也是使产品优质安全的基本保证。

表 2-21 是几种肉和肉制品的平均 pH，其 pH 为 4.5~7.6。肉类加工中使用的原材料中，新鲜血液的 pH 最高，为 7.3~7.6。活畜体肌肉的 pH 为 7.0~7.2，因此也与中性点以上的血液相似。肉类的熟成，尤其是屠宰后肌肉糖原分解为乳酸，导致 pH 持续下降。屠宰后 24h，正常猪肉的 pH 在 5.4~6.0（也有达 6.2 的），牛肉在 5.4~5.8（也有达 6.0 的）。一般来说，牛肉基于其较低的 pH，保质期比猪肉略长。如果猪肉的 pH 在屠宰后 1h 内迅速酸化至低于 5.8，这就是所谓的白肌肉，即"苍白、柔软、多渗出物肉"。如果猪肉在屠宰后 24h 内 pH 升至 6.2，甚至 6.4，就会被称为黑干肉，即"色暗，紧实，干燥肉"。黑干肉呈现较好的保水性，但可贮性较低。生鲜猪和牛脂肪（板油）的 pH 范围在 6.2~6.9。

在肉制品中，由于血液的 pH 在 7.3~7.6，烫香肠中血肠的 pH 也相对较高，在 6.5~6.8。这将对于血肠的保质期产生不利影响，因此该类产品的冷链贮运和销售极为必要。根据产品的不同，罐头肉制品的 pH 在 5.6~6.2。一般来说，在肉和肉制品热加工过程中，pH 增加 0.1~0.3 个单位。pH 较低的肉制品是发酵生香肠，以及泡凤爪（还包括层层脆等低温卤制品）和啫喱肠（或称肉冻肠，为烫香肠类型）等，前者添加微生物发酵剂（乳酸菌）发酵产酸，后者直接添加食用酸（如柠檬酸、醋酸）或葡萄糖酸-δ-内酯等酸化剂。较低的 pH 在确保这些类型的肉制品的可贮性和安全性上均发挥或大或小的作用。由表 3-6 可见，发酵香肠 pH 为 4.8~6.0，其中快速发酵成熟类型的产品 pH 在 4.8~5.2。而较长时间发酵干燥保质期长的发酵香肠 pH 为 5.2~6.0，添加益生性霉菌的发酵香肠 pH 可达 6.0 及以上。而中式香肠和腊肉等腌腊制品，无论是自然风干还是烘烤干燥，由于都没有涉及微生物的发酵，因此 pH 在 5.7~5.9。在气温较低的冬季经过较长时间自然挂晾风干的腊肠或腊肉，pH 在 5.7 左右，但均不具有西式发酵肠的酸香味，而是由内源酶酶解主导的腌腊风味，对此在后面的章节还将讨论。

表 2-21 几种肉和肉制品的平均 pH

产品	pH	产品	pH
啫喱肠（肉冻肠）	4.5~5.2	中式香肠	5.7~5.9
泡凤爪（层层脆等）	4.5~5.6	产品售出间	6.2~6.4
发酵香肠	4.8~6.0	血肠	6.5~6.8
鲜猪肉	5.4~6.0	活畜体肌肉	7.0~7.2
肉类罐头	5.6~6.2	新鲜血液	7.3~7.6
肉品盐水腌制液	5.8~6.2		

（二）测定仪的选择及操作

pH 的测定可用指示剂法（如示纸法）或仪器直接测定法，在生产中多采用简洁的仪器测定法，需要一个附带特殊探针（即 pH 电极）的电子显示设备即可。由于在这种类型的 pH 测量中，要测量的物质和 pH 电极中的参考通量之间的电压差是以一种相当复杂的方式来确定的，每个 pH 电极由一个玻璃（或金属）电极和一个参比电极组成，可以采用两条链的单独设计，也可以采用单条链的组合设计。根据对测定的实际需求，这些电极可以在玻璃电极，或者金属电极的下部区域形成尖形，作为插入电极；或形成扁平形，作为表面电极；或形成球形，作为流动性电极。在实际生产中，建议将 pH 计与插入式电极（直径 4~6mm）结合使用，并在几乎所有肉类和肉类产品装配任务中使用尺寸合适的金属式配制件。

已有性能良好的各式商业化 pH 测量仪器供企业和研究机构选用，图 2-18 和图 2-19 是两款国产的便携式 pH 仪。图 2-19 的 2107/2108 肉质 pH 直测仪的配置包括主机、pH-探针不锈钢电极、电池充电器和便携式运输箱，以及校准缓冲液，可进行肉质 pH 的现场快速测定和品质评估。图 2-20 的 SX811-BS pH 计，其工作原理是利用原电池的两个电极间的电动势，依据能斯特定律，既与电极的自身属性有关，还与溶液里的氢离子浓度有关。原电池的电动势和氢离子浓度之间存在对应关系，氢离子浓度的负对数即为 pH。该仪器配备的食品刀片穿刺电极，有快速、稳定、精确和低漂移的特点，可以轻松刺入鱼类、肉类、冷冻肉和肉制品等样品进行测试，也适用于常规 pH 测试和大部分酸碱滴定操作，具备自动校准、自动温度补偿、菜单设置、自诊断信息、校准提醒、查看校准时间、自动关机和低电压显示等智能化功能。

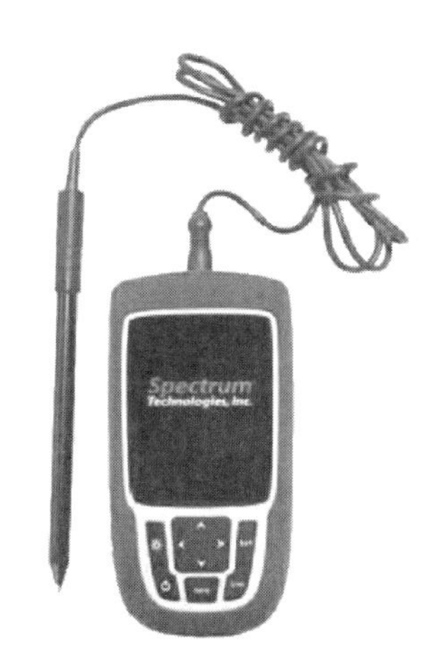

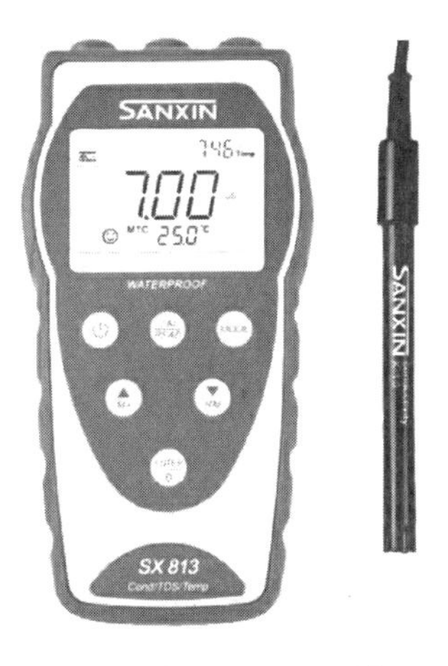

图 2-19　2107/2108 肉质 pH 直测仪　　图 2-20　SX811-BS pH 计

图 2-21 和图 2-22 是两款德国 pH 计，其中图 2-21 为便携式，型号 TESTO 205，可用于肉和肉制品 pH 的快速检测，pH 测量范围为 0~14，工作温度为 0~50℃，电源为 LR44 纽扣电池（1.5V）。图 2-22 为 WTW 537 pH 计，带有微处理器及存储系统，配置两个缓冲装置，可选择 4 种温度的缓冲。设备与连接的 pH 探针相连接，实现全自动校准、速率测定和自动读取。自动读取装置可检测稳定的测定值，从而在很大程度上保障测量的准确性。该仪器 pH 通过电极尖端进行感知和测量，因此必须非常仔细地对电极进行处理，通过校准缓冲液予以校准，并在两个样品的测定之间用水清洗干净。此外，其还可能受到静电的影响，如合成纤维工作服的干扰其测量结果都有可能被影响。

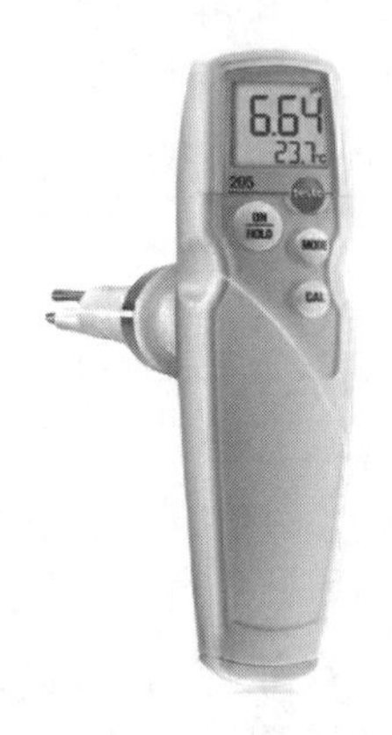

图 2-21 TESTO 205 pH 计

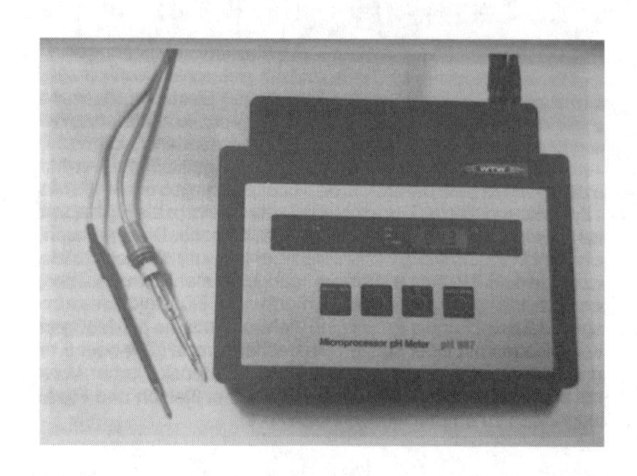

图 2-22 WTW 537 pH 计

八、 其他标准值的测定

(一) 微生物 (菌落总数) 及其测定

1. 原理与方法

微生物控制是肉和肉制品生产中产品防腐保质最为关键的控制点，是有效控制栅栏因子的先决条件。污染严重的原料肉，即使采用较多和强度较高的栅栏因子，也达不到保证产品品质和安全性的目的。而在生产过程和最终产品卫生质量的监控中，微生物是最为主要的指标之一。表 2-22 是相关标准对一些食品中菌落总数的限量要求。对于肉和肉制品，腌腊制品生制品没有具体的微生物限量，主要通过原料和加工过程的控制保证其食用安全性。必须保证熟肉制品不含致病菌，菌落总数因不同产品而异。例如，罐头制品需达到商业无菌，熟肉制品应不超过 10^4CFU/g，调理肉制品为 10^4~10^6CFU/g。对于企业在实际生产中的微生物控制中，菌落总数的检测是最基本的和必要的，因此这里仅对其进行简介。

表 2-22 相关标准对一些食品中菌落总数的限量要求

产品	菌落总数限值	标准来源
巴氏杀菌乳	≤10^5CFU/g	GB 19645—2010
超高温灭菌乳	商业无菌	GB 25190—2010
生鲜调理肉	≤10^6CFU/g	NYZ/T 2073—2011
加热调理肉	≤10^5CFU/g	NYZ/T 2073—2011
酱卤肉制品	≤10^4CFU/g	GB/T 23586—2009
熟肉制品	≤10^4CFU/g	GB 2726—2016
烧烤肉制品	≤10^4CFU/g	Q/HJS 0001S—2021
西式香肠	≤10^4CFU/g	GB 2726—2016

续表

产品	菌落总数限值	标准来源
高温火腿肠	≤10^4CFU/g	GB 2726—2016
蒸煮火腿（挤压火腿）	≤10^4CFU/g	GB 2726—2016
中式灌肠	≤10^4CFU/g	GB 2726—2016
盐焗肉制品	≤10^4CFU/g	Q/HJS 0002S—2021
即食方便肉制品菜肴	≤10^4CFU/g	QB/T 5471—2020
腌腊肉制品	未规定	GB 2730—2015

2. 测定仪的选择及操作

对菌落总数的测定按照 GB 4789. 2—2016《食品安全国家标准　食品微生物学检验　菌落总数测定》执行，该法采用平板计数琼脂（PCA）培养基，按照菌落总数的检验程序进行测定和计算。其基本方法是将被检样品制成几个不同的 10 倍递增稀释液，然后从每个稀释液中分别取出 1mL 置于灭菌平皿中与营养琼脂培养基混合，在一定温度下，培养一定时间后（一般为 48h），记录每个平皿中形成的菌落数量，依据稀释倍数，计算出每克（或每毫升）原始样品中所含的细菌菌落总数。而在企业的产品控制中，要求能够快速检测，尤其是在计数环节。

图 2-23 是国产菌落计数器，型号为 HCC-2。其原理是采用压力传感技术，只需要将培养皿放在压力感应垫，用尖式触笔按顺序点压即可。每次接触压力将产生一个计数，计数结果会显示在仪器屏幕上。每计数一个菌落，同时会发出声音进行确认。语音输出系统可以关闭或者打开，适合多种笔触的工具，如毡尖笔、记号笔等，对培养皿表面施加一定的压力，进行记数，压力感应灵敏度可调。对菌落总数和其他致病菌、腐败菌等的检测，已有先进而高效的仪器在不断推出。例如，基于荧光抗体技术、活细胞 DNA 荧光探针标记及激光扫描技术相结合技术等的 Bactiflow、ScanRDI、D-count 等微生物快速检测仪等。

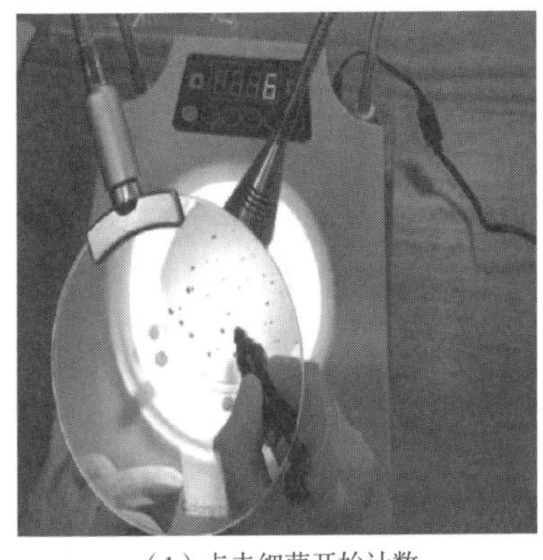

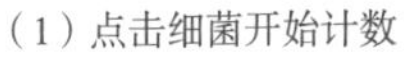

（1）点击细菌开始计数

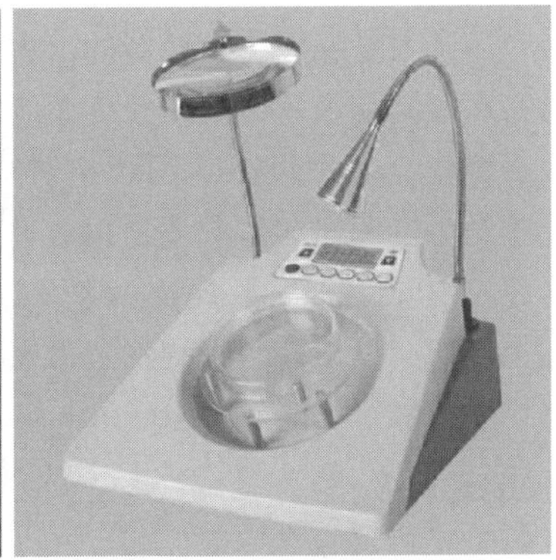

（2）仪器外观

图 2-23　HCC-2 菌落计数器

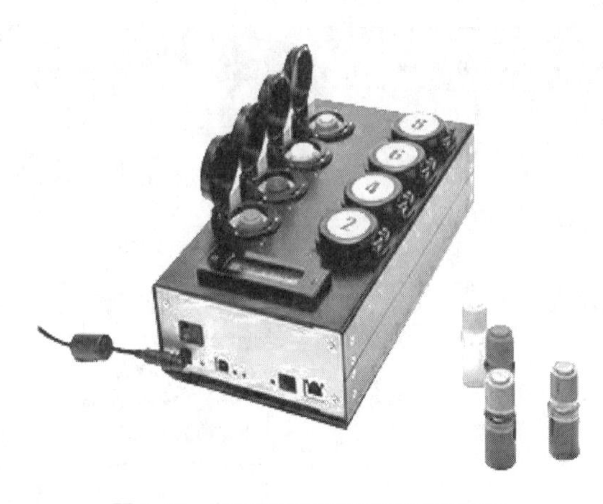

图 2-24 德国皇家微生物快速检测系统

图 2-24 是一款现代微生物快速检测仪，为德国皇家微生物快速检测系统（Royal Biotech），采用 MBS 专利检测技术，综合运用了酶、免疫、基因法等国际尖端技术，集传统、创新微生物检测方法的优势于一体，广泛适用于食药、日化产品、医疗卫生、环保以及餐饮服务等研究机构和企业，还可对菌落总数、大肠菌群、金黄色葡萄球菌等多种常规菌及致病菌的快速检测。该系统为自动调整孵育温度，同时测定三个不同波长处的光吸收值，这样就避免了细菌生长过程中的光散射或存在固体样品对测定结果的干扰。各检测孔位独立控温、独立检测，直接分析出样本中微生物含量，无须进行样本前处理。系统的检测精确度高达 1 个菌落，检测速度比传统方法提升 2~20 倍，且操作简单，非专业人员也可进行检测。结果的分析为全自动式，检测结束自动停止，可实现与不同电脑运行环境和不同数据库的互通。

（二）噪声及其测定

1. 原理与方法

从生理学观点来看，凡是干扰人们休息、学习和工作以及对人们所要听的声音产生干扰的声音，即不需要的声音，统称为噪声。物理学上，噪声指一切不规则的信号（不一定要是声音），如电磁、热、无线电传输、时、激光器、光纤通信等的噪声等。度量噪声的计量单位是 decibel（分贝），常用 dB 表示。

在人类面临的各种污染综合体中，水和空气的污染受到特别的关注，在这些领域的污染改善效果也就特别明显。噪声污染也逐渐被重视，噪声可能导致人体的不适甚至患病，暴露在高噪声环境可能会导致永久性听力损伤。因此必须直接避免过度噪声的产生，而不仅仅是使用适当的防护手段。噪声控制的社会重要性不仅体现在公共场所（如交通要道）噪声显示装置的出现，以及大量噪声测量仪器的出售，而且从企业员工劳动保护和公共区域公众健康防护，均对噪声控制越来越严格，且有相应的规章及措施。各国均对公众卫生服务和福利护理中保护人员免受有害噪声影响的严格法规。例如，我国的《工业企业噪声卫生标准》规定，工业企业的生产车间和作业场所的工作地点噪声标准为 85dB，暂时达不到的可适当放宽，但不得超过 90dB，而且要提供隔音设施装置。

在肉类加工场所，噪声控制应特别考虑切割机器的空间的噪声水平，尤其是一些陈旧的大型切割机器，噪声水平可能超过 100dB，而先进的现代设备均有效地解决了噪声问题。

2. 测定仪的选择及操作

分贝计是噪声测量中最基本的仪器。分贝计一般由电容式传声器、前置放大器、衰减器、放大器、频率计权网络以及有效值指示表头等组成。其工作原理是由传声器将声音转换成电信号，再由前置放大器变换阻抗，使传声器与衰减器匹配。放大器将输出信号加到计权网络，对信号进行频率计权（或外接滤波器），然后再经衰减器及放大器将信号放大到一定的幅值后，送到有效值检波器（或外按电平记录仪），显示器上显示噪声等级的数值。目前市场上已有大量的基于声级传感器的噪声测定仪可供选择，图 2-25 即为基于此原理的一款国产噪声测定仪，型号为 AR854。

图 2-25　AR854 噪声测定仪

（三）电导率及其测定

1. 原理与方法

原料质量是决定肉制品成品品质的首要重要因素，对于来源、质量可疑的原材料必须进行仔细检测，但这在实际生产中往往面临困难。例如，在猪肉制品加工中，如何对白肌肉甚至是注水肉进行快速准确判定就存在相当大的难度，保水性、多汁性、色泽、出品率等缺陷会在产品中体现。

肌肉组织的变化是由快速死亡后酸化（糖酵解）导致的显著肌肉细胞膜损伤所引起的。这会改变肌肉组织的电行为，导致电导率（mS/cm）和所谓的介质损耗因数变化。这些测量参数可基于热清管器和冷清管器的原理通过导电测量法获得。发达国家在通过多种测量仪器和方法快速对白肌肉的筛查上进行了研究，已成功地探索出用于白肌肉等肉类质量判定，如家畜屠宰后 24h 测得的肉的电导率值（LF 值）和介电损耗因子值（*d*）与其 pH（屠宰后 1 小时的 pH）相对密切相关。表 2-23 是 Schmitten 等（1986）采用德国 LF191 测定仪在家畜屠宰后的不同时间点的 LF 值进行测定并判定猪肉肉质，测定值的变化还取决于肉畜胴体部位、测定的时间和所采用的仪器，建议使用带有双单针电极类型电导仪。

表 2-23　不同时间点电导率值判定的猪肉肉质　单位：mS/m

肉质级别	电导率测定的屠宰后时间			
	40min	50min	60min	24h
优	≤4.3	≤4.8	≤5.3	≤7.8
良	4.4~8.2	4.9~9.7	4.4~10.2	7.9~9.7
有白肌缺陷	≥8.3	≥9.8	≥10.3	≥9.8

2. 测定仪的选择及操作

采用电导仪现场点位测定以筛别猪肉的白肌肉已广泛采用，相关众多基于通过脂肪厚度及其 pH 等在线进行猪肉胴体分级的 PQM 测定仪器（如德国的 PQM-FUTURE 等）也在陆续推出。测定介电损耗因子值（*d*）多采用 DS 测定仪，在猪后腿肉，体现其正常的肉质特性的电导率值应大于 7.0，如果电导率值小于 4.0 则可断定具有白肌肉缺陷。

图 2-26 是德国 MATTHAUS 电导率测定仪，通过检测胴体电导率判断和筛查白肌和黑干肉，为便携式，适合屠宰及冷冻车间现场在线检测。测量电导率值范围 0~15mS/cm，测量

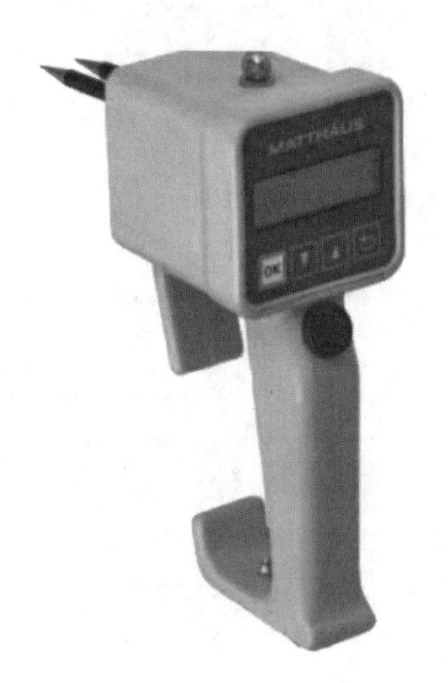

图 2-26 MATTHAUS 电导率测定仪（LF-STAR）

精度 0.1mS/cm，12bit A/D 转换器，32kb EPROM 操作系统，使用 10mS/cm 的校准模块进行校准，测试速度 1000 个/h，LCD 液晶显示器。系统电源要求为 5V NICD 充电电池，可在工作室外 8h 以上，内置电源，方便携带。按照德国的猪肉分级标准，采用此仪器测定（单位均为 mS/cm），LF 1≤4.60 为优级；4.60≤LF 1<6.99 为良级；LF 1≥7.00 为差，为肉质有缺陷的 PSE 猪肉；LF 2≤6.00 为优；6.00≤LF 2<8.99 为良；LF 2≥9.00 为差，为肉质有缺陷的白肌猪肉。

（四）肉色及其测定

1. 原理与方法

肉和肉制品的色泽是直接反映产品品质的指标，也是对消费者是否购买起决定性作用的第一印象，因此肉和肉制品的颜色和亮度不仅仅是在研究中十分关键，在生产实践中越来越多的企业也通过对肉和肉制品色泽的定量化测定把控产品品质。传统的感官视觉评估有一个主要缺点，即结果不可复制，因此不能标准化。因此，颜色的测定变得越来越重要。

颜色的测定离不开国际照明委员会公布的 $L^*a^*b^*$ 系统，这是一种色彩模式，确定了理论上人眼可以看见的所有色彩，用数字化的方法来描述人的视觉感应。该系统基于三维坐标，使用颜色编号 L^*、a^* 和 b^*。坐标 L^* 值表示亮度，范围在 0～100，0 的颜色为黑色，100 的颜色为白色；坐标 a^* 值为红色/品红色和绿色之间，a^* 负值指示绿色而正值指示品红；坐标 b^* 值为黄色和蓝色之间，b^* 负值指示蓝色而正值指示黄色。绝对值越大，相应颜色的饱和度越高。如果 L^* 值、a^* 值和 b^* 值增加，样品会变亮、变红和变黄。如果 L^* 值减小，样品变暗，a^* 值和 b^* 值变负，样品变绿或蓝色。两个比较物的色差（总色差）可以使用色差公式进行定量计算，总色差达到 1 时通常仅代表视觉上可感知的差异。

通过仪器进行客观的颜色测量可以记录产品的颜色，并用于以后与其他样品的比较，这就为肉和肉制品的色泽标准制定提供了可能。除了对样品进行颜色比较外，还可根据同一样品不同时间的测定值来检测肉制品的颜色保持情况，为此提供一种标准化条件（温度、光照类型、强度和照明时间），测量和比较照明前后的样品即可实现。

2. 测定仪的选择及操作

图 2-27 是日本产色度仪，型号为 MINOLTA CR-200 制造商为美能达公司，这是一种现代三量程颜色计，用于测量所示的物体和表面颜色。该仪器由控制器、装置和头部组成，功能包括颜色定位、颜色密度等各种测量，以及确定颜色的密度差等，测量值会立即或稍后以所有可用颜色或仅一种颜色方案自动打印出来。

图 2-28 是德国产 MATTHAUS OPTO-LAB 胴体肉质色泽测定仪，专用于猪肉胴体颜色测定，并与其他指标测定值结合进行猪肉的分级。该测定仪包括一个 8×2 阵列过滤到光电二极管中。16 个光电二极管，4 个传感器读取红色强度，4 个传感器读取绿色强度，4 个传

感器读取蓝色强度，4 个传感器读取亮度，可准确地获得颜色色度和表面照度。它带有 28mm 直径的大范围传感器，能够测量食物和肉类表面的更大区域，可以测得肉畜胴体精确的颜色强度值，且属于 CPU 型，可下载存储数据。仪器本身带有一个 USB/串联接口，可在线或离线模式传输数据到电脑上，使用方便，智能化界面，可直接操作，无须连接电脑、键盘或监控器，无须连接额外的设备。数据既可以储存在 OPTO-STAR LAB 存储器中，也可以通过 USB 传输到电脑上。

图 2-27 MINOLTA CR-200 色度仪

图 2-28 MATTHAUS OPTO-LAB 胴体肉质颜色测定仪

图 2-29 和图 2-30 是两款国产便携式色差仪，型号分别为 NR20XE、NR145，其工作原理是用一光源（或通过积分球）照射被测样品，被物体反射的光通过光栅进行分光后通过二极管矩阵得到每一波长下的光量。然后光谱数据被送到处理器，处理器根据所选择的国际照明委员会照明体数据，将其转换成 X 值、Y 值、Z 值。该色差计采用全新关键元器件，具有精确稳定、操作简单等特点。此外，有开机自动黑白板校正功能、简单的操作界面和便携的结构设计，可快速、简便的进行测定。

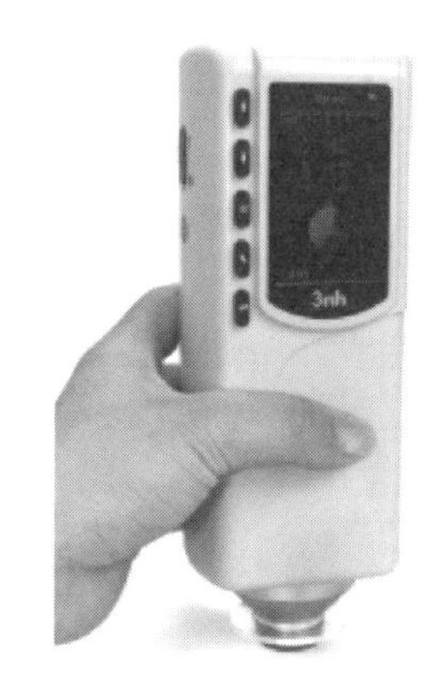

图 2-29 NR20XE 便携式色差仪

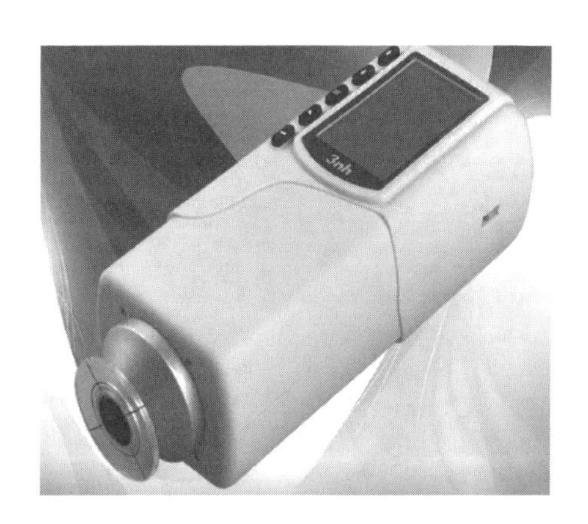

图 2-30 NR145 便携式色差仪

第三章　肉制品加工技术与栅栏因子标准值控制

第一节　肉的冷却、冷冻与解冻

一、 肉的冷却与冷藏

肉品冷却与冷藏关键控制点和主要栅栏控制值见表 3-1。胴体和肉段的冷却可用快速冷却法和急速冷却法，非包装产品和真空包装肉品的冷藏条件也有差异。其中最关键的低温控制点是屠宰后鲜肉-1~2℃条件下冷却至肉块中心温度低于 7℃，-1~2℃贮运。肉在避光条件下保质期：非包装产品猪肉 7~14d，牛肉 14~21d，真空包装产品 3~6 周。

表 3-1　　肉的冷却与冷藏的关键控制点和主要栅栏控制值

冷却与冷藏			关键控制点	主要栅栏控制值
胴体冷却	快速冷却		冷却间温度	-1~2℃
			相对湿度	85%~95%
			气流速度	0.3~3m/s
			冷却时间	猪肉 12~24h，牛肉 18~36h
			肉中心温度	7℃，并尽可能更低
	超快速冷却	第一阶段	冷却间温度	-8~-5℃
			相对湿度	90%
			气流速度	2~4m/s
			冷却时间	2h，接近冻结点，转入下个阶段
		第二阶段	冷却间温度	0℃
			相对湿度	90%
			气流速度	0.1~0.3m/s
			冷却时间	猪肉 8~124h，牛肉 12~18h
			肉中心温度	7℃，并尽可能更低

续表

冷却与冷藏		关键控制点	主要栅栏控制值
胴体和肉段的冷藏	非包装牛肉和猪肉	冷藏间温度	-1~2℃
		相对湿度	85%~95%
		光照强度	0.1~0.3m/s
		气流速度	避光或低于60lx
		冷藏时间	猪二分体7d（不超过14d） 牛四分体14d（不超过21d） 分割肉段　猪肉2~3d，牛肉2~5d
	真空包装牛肉	冷藏间温度	-1~2℃
		气流速度	0.1~0.3m/s
		光照强度	避光或低于60lux
		冷藏时间	3~6周（不超过12周）

胴体如适当冷却，未包装的肉可以保存数天甚至数周也不会变质。一方面，其表面的微生物繁殖很少；另一方面，胴体或肉块持续失重。温度是影响肉表面细菌生长的决定性因素，而肌肉表层的水分含量（肉表面的 A_W）及其pH也很重要。因此，在采用的所有冷却方法中，第一步均为降低空气相对湿度在90%~95%，并调节低气流速度至0.3~0.5m/s。以下对两种主要的冷却方法，以及肉的冷藏进行简介。

（一）快速冷却法

采用此冷却法，屠宰后的热鲜肉将在第一阶段将肉的中心温度降至7℃或更低。从卫生安全的角度，7℃不是最佳的冷却温度，对于肉的微生物稳定性和保质保鲜应控制在更低的温度范围，这就需要尽快进入第二阶段的冷却。第一阶段的相对湿度应调控在85%~90%，气流速度0.5~3m/s。比此更高的空气流动速度对肉质的保持并不有利，因为冷却速度越快，每单位肉畜胴体的重量损失就越大。在此阶段，按照表3-1推荐的控制值，肉的表面不会太潮湿，保质期可以显著提高。

在牛的快速冷却过程中，由于水蒸气的释放，牛胴体的失重率约为1.0%~1.5%，而当冷却速度减慢时，可能会上升到2.0%~2.5%。对于猪肉，失重率要低一些。此外，胴体的冷却失重率并非越低越好，这仅仅是肉类贸易中可计算的经济因素之一，肉类的保质期也是重要的因素。为了延长屠宰肉的保质期，在接受稍高的冷却损失时，充分清除表面水汽，使肉类在运输和贮存中表面的 A_W 值得到一定的有效降低，从而有利于微生物稳定性和肉品的卫生安全性。

（二）超快速冷却法

在此过程中，肉畜胴体（二分体或四分体）在急冷隧道中冷却至-8~-5℃，并在较快的气流速度和较高的相对湿度下使肉的表面急速降至约1℃（不能低于1.5℃，低于此温度肉中的水开始冻结)。这种急速的冷却大约2h，在肉表面结冰前立即停止，此时胴体内部仍然有相对较高的温度（>20℃），需紧接着进入第二阶段进一步冷却（可称为被动静置冷却），即在0℃左右的温度、90%左右的相对湿度下，肉保持在较低的气流速度中（0.1~0.3m/s），直至胴体中心温度降至7℃或更低。

超快速冷却的优点，是可以在短时间内实现肉的有效表面冷却和充分干燥，从而有效抑制微生物在表面的生长。用此法生产的冷却肉为通过在良好的运输、加工或贮存条件下，生产出具有新鲜的表面外观的优质产品提供了先决条件。然而，该方法的不足是胴体被动冷却阶段（急冷的第二阶段）要持续很长时间（较为缓慢的内部温度调节），不能提早进入运输环节，这在实际生产中往往被忽视。这将容易导致在运输过程中肉表面温度的重新回升（中心温度未降至足够的低温），从而产生不利于肉品质量的后果（如表肉的面呈现过度湿润，不利微生物的迅速生长繁殖等）。

超快速冷却的不利影响还可能发生在屠宰重量较低的肉畜（如绵羊、小牛等）时。在肌肉僵硬期（prae-rigor-phase）开始之前，肉迅速冷却到10℃以下，导致肌肉纤维产生称为“冷收缩”（cold shortening）的急速收缩，即使此后经过正常的熟成期，胴体的肉仍保持僵硬状态，从而限制了急速冷却法在小型畜肉中的应用。对于大的动物胴体（牛），冷收缩只会发生在外部肌肉层的极端情况下。对于猪胴体来说，这并不会产生多大影响，因为猪肉的糖酵解速度更快，脂肪覆盖率更高，发生冷收缩的几率很小。鉴于快速冷却所存在的局限性，要根据不同的肉畜，不仅从卫生和经济角度，还需从屠宰肉的感官特性等方面进行综合评估，选择适宜的冷却方法。

采用超快速冷却又可避免肉的冷收缩出现的方法，即所谓的“电刺激”技术，是在屠宰后立即对肉畜身体进行电刺激，通过电能对肌肉的刺激作用促进肌纤维生化过程，使肌肉快速进入和度过僵硬期，从而避免了在此后阶段发生的对肉品质产生的不利变化。但实际上，在欧洲电刺激技术仅仅在为数不多的企业予以应用。

（三）肉的冷却贮藏

为了尽可能保持畜禽肉最佳的鲜度，冷却贮藏室的温度应始终稳定保持在-1~2℃。在装载和运送进入冷却间前，只能在短时间内经受稍高的温度。此外，为了避免未经包装等方式保护的肉表面的过度脱水（重量减轻、色泽变暗），冷藏车间贮藏区应只有较低的气流速度，并要保持较高的相对湿度。当贮藏间满载时，温度通常可保持在较高水平，因为肉畜胴体本身会释放足够的水分。但如果贮藏间内湿度达不到要求，则需要通过蒸发器等方式额外加湿。特别是在冷却间过大，且所带的蒸发器过弱时，就容易导致湿度不足，这种情况在实际生产中经常发生。还需关注的是，室内空气和蒸发温度之间如有较大温差，会导致空气产生特别强烈的除湿（蒸发器处结冰）作用。这意味着吹回房间的空气非常干燥，此种情况下额外的加湿是必要的，否则肉表面的过度干燥将是一个持续性和经常性问题。

采用了铝箔等材料预包装（真空包装、收缩包装、袋内熟化包装）的肉类，或者将肉块贮存在密闭的容器（容器、大桶）中，为了避免变质，必须严格遵守约0℃的贮藏温度。而在封闭容器的情况下，室内的湿度不受影响，空气流动就不太重要。

牛肉采用真空包装袋包装促进熟化进程时，只有pH低于5.8的牛肉才适合。具有较高pH的肉，容易导致腐败菌和产毒菌风险倍增。在较低pH下，形成乳酸的乳酸杆菌主要在肉的表面生长，而高pH可能导致腐败菌群占主导地位。由于猪肉的熟成时间短（屠宰后

2~3d 即可)，熟成过程在真空包装中进行就没有必要，即使处于较高的 pH，不利微生物繁殖的风险也不大。

畜禽屠宰后胴体在冷却阶段伴随自然的“排酸”过程，也即从尸僵到自然的解僵软化和熟成的过程。在此期间，肌肉蛋白质正常降解，排酸软化，嫩度提高，质地变得柔软有弹性。肌肉通过自溶酶的作用，使部分肌浆蛋白 ATP 分解成次黄嘌呤核苷酸，肌肉中肌原纤维分解为肽和氨基酸，成为肉的浸出物成分。同时，连接结构变得脆弱并断裂碎片化，使肉变得柔嫩多汁，并具有良好的滋味、气味和细腻口感。不同畜禽肉所需的排酸嫩化时间各异，如猪肉大约是 2d、牛肉大约是 7d，禽肉和鱼肉等则更短。随着排酸后肉的生化和微生物生长进程的继续，蛋白质过度分解，脂肪氧化酸败并逐步腐败。不同肉制品的加工需要不同冷却阶段的原料肉，如西式烤肉、中式煎炸肉等宜用充分排酸嫩化的冷鲜肉，而西式乳化香肠，中式酱卤、腌腊等产品用热鲜、冷冻肉均可。

在肉冷却和冷藏中，所有冷却间和冷藏室都应保持黑暗。在光的影响下，畜肉脂肪的氧化会加速，这对此后加工的肉制品有不利影响，可能导致产品在贮存期间产生不良味道和食用品质下降。

二、 肉的冷冻、冻藏与解冻

肉冻结的常规方法、标准技术参数，以及不同类型的冻肉产品在冻结中的保质期见表 3-2。冻结的基本要求是快速冻结至中心温度-25℃及以下，并在-18℃、-24℃和-30℃等不同低温下贮藏流通，避光条件下保质期猪肉的瘦肉部分是 8~12 个月、小牛肉 5~6 个月牛肉 5~24 个月。以下简要介绍肉的冷冻、冻藏和解冻的技术参数或保质期。

表 3-2　　肉的冻结及其冻肉产品的技术参数或保质期

冻结与冻藏		控制点/冻肉产品	技术参数或保质期
胴体和剔骨肉的冻结	冷气冻结法	冻结间温度	<-25℃
	接触冻结法	气流速度	2~4m/s
		冻结盘温度	<-25℃
包装产品的保质期	-18℃冻藏	猪肥膘	4~5 个月
		小牛肉	5~6 个月
		羊肉	6~8 个月
		猪肉（瘦肉部分）	10~12 个月
	-24℃冻藏	猪肉（瘦肉部分）	8~10 个月
		牛肉	18 个月
	-30℃冻藏	猪肥膘	12 个月
		牛肉	24 个月

（一） 肉的冷冻

肉类在冻结过程中的微生物、生化和物理变化取决于不同肉类及所采用的冷冻方法。而机制上则取决于肉上可提供微生物代谢和生长的游离水。瘦肉的含水量约为75%，在-1.5℃时肌肉开始冻结，但是部分而不是全部冻结，通常还要取决于采用的冻结温度。冻结时肉品中的水转化为冰的比例取决于冻结的温度，表3-3列出了冻结温度从-5℃到-65℃肉中存在的水分呈冻结状态的比例，在-5℃时约75%的水被冻结，至-65℃时则达到88%。这是一个极限值，另外的12%的水分是与肉蛋白以结合水的形式紧密结合在一起的，即使在极低的温度下也不会冻结。

表3-3 冻结温度与肉中存在的水分呈冻结状态的比例

冻结梯度	冻结温度	水分冻结的比例
1	-5℃	75%
2	-10℃	82%
3	-20℃	85%
4	-30℃	87%
5	-65℃	88%

肉中水分冻结的比例，在-5℃时约75%，至-10℃时约82%，至-20℃时约85%，以及至-30℃时约87%。只有在-65℃时，肉中约占总水分的88%的可冻结的水才能全部呈冻结状态，另外的12%的水分是与肉蛋白以结合水的形式紧密结合在一起的，即使在极低的温度下也不会冻结。

肉类中含有的称之为“游离水”的水分才能参与微生物的生物过程，在一定程度上游离水的冻结温度还取决于所含有的有机和无机化合物，肉的冰点在-5~-1.8℃。含盐量越高，冰点就越低。肉制品的冻结点（冰点）均在-20~-3℃，如蒸煮香肠冻结点为-3℃，极度干燥的风干肠、发酵肠等是-20℃。

冰晶形成的类型明显受到冻结速度的影响。在非常缓慢的冻结过程中，首先形成大冰晶，主要是在细胞外空间。此外，一些细胞水通过细胞膜进入这个空间，并使大晶体倍增。而在快速冷冻时，肌肉细胞内外都会形成许多小晶体。这种形式的冷冻是肉类冻结的理想条件，因为细胞膜不会受到太大破坏，解冻时，均匀分布的水分可以从蛋白质中更完整地返回。在以大晶体为主且肌肉细胞外水分积累增加的情况下，肉蛋白与水的结合将更不完整，这会导致解冻后产品较大的滴水损失和肉的干硬。由于冻结速度加快，许多相同尺寸的晶体也限制了冻结过程中的结晶。在这个过程中，由于温度波动的主要影响，大晶体继续生长，而小晶体则受到限制。

肉的冻结应该在肌僵，以及完全冷却后才能开始。肌僵之前冻结很容易发生肌肉的“冷收缩”。而对热鲜肉进行快速冻结，又可以在很大程度上防止细胞间和细胞内冰晶引起的肌肉收缩，然后在解冻后继续中断ATP降解和乳酸形成（pH降低）。但需要注意的是，在肌僵前的冻结，将发生另一个称为僵直的不利生化反应，这会导致肉解冻后出现极度收缩，导致畜肉的高滴水损失还变得特别韧硬。因此，肉的冻结应该在完全冷却或肌僵之后。只有一些个别情况，如采用电刺激技术处理胴体或者用于精深加工的肉，准确的观察其在冻结和解冻阶段的生化进程，才可能不完全冷却或在肌僵之前冻结。

对热鲜的、分割状态下的肉直接进行冻结，在需要以热鲜肉为原料的蒸煮香肠的加工中则很有必要。生产这类香肠所必需的热鲜肉要快速冻结以阻止 ATP 的降解和 pH 的下降。高 ATP 含量和高 pH 的肉显著有利于提升水和脂肪的结合能力。通常在加工中，对热鲜肉及冻结的大块冻肉，在加工蒸煮香肠时不解冻，而是以冻结状态直接放入冻肉绞肉机或者斩拌机中直接加工，直接加工冻结肉的高性能设备也早已投入实际生产中。这在蒸煮香肠的加工中早已普遍应用，在肉畜屠宰分割及冻肉生产与贸易中占很大的比例。

从未来趋势来看，剔骨后再冻结是冻结肉的发展方向，该工艺具有显著优势，剔骨后的体积更小，可以更好地利用冷冻室空间冻结和冻藏更多的肉品，且无须解冻即可立即加工。此外，通过密封包装，冷冻肉块可以更好地防止脱水和阻氧，防止肉表面冷冻烧伤和抑制酸败的发生。对于大家畜，带骨冻肉的冻结烧伤和酸败的预防则更加困难。

目前，最常用的冷冻肉类的方法是气流冷冻，主要使用侧风道冷冻隧道。通过空气喷嘴在垂直空间冻结悬挂的肉畜胴体的二分体或四分体已毫无问题。空气最佳温度为-30℃，气流速度 2~4m/s。在这种情况下，需要对带骨的胴体和剔骨肉进行充分快速的冷冻，需要的时间为 30~50h，牛肉四分体的中心温度才能达到-18℃。重要的是，未包装的肉在冻结初始阶段应将气流速度调节在 1m/s 的较低值，以避免滴水损失和肉表面的冻结烧伤，待表面的肉呈冻结状后再将空气流速提升至 2~4m/s。因为在冷冻状态下，表面水气的散失将显著降低。

隧道式连续冷冻系统的应用越来越流行。对于小包装的冻肉产品（如牛排、绞肉制品等），通常通过传送带在螺旋式速冻机中进行，或通过从下方向冷冻物吹入冷气方式的流化床进行。对于大胴体或较大的肉块，可以置于栅栏车或悬挂在挂架上，通过连续式冷冻隧道进行冻结。小包装肉品可采用液氮或二氧化碳冻结设备高效快速冷冻，液氮或二氧化碳冻结设备也能用于冻结分体胴体或大块肉，最终是否采用主要取决于成本。

对于分割的剔骨肉，采用水平或垂直平板布置的非连续接触式平板冷冻机冷冻非常适合，通过与冷却的金属板（-40~-30℃）接触，肉中的热能快速被吸出，肉在该系统中的冻结比在空气中要快得多。

热鲜冻肉和充分冷却后冻肉是两种不同用途的加工肉制品，这会影响肉的预处理。用于加工肉制品的冷冻牛肉不需要排酸嫩化，而这种方式的冻肉的标准化也在广泛采用中，对牛肉进行精分割，按不同部位和质量分别进行标准编号，加工产品配方对肉的要求也已标准化，不同的产品采用不同标准号的牛肉，以便在加工前不需要解冻。未排酸嫩化的肉切后冷冻，可用塑料包装袋包装长期保存，随用随取。猪肉也应该在保护性包装中冻藏，以便能存放更长时间。肉中的脂肪最容易受到大气中氧气的影响，在几个月的冻藏过程中会因氧化显著失去新鲜度。而作为烤肉等用途的牛肉，在冷冻前应经过充分排酸嫩化熟成，并应以密封方式包装。最好是按照未来的加工或烹制要求精准的分份包装，以便可按需要直接将其冻肉用于加工，或者在厨房解冻后进行烹制。

在卫生良好的状态下，与普遍的观点和认知相反，将肉冷冻两次甚至几次冻结不会导致严重的营养损失。即使从微生物学的角度分析，原则上也没有必要担忧不利菌的风险，再次冷冻肉类在卫生方面甚至比冷却后长时间保存的更好。存在的问题只是切片的大块肉经过反复冷冻和解冻大量的汁液会被排出，肉的营养和重量也会损失，并且会促进肉表微生物的滋生。尽管如此，肉类的再冷冻不像以前那样管控严格或是一定要避免。然而，在冻结和冻藏过程中遵守推荐的最佳工艺条件是基本要求，在解冻和再冻结后的临时贮存中，保持肉表尽可能干燥也非常重要。

还应特别提及的是，冷冻过程是消除肉类中可能存在的寄生虫（旋毛虫、绦虫、弓形虫等）的极好措施，因为在冷冻过程中，降低的 A_W 会杀死寄生虫及其幼虫。肉类加工行业发展几十年来，绦虫检出率一直变化不大，因此对于用于生食的肉类，原则上需先冷冻，以达到有效预防寄生虫病的作用。

肉类冷冻在机理上类似于干燥脱水，冻结状态下肉品中的水形成静止不动的冰，游离水的失去导致肉品 A_W 的降低。当冷冻温度每降低1℃，A_W 值下降约0.01个单位。在-2℃时 A_W 值为0.99的肉品，在-5℃时为0.95，在-10℃时为0.91，在-20℃时为0.82，在-30℃时为0.75。在冻结温度下微生物不能繁殖（细菌低于-5℃，酵母菌低于-12℃，霉菌低于-18℃），大量微生物受到抑制不是因为低温，而是基于冷冻条件下极低的 A_W，该环境不能提供微生物生长繁殖所需的游离水。

冻结速度是以cm/h为单位表示的，即每小时肉品呈现的冻结状态从表及里推进了多少厘米，此速度还受到肉块大小、形状、冻结温度和气流速度等的影响。在肉与肉制品的冻结中，一般通过表3-4将其分为极缓冻结、缓慢冻结、快速冻结和极快速冻结4种。

表3-4 肉品冻结速度的划分

分类	冻结速度/（cm/h）	分类	冻结速度/（cm/h）
极缓冻结	<0.2	快速冻结	1.0~5.0
缓慢冻结	0.2~1.0	极快速冻结	>5.0

（二）肉的冻藏

肉类冻藏的较适温度是-30~-18℃，可能的贮藏时间取决于温度，如温度在-30℃的保质期几乎是-18℃的2倍。在这一较低的冻结温度下，肉中的所有生化进程都受到极度抑制，但不能完全终止，尤其是脂肪的氧化分解更是如此，因此脂肪的变化通常是限制冷冻肉可能贮存时间的因素。

除了脂肪变化外，肉表的过度干燥常常是经过较长时间冻藏后的肉品质下降的原因，没有包装保护的肉出现此肉质缺陷的概率较高，而即使是包装的肉也可能发生。因此，在冻结贮藏过程中，冻结间的湿度应尽可能达到接近饱和极限的相对湿度（约98%），以防止肉过度干燥。但在空间过大的冻藏室，该湿度的调节往往较困难。在冻藏间的所有区域，气流速度应尽可能的低缓均匀。冻肉出现的肉质缺陷通常发生在气流速度过高的冻藏间。表面脱水，以及空气中氧对肌肉细胞间和细胞内脂肪的氧化将导致肉品严重的感官缺陷。因此，冷冻肉包装或处于基本上密封的空间中，避免或至少在一定程度上减少了这一发生在冻藏期间的不良类变化。冻藏期间尽可能避光也是必要的，因为光是脂肪氧化的催化剂，减少光照有利于产品保质。

冷冻肉的贮藏期间通常可能发生的品质下降包括酸败、脱水、风味衰减或缺失。其中的重点是大气中氧气对脂肪的氧化作用。肉中脂肪含量越高，脂肪组织中不饱和脂肪酸的比例越高，预计的脂肪氧化变质速度就越快，可能的贮存时间也越短。因此，与猪瘦肉和其他含脂肪少的畜禽肉相比，脂肪含量较高的冻猪肉在可贮藏性和保质期方面处于劣势。当然冻肉的可贮性不仅仅取决于肉畜胴体各部位的脂肪含量和脂肪成分，还受到冷冻方法、分割大小和包装方式的影响。冷却后冷藏时间很短且卫生状况良好的肉类，在冻结后的冻藏保质期才能较长。在较长时间的冻藏中，冻肉会发生显著的变化，时间越长变化越快，尤其是脂肪氧化降解的发生，如果存在微生物酶则情况更糟。冷冻产品的表面积与体积的比值越小，其在冷冻间中的可贮存时间就越长，因此大块肉比小块肉保质期更长。采用阻气隔水袋包装可显著延长肉的保质期，绞制得很细的肉更是如此。

表 3-2 中所列冻肉的保质期是欧洲的推荐标准，我国的相关标准也与之接近。在推荐标准方面，GB 8863—1988《速冻食品技术规程》中有关冻肉的保质期没有做出规定；GB/T 17238—2022《鲜、冻分割牛肉》中推荐性指标为，冻牛肉在低于-18℃下的冻藏期不超过12 个月；GB 2733—2005《食品安全国家标准　鲜、冻动物性水产品卫生标准》规定，包装的冷冻水产品在-18～-15℃条件下的冻藏期不超过 9 个月。《中央贮备库肉管理办法》第三十条规定，冻猪肉原则上每年贮备 3 轮，每轮贮藏 4 个月左右；冻牛、羊肉原则上不轮换，每轮贮藏 8 个月左右。

（三）冻肉的解冻

肉的解冻通常会导致营养物的损失（肉汁析出），因此在肉制品加工中广为采用尽可能将冻结肉直接投入加工的方法（如发酵香肠、风干肠和蒸煮香肠的加工），从而避免肉汁流失导致的损失。然而在一些肉制品的加工中，冻肉解冻往往是不可避免的，如西式培根和中式腊肉的加工。为了尽可能防止大量肉汁的流失，一般的原则是大块肉应缓慢解冻，即在可能的最低温度（0~5℃）下解冻，以便肉蛋白能够将解冻后的水结合回去。但对于很大的肉块，过长的解冻时间也是存在问题的，一是加工时间过长导致生产成本提高，二是可能导致肉块表面细菌大量生长繁殖。

低温冻结肉解冻后，存活微生物的繁殖和代谢与冷却肉相似。人们普遍认为，解冻后的肉比冷却后的肉腐败得更快，这不完全正确，因为只有在肉的表面由于过度的肉汁析出而非常潮湿的情况下才如此。可以假设，解冻肉的保质期与冷鲜肉相同，前提条件是解冻的方法得当。人们认为解冻肉腐败更快，是基于解冻后肉的表面非常潮湿，而且又不能通过擦拭等方式予以干燥。得当的解冻方法也可能保持肉表面相对干燥，如同正确的冷却技术生产冷鲜肉一样。最重要的是解冻时的相对湿度不能太高，以调节到接近 90%为宜。

对大胴体肉的解冻最常用的是冷风解冻，稍高的空气温度可加快胴体的自然解冻。当解冻温度高于 5℃时，不一定带来过高的肉汁析出损失，而肉表不利微生物的快速繁殖才是其主要问题。大胴体甚至可允许在 10℃解冻，最高不超过 15℃，同时在 2～4m/s 的较高气流速度和大约 90%的相对湿度下保证胴体和空气之间尽可能较快的热交换。此解冻条件需通过专门的解冻间来保证，也可以采用有空调装置的解冻室。非常重要的是，在解冻过程完成前的几个小时，要将温度降至约 4℃，并通入干燥空气，以便能与鲜肉冷却一样，使肉的表面处于相对较为干燥的理想状态（降低其 A_W），从而抑制肉表细菌的快速繁殖。在这一解冻条件下，即解冻间最初温度最高至 15℃和采用较高的气流速度，结束前几小时保持 4℃并通入干燥空气，即使是牛胴体的四分体，在约 36h 内也能完全解冻，而在 0~2℃的冷室中则需要 4~5d 才能解冻。然而，该较高温度解冻的前提是肉畜的屠宰分割加工有较好的卫生条件，保证入冻的畜肉初始细菌含量很低，否则采用大约 5℃温度和相对湿度 90%低温高湿解冻更为安全可靠，这也是国内广泛应用低温高湿解冻机及低温高湿变温解冻技术的原因。

在实际生产中，尽管还有水流解冻、盐水解冻、超声波解冻、欧姆加热解冻及其他解冻方式，但调控较低温的自然解冻、低温高湿变温解冻仍然是企业的首选。在低温高湿解冻中，解冻的畜肉可为分体，也可为不同规格的肉块。解冻过程中需先考虑小包装产品再从小到大依次解冻，解冻间内各点冻肉温度应均匀一致，每个冻肉的中心及表面温度差不大于2℃，解冻后原料肉的汁液流失率通常需控制在小于2%。

解冻间的冷空气采用从上方通过喷嘴垂直导入较为有利，特别是在胴体悬挂时，后躯下垂，后腿等最厚的部分位于排气口附近，这种设置可使胴体各部位的解冻相当均匀。特别是可以防止较薄的背部和腹部肉过早解冻，并在后腿解冻前过度升温。如方法得当，冻肉解冻后的失重率应该很低，如对于四分体的牛胴体，解冻损失通常不高于1%。即使表面细菌含量有所增加，但一般都不会高于常规的低温长时间解冻。

不带骨的肉、分割用于烤肉的原料肉，以及用于进一步精深加工的肉，都可以在带骨或不带骨状况下很好地包装，以利于冻藏肉的贮存。去骨肉的缺点是解冻后可能有较高的失重率。这是基于在冻结前的剔骨和分割，使得畜肉块表面的面积增大，解冻时肉汁析出也就较多。个别的剔骨肉的解冻失重甚至可高达10%。而且带骨胴体肉有结缔组织和肥肉脂肪的保护，其失重率更低。解决剔骨肉解冻失重率较高问题的最好措施，是如上已经讨论的方法，即进行冻肉的精分割标准化（根据不同部位及规格分类标号），根据加工产品对不同规格肉的要求直接取用，以冻结状态直接投入加工，如各式乳化性蒸煮香肠和灌肠的加工。对于将用于煎炸烤烹制的肉，可按照烹制时对块状大小的要求进行分割、分份、包装和冻结，无须解冻或半解冻即可直接烹制。而这类肉需要充分的排酸嫩化，可以将其嫩化过程置于解冻后。而解冻及嫩化宜在包装袋中进行，以防止解冻过程中空气中氧气所引起的不利变化。

还有一种可选择的替代空气解冻的方法是水解冻，其优点是温度交换更加直接和高效，肉块的重量也不会显著减轻，但水将带走肉表面的蛋白质、维生素和矿物质而带来营养成分的损失。而且未包装的肉类解冻时，还必须考虑卫生问题。不同肉块浸于同一个水池，水中的微生物污染很快就会达到临界值，这与家禽的旋转冷却法遇到的情形相似，可能会发生与致病细菌（如沙门菌等）的交叉污染。因此只有在特殊情况下必须快速解冻时，才不得已采用水解冻，水温控制在10~12℃，而且要确保水的更新频率。如果可能的话，可用箔纸包裹待解冻的肉，以防表面被清洗。水解冻适用于铝箔袋包装的肉块，以及某些副产物（如用于加工泡凤爪、层层脆等产品，以及腌腊猪蹄、猪耳、猪脚等的原料）的解冻。

近年微波解冻等技术也在一些企业得到应用。例如微波解冻，其机理是冷冻肉在交变电场中通过增加内外所有区域的分子运动同时加热。然而，其问题在于畜禽胴体各个部位质构的不均匀性。不同的组织（肌肉、脂肪、结缔组织、骨组织）以不同的速度加热，以及不同含水量的肉、不同组织成分具有不同的介电行为，从而严重影响了解冻效果和质量，这些技术在肉制品行业中不会成为主导的方法，仅仅是用于加工某些肉类菜肴和特色小产品。在质构均匀的小块肉或绞肉中，微波解冻的应用越来越广泛。

第二节 乳化型香肠加工

一、 蒸煮香肠的加工

肉料经过斩拌乳化制作为细腻的肉馅，灌入肠衣后蒸煮热加工而成的肉糜类肉制品，称为乳化香肠，包括蒸煮香肠，以及带有乳化肉馅的肝香肠、血香肠和啫喱肠（肉冻肠）等，其中蒸煮香肠风味类型最多、加工数量最大。许多西式香肠，如法兰克福肠（frankfurter）、维也纳小香肠（wieners）、里昂肠（lyoner）、啤酒肠（bierwurst）、图林根肠（thuringer）、蒂罗尔肠（tiroler）、卡巴诺西肠（kabanossi）、蒙塔德拉肠（mortadella）、慕尼黑白肠（münchner weißwurst）、纽伦堡烤肠（nürnberger bratwurst）等都属于蒸煮香肠中的风味名品，不同的产品各具风味，而加工工艺和控制技术参数只有小的差别。

蒸煮香肠主要工艺流程包括拌馅、腌制、灌肠、煮制、熏制等。尽管不同地区的配方和工艺有所差异，但其基本原理和特征与西式蒸煮香肠相同。蒸煮香肠的加工关键点，包括原料的选择、分割绞切、斩拌制馅、肉馅灌装，以及热加工、冷却、预包装、营销和贮藏，表 3-5列出了这类产品加工工序的关键控制点和主要栅栏控制值。

表 3-5 蒸煮香肠加工工序及其关键控制点和主要栅栏控制值

加工工序	关键控制点	主要栅栏控制值
原料选择	瘦肉	热鲜肉或-30～2℃冷鲜肉或冻肉 pH 最好是不同部位肉的混合
	肥肉	温度-1～2℃
分割绞切	加工间	温度小于 12℃，光照强度 400～500lx
斩拌制馅	斩拌后肉馅	温度 10～18℃，pH=5.8～6.2，A_w=0.96～0.98
灌装	灌装时肉馅	温度小于 20℃
热加工（发色、烟熏、蒸煮）	产品	至中心温度 72～75℃，pH=5.9～6.4，A_w=0.96～0.98
冷却	冷却间	温度-1～2℃（≤5℃），相对湿度约 90%，避光或光照强度不超过 60lx
预包装	产品	温度-1～2℃（≤5℃）
	包装间	温度不高于 15℃，光照强度 300～400lx
	产品	温度小于 5℃，pH=5.9～6.4，A_w=0.96～0.98
营销和贮藏（包装或非包装）	销售或贮藏间	温度为-1～2℃（<7℃），光照强度小于 600lx

（一）原料选择

蒸煮香肠的加工原料肉以热鲜肉、冷却肉和冷冻肉均可，而以富含 ATP 的肉制作时保水性和油水结合性最佳。肉畜屠宰后，牛肉在 6h 内，猪肉在 1h 内还处于“热鲜肉”状态，此时肉中的 ATP 含量可保持在较为充分的状态，而猪肉中含有 ATP 的时间最多可达 1h。然而在实际生产中，将屠宰分割的热鲜肉快速送达加工车间进行蒸煮香肠的加工，在大多情况下是有困难的。使用热鲜肉的效果，一是在蒸煮香肠的热鲜原料肉（屠宰分割后牛肉 6h，猪肉 1h）投入斩拌机高速斩拌并添加食盐和亚硝酸盐时显现，二是将冷却 3d 或直接热鲜冻结后冻藏 3 个月的肉在绞制混合机中强力搅拌混合并添加食盐和亚硝酸盐时显现。即使在 -1~2℃下冷藏的肉，冷藏时间过长，也会因不利微生物大量滋生而影响产品的保质期，导致风味衰减或因 pH 下降而引起发酸。在-18℃下冻结的肉，若冻藏时间过长，也会因肌肉组织的化学分解（主要是脂肪分解和氧化酸败）影响香肠的品质。

将冻肉投入冻肉绞切机中绞制为粗粒，仍然处于冻结状态的肉粒无须进行解冻，而是直接在斩拌机中进行肉馅制作，在斩拌机中的肉粒自然会解冻，而且这样的低肉温有助于保证肉馅的乳化稳定性，随后是添加冷鲜肉及其他辅料的进一步加工。如果是以“热鲜冻结肉”为原料，更是要冻结状态下进行绞切然后制馅，因为在解冻过程肉中的酶系统会很快降解 ATP，导致肉馅中水和脂肪的结合力下降，从而影响产品的保水性。

原则上，只要没有明显的微生物变化，所有 pH 范围的肉都可以用来加工蒸煮香肠。pH 较高的肉加工的产品，其保水性较好，但感官色泽和保质期会较差，反之亦然。在实际生产中，肉馅都是大批量制作的，通常是组合具有不同 pH 的不同个体及不同部位的肉。这样就可通过平衡和互补来消除某些处于不适宜 pH 的肉（如白肌肉、黑干肉）可能对产品造成的不利影响。此外，这种存在不适宜的 pH、产生实质性偏差的肉，主要在牛肉和猪的“高级部位”，如牛背的最长肌肉和里脊肉、猪的后腿肉等。而用于加工蒸煮香肠的肉是很少选用这些“高级部位”，一方面，可能是这些部位容易存在白肌或黑干肉，引起 pH 偏差而导致肉馅出现工艺性缺陷，因此在蒸煮香肠的加工中很少出现这类问题；另一方面，在蒸煮香肠加工中多采用不同部位肉的混合，进一步减少了这类问题出现的概率。

用于蒸煮香肠加工的肥肉应尽可能新鲜，贮藏时间过长的肥肉对产品的风味和可贮性的不良影响是显而易见的。即使是冻藏时间不是很长的肥肉，也容易因氧化导致脂肪降解，导致产品的风味受到不利影响。

（二）分割绞切

出于微生物原因（抑制细菌繁殖），分割绞切车间应尽可能处于良好的低温状态，即低于 10℃。然而从加工人员健康保护角度来看，员工在过冷的车间长时间逗留显然是不行的，因此采用了折中的温度——12~15℃。如果冷却良好的肉在分割车间停留不超过 1h，肉在 15℃下的升温应该不太明显。因此组织良好而有序的分割，使分割肉料再次快速置于低温冷却状态，是其可以承受 15℃的较高温度环境的先决条件。在现代良好的空气控制系统中，已经可很好地调控空气的进入，稍低一点点的温度也不影响其质量。

为了防止肉料分割过程中冷却的水蒸气在肉表面的冷凝，车间的相对湿度应尽可能低。按照不同温度和相对湿度下肉品表面露点形成图进行相对湿度的调节，可避免水汽冷凝的发生。肉表任何程度的冷凝都会通过升高 A_W 而利于细菌的繁殖，从而影响肉的可贮性及后续加工的蒸煮香肠的保质期。光照的控制可参照表 3-5，以保证员工能够进行分割作业即可，大致在 300~500lx。

(三) 斩拌制馅

蒸煮香肠斩拌肉馅的最终温度往往是可变的，这主要取决于所选用的斩拌制馅机的类型。一般原则是未投入肥肉脂肪时的瘦肉肉馅在斩拌机中的温度是 2~4℃，加入脂肪后进行斩拌后的肉馅温度是在 10~15℃。用热鲜肉制作的肉馅，或者添加磷酸盐加工的肉馅，在斩拌细度较细时可呈现较稀软的流质质构状态，即使之后这种肉馅在 20℃下也能保持良好的肉馅乳化稳定性。有时制作的肉馅，经过预斩拌后置于采用一次性斩拌技术的细斩机中，即使偶尔升温到 25℃，细斩拌的最终肉馅也能保持良好的乳化稳定性。

需要重视的不仅仅是斩拌结束时肉馅的温度，还有肌肉组织、结缔组织和脂肪组织的斩拌细度，它们对于最佳的斩拌、混合、乳化的工艺进程也具有重要影响。一方面尽可能多地切割并破坏瘦肉的肌肉细胞，以释放出必需的肉蛋白（肌动蛋白、肌球蛋白）；另一方面对结缔组织和脂肪组织细胞的破坏或变形不应过于剧烈，否则结缔组织和脂肪结合中的脂肪组织损伤可能会影响肉馅中水与脂肪的结合性。因此，在非连续斩拌和混合过程的斩拌机中，必须注意确保结缔组织和脂肪组织含量低的瘦肉在斩拌时，有一段“干斩拌”过程，然后添加冰屑和食盐，保持在 2~4℃ 低温下较长时间的斩拌，这时将冻肉原料直接投入加工，就可以体现既能保存较长时间又能调控较低温度的优势。相比之下，含结缔组织和脂肪组织较多的瘦肉，只有在斩拌的后期再添加冰屑和食盐，以减少对结缔组织和脂肪组织结构的过度破坏。热鲜肉肉馅或磷酸盐肉馅的最终温度总体上稍高一些，但原则上不是相差过大。

蒸煮香肠产品的 pH 取决于原料的 pH。正常牛肉的平均 pH 在屠宰分割后 1~2d 在 5.3~5.6，最高 6.0；猪肉 5.6~6.0，最高 6.2。这两种肉畜的肉的 pH 也会出现更高 pH 的情况。这种肉料除了要注意是否含较多细菌，用于加工蒸煮香肠实际上是没有限制的，相反用于制作的肉馅通常表现出良好的保水性，但有时腌制时色泽的形成较差。

结缔组织和脂肪组织通常具有相对较高的 pH（6.5~7.5），热鲜肉的 pH 也或多或少较高（可达 6.5）。当使用斩拌助剂（如碱性磷酸盐或食用酸盐）时，肉馅的 pH 仍可能略高于常规的 5.8~6.2，从而改善其保水性。

此外，通过添加食用酸（乳酸、柠檬酸）或葡萄糖酸-δ-内酯可降低 pH，添加这些酸化剂的目的是促进发色，从而使产品保持更稳定的颜色。如果发现肉馅的 pH 过低，则还应分析是否是原料肉分割、斩拌、灌装至热加工前的时间过长，导致细菌生长繁殖产酸的结果。

(四) 灌装

在斩拌过程中，肉馅温度显著升高，同时加入水（冰），这两种条件都为微生物的快速繁殖创造了有利条件，这些微生物在斩拌和混合过程中均匀分布在肉馅中。肉馅在斩拌和灌装后等待热加工前，其微生物量的变化不会很大，或者仅仅是轻微的上升，因此尽快热加工是很有必要的。如果蒸煮香肠在灌入肠衣后至热加工前放置的时间过长，就可能因微生物的增殖而酸化（由乳酸杆菌和其他乳酸菌引起），然后 pH 明显下降和肠馅保水性明显降低，或腐败菌群（如假单胞菌）繁殖导致不良味道出现，最终使产品的保质期缩短。

（五）热加工

每种蒸煮香肠都有热加工工序，以使得在香肠的所有部位可能残存的产毒菌营养体能被全部杀灭。对于蒸煮香肠，必要的杀菌温度是使其中心温度达到72℃。而从杀灭腐败菌以确保产品有足够的保质期方面考虑，香肠的中心温度应当达到75℃。在75℃时，通常超过99%的微生物都会被杀灭。热加工后残存的细菌芽孢通常只会在高于10℃的贮藏温度下才能萌发，因此以这种方式热加工的蒸煮香肠在冷藏条件下具有良好的保质期。与斩拌后的生肉馅比较，蒸煮香肠成品的pH要上升0.1~0.3。

（六）冷却

蒸煮香肠在斩拌时添加的水分不多，而且热加工中经过了一定的干燥工序，产品的A_W值大大降低，在干燥脱水度稍高的蒸煮香肠，如德国Brühdauserwurst香肠，甚至达到低于0.95，冷藏条件下具有良好的可贮性，而其中的Tiroler香肠Kabanossi香肠，即使在没有严格冷却的环境下也可贮存很长时间，意大利的Mortadella香肠也是如此。蒸煮后的香肠必须尽快冷却，但在一般情况下，如果香肠是用天然肠衣或胶原蛋白肠衣灌装则必须避免在寒冷的室内因湿度过小而过度干燥（形成皱襞），生产上已总结出预防皱襞形成的冷却工艺。在灌装蒸煮香肠的加工中，香肠的肠衣容易破裂，解决的方法是在蒸煮前先适度干燥，这样就可以大大减小香肠在罐中加热时产生的膨胀压力。为此，香肠应在热烟熏工序后置于相对湿度为40%~60%的室内放置6~12h，干燥损失约为15%。然后置于罐中，灌注的盐水将取代干燥时的失水。香肠在冷却或干燥期间的光照，可按照表3-5中的推荐值，尽可能地调控至较低。

（七）预包装

蒸煮香肠属于高水分低温肉制品，因此在预包装时必须严格控制卫生条件，输送、切割和包装过程中微生物的再污染（二次污染）将严重影响产品的保质期。预包装蒸煮香肠有害菌防控中，单核细胞增生李斯特菌是关键危害之一，而严格的包装卫生可在很大程度上予以避免。在主要技术参数的控制上，包装间内的温度不应超过15℃，相对湿度应调控在较低的水平，以防止水蒸气在产品表面的凝结。包装间的照明应便于员工很好的操作，但从保持产品质量的角度来看则不宜过强。

未包装或已经预包装的蒸煮香肠必须冷藏保存，最佳贮存温度为-1~2℃，有时可在低于7℃贮藏，但在此条件下保质期将显著缩短，往往贮藏时间未超过10d，就出现酸化、产气等质变，因此建议蒸煮香肠贮藏温度不高于5℃。对于切片真空包装的蒸煮香肠，容易导致残留的乳酸菌强烈增殖而引起产品酸化，这也与温度紧密相关。即使是含有较少细菌、卫生状况较佳的包装产品，在5℃以上的温度下贮存太久（如超过14d），也会导致李斯特菌和其他耐寒细菌的大量繁殖。

（八）销售和贮藏

未切片的整节蒸煮肠在塑料真空袋包装中的保质期，肯定是比裸装的或外壳包装的产品长，因为真空包装的产品，香肠表面的A_W较低，微生物的生长也就更缓。采用染色肠衣灌装肉馅的产品，在抵御光照可能引起的色泽劣变上的效果更佳，因为产品在超市或商店陈列柜内销售，需有足够亮度的光照予以展示，且这种肠衣不会对香肠的色泽和风味带来不利影响。此外，蒸煮香肠在仓库、销售柜等贮藏和放置时，即不需要展示的时候，务必关掉光源。切片预包装的产品，在袋内采用一片盖一片的斜坡式包装，也可通过减少暴露面积并适当降低光照的不利影响。

二、 肝香肠的加工

肝香肠是烫煮香肠类型之一，以猪肉为主要原料制作乳化肉馅，添加 10% ~ 30% 的猪肝或牛肝，还会加入肥膘或小牛肉。成品根据肝添加的不同，有的可切成片，但大多是质软的涂抹型，可以直接涂抹在面包上，是早餐或佐餐涂抹面包等的风味特色香肠制品，最有名的是出自德国布伦瑞克城的布朗斯威血肠（Braunschweiger）。表 3-6 列出了这类产品加工工序的关键控制点和主要栅栏控制值，加工的关键控制点包括原料选择、预热加工、斩拌制馅、灌装、热加工，以及冷却、预包装、营销和贮藏。

表 3-6　　肝香肠加工工序及其关键控制点和主要栅栏控制值

加工工序	关键控制点	主要栅栏控制值
原料选择	瘦肉	热鲜肉或-30~2℃冷鲜肉、冻肉，牛肉 pH=5.5~6.2，猪肉 pH=5.7~6.4
	肝	热鲜肝或-30~2℃冷鲜、冻肝，牛肝 pH=6.2~6.5，猪肝 pH=6.3~6.5
	肥肉	热鲜肥肉或-30~2℃冷鲜、冻肥肉
预热加工	瘦肉和肥肉	切为大块的肉料 80~90℃热加工（至中心温度大于 65℃）
斩拌制馅	肉馅	预热加工的肉馅温度降至 60℃后立即热斩拌，其间加入上述鲜肝或 2℃冷鲜或解冻冻肝
灌装	肉馅	热灌装，肉馅温度大于 40℃
热加工	产品	至中心温度 75℃
冷却	冷却间	温度-1~2℃（<5℃），相对湿度约 90%，避光或光照强度小于 60lx
预包装	产品	温度-1~2℃（<5℃）
	包装间	温度小于 15℃，光照强度 300~400lx
	产品	温度 1~2℃（<5℃），pH=6.0~6.5，A_w=0.95~0.97
营销和贮藏（包装或非包装）	销售或贮藏间	非包装非切片产品：温度-1~5℃（<10℃），光照强度小于 600lx 切段或切片预包装产品：温度-1~2℃（<7℃），光照强度小于 600lx

（一）原料选择

以屠宰当天分割获得的热鲜肉及鲜肝为原料加工的肝香肠味道最佳，屠宰当天加工的原料使肝肠的风味最佳。然而在实际生产中，肉类、肝脏和肥肉往往只能稍晚才能以冷鲜肉、冷鲜肝，甚至是冻肝的形态，进行肝肠加工。而肝肠加工不能用冻料，需解冻后才能使用。从肉馅的脂肪与水等的结合特性（乳化性）上考虑，只要是原料保持良好的卫生状况，采用鲜肝、冷鲜肝或解冻冻肝都没有差别。只是以冻肝为原料时，肝脏冻结前需切开大胆管，清洗去除残留的胆汁后再冻结，以免产品产生苦味。肥肉脂肪的新鲜度也显著影响产品质量，特别是口感等品质特性。贮藏期过长的冻肥肉或冻板油均不宜用来加工肝肠。

原料的 pH 对肝香肠的重要性不如对蒸煮肠那样重要。然而过低的 pH 可能会降低肉馅的保水性和产品的可涂抹性。此外，肝脏的卫生质量当然也影响产品品质和可贮性，微生物的大量滋生可导致酸化和腐败，对此可通过对 pH 的测定予以识别。

（二）预热加工和斩拌制馅

肝香肠的加工有别于其他熟制香肠，需将原料瘦肉和肥肉切成较大的块，在 80~90℃ 的温度下进行煮制或蒸制，至肉块中心温度至少达到 65℃，然后立即投入斩拌机斩拌制作肉馅。

热肉和热肥肉在斩拌机中斩拌混合到一定程度后，放入生肝继续斩拌。而对肝香肠，肝脏又是肥肉最重要的乳化剂。如果在加入肝脏时斩拌机中肉馅的温度过高，就会使得肝脏尚未与肥肉脂肪乳化就热变性，为此需在放入肝脏前将斩拌机中的肉料降温至低于 60℃。在实际生产中经过预热加工的肉料投入斩拌机后，由于斩拌机机体以及加工车间的温度较低，热肉块得到一定的冷却，大多会在 60℃ 左右。如果温度过高，可将配方中添加的水换为冰屑，或者将部分肝脏换为不解冻的冻肝，可使肉馅总体温度迅速下降。

高性能烫香肠一体化专用斩拌机早已广为使用，其大大促进了烫香肠的标准化加工。斩拌机的外层为双层结构，蒸汽直接通入夹层中进行加热，瘦肉、肥肉在其中预热加工，以及紧接肉料和肝在斩拌机内按照设置的温度进行肉馅的斩拌熟化。而烫香肠肉馅制作中的不同梯度调控，对于保证产品品质远比其他香肠的制馅重要，现代专用斩拌机就远比普通且通用的斩拌机好得多。此外，瘦肉、肥肉预热加工（预煮）后紧接着进行肉馅斩拌制作，没有其他难以计算的热损失，不仅节能降耗，重要的是可实现最终产品的营养成分、感官品质和风味等的标准化。在可能的情况下，肝肠的加工都应选用这种蒸煮、制馅一体化的高性能设备。

（三）灌装

烫香肠需采用热灌装，斩拌结束后的肉馅在压碎后立即填充入肠衣，灌入后肉馅温度不低于 40℃（个别产品不低于 35℃）。如果温度过低，经过剧烈的机械斩拌混合后的乳化肉馅就很容易上下分层、油水分离，失去良好的乳化性，甚至析出的油脂、胶质等附着于天然肠衣上，使产品品质下降。

（四）热加工与冷却

灌装后的香肠应尽快进入水浴锅或蒸煮器中进行热加工，热加工温度 78~85℃，使肠体的中心温度不低于 75℃，保证所有的产毒性微生物全部被杀灭，并能有效使沙门菌、李斯特菌和葡萄球菌失活，显著减少导致酸化和腐败的菌群。肝香肠的酸化主要发生在温度较高的环境，是由乳酸菌生长代谢所致，而原因通常是热加工时香肠的中心温度未达到 75℃。

热加工后香肠须迅速采用水冷法或空气冷却法冷却。采用具有透气性的天然肠衣灌装的肝香肠，冷藏间的温度应低于 5℃，相对湿度高于 90%。而采用非透气性人工肠衣灌装，或者在冷却室安装可防止露水在肠衣上凝集的装置，室内空气中相对湿度的高低就不太重要了。即使如此，所有类型产品在冷藏间严格冷却，以及避光等都是必要的。

（五）预包装

在香肠的预包装必须注意保障其良好的卫生条件，因为产品的切段、切片和入袋包装过程中的微生物污染将对产品的保质期有重大影响。尤为重要的是员工的卫生以及切片机、传送带和放置架等的定期清洁。包装间必须冷却干燥，室温不应超过 15℃，相对湿度调控至不导致水蒸气在香肠上凝结，尤其是天然肠衣灌装的产品极易导致保质期缩短。包装区域的照明可稍充分，但也不应过于强烈，以便产品能保持良好的色泽。

（六）营销和贮藏

预包装和未包装的肝香肠都必须用尽可能低的温度冷藏，最佳冷藏温度为-1~2℃。如果冷藏温度高至 5℃及以上，切段预包装产品的保质期将极为有限，通常不超过 14d。只有采用人工肠衣灌装且经过充分的热加工的烫香肠，才有可能在高达 10℃下短时贮藏，而且其保质期也会受到不利影响。由于非透气性人工肠衣灌装的香肠，其表面 A_W 的变化无关紧要，因此这种肝香肠的保质期比天然肠衣灌装的要好得多。通过浸泡方式在香肠的外表附上一层防护层，可在防止肠体干燥和褪色上发挥作用，但从微生物角度来看，不会延长其保质期。肝香肠对光具有特别的敏感性，因此对未采用彩色人工包装的产品，贮藏间的照明不应太强烈，彩色肠衣则可因其阻光性而消除这一隐患。贮藏间的光照应该达到足以展示商品属性的要求，但从保持产品良好色泽和风味的角度，光照无论如何都不能太强烈。销售时间之外，应关掉光源，以避免对产品的不利影响。

三、血香肠的加工

血香肠（血肠）是正宗的德国风味香肠，德语是 blutwurst，英语为 bloodsausage，也属于乳化香肠中的烫煮香肠类型，用猪肉、肥膘加凝结后的猪血、猪皮块、香料，有时也会添加面包或燕麦制成，深受大众喜爱。最著名的是舌血肠（zungenwurst），加有经过腌制的猪/牛舌，直接或油煎后食用，还可风干后生食，风味别致。表 3-7 列出了这类产品加工工序的关键控制点和主要栅栏控制值，其中的关键控制点包括原料选择、斩拌制馅、灌装、热加工，以及冷却、包装、营销和贮藏。

表 3-7 血香肠加工工序及其关键控制点和主要栅栏控制值

加工工序	关键控制点	主要栅栏控制值
原料选择	瘦肉	热鲜肉或-30~2℃冷鲜肉、冻肉，牛肉 pH=5.5~6.2，猪肉 pH=5.7~6.4
	血	热鲜血或 0~1℃冷鲜血，pH=7.3~7.6
	肥肉	热鲜肥肉或-30~2℃冷鲜、冻肥肉
	猪皮	-90~80℃煮制，热绞切
斩拌制馅	血	冷血或微温血
	肥瘦肉块	-90~80℃煮制（至中心温度 65℃），热绞切
	制作后肉馅	温度-40~30℃

续表

加工工序	关键控制点	主要栅栏控制值
灌装	肉馅	温度-40~30℃
热加工	产品	至中心温度 75℃
冷却	冷却间	温度-1~2℃（<5 ℃），相对湿度约 90%，避光或光照强度不超过 60lx
	产品	温度-1~2℃（<5 ℃）
包装	包装间	温度小于 15℃，光照强度 300~400lx
	产品	温度 1~2℃（<5℃），pH=6.5~6.8，A_w=0.95~0.97
营销和贮藏（包装或非包装）	销售或贮藏间	非包装非切片产品：温度-1~5℃（<10℃），光照强度小于 600lx 切段或切片预包装产品：温度-1~2℃（<7℃），光照强度小于 600lx

（一）原料选择

与肝肠相同，作为烫香肠类型的血肠，以屠宰分割后热鲜态的原料肉作为加工原料，可获得食用品质最好的产品，也可以用冷鲜或冻结后解冻的肉料。用于血肠的血液必须在严格的卫生条件下获取，肉畜屠宰时放血环节用采血刀取血尤为可取。采集的血尽快冷却到低于3℃，这样在不添加食盐冷藏的情况下，保质期也能达到 3d。如果需要长期贮藏，则可以采用冻结或添加食盐和亚硝酸钠混合防腐的方法。在采用这一方法时值得重视的是，预添加在血液中的亚硝酸钠因为在血液贮藏过程中由于氧化作用导致亚硝酸盐部分降解为无效的硝酸盐，在此后的肉馅制作中按照添加剂相关法规限定的亚硝酸盐添加剂量，就也无法达到原有的发色和防腐效果。但对于血肠，发色作用无关紧要，因为血液中丰富的血红蛋白弥补了这一不足，尽管不同的肉畜血液色泽有所差异，有的甚至呈色较弱，但可以通过不同肉畜的血液进行混合予以互补。血液中恒定的血氧饱和度也决定了产品颜色，血氧饱和可以通过血液在容器中的阻氧或真空抽氧的方式来实现。此后过程中血肠的色泽还取决于空气（氧）量。加入斩拌机的血液，与质构尽可能较硬的肉皮料的斩拌混合，添加的肉皮料为生鲜的肉皮丁块，或只是稍稍预煮而不煮透的肉皮丁块，增加了肉馅的黏稠度，在斩拌时对空气（氧）的量产生影响。在这里腌制剂发挥的增色作用反而不是很重要了，甚至只用食盐而不添加亚硝酸盐也可加工出色泽很好的血肠。

肉和肥肉脂肪的 pH 如何，从技术层面上对血肠的影响不大。表 3-7 所推荐的血液 pH 范围，在不含添加剂的情况下是 7.3~7.6，添加抗凝剂（柠檬酸盐）、食盐或含亚硝酸腌制盐预腌制的 pH 又相对高一些。抗坏血酸和抗坏血酸盐等腌制助剂对血肠的颜色形成不利。此外，添加柠檬酸可以更好地将硝酸盐转化为可发挥腌制呈色作用的氮氧化物。

（二）斩拌制馅与灌装

肉料在斩拌机中斩拌制馅通常是这样进行的，先斩拌并加入预煮好的胶原蛋白组织

（皮丁），然后加入略微加热的血液，加入血液时皮丁肉馅的温度应在稍冷却至略低于60℃。其他的肉料，如猪舌或牛舌等，需在预煮并切为小块后再加入带皮丁的血液肉馅中。

肉馅制作后应立即灌装入肠衣，肠馅温度不高于40℃。如果肉馅停置冷却过度，灌装时就会遇到技术困难，如肉馅因失去较好的流动性而不能顺利灌入肠衣，或者肉馅中的皮丁和小肉块沉积在肠体边缘或底部，严重影响产品的乳化均质性。

（三）热加工与冷却

血肠的热加工是在水浴锅水中煮或蒸汽柜中蒸煮，无论人工肠衣或天然肠衣的产品，热加工温度通常都是在78~85℃，保温至肠体中心温度不低于75℃，以确保产毒菌被完全杀灭和对致腐菌的强力抑制。血肠肉料中的血和皮在生产和贮藏过程中易于受到不利菌的污染，足够的杀菌温度对产品的卫生安全性也就极为重要。血肠肉料中的血和皮中易于污染和残留的细菌芽孢，只有在高于10℃的条件下才能生长繁殖，因此血肠在低于5℃下冷藏的可贮性应该还是较好的。

热加工后的血肠应尽快采用水浴冷却法冷却，然后再置于冷却间进一步迅速降温冷却。对于透气性天然肠衣灌装的血肠，冷却室的温度应低于5℃，相对湿度高于90%。过低的相对湿度可能导致肠体外表的过度干燥。而对于非透气性人工肠衣灌装的血肠，冷室的相对湿度高低并不那样重要。如果温度低于5℃外，水蒸气可渗透外壳（天然肠道）时，室内必须具有90%以上的相对湿度。如果湿度太低，外层会迅速干燥。蒸汽不渗透外壳时，室内空气的相对湿度高低不是太重要，只是光源要控制，保持避光。

（四）包装、营销和贮藏

在血肠的预包装中，必须特别注意保持良好的包装卫生（防止再污染），因为血肠特别容易腐败。血肠的切段、入袋和包装封口等环节的卫生，对产品的保质期有非常重要的影响。包装室内的温度越高，就越难避免水蒸气在冷冻香肠上凝结。血肠相对较高的pH使其产品特别容易变质，而对于不同种类的血肠（如肥脂肠 speckwurst），通过工艺中的适度干燥以降低肠体表面的A_W值至低于0.95，可使产品具有较佳的保质期。

预包装的血肠必须尽可能冷藏，最佳贮存温度为-1~2℃，在5℃下贮藏的血肠，其保质期将大大缩短，再高一点的温度更不能用以贮藏血肠，尤其是切段包装的血肠。A_W相对较高且裸装的血肠也应尽可能低温冷藏，当然其保质期甚至比切段预包装的产品还短。非透气性人工肠衣灌装的血肠的耐贮性要优于透气性天然肠衣灌装血肠。光照对贮藏的血肠来说，即使是用未染色肠衣的产品也影响不大，当然染色的肠衣肯定具有更佳的抗光性。与其他烫香肠一样，贮藏间的光照应该达到足以展示商品属性的要求，但从保持产品良好色泽和风味的角度，光照无论如何都不能太强烈。销售时间之外，应关掉光源，以避免其对产品产生不利影响。

第三节　腌制熟肉制品加工

一、腌制熟肉制品概述

肉料经过腌制后蒸煮制成的高水分肉制品，包括西式盐水火腿、西式腌制熟肉制品、中式酱卤肉制品等，均属于本节所述的腌制熟肉制品的范畴，都是非乳化、非重组类型，经过腌制后蒸煮而成，属于高水分低温肉制品，产品特性主要取决于嫩化工艺所赋予的高保水性，因而加工出品率高，产品柔嫩多汁。而普遍采用的巴氏热加工中较低的温度使肉质特有的美味及营养性得到了较好的保存。也有在蒸煮后取出挤压包装成型，或再经过熏制，赋予产品浓郁的熏香味，再切片包装或整块包装贮藏销售的。

腌制熟肉制品中的经典产品当属蒸煮火腿（德文 kochschinken，英文 cooked ham），又称盐水火腿，是以整块的猪腿肉为原料，经过腌制后需挤压装模后再蒸煮，有的也不仅限于以猪腿肉为原料，还可添加猪胴体其他部位的肉，或者添加禽肉。有的要经过熏制工序，赋予产品熏香味。蒸煮火腿是西式肉制品中的主要品种，是欧洲传统经典特色肉制品之一。该产品以其鲜美可口、脆嫩清香、营养丰富等特点深受欧美消费者青睐，也成为目前国内开发的主要西式产品之一。

伴随肉制品加工技术进步和发达国家先进技术与设备的引进，一些吸收西式肉制品工艺的改进型传统中式肉制品陆续推出。例如，在引进数十条蒸煮火腿生产线，开发西式蒸煮火腿的而同时，将其盐水注射和滚揉按摩技术应用于酱卤肉制品的加工，将 90~100℃的酱卤温度改为西式腌制熟肉制品的 72~75℃的蒸煮工艺，并采用真空包装和低温冷链贮藏销售，将中温肉制品升级为低温肉制品，在保持传统风味的同时，其感官特性和可贮藏流通性也得到大大改善。

近年国内研发的定量卤制技术，将香料汁盐水注射进入肉类，不存在老卤，开发的产品如黑牛肉、酱牛肉等，实质上就是应用西式腌腊熟肉制品加工技术改造传统酱卤肉制品的典范。这些改进技术解决了传统卤制方法——需反复利用上次加工风味物蓄积较多的“老卤”的问题，从而赋予产品浓郁的酱卤风味。但这一传统工艺的持续的老卤“接代”续用，为其工业化加工的标准化和卤水的质量安全稳定性带来挑战，储留老卤在风味物蓄积的同时也存在杂环胺、亚硝胺等有害物蓄积的隐患，老卤的贮藏保质以及再次利用添加新卤中风味一致性的把控，也成为长期困扰企业的难题。在西式工艺的应用中，为保持中式酱卤制品浓郁的卤香，在盐水注射时，盐水中添加可溶性香料提取物或呈香添加剂，进行原料肉与调味料（卤制液）的精确配比。在工艺流程上也根据中式酱卤产品特点对西式工艺进行调整，如在较高温度下适度的脱水固化等，但其基本技术原理和流程仍然传承西式工艺，而且在酱卤风味上与传统的酱卤方法制作产品比较也存在一定的差异。

对于西式蒸煮火腿、西式非重组腌制熟肉肉制品，以及中式定量卤制肉制品等产品，尽管因产品不同工艺不一定完全相同，但基本工序都包括原料选择、分割整理（生肉）、盐水配制等，表 3-8 列出了这类产品加工工序的关键控制点和主要栅栏控制值。

表 3-8 蒸煮火腿及腌制熟肉制品加工工序及其关键控制点和主要栅栏控制值

加工工序	关键控制点	主要栅栏控制值
原料选择	原料肉	热鲜肉或温度-1~2℃的冷鲜肉，pH_1/pH_{24-48} = 5.8 或更高
分割整理（生肉）	分割整理间	温度小于 12℃，光照强度 400~500lx
盐水配置	盐水	温度 1~2℃，pH=6.2~6.5

续表

加工工序	关键控制点	主要栅栏控制值
盐水注射、嫩化和滚揉	肉块	温度小于5℃
腌制（发色、熟成）	腌制间	温度0~5℃，避光或光照强度小于60lx
灌装和压模	加工间	温度小于15℃，光照强度400~500lx
蒸煮热加工	产品	至中心温度大于65℃，中式定量卤制可至75℃以上，有的产品可再烟熏赋香或适度烘烤降低表面A_w值
冷却	冷却间	温度-1~2℃（<5℃），避光或光照强度小于60lx
包装	包装间	温度小于15℃，光照强度300~400lx
	产品	温度小于5℃，pH=5.8~6.4，A_w=0.96~0.98
贮藏和销售（切段预包装）	贮藏间或销售	温度-1~2℃（<5℃）,光照强度小于600lx

二、 蒸煮火腿等腌制熟肉制品加工技术

（一）原料选择

一般来说，加工蒸煮火腿这类腌制熟肉制品最好选择冷鲜肉，冻肉为原料通常会导致较高的蒸煮损失和较低的出品率。屠宰后的肉畜胴体应尽快充分冷却，以确保肉料较低的初始菌数。屠宰与加工不同企业对接外购鲜料方式的加工，需按照肉的质量与卫生标准进行进料的检测，购进胴体或分体肉的中心温度不高于7℃。温度过高的肉料的表面和内部大多有有害菌的大量生长繁殖，从而严重影响加工成品的保质期。屠宰后鲜胴体在-1~2℃冷却2d的猪肉，加工的蒸煮火腿类腌制熟肉制品在嫩度、多汁性和出品率上均最佳。

在选择原料时，肉的pH是判定其保水性（多汁性）、腌制特性（吸盐性、盐味度和腌制色泽），以及产品的微生物稳定性与保质期最重要的参数。现代肉制品加工的精准控制，除了pH外，还引入了与之结合的电导率和介电损耗因子值。通过这两种测定值判定肉内部肌纤维的完整性和损害度，实现对肉质无损检测的精准评价。较低pH的肉的水结合性通常较差（干肉产品），但其具有更强烈的盐吸收性，良好的腌制色泽和浓郁香味因强烈的盐味而形成，产品保质期也更好。较高pH的肉具有良好的保水性（多汁产品），但其吸盐率可能不足，导致产品盐味的不足和色泽的不稳定，甚至预包装产品的保质期缩短。

通过对肉畜屠宰后1h的pH（pH_1）的测定，可以通过pH的快速下降进行白肌肉的判定。而是否为pH高于6.4的黑干肉，需肉畜屠宰后24h的pH（pH_{24}）才能确定。有些品质存在缺陷的原料肉（如pH_1低于5.8的白肌肉），由于较高的蒸煮损失及由此导致产品干硬的质构，不适于用来加工这类腌制熟肉制品。尽管pH高于6.4的原料肉的色泽大多比较暗甚至会发生黏腻状，由于其具有极好的保水性（多汁性），因此可能更有利于用来加工这类腌制蒸煮产品。但要注意的是，这取决于微生物的可贮性，特别是预包装时对微生物污染的防控，有时腌制阶段的防控也会产生影响。如果肉的pH过低，蒸煮熟化后的产品容易发

酸，而原料肉的 pH 较高就不会出现这一发酸现象，而是通常香味稍弱，特别是在原料贮藏温度稍微高一点的情况下，有的产品也会出现不正常的气味。用于加工盐水火腿等腌腊熟肉制品的原料肉的最佳 pH，是 pH_1（屠宰后 1h）和 pH_{24}（屠宰后 24h）在 5.8~6.4，在这个范围肉料的保水性、腌制特性，以及产品的保质期都较好。

有时也可用到热鲜肉，肉的 ATP 含量和 pH 都较高（$pH_1>6.2$），肉的保水性很好，宜于用作这类产品的加工。但前提条件是肉畜屠宰后胴体要尽快分割切块，以便鲜肉在屠宰后的 60~90min 就可进行盐水的腌制，通过盐水注射使腌制液很快均匀地分布于肉块中。这就需要高速度的生产组织，而在现代大规模化加工体系中，如此快速地进行从活猪屠宰到热鲜肉块的腌制很难实现，这也是大多企业在生产上使用磷酸盐予以弥补的原因。然而这种快速的生产组织也不失为未来的一种选择，即不使用磷酸盐等化学保水剂，通过高效快速的原料供给体系，实现质优味美的产品加工。

（二）分割整理（生肉）

在蒸煮火腿类腌制熟肉制品的加工中，原料肉的分割和切块大多在腌制之前进行。由于产品的多样性，肉块大小不同，肉块上脂肪、血管、淋巴和结缔组织也要剔除，以便在此后的挤压装入模具后的热加工中，肉块之间能够紧密的粘接联合在一起。现代加工中去皮机一类的机器得到应用，以将附着的脂肪和结缔组织等仔细的剔除干净，不仅速度快、效率高、去除彻底，还能大大降低肉的剔除率。切割肉块的大小根据产品类型确定，如盐水火腿切成厚度不大于 10cm，重约在 250g 的肉块，以使肉块增大表面积，利于肉可溶蛋白质的抽提。基于预防微生物的生长繁殖，分割切块应在冷却良好的环境进行，分割间温度不能高于 12℃，而且肉的分割时间不超过 1h，然后立即移入冷却间或进入腌制工序。

（三）盐水配制

盐水配制的要点：一是根据产品类型及出品率要求准确计算盐水中各添加剂量，二是保证各添加料充分溶于水中，三是控制盐水于较低温度。按照产品配方配制盐水，应按需配制，当天用完。因为放置时亚硝酸盐的还原导致其浓度下降，从而影响肉料发色效果。在实际生产中一般是按照不超过当天实际用量的 10% 配制盐水以替换补充。将可溶性辅料和添加剂投放水中的顺序关系到其溶解性，生产上行之有效的方法之一，是将不溶性香辛料（如中式定量卤制产品）熬煮后过滤，取其香料水，冷却至 2℃，溶入复合磷酸盐，再依次加入糖、食盐、卡拉胶、植物蛋白和亚硝酸钠等逐一溶解，最后加入异维生素 C 钠和呈香添加料（天然香精）等。盐水温度可通过添加冰块调节至低于 2℃，但应注意的是，冰块融化后的重量应预先考虑从添加水量中扣除，且冰块投入时间应是在添加剂完全溶解于水中之后，否则干粉料可能附着于冰块上而难以均衡溶于水中。

盐水保持较低温度是使产品色泽稳定及可贮的重要因素。对于低档的盐水火腿和酱卤肉制品，因为追求高出品率，尽可能增强原料肉保水性也就极为重要，为此添加磷酸盐、卡拉胶、大豆蛋白等增稠剂和保水剂起着关键作用。目前肉品加工业已有众多提高保水性的盐水注射剂可供选用，这些制剂均由上述成分复合而成。

盐水中食盐的浓度因不同产品和腌制方法可在 6% ~16%，肉的保水性取决于盐浓度。当肉块的含盐量达到 5% 时，已可呈现较好的保水性和较低的蒸煮损失。而从感官品质和益于健康的角度考虑，低盐产品受到推崇，成品的含盐量调节至 1.8% ~2.2% 较佳。在自行配制盐水注射时，磷酸盐可考虑用焦磷酸盐、三聚磷酸盐和六偏磷酸盐按一定比例复合，并且钠盐和钾盐适当调配，使溶液中不同离子维持渗透平衡，增加肉表面保水性。加工出品率为150%以上的盐水火腿均需添加大豆蛋白及卡拉胶等增稠剂，盐水配制时应保证这些添加料的充分溶解。此外，含卡拉胶的盐水在注射前可静置20~30min，使之均质增稠。添加剂的进步已使加工出品率达150%以上的经济廉价型产品成为可能。当然除上述措施外，还包括调整配方、滚揉结束前添加适量变性淀粉等，但低档产品仅适于切小块制作比萨饼，或制作凉拌沙拉时作为配料使用。

（四）盐水注射、嫩化和滚揉

配制的盐水应及时注入肉块中，出品率越高的产品，对盐水注射机的性能要求也越高，最好是注射2次，同时根据肉块大小调节适宜的压力（肉块大则用较高压力），保证盐水充分进入肉块。盐水注射机应随时保持清洁，不洁的针管最易污染肉块，可导致肉块变色，并降低产品可贮性。针头发钝则易撕裂肉块表面，影响注射效果，应立即更换。注射后嫩化是出品率高于130%的产品必不可少的工序。可选用嫩化机与盐水注射相连的设备，使嫩化紧接盐水注射之后。肉块经过嫩化增加了表面积，可吸收更多的水。经嫩化工序后，仍未吸收的水则倒入肉块中，进入嫩化等工序。

肉块滚揉的作用是辅助其吸收盐水，增加盐溶蛋白的萃取和软化肉块。随着加工技术地不断进步，已有不同类型、功能各异的滚揉机供厂家按需选用。高性能滚揉机也已相当普及，这为优质盐水火腿加工提供了保证。肉块装入滚揉桶内时，肉量应控制在滚揉机有效容量的1/3左右，可保证肉的有效按摩。肉块过多，效果不佳；肉块过少，滚揉时间则应延长。一般滚揉时间可控制在3~5h。以容量为2000L的滚揉机为例，转速调节为6r/min，采用连续式滚揉法，经4h滚揉机运行大约12km，这是保证肉块较佳保水性和接合力的适宜滚揉时间。如果滚揉后发现仍有较多盐水未吸入肉块内，则需从以下几个方面寻找原因并采取相应措施：

（1）滚揉时间过短　可再继续滚揉15~30min。

（2）盐水注射机针头发钝，影响了注射效果，应立即更换针头。

（3）原料肉pH过低　应另选用优质原料肉。

（4）滚揉机内温度过高　不仅阻止了蛋白质溶出，使肉结合水的能力下降，还为微生物大量生长繁殖提供了条件，可导致产品可贮性下降。因此应降低滚揉间内温度，最好是采用可自动调温的滚揉机，滚揉后肉温小于4℃。

（5）嫩化度不够　大多是未使用嫩化机嫩化处理。对出品率低的产品可无须嫩化，而出品率高的产品，不仅必须嫩化，而且滚揉结束前，可在产品质量要求允许范围内添加不超过2%的淀粉，再继续滚揉10min左右，以吸收残余的水分。此外，所用淀粉应不影响产品风味，如选用变性淀粉或木薯淀粉为佳。

（五）腌制（发色、熟成）

传统的腌制方法是干腌和湿腌结合法，而在现代肉制品快速加工体系中，自动化的机械盐水注射与滚揉结合的方法使得腌制阶段的作用发生改变，只有在用小肉块制作的个别产品中盐水浸泡式湿腌法才会使用，对于该类产品，采用湿腌法时盐水与肉块的比例以1∶(2~3)为佳。

肉块经数小时滚揉后让其有一静置阶段，使之进一步腌制，保证肉料充分发色，吸收剩余水分，保证产品良好的组织结构是很重要的。此阶段应持续12h以上，但也不宜过长。可将滚揉后肉块装入容器，加盖后移入冷室，在2~4℃静置过夜即可。滚揉后肉块中大量蛋白质溶出，对于微生物是极佳的营养基，此阶段低温和良好的卫生条件对抑制不利菌生长也就尤为重要。

在整个腌制过程中，温度不应高于5℃。滚揉的温度以0~2℃较好，在此通过滚揉机调控的低温使肉块保持较佳的保水性，并可有效抑制不利菌的生长，这也可通过使用极低温的盐水来实现。当使用低盐浓度的盐水时，滚揉机较高温度（>5℃）有利于微生物的生长繁殖从而影响产品保质期，或者因发酸引起产品风味的不良变化。曾经有低温会影响腌制效果的认知，而研究已证实，0~2℃的较低温，对腌制进程及腌制效果的影响是很小的。

另一种腌制法是“动脉腌制法”，将盐水通过动脉血管系统注入肉块中，此法只有在制作一些高质量大火腿，如布拉格盐水火腿（prager kochschinken）才得以采用，如今已被盐水注射法取代。在此进程中，关键因素是注射机注射针头的数量和间距，在大工业生产中已广泛采用多排针头式注射机。

（六）灌装和压模

低温化的中式酱卤肉制品和定量卤制产品，大多采用蒸煮烟熏设备悬挂式蒸煮，有的需烟熏或适度干燥。盐水火腿等西式腌制熟肉制品需要在腌制后再切块，然后挤压灌装入容器（肠衣、模具等）中，温度要求与腌制阶段形同，如果需要在15℃的较高温度下短时操作，需保证填装封口后立即进入热加工。灌装可用肠衣、收缩膜或金属模具。如果选用肠衣，则建议采用易剥纤维肠衣。但选用真空收缩膜对保证产品质量更为有益。在蒸煮、冷却及贮存阶段，收缩膜紧贴于肉上，产生的机械压力有助于防止水分析出或胶质分离，也可有效预防再污染、延长保存期，并且袋上可直接印制产品说明和商标，减少二次包装，节省包装材料，易于产品贮存运输。

（七）蒸煮热加工

该类产品的热加工大多采用较为温和的温度，以便其多汁、嫩脆、鲜香特征的形成和保持。当然也要确保非芽孢性产毒菌（沙门菌等）得到有效抑制，李斯特菌、葡萄球菌等被完全杀灭，温度要求是肉块的中心达到至少68℃。对于其他腌制熟肉制品及定量卤制肉制品，可达到70~75℃，以保证更好的口感和更稳定的保质期，但其烹饪损失也会更高，因此，在盐水火腿中很少采用，而是通过严格的包装卫生条件和充分的不中断冷链予以弥补。而对于其他腌制熟肉制品和低温化中式酱卤、定量卤制等产品，在对产品微生物稳定性和保质期没有信心，存在杀菌温度过低会导致产品贮藏时变色、腐败等隐患时，还是应将包装产品可贮性放在首位，因为烹饪损失带来的影响毕竟比产品腐败造成的损失小得多。

该类产品蒸煮方法因不同厂家及不同产品类型在工艺参数上略有所异。总的要求是在保证产品感官特性、可贮性和卫生安全性的前提下，尽可能地缩短蒸煮时间，节约能源。如上所述，对于出品率低（如小于115%）的高档产品，热加工至中心温度达68℃即可。而出品率较高的产品，需加热至中心温度至少为72℃。因为出品率高的产品为提高肉结合水的能力，一般添加有卡拉胶等辅料，这些辅料需在较高温度下才能发挥其保水性能。此外，水分含量高的产品 A_W 也高，发生变质的概率也更大，中心温度相对提高有助于保证其可贮性。例如出品率为 150% 以上的产品，或低温化中式酱卤制品，为安全起见应热加工至中心温度达 75~80℃。应根据实际生产条件，探索节约能源、缩短热加工时间的方法。例如可将蒸煮器温度设置于高于产品所需中心温度之上 8℃，出品率为 130% 的产品需达 72℃，则蒸煮器温度可设置于 80℃，在蒸煮至产品中心温度距所需值尚差 2℃，即达 70℃时，既可关闭蒸煮器，中心温度仍会继续上升至 72℃。蒸煮可用蒸气法或水浴法，节能蒸煮法之一是用相对湿度 100% 的饱和蒸汽蒸煮。

蒸煮火腿包括很多类型，如基础类、带骨类、去骨类、带皮类、熏制类等。不烟熏蒸煮火腿在肉块腌制、成型后即进行蒸煮。而烟熏蒸煮火腿（Geräuchert Kochschinken）在烹饪之前会经过熏制的过程，以增加火腿的风味和口感，熏制后再行蒸煮。在现代加工中，往往通过多功能熏煮装置将熏制和蒸煮集合在同一设备完成。经过熏烤的蒸煮火腿可以给产品带来更深厚的味道和香气。

（八）冷却

蒸煮后产品应尽快冷却，使中心温度降至 28℃，迅速越过 30~40℃这一微生物具极强生长势能的温度范围，特别是要尽快使耐热链球菌（肠球菌）和芽孢菌得到有效抑制，保证产品的可贮性。对于热加工至中心 65~68℃的产品，更要强力冷却（最好是在-1~2℃冷却，最高不得超过 5℃）。如果蒸煮器无自动冷淋系统，应立即移入淋浴室，用 10℃左右冷水冲淋。最好是采用间歇式淋浴法，该方法可利于热交换并节约用水量。当产品中心温度降至 28℃后，则停止淋浴，间隔一段时间，使表面水分蒸发后再移入冷却室，以避免在冷室造成温度的上升。产品在冷室内应放置 12h 以上，冷至中心温度 2℃，以便使肉蛋白质与残余水分达到最佳结合状态，从而保证产品的多汁性。

（九）包装、贮藏和销售

对产品进行切段、预包装的车间需保持充分的制冷，相对湿度调节至避免水蒸气在冷却产品表面凝结。还应特别注意包装材料的质量，因为这类产品对卫生条件极为敏感，微生物的二次污染对产品保质期可能是灾难性的。除了腐败菌，这类产品的李斯特菌、沙门菌污染在切段预包装产品阶段也极易发生。包装材料和包装过程卫生的重要性不亚于贮藏中低温的控制，因此必须注意操作人员的卫生（经常洗手、更换防护手套），切片机和运输设备的自动清洁，以及无菌空间的设置等。包装区域的照明应足以满足操作方便，但在从产品色泽和总体品质的角度，照明强度也不能过大；预包装和未包装的腌制熟肉制品在销售时必须存放在冷藏良好的地方，最佳是-1~2℃。即使在 5℃，产品保质期已大受影响，通常不超过 8~10d。例如按照欧盟标准就规定，7℃下贮藏对于这类产品不足以保证其安全性。冷藏柜及陈列柜的照度应足以确保商品的良好展示，但也不能过强至导致产品的颜色和味道发生不良变化，非展示时应关闭光源（表 3-8）。

（十）加工控制与优化

蒸煮火腿等腌制熟肉制品与蒸煮香肠一样属于易腐食品，通过栅栏技术调控实施 HACCP 管理对确保其优质可贮极为重要。表 3-9 是对盐水火腿基于栅栏技术的 HACCP 控制的举例。

表 3-9 盐水火腿基于栅栏技术的 HACCP 控制的举例

加工工序	关键控制点和主要栅栏控制值
原料选择	冷却鲜猪肉，肉温-1~2℃，pH=5.8~6.4
盐水配置	软水 100kg，NaCl 4.5kg，盐水注射剂 1.5kg，白砂糖 3.0kg，亚硝酸钠 20g，香辛料提取液 1.5kg；配制后盐水温度不超过 2℃
滚揉	转数 12r/min，间歇式滚揉法，延续时间 12h，滚揉间温度 2℃，滚揉后肉温小于 6℃
腌制	腌制间温度 2℃，肉温不超过 4℃，时间 12h
充填包装	3 号肠衣，灌装长度 50cm，质量 4.2~4.5kg
蒸煮	相对湿度 100%，温度 80℃，至中心温度 72℃
冷却	中心温度小于 28℃。 1~2℃冷室放置 12h，至中心温度 2℃
包装	包装间温度小于 10℃
成品	NaCl 含量 2.0%~2.1%，A_W = 0.96~0.97，亚硝酸残留小于 25mg/L，菌落总数小于 2000CFU/g，大肠菌群小于 150CFU/100g，不含致病菌

第四节 腌腊发酵肉制品加工

一、 西式发酵香肠

发酵香肠为肉料绞切后与辅料混合，灌入肠衣，脱水干燥即成，是可贮性较佳的半干生制肉制品。

西式发酵风干香肠约在 1720 年诞生于意大利，几十年后从意大利传入欧洲各国，逐渐形成原辅料配方、加工方法、风味特色各异的不同产品类型，可根据发酵方式、加工时间、干湿状态等特性将其分为三大类型：一是大多采用天然发酵法加工而成，发酵充分，质地干硬的干香肠，如意大利的米兰萨拉米（milan salami）；二是通常是添加发酵剂缓慢发酵，发酵较充分，具可切片性，质地比干香肠略软的半干香肠，如德国乡村熏肠（katenrauchwurst）；三是添加发酵剂快速发酵，质软且具可涂布性的非干燥发酵肠，如美国的苏马香肠或夏季香肠（summer sausage）。发酵香肠是西式传统肉制品的典型代表，其独特的传统风味和出色的非制冷可贮性和对这些产品的影响力起相当程度的积极作用。与中式香肠不同的是，发酵肠均在较低温下发酵风干，现代加工大多添加微生物发酵剂促进发酵进程和标准化，产品可生吃，也可再熟制或作为菜肴等的配料。

西式发酵香肠在不同国家和地区发展出配方不同、工艺略有所异、风味各显特色的大量产品。快速发酵产品加工期仅为 8~10d，即可上市和即食。该类香肠与发酵加期 4~6 周的产品相比，发酵风干的温度更高，保质期最长的也只能达到约 6 个月，而经过长期发酵的产品可贮 1 年或更长时间。这类长期发酵产品在选料上就特别考究，如原料是优质猪肉和牛肉的混合，牛肉的 pH 不超过 5.6，猪肉不超过 5.8，猪肥膘屠宰分割后贮藏时间不超过 3d，加工发酵的任何阶段的温度都不得高于 18℃。

在基于栅栏技术的关键点标准化控制上，西式发酵香肠无论在基础理论研究还是实际生产应用上都走在传统肉制品现代技术的前沿。表 3-10 是发酵香肠加工工序及其关键控制点和主要栅栏控制值，加工工序包括原料选择、分割整理、灌装、发酵、包装等。以下以发酵香肠为主，对所有干香肠的加工及其控制做一讨论。

表 3-10　　发酵香肠加工工序及其关键控制点和主要栅栏控制值

加工工序	关键控制点	主要栅栏控制值
原料选择	瘦肉	-30~0℃冷鲜肉或冻肉，pH_{24} 猪肉至 6.0，牛肉至 5.8；A_W = 0.98~0.99
	肥膘肉	-30~-10℃冻肉
分割整理	分割整理间	温度小于 12℃，光照强度 400~500lx
斩拌制馅	肉馅	温度-5~0℃，pH=5.9，A_W=0.96~0.97
灌装	肉馅	温度-3~1℃
发酵风干	腌制发色：发酵间	温度 25~20℃，相对湿度低于 60%，时间大约 6h
	第一阶段：发酵间产品	温度 18~25℃，相对湿度 90%~92%，气流速度 0.5~0.8m/s，避光；pH=5.2~5.6，A_W=0.94~0.96，时间 2~4d
	第二阶段：发酵间产品	温度 18~22℃，相对湿度 85%~90%，气流速度 0.2~0.5m/s，避光；pH=4.8~5.2，A_W=0.90~0.95，时间 5~10d（半硬短期发酵香肠加工期结束）
	第三阶段：发酵间产品	温度 15℃左右，相对湿度 75%~80%，气流速度 0.05~0.1m/s，避光；pH=5.0~5.6，A_W=0.85~0.92，时间 4~8 周（半硬较短期发酵肠加工期结束）
贮藏熟成	加工间	温度 10~15℃，相对湿度 75%~80%，气流速度 0.05~0.1m/s，避光
包装	包装间	温度小于 15℃，光照强度 300~400lx
	产品	温度 10~15℃
贮藏和销售	贮藏间或销售	非包装整节香肠产品温度小于 15℃，光照强度小于 600lx；切片或切节预包装产品温度小于 10℃，光照强度小于 600lx

（一）原料选择

用于生香肠生产的肉类原料的 pH 应较低，因为在生香肠熟成的关键的最初几天内，屠宰分割后冷却排酸嫩化良好的肉类对不良微生物具有更好的稳定性。如果原料肉特性有瑕疵，如出现苍白、多汁、渗出的白肌猪肉，或者色暗、黏腻、硬质的黑干牛肉或猪肉，在加工进程中将影响微生物的正常发酵、良好质构的形成和均匀一致的风干效果，从而产生不合格的产品。而在实际生产上，原料肉大多是多部位混合，出现典型的白肌肉和黑干肉的也不多，产品受到不利影响出现次品的概率不大。pH 值较高的肉类（牛肉 pH 高于 5.8，猪肉 pH 高于 6.0）不宜用做发酵香肠原料，最好是用于加工蒸煮香肠、盐水火腿等腌制熟肉制品。将不同部位肉混合以消除个别部位肉的白肌肉和黑干肉的影响，在加工工艺特性和产品微生物特性上都是没有问题的。对此可通过对原料肉屠宰后 24~48h 的 pH（pH_{24} 和 pH_{48}）进行判定和调控，尤其是黑干肉，很容易通过识别将其剔除。

发酵香肠的原料既可用冻结肉，也可用极度冷却肉。在其冻结后冷却中肉料的“前干燥”引起的 pH 的下降对产品有利，可促进一些难于失水的肉块中水分的逸出。在发酵的关键的第 1 天，肉料 A_W 的提早降低，有利于发酵微生物的均衡和稳定生长。但肉馅的 A_W 值也不应低于 0.96，过低可能抑制乳酸菌等发酵菌香气和风味的生成。

发酵香肠的可贮性还受到添加的肥肉脂肪变化的较大影响，对于生香肠的生产来说，肥肉脂肪的品质对产品的影响与瘦肉一样重要。用于加工发酵香肠的肥肉应在屠宰后尽快从胴体中取出（最好在胴体尚未冷却时），并在较低温度和相对湿度的冷却间放置 2~3d 使其适当风干，水分含量从 8%~10% 降至 5%~6%，然后再冻结。经过处理的肥肉在加工中显示较佳的工艺特性，产品的可贮性也更好，还可促进发酵风味缓慢地形成。原则上用于发酵香肠的肥肉应尽可能新鲜，贮存时间过长的肥肉（“过冻肥肉”）尽管在加工前不会显示很明显的特征，但在发酵过程中以及产品贮藏中其不利影响会很快显现。

（二）分割整理、斩拌制馅、灌装

从微生物学和卫生角度来看，分割环境应尽可能保持较低温度。但从员工的身体健康考虑，分割车间的温度应在 12℃，但其前提条件是分割前的胴体或分体等需经过充分而良好的冷却，且原料在分割间的操作逗留不超过 1h，然后立即再冷却或冻结。必要条件下车间的相对湿度也不能过高，应避免分割阶段肉块表面冷凝水的形成。

对于非乳化型肉制品，发酵香肠肉料的绞切应选用带极为锋利刀片的高性能绞制拌和机，尤其是肉粒绞制较细的发酵产品，如中式香肠中川式味道的类型。为了获得光洁的切割表面，避免脂肪上油脂的出现，加工中有时对肉料进行整体冻结（包括牛肉、猪肉和肥膘），但大多是大部分冻结（只冻结猪肉和肥膘）。冷鲜肉在投入绞制机或带有绞制功能的斩拌机时温度应尽可能低，最好是达到接近冻结临界点的-1~0℃，这样在绞制时才能保证绞制的小肉粒保持光洁的切割表面。甚至是中式香肠产品也要受此因素影响，绞制时过高的原料温度不仅使其干燥脱水不均衡，产品的切片性也较差。绞肉的粒度越细，所需原料肉的冷却就要越充分。对一些肉馅粒度特别细小的干香肠类型，如德国的 celvelatwurst 发酵香肠，往往需要在绞制中途再冷却降温一次，最好是绞制后的肉馅在绞制拌和机中尚处于微冻结的状态，一些企业已通过自带制冷效能的现代绞制拌和机来解决这一问题。

绞制混合后肉馅的 pH 取决于原料瘦肉、肥肉，甚至肉料所含有经过绞制升温的结缔组织，不应超过 5.9。如果原料肉的 pH 比所期望的稍高，对于发酵肠，可以通过稍提高添加的可较快降解的糖（蔗糖、葡萄糖）予以弥补，以便在进入发酵风干间最关键的第 1 天可供香肠发酵所利用。肥肉的 pH 在 6.2~7.0，肉料所含的结蹄组织在绞制温度稍升高后其 pH 甚至可在 7.3~7.8，可见肥肉对于肉馅达到较好的 pH 也可能产生不利影响。在绞制中添加食盐、硝盐、糖及其他辅料搅拌混合的肉馅，相对于原料肉，其 pH 有所下降，有利于保证肉馅的微生物稳定性。

西式发酵香肠肉馅的温度控制远比中式风干肠重要。在灌入肠衣前，西式发酵香肠的肉馅温度要求持续接近冻结临界点的低温，避免在灌装机挤出管及肠衣上的黏集。当然肠馅的温度也不是越低越好，过低则可能导致肉粒从冻结状态解冻后松散，最终影响香肠应有的结实度和产品的切片性。

（三）发酵与风干

灌装后处于很低温度的香肠在进入温度和相对湿度较高的发酵间之前，应首先在低湿度下将温度调节至所需的发酵温度（如发酵香肠的20~25℃），然后才将相对湿度逐步提升至所需。否则，较低温的肠体上的湿气会在达到露点时凝结，出现所谓的发酵“出汗”，这会导致香肠表面及肠体边缘因吸收水分引起A_W的上升。在生产过程中不仅要先让凝结的水蒸发，这就将导致发酵时间延长，而且在水分蒸发过程中可能将肉馅中的盐（如亚硝酸盐）等从有的肠衣（如纤维素肠衣）中连带析出，导致随后发生边缘区域变灰等不良现象，并且在发酵第一阶段就出现肠体发腻，这对微生物的稳定性是极为不利的。对此，可以在发酵的第一阶段通入一定量的烟雾进行适当的微烟熏，从而防止发酵最初几天肠体发腻情况的出现。

在发酵香肠加工中，对发酵间温度、湿度和气流的精准、可靠调控在一些企业仍然未受到应有的重视，有的是缺乏智能、高效的设备装置，有的则认为其不必要。例如在中式风干肠的风干中，很多企业仍然采用凭经验式的大致调控，这对于自然风干不可控的低级产品的确无关紧要，但在工业化优质产品加工中却是极为重要的。

发酵香肠加工中，发酵风干间的相对湿度如果可调控的精度变动范围在3%~5%，对产品的影响应该不是很大。最大的问题是确保发酵风干间确保所有区域的空气流速的均匀，目前的一些设备尚无法实现，或者是生产者未予以重视。为保证香肠在发酵时水分的稳定充分去除，均匀的气流至少与相对湿度指标同等重要。香肠表面的微生物随着发酵进程的增殖和替换，一方面取决于空气的流动状态，即使相对湿度调控得当，太弱的空气交换可能在设备内的某区域形成阻塞区，从而导致产品出现缺陷；另一方面，单侧气流过强会导致某些区域香肠的干燥过度或不当。西式发酵香肠在此领域的高性能精准调控设备已经很成熟，而中式干香肠的许多空调设备系统空气供应不足仍然是一个需要引起重视的关键技术点。

在现代智能设备开发中，微处理器引入空调技术使现代成熟的工厂能够融入环境或融入空气气候，这不仅仅在仿天然智能发酵风干设备中具有重要意义，全天候定期大型空气交换也使得实现高能源成本节约成为可能。因为在很多干香肠的生产区域，在一年中的大部分时间里，室外气候适合控制发酵香肠或风干肠的室内气候。因此只有在极端天气条件下，才需要耗用能源创造单独的气候（加热、冷却、加湿、除湿）。

此外一些更为精准智能调控的设备也在陆续开发中，如通过微处理器、传感器和计算机等的结合，连续测量干香肠的发酵或干燥状态（pH、A_W、温度和失重率等），对发酵风干间进行智能自动气候调控。因此这类产品的加工已经着眼于精准调控气候、智能控制气候、模仿可产出最佳风味的“天然”气候，习惯于凭经验式的分阶段进行时间控制等方式将成为历史。作为控制产品质量的技术参数，通过pH、A_W、温度和失重率等的连续无损检测，对主要的温度、湿度、气流等的无级均匀智能调控，使得生产优质安全的产品成为可能。

在不同的生产阶段，必须适应不同的目标温度。快速发酵生肠主要是在发酵的第一阶段采用高达25℃的较高温度，而较长期发酵的产品是在18~20℃的较低温度。较高的温度会加速基于微生物生长繁殖的发酵进程，使特有色泽更快地形成并稳定，以及酸的快速形成，从而提高产品的结实性和产生良好的质构。然而在较高的熟成温度下，脂肪损失也会加速。由于发酵香肠的贮存时间较长，因此高温是一个影响保质期的不利因素，将限制产品以后可能的保质期。在发酵和干燥过程中，贮藏期很长的产品类型（如德国的久贮干香肠，dauerwurst），发酵和风干的温度不应高于18℃。

随着发酵进程，发酵风干设备中的相对湿度需逐渐降低，以便香肠中的水分逐渐脱除。如果香肠的湿度（A_W）和环境空气的湿度（相对湿度）之间的差值约为5个单位，则这个湿度值就比较适合，这时香肠内部向外部释放的水分也同样高。例如，如果香肠的A_W值为0.95，则设备中的相对湿度应为90%左右。假设空气速度为0.5~0.8m/s。中口径肠衣灌装的香肠的失水平均每天为1%~1.5%。发酵风干间内所有区域的空气流动应尽可能均匀，不应导致香肠干燥不平衡，或者外层过度干燥形成发酵风干的“干边”硬壳。

通过均匀且不断增加的脱水量，使香肠随加工进程A_W逐步降低，从而提高香肠的微生物稳定性和可贮性，防止不利菌导致的腐败。对一些发酵香肠产品可通过添加酸化剂（如葡萄糖醛酸内酯）促进香肠的pH的下降，这有利于产品质构和可贮性的形成。因此A_W和pH的有效降低是发酵香肠获得微生物稳定性和可贮性的保障。快速发酵型香肠的A_W值为0.90~0.95，其可贮性和微生物稳定性主要基于较低的pH（4.8~5.2）。而对于缓慢发酵熟成的香肠，由于A_W值较低（0.85~0.90），pH在随后的贮存过程中可能会显著升高。快速发酵熟成的香肠鲜味突出，其加工周期短，而发酵风干期长的产品则在风味和保质期上更佳。

如上所述，针对市场的不同需求加工不同发酵程度和产品特性的产品，可采用表3-10所列出的第一阶段发酵技术、第二阶段发酵技术或第三阶段发酵技术。对于一些尽可能保持生鲜态的产品，经过第一阶段2~3d的发酵即可做为鲜品出售，产品pH=5.6~5.2，A_W=0.96~0.94，质软味鲜，不过在冷链下保质期也不长，因此这类产品的市场量极少。而较短期发酵快速上市的半硬质发酵肠，往往在发酵第二阶段3~5d后即作为产品包装上市，pH=5.2~4.8，A_W=0.95~0.90，可非制冷贮藏，也具有一定的保质期，但要长期保存仍然需要冷藏，目前这类产品的销量在增加。经过第三阶段发酵的硬质发酵干香肠，发酵风干期根据种类的不同有4~8周，产品pH=5.0~5.6，A_W=0.92~0.85，具有良好的微生物稳定性和非制冷可贮性，这是最受欢迎的发酵香肠产品。

西式发酵香肠加工中微生物发酵剂广为采用，可促进所需的微生物及其发酵进程及优良品质（降低pH，良好风味、质构和色泽）的形成，确保产品的更安全可贮，与不添加微生物发酵剂的产品比较显然更优。更具有发展前景的是选择可靶向调控的微生物，通过改良和优化，使之具有特定的产香和抑制不利菌的功能。例如，德国将改良优化的纳地青霉和干酪白霉等用于干香肠和发酵生火腿，在产品发酵风干进程中，这些接种在产品表面的霉菌优势生长、紧密着生，不仅可发挥降解蛋白质和脂肪以促进风味形成的作用，更重要的是不会产生霉菌毒素，可有效抑制其他产毒致病菌、腐败菌的生长，特别是有助于有效解决腌腊发酵肉制品贮藏期容易霉变和氧化酸败问题。而在中式干香肠中，该类有益微生物调控技术尽管有受到关注，且已有众多的研究报道，但其实际应用尚有待时日。

（四）贮藏熟成、包装、贮藏和销售

经过发酵风干的香肠，在发酵风干室或设备中形成所需的色泽、质构、风味后，需要在熟成室继续贮藏放置一段时间，完成微生物发酵的“后熟”作用，其风味、质构等将更佳。发酵香肠在此阶段的温度一般是调控在10~15℃的较低温度，而且要保持室内避光以防止脂

肪过早氧化变质。在此阶段肠体的进一步干燥应控制得很缓慢，空气流动和湿度的需求也相应非常低，以便与香肠的干燥程度（A_W）相适应。而对于烘烤干燥的中式香肠，也需要2d至数天的“后熟”时间，有的研究还显示，无论是低温风干或较高温烘烤干燥的产品，真空包装后在室温下放置至少20d，其腌腊风味可更饱满更浓郁。

干香肠熟成后即可包装出售，包装车间的温度可达15℃，相对湿度应控制使水蒸气在冷却的香肠表面不凝结。鉴于风干肠类型的肉制品包装时的温度大多在10~15℃范围，或者接近室温，比蒸煮香肠、低温酱卤肉制品、盐水火腿等（0~2℃）则高得多，在非强制调控相对湿度的常规包装间产品表面一般不会有水汽凝集。光照仍然是要保证员工操作时良好的能见度，但也不宜太强。

预包装后的发酵香肠等干香肠类产品不宜在过低的温度下冷藏，尤其是切片预包装产品，大致在10℃为佳，过低的贮存温度可能会导致腌制色泽的褪色，发酵期不长的产品还可能导致风味的衰减。但也不应过高，即使是常温可贮的中式腊肠最好也不超过20℃，否则产品发生脂肪析出，甚至是酸败的可能性也较大。但这类产品即使在室温下贮藏，数天内一般不会导致产品质量下降，在室内销售或置于柜台中的短期贮存对产品品质没有显著影响。照度仍然需足以展示商品属性，但这类产品易于脂肪氧化，因此光照不宜太强。

二、 发酵火腿及其他腌腊制品

本节所述的发酵火腿及其他腌腊制品，包括发酵风干火腿，以及用猪肉、牛肉、禽肉大块原料经腌制、风干脱水制作的各式非重组腌腊生肉制品，均属于A_W较低的耐贮藏食品（SSP）类型，具有出色的微生物稳定性和可贮性。例如西班牙伊比利亚火腿（jamón iberico）、意大利帕尔玛火腿（prosciutto di parma）、德国黑森林火腿（schwarzwälder schinken）、德国牛肉火腿，以及其他非重组发酵肉制品。

发酵风干火腿是历史悠久的传统经典高档产品，可说是肉制品中的顶级精华，特别是伊比利亚火腿、帕尔玛火腿等，早已跻身高档消费品行列。因此对其产品特性、加工工艺的研究，以及智能化和标准化控制走在各类肉制品的前列。表3-11是德式发酵风干火腿（含腌腊制品）加工工序及其关键点控制和主要栅栏控制值，以下以其为例对这类产品加工和栅栏控制做一讨论，加工工序包括原料选择、分割整理生肉、腌制发酵（发色、熟成）、修割整型、熏制、贮藏熟成、包装、贮藏和销售。

表3-11 德式发酵风干火腿（含腌腊制品）加工工序及其关键控制点和主要栅栏控制值

加工工序	关键控制点	主要栅栏控制值
原料选择	原料肉	温度-1~2℃的冷鲜肉，猪肉pH=6.0，牛肉pH=5.8
分割整理（生肉）	分割整理间	温度小于12℃，光照强度400~500lx
腌制发酵（发色、熟成）	腌制间	温度小于5℃，避光或光照强度小于60lx
	注射用盐水和调制后盐水	温度0~5℃，pH=6.2~6.5
	腌制间	温度0~5℃，60%~80%相对湿度，避光或光照强度小于60lx

续表

加工工序	关键控制点	主要栅栏控制值
修割整型	加工间	温度小于18℃，光照强度400~500lx
熏制	烟熏室	温度小于18℃，80%相对湿度，避光
发酵风干及熟成	发酵风干室	温度5~12℃，75%相对湿度，避光或光照强度小于60lx
预包装	包装间	温度小于15℃，光照强度300~400lx
	产品	温度5~12℃，A_w=0.94~0.80
贮藏和销售	贮藏间或销售	非包装肉块产品温度10~15℃，光照强度小于600lx；切片预包装产品温度10~12℃，光照强度小于600lx

（一）原料选择

选择用于腌腊肉制品的原料肉应该在肉畜屠宰后迅速冷却胴体，在良好的冷室内的贮藏时间也只能是几天。在大规模加工生产中有时也解冻的冻肉作为原料，具有较低pH的排酸嫩化充分的肉块，特别适于用来加工腌腊制品。

具有白肌肉特征的苍白、多渗、出汁肉可根据畜肉在屠宰后pH的迅速下降予以判定，其pH_1降至5.8甚至更低。白肌肉只能限制用于某些类型的腌腊制品的加工。对于块状较大的腌腊肉制品，以白肌肉为原料可能因不同部位的腌制特性带来不同的腌制色泽，加工后产品出现“彩斑”。但用于加工比火腿小的产品，如德国的两种腌腊制品纳什火腿，又称坚实火腿（nußschinken），还有拉克火腿，又称熏鱼火腿（lachschinken），即用腿肉或腰肉制作的火腿类腌腊风干制品，就不会出现色泽不均的现象。而在高盐腌制下，高盐量的吸收、迅速的干燥导致较高的失重率，是以白肌肉为原料的典型特征，尽管如此，加工产品的风味形成和可贮性的保障确实没有问题。

此外，pH较高的原料肉，如达到6.0甚至更高，不仅会缩短成品的保质期（更容易受到细菌大量增殖的影响），还会降低腌制特性（盐吸收率较低，发色作用减弱），甚至带来产毒菌（如肉毒梭菌生长繁殖的隐患），用黑干肉作为原料加工的火腿就可能如此。因此，pH_{24}高于6.2的具有黑干肉特征的色暗、粘腻的猪肉无论如何都不宜作为腌腊制品的原料，pH超过6.0的牛肉也不应用来加工腌腊制品。腌制前对原料肉的切块和修整可在高至12℃的分割间进行，但操作及滞留时间不超过1h，然后需立即进入腌制工序，或者置于冷藏间待用。

（二）分割整理（生肉）

西式火腿根据产品类型，干腌、湿腌和盐水注射腌制都在采用，无论何种方法，温度都不能超过5℃，较高的温度会促进肉毒梭菌等有害微生物的增殖。较低的温度不会延缓腌制的化学进程从而降低腌制效果，即使有影响也是很微小的。采用湿腌法时肉块和盐水的比例以（2~3）:1为宜，盐水太少就会导致肉蛋白溶出后在盐水中的浓度过高，从而引起不利微生物的生长繁殖，出现盐水轻微发浊；如果盐水过多，有益于腌制的微生物菌群生长可能受阻，肉料溶入盐水中的蛋白质也会过多，对产品腌制效果均不利。在一些经验丰富的企业，往往是新配制的盐水中有10%~20%以老盐水替代，经过上次腌制过的肉的盐水对提高腌制效果有益，前提条件是老盐水应符合卫生标准，且其含盐量等需标准化调控。值得注意的是，要尽可能减少腌制时一定量的肉蛋白溶入盐水引起的肉蛋白含量的降低，并调控最佳的 pH 和氧化还原电位，以利于腌制盐水中添加的老盐水带来的有益微生物的生长，以及良好腌制色泽和腌制风味的形成。

西式腌腊肉制品中采用的盐水注射腌制，可使腌制盐与腌制助剂（亚硝酸钠、硝酸钠）均匀而恰到好处地分布在肉块中，尤其是在一些牛肉块和分割猪肉块制作的小块状腌腊制品中广为应用，该腌制法可较好地调控腌制进程，且大大缩短腌制时间。滚揉、真空、离心等技术也在一些企业得到应用，这些辅助方法可促进腌制盐成分均匀、快速地分布于肉块的所有区域，但其效果可能是缩短加工时间带来的成本的下降，对产品风味和质构等是否有益尚值得磋商，这要根据不同的产品而论。

在湿腌制法中，肉块浸泡与盐水中，腌制间的相对湿度与腌制特性和腌制效果关系不大。但干腌以及湿腌后离开盐水后的堆叠阶段，腌制间保持相对较低的相对湿度（60%~85%）有利于腌制风味的形成，通过盐渍使肉块中的水分渗出，A_W值下降有益于微生物稳定性和产品的可贮性。腌制间也应尽可能避光，以确保尽早抑制可能出现的脂肪氧化。

（三）修割整型、熏制与发酵风干及熟成

肉块腌制后及风干进程中要进行修割，修割间的温度可在 18℃以下。这类产品的生产要点是使肉中的水分逐渐从肉中散出，应避免由于切割间的相对湿度过高而导致的肉表水蒸气冷凝。光照强度要满足良好的修割操作，尽可能不要太强烈。

一些风味浓郁的腌腊肉制品需要烟熏，西式腌腊肉的烟熏温度均不高于 18℃，超过此温度均可能导致脂肪的不利变化，即使是轻微的脂肪融化，也会对产品品质带来不利影响，尤其是带骨火腿等酸败的出现而导致保质期的缩短。熏制阶段的相对湿度控制以不高于 80%为宜，否则因为熏烟在肉块表面过快和过于强烈的附着可能导致水分溢出受阻。而过低的相对湿度有可能使产品出现表面干燥过度造成干边等现象。

烟熏后的肉块在室内挂晾继续发酵风干，这时肉块的温度应降低至 5~10℃，在此较低温度下，不仅有利于产品的可贮性，对肉块质构结实性的形成也有利。对于需长期贮存的腌腊肉制品，继续挂晾时风干间的温度为 8~12℃，相对湿度以 75%左右为宜。

在西式发酵干火腿加工中，有的产品采用微生物发酵剂以标准化控制或缩短发酵进程，改善火腿的口感、风味，延长保质期。常用的菌种包括 *Lactobacillus* spp.（乳酸菌属）、*Staphylococcus* spp.（葡萄球菌属）、*Pediococcus* spp.（小球菌属），以及某些霉菌、酵母菌等，有单一菌或复合菌，一般会在腌制阶段和其他调味料一起添加到腌制的猪腿肉中。

加入微生物发酵剂的方法可能会因生产者和地区的不同而有所变化。一种常见的做法是将发酵剂混合在腌制液中，然后将腌制液加入到猪腿肉中。这样可以确保微生物均匀分布在猪肉中，并开始对食材进行发酵。具体的加工工艺和使用的菌种可能根据不同的生产者和地区略有差异。不同的微生物发酵剂和加工工艺也会对最终的火腿风味产生不同的影响。

（四）预包装、贮藏和销售

包装间须处于较低温度，还应避免产品的表面出现水蒸气冷凝，但这类产品的温度一般都比低温肉制品高，至少约 10℃，产品上的水蒸气冷凝通常不会发生。光照强度仍然要便

于操作，但不宜太强烈。

产品的切片、预包装和贮藏出售时的温度都不应过低，否则可能会导致产品色泽的淡化和风味的衰减。当然过高温度可能引起不利于产品质量的理化或微生物变化（如脂肪析出、表面黏腻、长霉等），此阶段较佳的温度是 8~12℃。对于非包装出售产品，温度可稍高至15℃。冷藏间、销售柜的光照强度以满足展示产品属性为宜，但为了防止肥肉脂肪的氧化，在贮藏及非展示时应尽可能避光。

此外，还有中式发酵火腿及其他腌腊制品，以及腊肉、腊肠、板鸭、风干牛肉、风鸡等。发酵火腿主要栅栏值的控制原则上可参考西式产品，但因众多的产品类型其加工调控也就复杂得多。如对于金华火腿、宣威火腿等产品，工艺程序较为复杂，干腌法的覆盐就分多种方式，上盐、洗腿和修整等操作也相当考究。在传统自然环境条件下的加工，腌制季节的温度变化幅度在 0~10℃，在发酵后期（夏季）甚至达到 35℃以上。而较佳的是腌制阶段温度为 5~10℃，相对湿度为 75%~85%，发酵阶段温度为 15~20℃，昼夜温差较大有利于火腿发酵熟成，整个加工期在 8~10 个月，有的后发酵和贮藏均在一年以上。近年来，传统中式火腿的加工也面临挑战，可通过更严格的温度、湿度和气流调控，以及尽可能的低温发酵和熟成来解决传统火腿高盐、易酸败问题，现代自控发酵装置的使用备受关注。

中式香肠的工艺特性和可贮性与西式发酵肠极为接近，但其风味主要取决于肉料中存在的内源酶对肉蛋白质和脂肪的降解与氧化，而发酵香肠更多的是基于微生物发酵对肉蛋白和脂肪的分解。对自然风干的传统中式香肠，缓慢风干脱水、低温控制是关键，温度与相对湿度的调控可借鉴西式发酵肠的标准控制值。对于烘烤干燥的产品类型，为保证产品的微生物稳定性和卫生安全性，香肠进入干燥间后，香肠的 A_W 值应在 12h 内降到 0.92，在 36h 内应降到 0.90 以下，可在 50~60℃温度和 60%~65%的相对湿度下干燥 36h 左右，如果辅以轻微烟熏更好。脱水后需在 20℃温度和 75%相对湿度下挂晾熟成大约 3d，使 A_W 值降到 0.80，这时失重率达到 50%左右，此后真空包装贮藏，包装后室温下存放至少 14d，香肠才形成特有的浓郁香味。在中式香肠的生产实践中，一些特色风味产品往往采用风干与烘烤干燥相结合的方法，即肠馅灌装后，先在较低温度下自然风干 3~4d，再通过烘烤干燥快速脱水，该工艺制作的产品较直接烘烤的产品，风味上显著更优，尤其是味重的川式腊肠类型，风吹与烘烤干燥的结合有助于提升产品浓郁的腌腊风味。

对于其他腌腊制品，如腊肉、板鸭等，因不同产品而异，但基本的原料要求、腌制方法、温度和湿度的控制是相似的，建议的加工控制要点：最好以冷鲜肉为原料，初始菌量低，尽可能防止金黄色葡萄球菌等的污染；辅料脱菌处理，香辛料可采用萃取法制成腌制液，加入的腌制剂及其余辅料灭菌、冷却后使用，腌制液食盐浓度 5.5%~6.0%，腌制温度以 4~8℃为宜；低温风干产品温度以不高于 15℃，烘烤干燥温度约 60℃至肉料 $A_W<0.90$，然后入无菌室挂晾 2~3d，进一步熟成；成品 $A_W<0.88$，食盐用量 4.2%~4.5%，$pH=5.9\sim6.1$；产品真空包装并避光贮存，贮藏间温度小于 20℃。

第五节 罐头肉制品加工

一、 罐头肉制品及其特性

罐头肉制品是指原料肉经过预处理、烹调（或不烹调）、装罐（包括马口铁罐、玻璃罐、高阻隔复合材料、套管肠衣等）、密封、杀菌、冷却或无菌包装制成的肉制品。按照我国对罐头食品的定义，这类产品都经过高温杀菌达到商业无菌，具有出色的微生物稳定性，常温下能长期存放。金属罐、玻璃罐（瓶）生产的畜肉类、家禽类、鱼类罐头保质期不短于24个月，虾、蟹、贝类制品罐头保质期不短于12个月，高阻隔复合材料（包括铝塑复合袋、塑料复合袋、纸塑铝复合容器、塑料杯、塑料瓶等）生产的各类软罐头保质期不短于12个月。

罐头肉制品的防腐保质，是通过热处理尽可能杀灭存在的所有微生物，并通过足够紧密的密封防止产品受到微生物的再污染。而在欧洲，对该类产品的定义有所不同，原料肉调制后灌入密闭容器中，经不同程度的热加工处理而成的都可称为罐头制品。总体要求是安全、高品质和易贮藏，不一定都是商业无菌，有的也需冷链贮藏流通。在第二章已对德国乃至欧洲被定义为罐头制品的产品做了简介（表2-16），根据杀菌温度分为6种类型：半杀菌罐头（HK）、蒸煮杀菌罐头（KK）、四分之三高温杀菌罐头（DK）、全高温杀菌罐头（VK）、超高温杀菌罐头（TK），以及货架稳定产品（SSP），有关半杀菌罐头和货架稳定产品的杀菌，机理上属于软罐头杀菌。表3-12是这些产品及其加工控制和产品特性，根据不同的产品类型设置不同的杀菌温度以使其达到所需的杀灭不利微生物的 F 值，并据此将罐头肉制品分为6大类，包括热加工至中心温度68~75℃的低温罐头，热加工 F_C 值至0.4（大约为热加工至中心温度110℃后保温10min）的中温罐头，热加工 F_C 值4.0~5.5（大约为热加工至中心温度121℃后保温50min）的高温罐头，以及热加工 F_C 值12~15的超高温罐头产品等，其中将货架稳定产品也归入罐头肉制品范畴，因为其特征也符合欧洲的罐头食品的定义。

表3-12 罐头肉制品及其加工控制和产品特性

肉制品定义	可贮性	栅栏控制值	对微生物的作用
半杀菌罐头（HK）	5℃可保存6个月的罐头	中心温度达到68~75℃	可抑制非芽孢杆菌
蒸煮杀菌罐头（KK）	10℃可保存12个月的罐头	F_C = 0.4	可抑制非芽孢菌及嗜冷芽孢菌
四分之三高温杀菌罐头（DK）	10℃（15℃）可保存12个月的罐头	F_C =0.6~0.8	可抑制非芽孢菌、嗜冷芽孢菌及嗜温杆菌
全高温杀菌罐头（VK）	25℃可保存4年的罐头	F_C =4.0~5.5	可抑制非芽孢菌、嗜冷芽孢菌及嗜温杆菌，以及嗜温梭状芽孢杆菌

续表

肉制品定义	可贮性	栅栏控制值	对微生物的作用
超高温杀菌罐头（TK）	40℃可保存12个月的超高温罐头	$F_C=12\sim15$	可抑制非芽孢菌、嗜冷芽孢菌、嗜温杆菌、嗜温梭状芽孢杆菌，以及嗜热芽孢菌
货架稳定产品（SSP）	25℃以下可保存12个月的软罐头	除巴氏杀菌外，并辅以适当降低 A_W、pH 和 Eh，以及 Pres.（添加亚硝等）的多个栅栏的联合防腐保质	可抑制非芽孢杆菌和残存的所有芽孢菌

从微生物学的角度分析，罐头肉制品最好是通过热加工将微生物全部杀灭。然而对于有的产品，过高的温度往往会导致产品感官和营养特性的下降，因此根据产品特性的不同可以采用相对较低强度的温度栅栏处理以保持产品特有的感官、风味和营养，对此，安全性和质量之间的平衡极为重要。为了保持稳定性（防止变质）和安全性（防止食物中毒），因此需通过附加其他栅栏，如冷链贮藏流通的大栅栏，适当降低 A_W 栅栏、pH 栅栏、Eh 栅栏，或辅以添加亚硝酸盐等的 Pres. 栅栏等予以弥补，有的产品则缩短贮存时间以降低风险。当然这类产品的保质期不仅仅取决于微生物，还受到肉料非生物的化学、物理等降解的限制。表3-12 也列出了各类产品相应的可贮性、栅栏控制值和对微生物的作用。

（一）半杀菌罐头

半杀菌罐头（HK）产品，是指调制的肉料灌入密封容器（包括肠衣等），热加工至中心温度 68~75℃的产品类型。按照此定义，以密封性极佳的人工肠衣灌装制作的蒸煮香肠也可归为此类，因为其热加工中心温度达到 72~75℃，此类产品可在冷链（<5℃）下贮存至少 6 周。经典的半杀菌罐头肉制品是罐装或铝箔袋装的熟火腿，由于该产品不利于热渗透，且具有极高的热敏感性，因此只能对其进行温和热处理。通常熟火腿在最高 75℃的温度下加热，中心温度至少应达到 68℃，这种热效应使大多非芽孢菌得到有效抑制，而粪链球菌和粪链球菌（肠球菌）等往往无法确保完全杀灭，芽孢杆菌属和梭状芽孢杆菌属的芽孢大多未受损，在产品贮存期间会导致酸化和腐败，在加工卫生条件差或冷链不充分时更是如此。因此，此类产品必须冷藏，且保质期有限。在 5℃下贮藏可保证葡萄球菌和芽孢菌得到有效抑制，保质期可达 6 个月，在 10℃下则只有 3 个月。如果将热处理时火腿的中心温度提高至 72~75℃，有助于保质期的延长，但可能导致较多的肉汁析出，在表面形成胶冻，因此在实际生产中很少采用。在熟火腿热加工中可使用称为增量 T 烹饪法（Delta-T cooking）的热杀菌方法，即在升温温度始终高于杀菌物的中心温度并使加热温度与达到的中心温度平行上升，这样就可以产生较大的热效应，从而提高产品的质量和可贮性。罐装香肠以前也被归为半杀菌罐头产品，而热加工技术进展已可以将其制作为长期可贮的罐头，罐内香肠浸泡在淡盐水中，这使得加热过程得以优化。如果不用高压锅，罐装香肠就可在 100℃保温 15~20min，得到半保藏罐头香肠，前提条件是香肠在罐内填充不太紧，以便淡盐水可在香肠之间很好地循环，从而形成热对流。

（二）蒸煮杀菌罐头

在作坊式肉制品加工中，采用夹层锅等蒸煮设备，对填充于密闭容器中的香肠进行煮制以防腐的“香肠罐头”仍然比较常见，产品可以是乳化肠、血肠或肝肠，密闭容器可为套管肠衣、玻璃罐或金属罐。灌装后在开敞式蒸煮锅中用沸水煮制，因而称为“蒸煮杀菌罐头”（KK），根据海拔和气压水平，温度达到97~99℃，时间至少为2h，F_C 值超过0.4，可使营养体微生物和耐冷芽孢菌，以及非蛋白水解型肉毒梭菌灭活，中温芽孢菌和蛋白水解型肉毒梭菌的株仍然残存。这是一种低成本罐头的生产方式，产品的贮运流通需在10℃以下，尤其是罐装血香肠，细菌芽孢通过全血、血浆、乳蛋白、天然香料等进入肉料中，pH较高且未添加亚硝酸盐，安全风险比罐装肝香肠和乳化香肠更高。为此，可采用二次热加工法，即在初始加热期间，中心温度在95℃至少保持45min，然后将产品在20~25℃下贮存1d，再经第二次加热处理，至中心温度80℃后保持15min。这种二次热加工法可显著提高蒸煮杀菌罐头产品的微生物稳定性，非制冷贮藏也几乎没有安全风险。如果仍然采用一次性热加工杀菌，蒸煮杀菌罐头产品的贮藏温度必须低于10℃，只有采用高于100℃的高温杀菌才能确保在高于10℃下的微生物稳定性和安全可贮性。

（三）四分之三高温杀菌罐头

四分之三高温杀菌罐头（DK），顾名思义，是介于半杀菌罐头和全高温杀菌罐头之间的产品，符合德国等对罐头制品定义，杀菌至 F_C 值达到0.6~0.8的产品，相当于高温可达到常温可贮罐头3/4的杀菌程度。在欧洲，这类罐装食品上市较久，而且数量很大，主要是热敏性食品，如煮香肠、肝香肠、血香肠、酸奶等。这类产品在108~115℃的高压釜中热加工 F_C 值至0.6~0.8，可消除芽孢杆菌属的营养体微生物和中温细菌种类的芽孢，但不能杀灭芽孢杆菌属的芽孢。在此杀菌条件下源于原料中的大量梭菌芽孢的蛋白水解菌株，尽管不会经常出现肉毒梭菌，但在这种加热的肉制品中，尤其是在较高pH和 A_W 值，以及添加较低量亚硝酸盐的情况下，可能导致残存梭菌的生长繁殖。产品在较高温度下贮藏安全风险较大，有必要在10℃以下冷藏，最高不超过15℃，保质期可达12个月。

四分之三高温杀菌罐头产品之所以采用108~115℃的杀菌温度，是因为温度过高对产品感官品质造成的不良影响，其中肝香肠对此最为敏感，过高温度导致产品有焦煳味，因此其热加工温度不能超过110~112℃。乳化型蒸煮香肠罐头适宜的热加工温度主要受油水结合力以及质构的影响，保水性好、质构佳的产品杀菌温度可高至115℃，油水结合差时温度过高产品会出现苦味。血肠类罐头则取决于血液的新鲜度，如果原材料新鲜优质，高压釜温度同样可高达115℃，且不会使血液色泽褐变。对于啫喱肠（肉冻肠）类罐头，肉皮制作的肉冻有时保持热稳定性较难，而使用明胶调制肉冻则可获得较佳的热稳定性，热加工温度也可达到115℃。总而言之，所有四分之三高温杀菌罐头制品的高温杀菌 F_C 值都可达到0.6~0.8。

对于乳化型蒸煮肠、肝香肠、血香肠和啫喱肠（肉冻肠）等罐头制品，生产四分之三高温杀菌罐头产品的热值可通过高压杀菌釜中心温度准确测定，实现微生物的有效、可靠抑制。但对于99/63规格，内容物为400g的产品，采用双层循环式杀菌不能保证其可靠性，立式的连续高压灭菌加热效率更高，尤其是对啫喱香肠等产品的杀菌效果更好（表3-13）。而同样是99/63规格的扁平状产品，在较短的保温时间即可达到有效的杀菌效果。在高压杀菌釜中采用110℃杀菌 F_C 值达到0.6的时间，在乳化型蒸煮肠、肝香肠、血香肠和啫喱肠罐头分别为45min、47min、55min和25min。要实现更长的保质期，罐头制品的杀菌必须采用全高温杀菌罐头的工艺。对于一些特型产品（如军需产品），也可通过特有的多因子辅佐的栅栏技术，即使采用四分之三高温杀菌罐头的杀菌温度，也可达到全高温杀菌罐头的保质期，而且其鲜味感官特性同样能得到保持。这些工艺措施包括选用优质新鲜原材料、优化配方、小规格罐型及较少内容物和扁平罐灌装、快速加热和排空等，以弥补温度栅栏强度的不足。

表 3-13 四分之三高温杀菌罐头 110℃杀菌达到的温度、F_C 值和热处理时间

罐头规格 99/33		蒸煮香肠	肝香肠	血香肠	啫喱香肠
双层循环杀菌锅	冷却开始时温度/℃	105	105	104	109
	F_C 值	0.6	0.6	0.6	0.7
	热处理时间/min	86	87	107	39
立式杀菌锅	冷却开始时温度℃	104	104	104	108
	F_C 值	0.6	0.6	0.6	0.7
	热处理时间/min	87	93	108	46

（四）全高温杀菌罐头

全高温杀菌罐头（VK），是指在高压釜内采用 117～130℃杀菌，F_C 值达到 4.0～5.5，不仅杀灭了芽孢杆菌和梭菌中嗜温菌的芽孢，而且对食品链最为危险的肉毒梭菌的所有菌株也会被杀灭，F_C 值为 4.0 时就可将肉毒梭菌杀灭。在一些全高温杀菌罐头产品中，芽孢杆菌属和梭菌属的嗜热细菌的芽孢仍可能残存，在 40～70℃下仍具有生长势能。因此这类产品热加工后应迅速冷却，贮藏温度不应高于 40℃，以免因耐高温芽孢菌繁殖而变质。对于灌装容器密封性不佳的产品，营养体细菌可在杀菌后的冷却阶段进入罐内，对此风险需通过对罐材的严格检测予以防范。全高温杀菌罐头类产品在 25℃可保存 4 年之久，如果在此期间发生腐败，也不是细菌性的，而是由内容物的物理或化学降解所致。

由于现代技术的应用以及配方与工艺的优化，许多肉制品已能够制作为品质佳、风味好、营养价值高的全高温杀菌罐头产品。表 3-14 列出了采用 99/63 规格生产的系列肉罐头热加工温度和时间，其所需的加热时间在很大程度上取决于罐内内容物（如配方成分和稠度质构等），表中所列出的参数源于实际生产实践中。值得注意的是，这类罐头制品的杀菌时间可受到不同原料、不同产品及不同灌装规格的影响，甚至同一个产品采用卧式或立式杀菌釜的杀菌效果也不同。

表 3-14 99/63 规格肉罐头热加工温度和时间

罐头规格 99/63（加热温度）		牛肉（120℃）	猪肉（120℃）	咸牛肉（120℃）	炖牛肉（120℃）	炖牛肉（130℃）	小香肠（125℃）
双层循环杀菌锅	冷却开始时温度/℃	118	116	117	117	116	120
	F_C 值	4.2	4.2	4.4	4.4	4.2	4.3
	热处理时间/min	41	71	35	33	21	9

续表

罐头规格99/63（加热温度）		牛肉（120℃）	猪肉（120℃）	咸牛肉（120℃）	炖牛肉（120℃）	炖牛肉（130℃）	小香肠（125℃）
立式杀菌锅	冷却开始时温度/℃	116	115	114	116	115	121
	F_C 值	4.1	4.1	4.1	4.1	4.0	4.2
	热处理时间/min	64	82	68	54	46	11

罐头规格99/63（加热温度）		牛肉汤（120℃）	牛肉汤（130℃）	牛尾汤（120℃）	牛尾汤（130℃）	香葱奶油汤（120℃）	香葱奶油汤（130℃）
双层循环杀菌锅	冷却开始时温度/℃	120	126	118	119	117	115
	F_C 值	5.5	5.7	4.7	4.9	4.7	4.8
	热处理时间/min	10	3	27	16	45	36
立式杀菌锅	冷却开始时温度/℃	104	104	104	108	114	114
	F_C 值	5.1	5.5	4.0	4.5	4.4	4.8
	热处理时间/min	87	93	108	46	81	62

罐头规格99/63（加热温度）		五花肉烧菜豆（120℃）	五花肉烧菜豆（130℃）	猪肉烧豌豆（120℃）	猪肉烧豌豆（130℃）	牛肉米饭（120℃）	牛肉米饭（130℃）
双层循环杀菌锅	冷却开始时温度/℃	118	118	117	120	118	120
	F_C 值	4.6	4.0	4.7	4.6	4.9	4.3
	热处理时间/min	29	18	25	15	16	9
立式杀菌锅	冷却开始时温度/℃	117	117	116	117	116	118
	F_C 值	4.1	3.9	4.7	3.7	4.4	3.8
	热处理时间/min	34	23	50	30	35	21

罐头规格99/63（加热温度）		蒸煮香肠（120℃）	肝香肠（120℃）	血香肠（120℃）	咘喱肠（120℃）
双层循环杀菌锅	冷却开始时温度/℃	113	114	115	118
	F_C 值	4.1	4.0	4.0	4.7
	热处理时间/min	80	87	99	29
立式杀菌锅	冷却开始时温度℃	113	114	115	117
	F_C 值	4.1	4.0	4.0	4.5
	热处理时间/min	80	91	99	33

对于全高温杀菌罐头肉制品，由于不同的肉料和罐型的热传导的差异，所达到的 F_C 值有所不同（表3-14所反映出的差异），但高于4.0是必须条件。例如采用循环式杀菌釜在

120℃下对古拉牛肉汤进行杀菌，所需时间是33min，而血香肠在同样条件下达到同样效果在需99min。因此，根据不同产品选择合适的杀菌公式尤为重要。对于大多数肉类罐头来说，尤其是腌牛肉、炖牛肉、汤汁牛肉、肉类预制菜肴，采用循环式杀菌具有更佳的杀菌效果和产品质量，以及较低的经济成本。罐内容物和罐型是两个重要因素，扁平、狭窄、修长的罐头杀菌效果更佳。

表3-14还可反映出，蒸煮香肠罐头，如腊肠、午餐肉、肝香肠和血香肠等制作的罐头类产品，均需要较长的加热时间，其内容物肉料的热传导性不佳。此外要特别关注过长保温时间对产品感官质量的不良影响，尤其是对温度特别敏感的肝香肠。因而此类产品更适宜采用四分之三高温杀菌罐头的工艺，选用99/33罐型，在117℃保温40~50min，对保持产品风味和品质更好。而啫喱肠因其添加明胶制作的肠馅而具有良好的热稳定性，特别是使用琼脂作为胶凝增稠剂，在很大程度上可以弥补对温度敏感的缺陷。

需要注意的是，肥育期较长的牛肉需在120~130℃烹饪40min，才能软熟可口。而在同样条件下，小牛肉只需20min即可充分煮熟。如果罐型选择恰当，可能更快达到所需的杀菌F值。

全高温杀菌罐头产品在非制冷常温下，如在不高于40℃条件下保质期可达4年。然而，在贮藏过程中，随着贮藏时间的延长，或多或少会发生风味衰减，如颜色、稠度和多汁性变差等，肉料成分的物理化学降解会越来越严重，最终导致非微生物引起的腐败。在充分加热达到微生物稳定性时，罐头内容物的酶的作用成为影响产品保质的重要因素，而这又取决于原料特性、杀菌方法（热变性强度）、添加的稳定性食品添加剂（如异抗坏血酸），以及贮藏温度和时间等。此外，如果原料带菌量较高，加工调制时间过长，产品在加工后不久就可能出现风味和感官品质的劣化。紧随其后的贮藏温度如果较高，则其4年的保质期可能缩短至2年。反之，如果是优质的原料、紧凑的加工和较低的贮藏温度，即使保存至第4年，其风味品质也有可能保持基本完好，其显著的品质劣化甚至可能在贮藏6年以上才出现，而产品中硝酸盐等食品稳定剂的添加，以及调制和灌装良好的真空脱氧，均有助于维持产品的贮藏稳定性。

（五）超高温杀菌罐头

称为超高温杀菌罐头（TK）的罐头肉制品，其杀菌F_C值达到12~15，其保存已经不受温度的影响，即使在高于40℃的条件下也可安全贮藏1年以上，而长期贮藏过程中，非微生物的理化降解成为影响其保质的因素。欧洲加工这类超高温杀菌罐头产品，主要是出口到热带地区。而随着现代技术的发展，如短时高温技术、循环或闪蒸杀菌、合适的罐型选择、灌装前的热烹制等的结合与优化，已经使加工出高温下产期可贮，又能较好地保持产品品质成为可能。杀菌釜的温度达到130℃以上，罐头内容物的中心温度迅速升到120℃以上，就比上面的全高温杀菌罐头更快地达到所需的F_C值。实际上对于一些产品，如炖牛肉、汤汁牛肉、预制菜肴罐头、清汤牛肉和猪肉、腌牛肉，甚至罐装香肠等罐头制品，在采用全高温杀菌罐头工艺时，如果将杀菌时间延长5~10min，就可能成为可贮性更强的超高温杀菌罐头制品。

（六）货架稳定产品

货架稳定产品（SSP）在上一章的栅栏技术中已经做了介绍，这类产品的特点是在70~

110℃的温和热处理，产品A_W值在0.9以上，产品在加热后要杜绝再次受到污染，芽孢杆菌和梭状芽孢杆菌在其中仍然能够残留，其非制冷可贮性是通过A_W、pH和Eh等栅栏的交互作用予以实现。货架稳定产品最大的优点：一是相对温和的热处理保证的产品良好的感官和营养特性；二是无须冷链即可贮运流通，从而简化了产品的配送，并在贮存过程中节约了能源。具有代表性的类型在上一章节已概述，以下针对F-SSP、A_W-SSP和pH-SSP进行分析。

1. *F*-SSP

该类产品的可贮性是基于温和热处理的F栅栏予以保障的，典型产品包括辅以高压杀菌技术加工的蒸煮香肠、肝香肠和血香肠，在超市很受热卖。F-SSP每节香肠的质量为100~150g，罐装于耐高温蒸煮的人工肠衣中，温度103~108℃以0.18~0.2MPa压力杀菌20~40min，在0.2~0.22MPa压力下反压冷却。保证其品质和微生物稳定性的关键点如下。

（1）杀菌前的肉料和肉馅中的活菌芽孢数量应尽可能低，以便此后的F栅栏能对其有效抑制。

（2）温和杀菌至F_C值高于0.4，至少使细菌芽孢的亚致死。

（3）肉馅A_W值调控在低于0.97（蒸煮香肠）或0.96（血香肠、肝香肠），以使残存的芽孢菌得到抑制。对于蒸煮香肠，因添加有亚硝酸钠，其A_W可稍高于未添加的血香肠、肝香肠。

（4）罐内肉料的Eh（氧残留）应较低，在肉料调制加工及灌装应用真空技术，罐装容器高阻隔非透气性，表面不滋生霉菌，如聚偏二氯乙烯（Polyvinglidene chloride，PVDC）人工套管肠衣。

（5）血肠类产品的pH应调节至小于6.5。

（6）尽可能采用人工套管肠衣罐装，如果是金属罐，则不得在顶端留有空顶，否则易导致氧气残留。

2. A_W-SSP

意大利的摩塔拉香肠（mortadella）和德国布里道香肠（brüdauerwurst）是典型的A_W-SSP肉制品，以降低的A_W作为主要的防腐保质栅栏，该类型的传统肉制品多年来在欧洲市场被消费者所熟知和喜爱。意大利摩塔拉香肠的A_W通过较低的乳化度、较高量的食盐、乳粉，以及热加工中的干燥脱水等予以调节。而德国布里道香肠以及同类型的蒂罗尔香肠（tiroler）、卡巴诺西香肠（kabanossi）、哥廷根香肠（göttingen）等，都是通过对蒸煮加工后的产品进行干燥脱水获得所需的较低的A_W。过去这两类产品都是凭借经验式加工生产，对市场产品的抽样检测结果，其A_W值均低于0.95，具备非制冷可贮的基本条件。保证其优质可贮和质量安全的关键点如下。

（1）热加工至中心温度大于95℃，以便有效抑制非芽孢杆菌。

（2）罐装于密封性较佳的容器（如高阻隔性人工肠衣）中再热加工，防止热加工后的再污染。

（3）A_W值应调节至小于0.95，因为该类产品的杀菌不足以有效抑制芽孢杆菌，对于A_W的调节也就比F-SSP更为重要。

（4）罐内肉料的Eh（氧残留）应较低，以抑制对A_W耐受性较高的杆菌的生长。

（5）如果采用天然肠衣等容易滋生霉菌的容器灌装，则应进行适当的烟熏，或表面用安全的食品防腐剂处理。其中，真空预包装可达到较好的防霉效果。

3. pH-SSP

对于一些酸性水果或蔬菜罐头，pH 可低于 4.5，在此条件下即使轻度的热处理也能保证产品良好的微生物稳定性和安全可贮性，在这些产品中，营养细胞因高温而失活，存活的芽孢因较低的 pH 而受到抑制。鉴于大多肉制品的感官特性限制无法达到如此低的 pH，但适度的降低 pH 也会对肉制品中的微生物产生一定的抑制作用。对一些特型产品，也可通过调节 pH 实现微生物稳定性，这种产品被称为 pH-SSP，如德国啫喱肠（sülzwurst）和荷兰猎肠（gelderse rookwurst）。

德国啫喱肠的可贮性通过添加食用醋酸将 pH 调节至 5.0 来实现，如果包装后产品再通过巴氏杀菌并避免再污染，则可达到非制冷可贮标准。荷兰猎肠是一种鸡肉肠，通过添加 0.5%葡萄糖酸-δ-内酯将肉馅 pH 降至 5.4~5.6，真空包装后 80℃巴氏处理 1h，产品在不制冷的情况下可安全贮藏数周。荷兰猎肠在荷兰大量生产并出口到欧洲各国，产品的安全性很重要，产品加工中保证其安全可贮性的关键点如下。

（1）添加 0.5%葡萄糖酸-δ-内酯将肉馅 pH 降至 5.4~5.6，以有效抑制梭菌和杆菌的生长，只容许少量芽孢菌的残留。

（2）产品真空包装后 80℃巴氏杀菌 1h，有效抑制内面和表面的植物性细菌，但需保证巴氏杀菌后不发生再污染。

（3）微生物稳定性可通过 pH 之外的 A_W 等栅栏予以加强，而且可在 pH 的调节上减少强度，不至于产品过酸，对改善产品的感官质量有利。

因此，与 A_W-SSP 和 F-SSP 相比，pH-SSP 需要更少的热处理强度就可以达到较佳的微生物灭活。与营养细胞繁殖所需的条件相比，细菌和梭状芽孢杆菌的芽孢需在较低的 A_W 和 pH 下萌发，这在实际生产中具重要意义。SSP 在贮藏期间细菌芽孢数量减少，因此相应的营养也减少，导致细胞无法繁殖，从而走向死亡。对于达到可贮性的 SSP，它们的微生物稳定性甚至可在贮存期间增加。因此，从微生物学角度来看，SSP 在 25℃以下 1 年的保质期是可行的（表 3-12），但从感官品质的角度来看，贮存期还是稍短为好。

二、罐头肉制品的热加工杀菌技术

在罐头肉制品的加工中，所采用的技术不仅要生产出具有微生物稳定性的安全可贮产品，也要确保其良好的感官特性。影响其总体食用品质的因素涉及热传导、肉料斩拌绞切度、罐型、杀菌设备、短时高温杀菌工艺、最佳杀菌温度范围、压力条件等。

（一）热传导

在相同的热作用条件下，不同类型的肉罐头的味道和质构会有所差异。因为不同产品对热的敏感度有差异，所以不能对所有产品采用相同的加热方法。作为一种高质量的蛋白质载体，肉类总体上是一种热敏感食品，而肌肉，尤其是脂肪组织也是不良的导热体。从罐壁到整管内部的热传递受固体颗粒缓慢传热（传导加热）或流动性快速循环（对流加热）的影响。在大多数情况下，这两种传热形式的组合都是可用的，热辐射的传播不那么重要。如果产品中含有大量的液体成分，如带汤汁的肉类菜肴，以及盐水浸泡的小香肠罐头；在加热过程中产生大量液体，如肝香肠中脂肪的液化、肉汁的渗出，固相成分之间就会形成流动性的液相通道。然后通过对流，导致容器冷点处的温度迅速升高。如果肉料是固相，如蒸煮火腿和意大利肉面等，在60~65℃热加工时很快凝聚为一体。又如蒸煮香肠和血香肠，在这种固体物质中，热量的传递只能主要通过从小颗粒肉之间的直接传导来实现，这就需要相对较长的时间才能达到所需的中心温度，这种关系是选择合理加热方法的重要依据之一。

（二）肉料斩拌绞切度

固体肉料的细度对传热有显著影响。就肉类（肌肉组织）而言，当颗粒黏聚在一起并成为紧密的固相物时，罐头中的热传递将减慢。此外，在有脂肪组织的情况下，渐进式绞切可以改善传热，因为会产生更多的液体脂肪，通过循环（对流）传导热量。由于各类肉罐头和香肠罐头是差异较大的肉类和脂肪混合物，斩拌绞切度也同样不同，因此热传导变化也很大，只能通过各自产品中的热电测量来精确确定。这也解释了为什么在达到相同杀伤力值时，需确定最佳加热过程和高度波动加热时间的 F 值。

（三）罐型

获得安全稳定产品的温度效应不仅取决于填充材料的性质（热传导、斩拌绞切细度），而且在很大程度上还受罐型的影响。在相同的 F 值下，利于热传导的罐型能大大缩短加热时间，从而显著提高产品的价值。尤其是对热敏性罐头产品，如半杀菌罐头、蒸煮杀菌罐头以及四分之三高温杀菌罐头，选择合适的罐型极为重要。表3-15是同为200g规格的不同类型的肉罐头，在采用73/58和99/33两种不同罐型时，热加工至 F_C 值为4.0所需的时间。在所列举的5种产品中，采用99/33罐型可节省40%左右的时间。

表3-15 200g肉罐头不同罐型达到相同 F 值（$F_C=4.0$）的热加工时间

罐头产品/(200g/罐)	热加工时间/min		缩短时间/%
	73/58罐型	99/33罐型	
咸牛肉	62	38	39
汤汁牛肉	70	45	36
汤汁猪肉	81	51	37
猎肠（Jagdwurst）	78	47	40
肝香肠	85	52	39

（四）杀菌设备

表3-12所列的半杀菌罐头和蒸煮杀菌罐头，是将肉罐头置于非密闭的蒸煮锅中，利用蒸汽加热锅中的水，采用水浴方式进行杀菌。杀菌温度为75~100℃，压力不会超过大气压，因此无法补偿密闭容器（罐装）中从外部产生的内部压力。而四分之三高温杀菌罐头、全高温杀菌罐头和超高温杀菌罐头的热加工杀菌温度均高于100℃，这就需要高压杀菌设备。最初的高压杀菌锅就是一个简单的带加压的加热容器，以便在高于大气压时产生高于100℃的温度，可到达的温度取决于压力，如达到120℃的压力大约为0.2MPa。而现代高压杀菌设备，此后进一步的旋转式杀菌器，已具备了智能温度和压力调控，包括冷高压和冷却反压等，在整个加热和冷却过程中，通过提供水蒸气或压缩空气，可以产生额外的压力。

罐头食品可以在上述所有加热系统中生产，而有利于产品保持较高品质的杀菌技术和设备在不断发展，高性能循环式杀菌釜在企业投入运行，可根据不同的产品质量特性选择相适应的热加工技术参数。采用此技术时杀菌容器及其被杀菌的肉罐头可在旋转状态或移动状态下高温杀菌。该技术的应用还为既保持充分的杀菌效果，又缩短杀菌时间，从而提升产品品质的实现提供了可能性。而移动式杀菌只有在有液体肉汁的肉罐头（如小香罐头、烤肠罐头），或者热加工杀菌可产生肉汁的产品（如肝香肠），才能达到极佳的效果。在过机械运动时，通过肉罐头中顶空运动的气泡作用，整个肉罐头内容物持续混合，热点和冷点迅速交换，热量可迅速渗透到中心。该工艺的优点是，高温对罐头内容物肉料的持续作用时间更短，而且由于连续混合和冷热持续交换，不会有某一局部肉料在边缘高温下持续特别长的时间。例如，30r/min 的循环式杀菌可为许多类型的肉罐头提供最佳杀菌效果，但也意味着其设备需承载较大的机械负荷，因此在实际生产中更常见的是较低的转速。对于含有大量肉汁液体，或者质构特别稀薄的肉罐头产品，则采用 10r/min 的循环式杀菌以保证取得较佳效果。根据罐头肉料的类型和成分，采用旋转式高压灭菌器的灭菌时间比立式的灭菌时间缩短一半，从而在保持产品感官、风味和质构等方面更佳。

（五）短时高温杀菌工艺

罐头肉制品品质改善技术之一是短时高温杀菌（HTST），高温下热加工时间越长对肉料的感官、风味等品质的不利影响越大，因此在保证其杀菌达到必须的 F 值的同时，应尽可能地缩短杀菌时间，这样对保持产品品质有利。短时高温杀菌技术的应用往往通过循环式杀菌实现，前提条件是，所杀菌的罐头中，肉块由足量的汤汁、盐水或其他类型的液体浸泡，而且汤液蛋白质含量足够低。在此状态下罐头边缘的高温可迅速传导到中心及各个部位，而且罐头中的块状肉料在循环杀菌的运动状态下能够得到均匀且充分的热力作用，从而使有害菌，特别是对于耐热性芽孢的迅速杀菌成为可能。

（六）最佳杀菌温度范围

高温罐藏显然是肉和肉制品防腐保质的最佳方法之一，无论杀菌温度的高低，对可贮性总是有益的，相对较高的温度和相对较低的温度都有助于提高产品质量，同时达到产品所需的保质期，可以假设每种产品都有其保持产品品质的最佳温度范围。例如，对罐头中汤液蛋白质含量较高的产品，采用 125~130℃ 的短时高温杀菌效果较佳。在采用 120℃ 左右的温度杀菌，是针对肉块不含充分的汤汁、杀菌时汤液呈现富含蛋白质的浓稠状或肥肉不能转为液态脂肪、形成液体脂肪太慢，以及热敏感度不高的产品。对于热敏感性或者不利于热传导的产品，如乳化型的蒸煮肠、肝香肠、啫喱香肠等，较佳的杀菌温度是在 110~115℃（表 3-16）。

表 3-16 可长期贮藏的肉罐头的较佳高温杀菌温度范围

杀菌温度/℃	罐头产品
125~130	古拉牛肉汤、烤肠、炖煮肉汤菜肴（添加或不添加菜豆、米饭）、小香肠等
120	汤汁牛肉、咸牛肉、汤汁猪肉、肥脂肉、炖肉菜肴、小香肠等
110~115	蒸煮肠、肝香肠、血香肠、啫喱香肠等

（七）压力条件

在整个加热和冷却阶段保持最佳压力条件对罐头肉的品质至关重要，压力除了与温度的提升相关，还主要是为了避免盖子的鼓胀（金属罐）或碎裂（玻璃罐、肠衣罐等）。当高压灭菌器压力和罐压力之间的压差大约为0.05MPa时，罐盖就可能出现裂盖或破盖，导致罐内容物泄漏或罐内因盖鼓胀形成空间延迟热传递等。在铝罐、铝塑罐或人工肠衣塑料袋罐中，杀菌时罐内外肯定存在压力差，但要避免罐盖凸鼓（胖听）或破损，需尽可能缩小外部和内部压力差。因此，现代罐头生产需要带压力的高温灭菌器，在整个加热和冷却过程中可以调控压力，且在尽可能小的范围内。可长期贮藏的肉罐头基于杀菌温度所需的压力如表3-17所示。

表3-17 可长期贮藏的肉罐头基于杀菌温度所需的压力

所需压力/MPa	杀菌温度/℃	所需压力/MPa	杀菌温度/℃
0.2	105~110	0.3	125
0.25	115~120	0.35	130

在加热开始时，压力会迅速增加；在冷却阶段，压力应该稍高一些，但无论如何都不会出现压力迅速下降的情况。当杀菌容器装满罐头时，略高于所设定的要求的压力不会造成任何不利影响。只有在罐头内出现明显的顶空时，如果压力过大，罐壁才可能出现收缩，通常在侧缝区域发生瘪缩。香肠罐头中相对频繁发生的外壳（套管肠衣）爆裂，通常都是由于加热和冷却过程中压力控制不当造成的，这说明了精确控制高压釜内压力条件的重要性。与高压灭菌器和罐装容器一样，香肠在加热过程中会产生压力。因此，可以设想与之密切相关的是三个压力系统：一是高压灭菌器，二是硬罐罐容器，三是其中的香肠肠衣。高压灭菌器和硬罐罐头中的压力可略有差异，而香肠肠衣中的压力必须与罐中的压力相对应。一旦罐装容器中的压力突然大幅下降，香肠就会有破裂的风险。容器中的压力降低时，罐盖就可能出发生凸出（胖听）。这时罐内体积的突然增加，其压力会随之突然下降。高压灭菌器中的压力急剧下降导致罐盖的胖听，通常是冷却或加热的最后阶段过于缓慢所致。一般来说，取决于罐型的罐盖的胖听，在压力差为0.05~0.07MPa时出现。但这一压力差值适用于锡罐，更为轻薄的罐出现问题的压力差值要低得多。因此，为了避免压力控制不当导致罐头的“爆裂”，在加热杀菌和冷却过程中，要避免罐盖发生胖听，这一点至关重要。

（八）真空及其应用

与许多其他食品一样，肉制品在大气中氧气的影响下会发生不良反应和变化。因此，在肉料调制、灌装等过程中将空气和氧气从肉制品的反应区排出，有利于保证罐头产品的质量。罐头肉中的空气会改变产品的颜色和味道，部分情况下还会改变产品的稠度。空气中氧对罐头肉的影响，在化学作用上是导致色泽褐变、白化及产生不良的色泽，促使脂肪和蛋白质分解，出现陈旧味、酸败味。在物理作用上主要是产生孔隙或使质构变松、变软等。

在加热过程中，大部分肌红蛋白都会与肉本身和残留物中的氧气发生反应，变成棕色到灰棕色的亚铁肌红蛋白。许多罐装肉类的味道也会受到滞留空气的影响。氧化引起的脂肪老化，即肉制品中所含的动物脂肪和香料中的调味脂肪物质的变化，对肉制品品质尤其不利。

对于许多肉制品，尤其是肉汤类，滞留的空气也可能对稠度产生不利影响，这在强力的热处理后尤其明显。此外，有效的真空抽气可使肉料压实、固化，从而改善其均质性。

罐头肉生产过程中可能进行抽气（排空）的环节：一是原料切割、绞制、斩拌、混合时，二是灌装时，三是灌装后的封口时，均可通过真空机予以实现。然而，真空应用的预期效果在很大程度上取决于填充材料的成分、结构和稠度。对于结构松散的小块状制品，例如肉块浸渍在肉汤中的产品，在灌装机中和关闭容器时进行真空抽取就足够了。而对于乳化香肠等产品，绞制、斩拌、混合就有必要在真空状态下进行，否则始终有少部分空气进入松散连接的肉料中。罐装食品的真空密封也已经成为一种常见做法，在此环节避免空气的残留是可以实现的。真空密封特别重要的一项内容还在于避免空气在罐头顶部的“空顶”（罐中内容物与顶盖之间或多或少存在的空隙）的滞留，对于产品品质的保障极为重要，在采用真空封罐时还应尽可能对其密封性、罐容器材料及其在贮藏过程中的密闭性等进行检测。此外，灭菌期间，容器内由真空产生的压力降低还有利于避免压力差过高。这样可避免空顶部位氧气导致的肉的氧化变色，以及对产品风味的不利影响，尤其是在较长的贮藏期中。这一密封性也受到罐头肉料的成分和质构的影响，质构越松散，密封需要的真空度也越高，当然，即使是较低的真空度也比非真空效果好得多。有的企业曾经采用一种防止残留氧导致空顶面上肉料变色的补救方法，这就是对罐先进行抗坏血酸处理，如在其中添加或者在密封前用抗坏血酸液喷淋罐盖。

（九）基于 *F* 值的热加工

罐头食品最为重要的工艺是采用高温热加工杀灭物料的所有细菌及其芽孢，这是产品长期保质的关键。判定其热加工是否充分足够的指标是杀菌的 F 值。涉及 F 值的测定及原理较为复杂，这里从应用的角度简单予以描述。

F 值是一个数字，表示罐头产品经过的热处理以及由此产生的保质期。F 值的概念基于这样一种认知，即热加工对微生物的致死（杀伤力值）可用数字化指标予以表述。该指标以 100℃为基准点，随着温度的上升数值逐渐增大，达到相同杀菌效果（对微生物的致死率）的温度与时间的关系：101℃热处理 100min；111℃热处理 10min；121℃热处理 1min；以及 131℃热处理 0.1min。杀灭效果、温度和时间之间的关系取决于芽孢杆菌属和梭菌属的芽孢，包括肉毒梭菌和产孢梭菌这两种对罐头肉最重要的细菌。

有关对 F 值有各种表述，最重要的是 F_S值、F_C值和 F_0值。F_S值是一个计算值，表示产品所有区域达到的 F 值之和。在实际生产中 F_C值更为重要，是罐头中心最冷点达到的 F 值，该值比 F_S值小，因为罐头中心可受到的热效应始终比其他部位小。对于可长期贮藏的全高温杀菌罐头（VK），总计的 F_S值须达到 5.0~6.0，所对应的 F_C值仅为 4.0~5.0，对于全高温杀菌罐头产品，中心冷点达到的 F_C值必须高于 4.0，而 F_C值和 F_0值是等同的，而在应用中多用 F_C值表述。

作为 F 值计算的参考单位，热处理对微生物的杀灭效果（杀伤力值）的标准值为在 121.1℃（250℉）下热处理 1min，定义为 $F=1.0$。以上所述 F 值的热处理 101℃下 100min，111℃下 10min，以及 131℃下 0.1min，均等同于 $F=1.0$。表 3-18 是实验研究得出的在 100~135℃下热处理相对应的 F 值，其中 121.1℃对应的 F 值约为 1.0。此表是计算 F 值的基础，以此为依据，根据肉罐头的肉料在密封的灌装容器内高温杀菌和冷却阶段的热电测量来确定 F 值。

表 3-18　　100~135℃热处理的 F 值

温度/℃	F值	温度/℃	F值	温度/℃	F值
100	0.0077	112	0.1227	124	1.9444
101	0.0097	113	0.1545	125	2.4480
102	0.0123	114	0.1945	126	3.0817
103	0.0154	115	0.2449	127	3.8805
104	0.0194	116	0.3083	128	4.8852
105	0.0245	117	0.3880	129	6.1501
106	0.0308	118	0.4885	130	7.7459
107	0.0388	119	0.6150	131	9.7466
108	0.0489	120	0.7746	132	12.2699
109	0.0615	121	0.9747	133	15.4560
110	0.0775	122	12270	134	19.4553
111	0.0975	123	1.5446	135	24.5094

确定产品在加热阶段和冷却阶段达到的杀灭效果（杀伤力值）的一种简单且足够准确的方法是每隔几分钟测量产品冷点的热电温度，并将相应的 F 值相加。从 100℃以上的升温（加热阶段）到 100℃以下的降温（冷却阶段）的所有 F 值之和为总 F 值。在未达到 100℃时获得的 F 值非常小，以至于在四分之三高温杀菌罐头、全高温杀菌罐头和超高温杀菌罐头产品在未达到 100℃时所获得的 F 值可以忽略不计，表 3-19 中的 F_C 值测定过程中的数据可对此予以充分说明，该表是小香肠作为全高温杀菌罐头产品在 125℃下杀菌的 F_C 值计算值，热力学测定以每分钟为一单位节点，每一节点的 F_C 值源于表 3-18，然后将加热升温和冷却降温的 F_C 值累加，得到总 F_C 值。

表 3-19 中小香肠作为全高温杀菌罐头，在杀菌时的温度上升和冷却降温速度非常快，这在采用短时高温杀菌技术才可能实现。加热开始 4min 后，测得的香肠中心温度为 100℃，出现第一个显著可测量到的达到 0.0077 的 F_C 值，尽管这一值仍然很小。然后温度逐步升高至超过 107℃（5min）、112℃（6min）、116℃（7min）、118℃（8min）、120℃（9min）和 121℃（10min）。在 10min 后开始冷却降温，在这一节点的温度是 121℃（F_C=0.9747）。开始冷却的时间节点需要根据不同产品的加工经验进行预判，因为在关闭加热阀门开始冷却后温度仍有一定的上升，对其 F 值的增加就要进行前瞻性估算，以便即能达到足够的总 F 值，又不至于使产品进行不必要的长时间高温滞留。

从表 3-19 可见，降温开始后香肠中的温度还会升高，很多肉罐头都是这样，冷却效果甚至在几分钟后才得以显现。在 14min 时，香肠中的温度降到 103℃，在此节点获得最后一个有效的 F 值。加热阶段累加的总 F_C 值为 2.7153，冷却阶段为 1.8536，两个阶段的

总 F_C 值达到4.5689。这意味着小香肠达到了常温下长期可贮的条件，对于这类全高温热杀菌罐头，常温可贮的基本 F_C 值达到4.3以上即可。在现代加工条件不断进步下，在高压釜内进行罐头产品的热电测量，以进行罐头中心肉料的 F 值在加热期间测定已经实现自动化，相应的配套软件也已成熟。甚至在低于100℃的巴氏杀菌的 F 值的测定也成为可能。当然，对此的测定是其在达到70℃以后的 F_{70} 值，对非芽孢菌类的其他微生物菌群（如肠杆菌）的杀灭效果。例如，对盐水火腿类低温肉制品的热处理温度不会超过100℃，而 F_{70} 值有助于将低于100℃的热加工过程客观化，因为其杀菌效果不仅取决于时间，还取决于加热温度，这与在温度高于100℃时进行 F 值的计算方式和原理是相同的。

表3-19　　小香肠罐头（VK产品）在125℃下杀菌的 F_C 值测定

阶段	杀菌时间/min	温度/℃	杀菌 F_C 值	总 F_C 值
加热升温阶段	3	88	—	2.7153
	4	100	0.0077	
	5	107	0.0388	
	6	112	0.1227	
	7	116	0.3083	
	8	118	0.4885	
	9	120	0.7746	
	10	121	0.9747	
降温冷却阶段	11	122	1.2270	1.8536
	12	118	0.4885	
	13	112	0.1227	
	14	103	0.0145	
	15	94	—	
加热升温及降温冷却阶段总 F_C 值				4.5689

第四章　栅栏技术在食品加工中的应用

第一节　货架稳定食品与栅栏技术

欧美的食品产业，尤其是德国的肉制品加工业，在30年前就已经向现代技术和智能化装备发展，20世纪80年代肉制品水分含量较高，精加工程度低，鲜态美味的调理，无须冷链也可储存数周或数月的即食肉制品在市场受到追捧，Leistner和Rödel将其命名为货架稳定产品，对此已在上述章节的论述中有所涉及。SSP具有以下优点：温和的热处理（中心温度70~110℃）改善了食品的感官和营养特性，无须冷藏而易于贮运流通，并在贮存过程中节约了能源。货架稳定产品在密封容器（外壳、袋或罐）中加热，避免再次污染。加热过程必须使所有营养微生物失活。然而，由于温和的热处理，货架稳定产品仍然含有活的杆菌和梭菌芽孢，通过调整A_W、pH和Eh，以及F（如蒸煮香肠包装后的巴氏杀菌），通过一些芽孢的热失活和导致残存的微生物亚致死性损伤，其芽孢活性受到抑制。在仅含有活芽孢杆菌和梭状芽孢杆菌的热加工食品中，与存在大量微生物的产品相比，通过栅栏更容易实现微生物稳定性。货架稳定产品类型的肉制品通过栅栏调控实现可贮，比中间水分食品（intermediate moisture food，IMF）调控法可行性更强，因为通过热处理很容易杀灭巴氏杆菌和梭状芽孢杆菌以外的微生物，实现产品的稳定比中间水分食品容易得多。货架稳定产品在A_W值降至0.95以下可具备稳定性，而中间水分食品即使添加了防腐剂，其A_W值也需降至0.85，不添加则需降至0.70以下，才能保证产品安全可贮。

根据货架稳定产品中主要的抑菌防腐栅栏，可将其分为四大类，即F-SSP、A_W-SSP、pH-SSP和Combi-SSP（表4-1），通过热处理（F）、调节水分活度（A_W）、调节酸碱度（pH），或两个以上同等强度栅栏因子的协同抑菌，来实现产品的安全性和可贮性，当然在只有单个较强栅栏的产品中，其他栅栏也可发挥其辅助作用。货架稳定产品在德国市场上大量出售，产品类型很多。尽管未采用冷链贮运，但多年来并未造成与变质或食物中毒相关的安全问题。然而，货架稳定产品是技术相对较复杂的产品，需要在加工过程中对重要关键点进行可靠控制，因此最好通过实施危害分析关键控制点（HACCP）或良好生产规范（GMP）来管理生产过程。

表4-1　货架稳定产品分类、主要栅栏及其机制

产品	主要栅栏及其机制
F-SSP	以热处理（F栅栏）为主导，导致残存的微生物亚致死
A_W-SSP	以调节水分活度（A_W栅栏）为主导抑制微生物
pH-SSP	以调节酸碱度（pH栅栏）为主导抑制微生物
Combi-SSP	两个以上同等强度栅栏因子的协同抑菌

一、 以热处理（*F* 栅栏） 为主导的 *F*-SSP

德国肉类工业开发出的高温杀菌或包装后巴氏杀菌的香肠制品，最初是基于市场需求而不是科学研究。一些商超、连锁店希望销售非制冷可贮的产品，从而节约制冷能源成本，以便提升竞争力。按照 SSP 的分类，这些产品均属于通过热加工杀菌，即是通过以 *F* 栅栏因子为主导的货架稳定产品（*F*-SSP）。然而，从科学的角度来看，这些产品的存在是否可以确保微生物稳定性是一大问题。为此，德国肉类研究中心（BAFF）对其安全性进行了研究，提出了预防这些新产品因腐败而引起的食物中毒，保障 *F*-SSP 加工微生物稳定性和安全可贮性指南（表 4-2）。

表 4-2　　*F*-SSP 加工微生物稳定性和安全可贮性指南

关键控制点	主要技术措施
肠馅微生物含量	香肠肉馅中的芽孢杆菌应尽可能低（因此使用的辅料中最好以香料萃取物替代天然香料）
产品 A_W	A_W值须调整至小于 0.97（博洛尼亚香肠）或小于 0.96（血肠和肝肠）。 在血肠和肝肠，因为硝盐发挥的 pres. 栅栏很弱，A_W须较低
密闭包装	肠馅需填充灌装入 PVDC 肠衣、套管、硬塑包装物、金属罐或其他可密封容器中（如果是罐装，应避免使用顶空）
杀菌	香肠在高压灭菌器中加热至 F_0 值超过 0.4，导致存活芽孢的亚致死损伤
产品 Eh 值	产品中的 Eh 应较低（因此使用密封内包，自控搅拌、斩拌或灌装），以抑制耐 A_W的杆菌的生长
产品 pH	pH 应控制在小于 6.5（肝肠）或小于 6.0（博洛尼亚香肠和血肠）

德国肉类研究中心的研究表明，*F*-SSP 作为高温灭菌肠是典型的栅栏技术食品，其微生物稳定性主要取决于 F_0 值大于 0.4 所导致的残存的细菌芽孢的亚致死损伤，但 A_W、Eh、pH 也发挥辅助作用，有的产品中亚硝酸盐的添加也是附加的 Pres. 栅栏。

货架期稳定产品包括乳化肠（博洛尼亚型香肠）、肝肠和血肠，肠馅用直径为 30~45mm，不透水和气的 PVDC 人工肠衣灌装，用金属扣打卡分节，每节 100~500g。香肠采用 103~108℃反压杀菌 20min，升温加热阶段压力 0.18~0.2MPa，冷却阶段 0.2~0.22MPa。这种 *F*-SSP 在非冷藏情况下的保质期为 6~8 周。而这类产品可能由于其所残留的杆菌和梭状芽孢杆菌存在的“代谢衰竭”（见第一章），其微生物稳定性和安全可贮性实际上可能要长得多，产品在贮存期间可能产生“自动灭菌”。在德国市场上大量供应 *F*-SSP 的 30 余年中，没有发生过肉毒梭菌中毒或产品腐败问题。德国肉类研究中心研究制定的加工指南（表 4-2）甚为重要，关键点包括用香料提取物替代可能含有较高量杆菌芽孢的天然香料，香肠的 A_W 值调节至低于 0.97（博洛尼亚型香肠）或低于 0.96（血肠和肝肠），对于后者 A_W值要更低，因为其配方中的亚硝酸盐发挥可能被血液和肝中丰富的铁所灭活，其额外栅栏的效果要差得多。产品的 pH 值应控制在小于 6.5（肝肠）或小于 6.0（博洛尼亚香肠和血肠）。低氧化还原电位（Eh）有助于保证微生物的稳定性，而使用不透水和气的 PVDC 人工肠衣，以及真空制作肉馅和真空灌装可保证较低的Eh值。F-SSP产品的热加工F值必须加热至0.4以上，使所有营养微生物失活，并使细菌芽孢失活或亚致死。这些受损芽孢的细菌生命力减弱，因此更容易受到其他栅栏的抑制。研究已证实，F-SSP在肠衣中比在有顶空的罐头中更稳定，因为在高压灭菌后的罐头冷却过程中，盖子内可能会发生一些水凝结，如果水滴落回香肠肉馅表面，临界A_W则增加，梭状芽孢杆菌可能开始生长。如果高压灭菌香肠紧紧地填满肠衣，水就不会凝结。

二、以降低水分活度（A_W栅栏）为主导的A_W-SSP

A_W-SSP主要通过降低水分活度来保障产品微生物稳定性，尽管其他栅栏（热加工，真空降低氧化还原电位，添加亚硝酸盐、烟熏等）对其也有辅助作用。早在1970年Leistner等就对A_W-SSP进行了研究，对象是罐装的肝香肠，尽管该产品在当时不被称为A_W-SSP。研究中通过增加NaCl和脂肪的添加量，将A_W值调节在0.93~0.97，产品的pH约为6.2，加热至中心温度95℃，随后在37℃下贮存1个月后进行测定。芽孢杆菌含量低时，保证产品稳定性的A_W值是低于0.960。而芽孢杆菌含量高的产品A_W值须低于0.945。添加2.5%的NaCl和44%的脂肪，可获得A_W值低于0.950的产品。研究得出结论，如果A_W值降低到0.950，温和加热的罐装肝香肠的微生物通常是稳定的；如果通过添加2.0%的NaCl和50%的脂肪使A_W值低于0.955，也可实现货架稳定。

传统的A_W-SSP在过去几十年中已存在，可区分两种不同的类型的产品，一种是意大利的莫特拉香肠（mortadella），另一种是德国的布里道香肠（brühdaurwurst）。这两种类型的产品都是根据经验生产的，稳定性产品的A_W值接近0.95。在过去传统产品的生产中，生产者对A_W及其作用毫无概念，不懂得水分活度的重要性，更不可能对其进行测定。在意大利莫特拉香肠的制作过程中，A_W的降低主要通过香肠的成型（添加盐、糖、奶粉），以及“桑拿”式热加工至中心温度78℃，并适度烘烤干燥来实现。意大利莫特拉香肠产品可在不冷藏的情况下贮存数周或数月，但前提是整节包装，不能切片，产品切片将导致腐败菌（如乳酸菌）在切割表面再次污染并生长。Leistner进行了意大利莫特拉香肠的微生物稳定性和挑战试验，研究表明，如果A_W值接近或低于0.950，则产品中的杆菌无足轻重，因为在此类产品中即使A_W值为0.976，杆菌也不会繁殖。意大利莫特拉香肠中的低氧化还原电位（Eh）可能会阻止细菌的繁殖，但要实现对梭菌，包括肉毒梭菌的有效抑制，还必须通过添加盐、糖和粉状添加料（奶粉、大豆蛋白等）调节至A_W值等于或低于0.950。

德国布里道香肠（brühdaurwurst）主要通过产品在5~10℃冷风干燥获得较低的A_W，在干燥过程中香肠重量减轻了约25%。现在市场上有各种各样的此类产品，其中大部分是消闲零食。德国布里道香肠可在不冷藏的情况下贮存数周或数月，由于产品中脂肪酶的热失活（热加工至中心温度75℃），其保存期和抗氧化酸败能力甚至优于发酵生香肠。Wirth等早在1979年的研究结果就显示，发酵香肠保质期可在15个月，而德国布里道香肠的保质期甚至可以达到18个月。Leistner等对此产品微生物稳定性研究显示，德国布里道香肠干燥至A_W值0.950，无论是杆菌还是梭状芽孢杆菌都不会生长。稳定的A_W-SSP的微生物稳定性甚至可在贮存期间得到改善，但包装上的缺陷可能带来麻烦。这类产品的表面A_W与内部A_W相对应，香肠中的水蒸气可渗透到天然肠衣中，因此，A_W-SSP表面可能有霉菌生长，而F-SSP不会出现，因为它们填充在PVDC外壳中，不受蒸汽的影响。此外，如果德国布里道香肠采用切片真空包装，在 A_W值 0.95 以下残存乳酸菌就可能会在包装中生长并产生二氧化碳，从而带来安全隐患。但总体而言 A_W-SSP 的安全可贮型是较佳的。

Leistner 等通过对 A_W-SSP 的研究，提出了 A_W-SSP 加工微生物稳定性和安全可贮性指南（表 4-3），其关键点为，灌装如密封容器（肠衣等）中热加工至中心温度至少 75℃，A_W值调整至低于或等于 0.95，Eh 值应较低，因为氧化还原电位降低有助于抑制 A_W耐受性杆菌的生长，并通过进一步的烟熏，或添加防腐剂，如山梨酸钾、纳他霉素/海松霉素等防霉；也可以在 85℃下对真空包装的 A_W-SSP 进行 45min 的再加热处理，以灭活乳酸菌，因为在真空包装肉类的贮存过程中，乳酸菌可能会生长，并使其表面变酸，这样处理的产品具有较长的保质期。

表 4-3　A_W-SSP 加工微生物稳定性和安全可贮性指南

关键控制点	主要技术措施
产品 A_W值	A_W值调整到 0.95 以下，较低的 A_W值是必不可少的
密闭包装	在密封容器（最好是肠衣）中加热，以避免加工后再次污染
杀菌	热加工至中心温度至少 75℃，以使营养微生物失活
产品 Eh 值	产品中的 Eh 应较低，以有效抑制 A_W耐受性杆菌的生长
表面防霉	通过烟熏，或表面添加山梨酸钾、纳他霉素/海松霉素等，或真空包装防霉

三、 以调节酸碱度（pH 栅栏）为主导的 pH-SSP

在 pH-SSP 中，降低 pH 增加酸度是主要栅栏，典型的产品是荷兰环形肠（gelderse rookworst），其具有出色的微生物稳定性和保质期。传统的荷兰环形肠降低 pH 是通过热加工处理前产品中的乳酸菌生长，在此环节的标准化也就很难实现。工业化加工则采用添加 0.5% 的葡萄糖酸-δ-内酯，将 pH 调节至 5.4~5.6，内酯在产品热处理过程中水解为葡萄糖酸。如果香肠真空包装并在 80℃下巴氏杀菌，在非制冷的环境温度下可保存数周。热处理杀灭了非芽孢微生物，细菌芽孢又在热处理过程中减少，存活的芽孢受到 pH 和其他栅栏（如较低的 Eh 和 A_W，添加的亚硝酸盐）的抑制。然而原料中较低的初始菌量和芽孢杆菌同样也很重要，因此使用香料提取物比天然香料更卫生安全。在夏季加工，肉馅中的初始芽孢菌往往高于冬季，因此荷兰环形肠的工业化加工在夏季将其产品的 pH 和 A_W调节为略低于冬季。由于亚硝酸盐在较低 pH 下更有效，因此产品中腌制肉颜色的形成和稳定性更高。荷兰环形肠从荷兰大量出口到英国，从感官角度来看，pH 约为 5.4 的产品在英国显然是可以接受的，而在德国等国这种酸味过浓的产品则认为与腐败有关。如果在产品中添加猪皮和/或磷酸盐，尽管 pH 相对较低，肉馅中水和脂肪的良好结合也有助于可贮性。

pH-SSP 类型的其他传统肉制品是啫喱肠（肉冻肠）（sülzwurst），通过添加醋酸将其 pH 调节到较低水平。此类产品肉馅由两部分组成，一部分是采用乳化型香肠加工制成的香肠块或丁的固相肉馅（A_W=0.98），另一部分是由明胶、水、醋酸、食盐、糖、琼脂（2%）和香料调制的液相肉汤（pH<4.8）。两部分以 3∶2 混合，灌入肠衣后通过巴氏杀菌至中心温度到 72℃以上，但不高于 80℃，否则产品常温下的凝固性将受到影响。产品最终 pH 为 5.2

左右，可在非制冷的环境温度下贮存1周，保质期比荷兰环形肠短，因为除pH以外的其他栅栏较弱。在欧美，由于传统的饮食习惯，人们普遍接受并喜好较低pH的肉制品（乳化性香肠除外）。因此，在保证产品微生物稳定性和安全可贮性的栅栏技术中，栅栏因子的选择必须与该地区消费者习惯、产品类型和预期相符。

在肉类行业之外，作为pH小于4.5的pH-SSP中，巴氏杀菌水果和蔬菜、蜜饯等很常见。经过温和的热处理，植物性微生物被加热灭活，存活的杆菌和梭状芽孢杆菌增殖受到低pH的抑制，F和pH栅栏可保障这类产品具有微生物稳定性和安全性，但要注意耐低pH的梭状芽孢杆菌可能带来的隐患。例如，以梨为原料加工的果脯，通过巴氏杀菌使pH 4.5、A_W<0.97，或者pH=4.0和A_W=0.97~0.98时是稳定的，但在A_W=0.98~0.99时，pH需为3.8，产品的微生物稳定性才能得到保证。

四、多个同等强度的栅栏因子协同的Combi-SSP

Combi-SSP产品是采用了同等强度的多个栅栏因子，在其中即使是某个栅栏的微小增强或减弱，也会对产品整体的微生物稳定性产生影响。例如，在SSP中，为保障其稳定性和安全性，无论F_0值为0.3或0.4，A_W值为0.975或0.970，pH为6.5或6.3，Eh值稍高或稍低，每一个因子及其强度都具有重要意义。换句话说，某个栅栏的微小变化都会对可贮性天平在稳定和不稳定状态之间转换。德国肉类研究中心（Bundesanshalt für Fleischforschung，BAFF）早在20年前的研究，就根据此原理开发出不同类型的SSP类型维也纳香肠（wieners）、博克香肠（bockwerst）、肉肠（fleischwurst）和肉酪肠（fleischkäse）等乳化香肠产品，这些产品在30℃下至少具有1周的微生物稳定性和安全性。这些产品加工的关键控制点，包括肉馅的初始菌数和芽孢杆菌数应尽可能较低（控制原料质量并使用香料提取物代替天然香料），添加含亚硝酸盐（亚硝酸钠100mg/L），产品热加工至中心温度至少72℃，调节A_W值和pH分别低于0.965和5.7，真空包装后82~85℃巴氏杀菌45~60min（根据香肠直径）。

Combi-SSP的概念不仅在肉制品，在其他食品中也有范例，如意大利面制品罗勒意式饺子（tortellini），通过降低A_W以及温和的热处理作为主要栅栏，贮存过程中的改性气调或乙醇蒸气，以及适度的低温冷藏予以辅助。另一个例子是印度的大众化乳制品帕尼（paneer），也是微调A_W、调节pH、巴氏杀菌等多个栅栏的协同，实现了产品在常温条件下的贮运流通。总而言之，Combi-SSP的开发和加工需要按照栅栏技术进行严格的设计和过程控制，以确保产品优质可贮。

五、德国军训肉制品研发与栅栏技术

位于德国库尔姆巴赫市（Landkreis Kulmbach）的德国肉类研究中心在1993—1994年实施了一项由德国陆军医疗队委托的军训食品研发项目，该项目成为应用栅栏技术的典范。德国陆军对研发的产品要求如下：作为陆军军事演习口粮中的肉制品，具有新鲜的产品特征，并且在30℃的非冷藏条件下至少6d保持美味、稳定和安全，这些产品需交由大中型肉制品加工企业（即潜在的承包商），并在严格的质量和安全卫生规范下生产，必须提供详细的工艺路线和规程，即实现标准化和可复制性、具备商业化成熟条件。

德国肉类研究中心的两个研究所，及工业研究所和微生物、毒理学与组织学研究所共同承接了该项目。在产品海选中，24 家德国肉类加工企业根据陆军提出的产品特性要求，提供了 100 余种产品已经上市的成熟产品。经过专家逐一进行感官、理化、微生物特性检测，初筛出 75 种符合要求，即在非冷藏条件下可保持美味、稳定和安全的产品。专家又对每种产品的物理、化学、微生物和工艺技术特性进行了详细的分析，将 75 种产品中按照相似的工艺和产品特性分为 8 个类别，包括快熟发酵香肠、迷你香肠、肝香肠、巴氏杀菌香肠等。

进一步的研究是每一类别产品具体的产品特性指标、关键工艺技术参数、贮藏期微生物及营养特性。然后根据栅栏技术原理进行基于微生物稳定性和安全性的栅栏因子设计，并经过大量实验确定 8 类产品的栅栏控制技术体系（栅栏因子及其作用顺序、作用强度及其协同或互作效应）。以此技术体系为指南，在中试车间进行了产品的标准化加工。下一步是对中试产品进行可贮性检验和微生物接种挑战实验，涉及的微生物包括芽孢杆菌、沙门菌、李斯特菌等主要中毒性细菌和腐败菌。挑战实验中产品在 30℃ 下培养 10d，对于接种试验中不具备微生物稳定性和安全可贮性的产品，专家将对其工艺技术、栅栏因子及其强度等进行重新评估并调整，直到筛选出美味、稳定和安全的产品。最后将达到设计标准的产品在肉类加工厂按照严格的栅栏技术规范进行规模化生产，检验合格后提供给陆军部队。

表 4-4 是在德国肉类研究中心为德国陆军研制的 8 类产品，其满足军事演习要求，具有新鲜的产品特征，尽可能最低限度加工，在 30℃ 的非冷藏条件下至少 6d 内保持美味、稳定和安全。德国肉类研究中心在制定出加工栅栏技术控制关键点的同时，还按照陆军要求详细定义了这些产品的制造规程，以便承包商按照此加工指南能够生产出标准化的优质安全产品。这些产品都是 SSP，其中两类是生肉制品（速熟发酵香肠和迷你萨拉米香肠），其他为热加工产品（包括 F-SSP、A_W-SSP、pH-SSP 和 Combi-SSP 等）。

（1）快熟发酵香肠（quick-fermented sausages） 这类产品具有质软味鲜，可贮性佳的特点。所选用原料肉的初始菌应最低，pH > 5.8。加工中添加 2.4% 亚硝酸混合腌制盐（NPS），0.2% ~ 0.55% 葡萄糖或 0.3% 葡萄糖醛酸内酯，以及乳酸菌发酵剂。发酵温度不低于 22℃，成品 pH<5.4，A_W<0.95，并通过微烟熏提高 Pres. 栅栏作用而进一步保证其稳定性。建议产品真空或气调包装后贮存。

（2）迷你萨拉米香肠（mini-salami） 包括 A_W < 0.82，保质期为 7 个月的发酵香肠；A_W<0.85，保质期为 9 个月，热加工至中心温度 70℃ 后干燥降低 A_W 值的乳化型博洛尼亚型香肠（如法兰克福香肠）。其原料须是新鲜的猪硬膘和 pH<5.8 的猪瘦肉。通过添加迷迭香、鼠尾草、柠檬酸和抗坏血酸盐进一步降低酸度，加工中采用微烟熏处理，成品铝箔纯氮气调包装以抗酸败和抑菌。此外，对发酵香型迷你色拉米肠还可采用热处理法抑制沙门菌。

（3）F-SSP 主要为各种高压蒸煮香肠。尽量选用芽孢菌含量少的加工原料，肉馅灌入 PVDC 肠衣内，热加工压力 0.18 ~ 0.2MPa（冷却阶段 0.2 ~ 0.22MPa），温度 103 ~ 108℃，时间 20 ~ 40min（至 F>0.40）。成品 A_W < 0.97（法兰克福香肠等）或 A_W < 0.96（肝肠、血肠等）。此类 PVDC 肠衣包装的高压蒸煮香肠，其 Eh 值较低，可抑制耐 A_W 值的杆菌，但成品 A_W 值仍需低于 0.97 或 0.96，才能有效抑制残存的杆菌和梭菌。对于血肠类产品来说，pH< 6.5 也是必不可少的抑菌保质栅栏。

（4）A_W-SSP 通过降低水分活度（A_W<0.95）保证其非制冷可贮性产品。A_W-SSP 共同的加工要点：严格限制水的添加量，热加工至中心温度>75℃，A_W 值调节至小于 0.95。由于其热处理温度不高，杆菌和梭菌芽孢极易残存，A_W和 Eh 的调节就成为重要的抑制防腐栅栏。由于该产品水汽易透过肠衣导致表面霉菌生长，因此可采用真空包装、烟熏或山梨酸钾处理外表防霉。

（5）巴氏杀菌 A_W-SSP　其加工要求与非巴氏杀菌的 A_W-SSP 类似，但真空包装后还需经 82~85℃处理 45min，至中心温度在 75℃左右，最好是采用水浴法处理。巴氏杀菌进一步抑制了包括耐 A_W值的各种污染菌，特别是乳酸菌和霉菌。

（6）pH-SSP　主要通过调节 pH 保证产品的可贮性，如肉冻肠（brawn），内有大小不超过 1cm×1cm 的肉块，添加 1.8%~2.0%的亚硝混合腌制盐，2.0%~2.4%的明胶，肉与明胶液之比为 3∶2。加醋酸调节明胶液 pH<4.8，产品 pH<5.2。预制的热汤料和肉块混合后立即热灌装入肠衣，巴氏杀菌至心温度大于 72℃，但不超过 80℃。残存微生物的抑制通过 pH 栅栏实现，即使在高于 25℃的室温内贮存，产品保质期也在 7d 以上。

（7）Combi-SSP　包括各种 30℃下可贮期达 6d 以上的博洛尼亚式香肠（bologna），即法兰克福肠等乳化肉糜肠。其可贮性由两个以上强度均等的栅栏结合效应而保证。其加工关键技术：原辅料的芽孢菌含量尽可能低，为此最好应用香精型辅料（香料萃取物），添加 100mol/L 亚硝酸盐，热加工至中心温度大于 72℃，A_W值调节至小于 0.965，pH<5.7，也可再烟熏进一步改善其可贮性。产品真空包装后 82~85℃巴氏杀菌 45~60min。

（8）软罐头产品　即将小直径肠衣的乳化肉糜肠，如维也纳香肠、午餐肉肠等，用扁平铝薄复合袋真空包装，再高压蒸煮而成。其加工首先要求原辅料初始芽孢菌量低，香肠肠衣直径小于 3cm，加工后肉馅的 A_W和 pH 会有一定降低，铝箔袋包装厚度也不超过 3cm，后高压蒸煮至 F 值约 2.5。

表 4-4　德国肉类研究中心为德国陆军研制的 8 类肉制品及其栅栏技术关键控制点

产品类型	栅栏技术关键控制点
速熟发酵香肠（quick-fermented sausages）	pH<5.4，A_W<0.95，添加微生物发酵剂发酵，经过烟熏，真空或气调包装
迷你萨拉米香肠（mini-salami）	发酵型香肠，A_W<0.82；乳化型博洛尼亚香肠，A_W<0.85，铝箔袋真空包装除氧和避光
F-SSP 产品	F_0>0.4，A_W<0.95（乳化型博洛尼亚型香肠）或 A_W<0.96（肝脏和血肠），pH<6.2，尽可能套管肠衣灌装，如果硬罐则应无顶空
A_W-SSP 产品	热加工至中心温度大于 75℃，A_W<0.95，经过烟熏，非切片的整节包装
巴氏杀菌 A_W-SSP	热加工至中心温度大于 75℃，A_W<0.95，真空包装后在 82~85℃巴氏杀菌 45min
pH-SSP 产品	pH<5.2，肉馅热灌装，热加工至中心温度 72℃
Combi-SSP 产品	初始芽孢菌尽可能低，亚硝酸盐添加 100mg/L，热加工至中心温度大于 72℃，A_W<0.965。pH<5.7，包装后在 82~85℃巴氏杀菌 45~60min（取决于香肠直径）
软罐头产品	铝箔袋真空包装，厚度小于 3cm，热加工 F_0>2.5（杀灭肉毒梭菌温度）

在德国军需产品最后的企业规模化加工中，也与其他肉制品生产一样，栅栏技术置于HACCP和GMP管理体系中，加工涉及HACCP概念的15~20个关键控制点，通过通用GMP定量。表4-4所列出的仅仅是最重要的栅栏控制点。这些开发的产品在陆军选定肉类企业规模化加工，无须再进行微生物检验即可保证产品的安全。实际上在许多企业，微生物实验室不可能进行复杂的微生物测试，而加工进程中的时间、温度、pH、A_W等栅栏参数的监测实现了快速高效智能化的在线监控和调控。在一些国家和地区，对于A_W值的测定，既没有概念，测定也困难。而在德国等发达国家，精确的A_W值测定仪器及其广泛的实际应用已毫无问题。德国陆军在项目后期发布了研究报告，其中包含了德国肉类研究中心的研究成果，包括产品类型、栅栏技术控制技术参数和加工规程等，因此这些数据资料和技术信息成为普遍可用的。本项目研究成果的关键内容后来通过Leistner等的一本附有彩色图片和加工规程说明的书籍出版，并提供给世界许多国家和地区约5000名食品科学工作者和工程技术专家，对肉类产业的技术提升具有重要意义。

第二节　中间水分肉制品与栅栏技术

一、 西式中间水分肉制品

中间水分食品（IMF）因其非制冷可贮性而备受生产者的关注和消费者的青睐。这类食品的A_W值为0.60~0.90，其微生物稳定性和卫生安全性大多也建立于栅栏效应之上。中间水分食品的主要栅栏因子是A_W，通过A_W与附加栅栏t（热处理）、Pres.（添加防腐剂）、pH（酸化）和Eh（降低氧化还原电位）等的交互作用来防腐保质，这些产品在非制冷条件下具有可贮性，表4-5列出了各国一些典型的中间水分肉制品。当今市场上的中间水分食品有传统型也有新开发型，但大多为传统型，新型中间水分肉制品数量很少，只有那些风味突出、别出心裁，符合现代消费需求的中间水分肉制品才会受到青睐。近年新型中间水分肉制品没能出现所期望的突破性进展源于多方面原因，如肉制品鲜美性不理想、价格太昂贵、含食品添加剂过多，以及新型添加剂使用的地方性限制等。在一些发展中国家和地区曾经流行的休闲肉制品，因为过多地使用食品添加剂来防腐保鲜和实现非制冷可贮，造成食物“化学负载”，当营养、安全理念普及后逐渐受到冷落。

表4-5　世界各地传统中间水分肉制品产品举例

分布地区	产品举例
欧洲	发酵香肠（fermented sausage），发酵火腿（raw ham），德国布里道香肠（brü hdauerwurst），德式培根（speckwurst）；瑞士熏牛肉（bundnerfleisch），土耳其巴特马肉干（pastima）
亚洲	中国腊肠、腊肉等腌腊制品，中式火腿，中国肉干、肉松等干肉制品，印尼肉干（dendeng giling）
非洲	北非克里奇肉干（klich），西非罗迪肉干（khuodi），东非昆塔肉干（quanta），南非比尔通牛肉干（biltong）

续表

分布地区	产品举例
北美洲	北美杰克牛肉干（beef jerky），皮米肯干肉饼（pemm-ican），南美烤肉干（carne-de-sol），巴西查尔塔肉干（chargue），拉美恰克干牛肉（charqui）

许多传统的中间水分肉制品在全世界不同地区被广为接受。在欧洲，A_W值为0.60～0.90的肉制品不多，尤其是A_W<0.8的更少，但发酵生熏火腿、发酵香肠、布里道香肠和瑞士熏牛肉等传统肉制品如果充分干燥的话，其A_W值也可低于0.90。中间水分肉制品需求最多的是在气候炎热、能源不足、冷藏设施缺乏的国家。许多发展中国家面临的肉食紧缺，主要是因为经济落后、人口过多、肉畜不足，而宝贵的肉品容易大量腐败变质，因此在这些国家，食品需要采用可行的、适应当地条件的加工及防腐保鲜工艺。而欧洲常见的需高技术设施设备和不中断冷链支撑的产品，在发展中国家经济发展未达到一定水平前，引入其市场并扩大其消费面是较困难的。所以易于生产、可非冷保存而又包装较简易的中间水分肉制品，在相当长的一段时间内较为适宜发展中国家。尽管如此，不同国家和地区的中间水分肉制品相互之间也具有借鉴意义。例如，对这些发展中国家的肉制品工艺和产品特性进行研究，应用栅栏技术防腐保质基本原理，则可在不削弱其特有风味和营养特性的条件下改进其加工工艺，从而延长产品的保质期。改进后的产品配方应具有广泛性，能适应各地不同口味，则可对世界大多国家和地区有利。进一步来讲，发达国家可汲取发展中国家传统中间水分肉制品的长处，为肉制品加工的节能减排和提质增效，以及开拓新产品开发新途径，因为这些产品的加工都经历了数世纪漫长岁月中不断摸索和改进的发展过程。

西式发酵是典型的IMF肉制品，包括发酵香肠和发酵火腿。

（一）发酵香肠

传统的西式发酵肉制品大多属于A_W=0.90～0.60的中间水分食品，但随着现代加工和消费市场的发展，发酵香肠中加工周期很短、A_W=0.95～0.90的快熟发酵香肠逐步增加，已占到发酵香肠总体的80%（表4-6），而A_W>0.90的产品已属于高水分食品（high moisture foods，HMF）。既属于高水分食品，又具备非制冷可贮性的食品在市场上更受欢迎，但这类产品往往对加工条件要求很高，而且要有能接受其特性的消费市场。例如，表4-6中的快熟发酵肠，其pH低至4.8，带有显著的酸香，是当地人们颇为喜爱的特性，而这一产品在中国等亚洲市场中可能难以被接受。此外，较低的pH也是其防腐保质所必需的，因为其A_W值可高达0.95，如果没有较强的pH栅栏的支撑，则显然是易腐食品了。

表4-6　德国发酵香肠及其特性指标

特性指标	产品类型	
	快熟发酵肠（Quick-ripened products）	缓慢发酵肠（Slow-ripened products）
A_W	0.90～0.95	0.65～0.90
pH	4.8～5.2	5.4～6.0

续表

特性指标	产品类型	
	快熟发酵肠 (Quick-ripened products)	缓慢发酵肠 (Slow-ripened products)
发酵时间/周	1~2	4~8
产品比例/%	80	20

正宗的发酵香肠源于意大利，典型产品是意式萨拉米（salami），这类产品过去是凭经验加工，而现在现代肉制品加工体系中，无论是传统型还是新开发型，都已进行主动式的产品质量控制，而对其栅栏技术研究和应用尤为深入。

发酵香肠另一独有特征是其微结构对不利菌的抑制并对有益菌的生长产生影响，因此这一结构是意式萨拉米可贮性和质量保证的重要栅栏。电镜扫描发现，发酵香肠内的天然菌群和添加的发酵菌呈非均衡性吸附于小巢穴内，巢穴间距100~5000μm，发酵菌只有在巢穴内能够生长，其余区域则被代谢物（亚硝酸还原酶、过氧化氢酶、乳酸、毒素等）占据。因此意式萨拉米的发酵是一种固态发酵。在这些单一或混合菌巢穴内，始终存在对营养物的竞争以及相互间代谢物的损害作用。在混合菌巢穴内，由于乳酸菌对Eh、pH和A_W较强的耐受性，因此其总是占据优势。香肠发酵初期，乳酸菌呈现较强的活力和代谢活性，而发酵末期逐渐衰弱甚至濒临消亡。香肠中巢穴距离的远近，可能有利于或不利于发酵。肉馅灌装前肥瘦肉粒的充分混合，更利于混合菌在其间质中的分布。如果添加发酵菌，则以混匀于液体中的液态菌种效果更佳。大量的研究已证实了微观结构不仅对意式萨拉米发酵香肠和发酵奶酪产生影响，对其他食品的质量特性和微生物稳定性也很重要。例如，在水包油和油包水乳化体系中，微观结构影响微生物的生长、存活和死亡，其已成为许多食品稳定性、安全性和质量保证的一个重要栅栏，对微观结构的关注和研究也正在不断深化中。

在表4-6所示的德国的两类发酵香肠中，快熟发酵肠的A_W相当高，因为它们仍然含有大量水分，因此价格较低。为了补偿这种高A_W，低pH对于此类产品的微生物稳定性至关重要。相比之下，由于干燥期较长，缓慢熟成的产品价格更高，其A_W较低，因此pH可能较高，这使得它们更加美味。这些差异很好地说明了食物中栅栏的可互换性。为了获得与感官特性和价格相关的不同特性，可以选择能实现微生物稳定性的不同栅栏。只有A_W栅栏随着时间的推移而增强，这一栅栏在很大程度上决定了缓慢长期发酵的慢熟香肠的微生物稳定性。这一栅栏序列机制的揭示，奠定了西式发酵香肠加工从传统经验式向现代可控式的转变，这些技术进展为后来实际生产中对单核细胞增生李斯特菌、金黄色葡萄球菌、沙门菌和肉毒梭菌等的有效防控，发挥了重要的指导作用。

（二）发酵火腿

发酵火腿是用整个猪腿或整块肉发酵制作的生制品，已知的生火腿有100多种，经典的产品是带骨火腿，如意大利的帕尔玛火腿（parma ham），西班牙的杰蒙·塞拉诺火腿（jemon serrano ham），美国的弗吉尼亚火腿（virginia ham），中国的金华火腿、宣威火腿等。发酵火腿不一定用整只腿，用整块猪肉制成的发酵火腿，也是质量上乘的风味产品，如德国的圆火腿（rollschinken）、斯帕火腿（spaltschinken）、德式培根（schinkenspeck）等。原则上，这些肉类都是通过腌制和干燥降低 A_W 来保存的，大多还通过低温熏制来增香和防腐。然而，为了通过 A_W 的逐步降低实现微生物稳定性和安全性，必须注意在较厚的腿肉中心可能发生的腐败。因此选择作为原料的腿肉内部的初始微生物量必须较低，为此屠宰猪只充分的候宰休息、胴体的快速冷却等就很有必要。同时原料肉的 pH 也是重要因素，pH 必须低于 5.8，以确保适当的盐的有效渗透。下一个栅栏是腌制温度，需控制在 5℃ 以下。在恒定的低温下直到足够的盐（即 4.5% NaCl，相当于火腿肉中的 A_W 值约为 0.96）从表面渗透入内并在产品的所有部分处于平衡状态。当火腿内部的 A_W 值降至 0.96 以下时，腿肉内部的微生物生长受到抑制。因此，产品可以在环境温度下发酵熟化或熏制并进行干燥，发酵进程在几周甚至 12 个月内逐步完成。

熟成发酵火腿产品的 A_W 值范围为 0.80~0.90，而含盐量不得高于 5%~6%。对于发酵生熏火腿风味的形成，内源酶发挥着极为重要的作用，因为优质原料腿肉应该只含少量微生物。如果产品风味不足，通常是因为发酵熟成时间太短。而产品存在缺陷（腐败或发酸）甚至含有肉毒毒素，很可能因为加工开始时过高的腌制发色温度，或原料的 pH 过高。发酵生熏火腿的变质主要由耐冷肠杆菌科细菌引起，如液化沙雷氏菌（*Serratia liquefaciens*）等，而导致食物中毒的 B 型肉毒梭菌（*Clostridium botulinum*），则最为危险。对于较短生产周期的发酵火腿，除了食盐，添加亚硝酸盐或硝酸盐可作为辅助，而经典传统发酵火腿，仅用食盐腌制，不添加其他成分。发酵火腿最常出现的问题是表面不良霉菌的生长，为此可通过烟熏，或表面山梨酸钾或纳他霉素（海松霉素）的处理，而应用功能性微生物，如改良的纳他霉菌（*Penicillium natriuretic*）等作为发酵剂使用，已成为现代加工更为安全的理想选择。

二、 中国传统中间水分肉制品

（一）中式火腿和腌腊制品

德国肉类研究中心的 Leistner 教授是最早致力于中国传统肉制品及其栅栏因子防腐保质机制探究的研究者，Leistner 等通过研究认为，中国传统肉制品中的火腿制品、腌腊制品、肉干制品和腊肠是典型的 IMF 食品，其 A_W 值范围在 0.65~0.80，具有出色的微生物稳定性和安全可贮性。

中国传统肉制品历史悠久、风味独特且易于加工，腌腊制品主要包括以畜禽肉和其可食内脏为原料，辅以食盐、酱料、硝酸盐或亚硝酸盐、糖或香辛料等，经原料整理、腌制或酱渍、清洗造型、风干后晾晒干燥或烘烤干燥等工序加工而成的一类生肉制品。例如，腊猪肉、腊鸭、腊兔等腊肉类，清酱肉、酱封肉等酱肉类和风干牛肉、风鸡、风羊腿等风干肉类。其中四川各类腊肉、开封羊腊肉、南京板鸭、宁波腊鸭、成都元宝鸡、广汉缠丝兔、北京清酱肉、广东各类酱封肉、杭州酱鸡等，因其略有差异的加工方法和原辅料配方，形成了各具风味、特色的不同产品类型。

对一些传统腌腊制品的配方分析表明，腌腊制品辅料大致用量：食盐 3%~7%，白砂糖 2.0%~70.5%，硝酸盐或亚硝酸盐 0.001%~0.01%，料酒或曲酒 0.5%~1%，香辛料 0.5%~2.5%，其他调料 0%~2%。中国火腿是腌腊制品中的特型产品，尽管在分类上将其单独划为一类，但其产品特性与常规腌腊制品相似。不同地区有不同的火腿产品，而加工方法基本一致，也与西式发酵火腿接近，带骨原料猪腿经较长时间腌制、发酵、干燥而成，在不同省份和地区，特色地方火腿多达数十种。对市场产品进行的抽样测定结果，一些中式火

腿和腌腊制品 A_W值在 0.79~0.88，pH=5.7~6.1，含盐量变动范围较大，为 4.0%~15.0%（表4-7）。尽管有的地方在火腿和腌腊制品中应用了硝酸盐、香辛料或其他辅料，但正宗的经典名产，如金华火腿、宣威火腿，以及湖南腊肉、四川腊肉等，其辅料仅为食盐。

表 4-7 一些传统中式火腿和腌腊制品主要特性指标

产品	A_W	pH	食盐用量/%
火腿	0.85~0.75	5.7~5.9	7.0~15.0
板鸭	0.84~0.69	5.8~5.9	5.7~6.5
腊猪肉	0.71~0.69	5.8~6.0	8.0~9.0
腊兔	0.87~0.91	5.7~5.9	4.0~4.2
蝶式腊猪头	0.80~0.85	5.9~6.0	7.0~7.5
元宝鸡	0.85~0.92	5.9~6.0	6.0~7.2
风鸡	0.80~0.88	5.8~6.0	5.0~6.2
板兔	0.80~0.87	5.8~6.0	4.5~4.8
北京酱肉	0.70~0.80	5.9~6.1	5.0~6.0

中式火腿和腌腊制品的传统加工多在冬季，最高气温不超过 15℃，较低温下长时间缓慢风干使产品脱水防腐并形成特有风味。在现代工厂化生产中，广泛采用烘烤干燥法。肉料腌制后采用接近 60℃烘烤脱水，短时挂晾熟成，从而大大缩短了加工期，使其规模化和可控性成为可能。在腌腊肉制品的加工中，优选原料、低温腌制，有效降低肉料 A_W且产品的防霉抗酸败为关键控制点。而配方调整及工艺优化，应以不影响产品特有风味、有助于改善其感官质量、延长保存期为前提。尽可能缩短加工期是提高生产能力、降低生产成本的必然要求，而在现代工艺条件下如何保持传统产品原有风味和质量则是发展中所面临的问题。无论是西式发酵肉制品，还是中式腌腊肉制品，传统式加工法生产的产品在肉类市场上始终占有一席之地，即反映出其加工方法及产品风味的独到之处。

Leistner 等对中式腌腊肉制品研究认为，腌制工序可影响产品的可贮性，但最为重要的影响因素是干燥脱水，在此过程中肉料 A_W值降至低于 0.86，从而使产品微生物稳定性得到保证。用传统方法加工的中式腌腊肉制品，其工艺与西式发酵生肉制品极为相似，较长时间的干燥脱水也伴随发酵熟成过程，尽管在此过程中微生物的作用不像西式发酵风干肠那样至关重要，但对产品特有风味及感官质量的形成也发挥着作用。对腊鸭、腊猪肉、腊牛肉、腊肠等传统腌腊制品的微生物特性研究，证实了这类中式肉制品中大量乳酸菌和小球菌的存在。在腌制阶段主要是乳酸菌占优势，而在发酵阶段则小球菌作用更强。这些微生物具有还原亚硝酸、解脂解朊、合成乙醇、转化谷氨酸、抑制不利菌生长、阻止脂肪酸败的作用，从而改善产品感官及营养特性，保证其可贮性和卫生安全性。在中国西南一些地区，存在以富含有益微生物的发酵调味料作辅料的腌腊制品，在天然缓慢风干进程中产生一定发酵作用，尤其是四川的酱香型香肠。风干过程的脱水干燥，使其 A_W值迅速降至 0.9 以下，阻止了微生物进一步发酵，使得产品处于“浅发酵”阶段。这一浅发酵产生的微生物分解作用，对以内源酶为主导的中式传统腌腊制品风味的形成起到重要补充作用，赋予了浅发酵香肠特别的风味特性。

产品特性研究表明，传统加工法可保证腌腊肉制品的可贮性和卫生安全性。可贮性极佳的产品，往往存在干硬、味咸、外观欠佳等不足，改善其感官质量是重点。而一些 A_W 较高的产品，如加工者为提高经济效益采用快速生产法加工的板鸭、腊鸡等，尽管可在一定程度上使产品外观和组织状态得到改善，但其特有风味和保质期将大受影响。在腌腊制品加工改进和质量提高上，行之有效的技术在逐步推广应用。在配方调节上，可适当降低硝酸盐添加量，尽可能减少其在成品中的残留，并通过抗坏血酸等发色助剂、抗氧化剂和增味剂的应用，部分替代硝酸盐的发色、增香和抑菌抗氧作用。食盐也应控制在适宜范围，但不可忽视足量的硝酸盐和食盐对产品安全性的重要影响。减盐或低硝需有相应的防腐抑菌措施替代其作用，否则产品的可贮性和安全性将难以保证。

腌腊制品的防腐保质措施，首先是尽可能减少原辅料初始菌量，并避免加工中的不利微生物污染。板鸭微生物特性研究证实，如果原料中有较高量致病菌、腐败菌，则在烘烤后仍有大量残留，并在贮存阶段增殖，这很可能导致产品腐败或食物中毒。对于 A_W 较低的腌腊制品，金黄色葡萄球菌是主要的残存致病菌，减少其污染并抑制其生长是加工中的关键点之一。原料的微生物控制可通过严格屠宰、分割及处理的卫生条件而达到，而辅料宜采用辐照减菌，或者萃取法熬煮调制为腌制液腌制肉料，不仅增强了香味物渗入肉料的能力，使产品风味更佳，还能使辅料中污染菌大幅减少。

腌制阶段的温度控制是保证腌腊制品可贮性的重要环节，腌制温度不应高于 10℃。而烘烤温度和时间是腌腊制品加工中最为关键的控制点，肉料在较高温度下烘烤时 A_W 迅速下降，可以极为有效地抑制或杀灭不利微生物。从产品感官质量上考虑，烘烤温度不应高于 65℃，因此降低 A_W。从抑菌防腐上考虑，则不应低于 55℃。生产实践表明较为适宜的烘烤温度是 58~60℃，烘烤至肉料 A_W 值在 0.85 左右即可。对于 $A_W<0.85$ 的腌腊制品，一般可达所需的微生物稳定性，而脂肪氧化酸败和霉变常为影响其可贮性的重要因素，腊禽肉、腊猪肉的酸败霉变即是如此。现今多采用真空包装，是简易而有效防霉抗酸败的方法。对一些小包装且不太厚、没有肥膘的产品，可采用真空技术与巴氏杀菌的结合，包装产品根据厚度于 75~80℃ 热水中处理 30~50min，可使产品在贮存期内酸败或霉变的发生率显著下降。根据栅栏技术原理，提出保障工业化烘烤干燥脱水的腌腊肉制品安全可贮的建议如下。

（1）控制初始菌数　以鲜肉为原料，初始菌量小于 10^5CFU/g，尽可能防止金黄色葡萄球菌等对原料的污染。

（2）辅料灭菌处理、适宜的食盐浓度　香辛料萃取法制成腌制液，加入腌制剂及其余辅料，灭菌处理冷却待用，腌制液食盐浓度 5.5%~6.0%。

（3）低温腌制抑菌　腌制温度 4~8℃，腌制 3d 后温水洗净挂晾沥干水汽。

（4）中温烘烤　烘烤温度约 60℃，至肉料 $A_W<0.90$，入无菌室挂晾 2~3d，进一步熟成。

（5）控制产品特性值　成品 $A_W<0.88$，食盐用量为 4.2%~4.5%，pH 为 5.9~6.1。

（6）包装贮存　真空包装后避光贮存于 25℃以下的空间中。

近年来一些厂家也在探索对传统火腿进行改进，如缩短加工周期以降低成本，减少食盐添加量，降低干燥程度以改善感官质量等。但前提条件是需保证这一传统产品的特有风味和可贮性不受影响。市场上一种提高腌制和发酵温度，将生产期从7~10个月缩短为3个月的火腿，其食盐和水分含量分别为8.1%和49.6%，生产成本显著下降，其感官特性也能为消费者接受，但其可贮性大受影响，保质期缩短。

研究表明，火腿在腌制发色阶段温度应尽可能低于5℃，以便使肉料所有部位A_w值均降至0.96，相应的食盐含量至少达4.5%，然后才能进一步在室温下发酵，室温较高时酶解发酵过程则相当迅速。如果腌制发色阶段温度过高、时间过短（优质火腿此阶段一般需3个月），在此后的发酵熟成阶段，火腿中心易发生肠杆菌类致腐菌和肉毒梭菌等致病菌繁衍。腌制阶段温度起伏不能过大，发酵阶段对温度的要求则较宽松，如短时升至30℃也无妨，当然只能是短时而已，否则脂肪易氧化酸败，质量受损。对发酵干燥充分和优质火腿制品，其发酵熟成期应达数月之久，因此整个加工期至少应为7个月，传统经典产品则往往在1年以上。未经烟熏的火腿制品，保存阶段最大问题是霉变，表面易滋长大量霉菌，其中许多可产生霉菌毒素，鉴于此，市场上的快速发酵加工的火腿产品大多采用分割小块包装，通过Eh栅栏（降低氧化还原电位）抑菌防霉。火腿防霉变，除了烟熏，另一有效方法是选用山梨酸盐等防腐剂对火腿进行表面处理，即增强Pres.栅栏作用。近期的研究发现可以应用纳地霉菌等功能性发酵、抑菌剂替代化学防腐剂。

（二）肉干制品

中国肉干的起源年代久远，中国肉干的加工产品遍及亚洲，以特有风味和营养价值受到消费者喜爱，按加工方法可分为肉干、肉松和肉脯三大类，已知的地方名产有30多种，大多为A_w值为0.60~0.90的中间水分食品新产品，也有少数含水量极低的产品（A_w<0.60）（表4-8）。在所测定的肉干样品中，其A_w=0.54~0.71，pH=5.8~6.2，食盐用量2.8%~6.9%，糖用量6.3%~25.0%，个别产品A_w=0.50~0.59，已属于低水分食品。

表4-8 一些肉干制品的特性指标（平均值）

产品	A_w	pH	食盐用量/%	糖用量/%
猪肉干条	0.71	6.0	4.0	7.2
猪肉干粒	0.66	6.0	4.0	20.1
猪肉松	0.59	5.9	4.3	10.9
牛肉干条	0.56	5.8	6.9	15.7
牛肉干粒	0.54	6.2	5.1	6.3
牛肉脯	0.62	6.1	3.8	13.2
咖喱牛肉干	0.57	5.9	2.8	25.0

保证中国肉干微生物稳定性的栅栏主要是A_w（干燥），F（热处理）也发挥一定辅助功能，而pH影响不大。由于经过高温过程，中国肉干上几乎不存在微生物。抽检的35个可

贮样品的测定结果，大多数样品在10^2~10^3CFU/g。对于非罐藏类肉制品，这一点是尤为难得的。中国肉干在加工后易发生再污染，但由于其A_W值低，保存时可贮性肉干上的微生物逐减少，特别是A_W值为0.60左右，其中葡萄球菌和酵母菌减少最迅速，沙门菌次之，肠道球菌和杆菌最易残留。对肉干进行微生物接种试验，观察到在热处理阶段沙门菌、致病性葡萄球菌、酵母菌和霉菌即被杀死，肠道球菌可能残存，但在产品保存过程中也会死亡，杆菌和梭菌芽孢在加工和保存中也减少，显现典型的微生物衰竭导致的“自动灭菌”。Leistner等对肉干进行了易导致肉干霉变的灰绿曲霉的接种实验，在25℃保存3个月，样品中83%可贮性极好，在非冷保存时，散装的中国肉干可贮性条件是A_W值低于0.70，但要避免其霉变，A_W值需低于0.61。

为适应现代消费市场的需要，众多企业均在探讨对肉干制品进行产品改进。应用范例之一是应用栅栏技术对其加工进行设计，开发出的改进型肉干制品，其A_W值比传统肉干的高得多，而含糖量和含盐量比传统肉干低，但其外观色泽、口感、柔嫩性等感官质量均优于传统肉干。由于加工中增强了t（低温处理）、F（较高温灭菌）、Eh（真空包装）等栅栏的强度，较高A_W的新产品仍达到了传统肉干非制冷条件下3个月以上的保质期。更多的企业是对小包装肉干进行巴氏杀菌或保温杀菌，通过F栅栏与A_W栅栏的结合确保产品安全，但高温型产品的感官特性或多或少会受到不利影响。保证中国肉干质量特性和可贮性的措施建议如下。

（1）控制初始菌数　尽可能减少原料的微生物污染，最好用新鲜肉。若用冷藏肉，其冷藏期也应尽量减短。

（2）迅速降低A_W值　加工中使肉干尽快的彻底干燥，这是产品稳定性必需条件，非冷保存的散装肉干，A_W值应不超过0.69以抑制耐受较低A_W值的霉菌等微生物的生长。真空或气调包装的产品则A_W值不超过0.75，冷链贮藏的A_W值甚至不超过0.80。

（3）较高温烘烤及使用A_W调节剂　对于新开发的A_W较高的产品，可适当提高烘烤温度以增强F栅栏的作用，或增加糖的添加量以降低A_W和保湿。

（4）脱氧及避光　A_W值较高的肉干应真空包装，非真空包装的产品须密封避光保存，肉干在密闭盒或真空包装可避免微生物再污染和抗酸败，对一些耐热性产品类型可通过巴氏杀菌或高温灭菌进一步保证其产品安全性。

（三）中式香肠

从目前已掌握的史料来看，中国香肠的历史至少有1000年以上，习惯上把香肠划分为两大类：一类是按照传统生产法生产的，叫腊肠，也就是一般所说的香肠；另一类则历史较短，类似西式法兰克福香肠生产法加工的，叫灌肠。腊肠是家喻户晓的传统肉制品，这种肉制品之所以称为香肠或腊肠，是因为过去多在冬季腊月生产，在春节最受消费者喜爱，且成品香气四溢。香肠是用铰切的肉再加上辅料按照简便工艺大众化生产而成，常用辅料包括广式糖料、川式麻辣料、五香料、酱料等，配方可因不同地区而异。

Leistner等在1984年就对中国香肠的产品特性和微生物稳定性进行了研究，分析了来自世界各地的产品样品，表4-9是中国香肠样品的理化指标，pH和A_W值分别是5.6~6.3和0.57~0.87，食盐2.5%~9.2%，菌落总数一般低于10^6CFU/g，只有已腐败的样品才会检出较高量的菌落，其中主要细菌为非致病性小球菌，其次是乳酸菌（主要是乳酸杆菌），以及少数肠道球菌和微球菌，尽管各样品的加工显然并非标准化，但其肠细菌和致病性葡萄球菌

（金黄色葡萄球菌）几乎不能检出，这是十分不可思议的。由此可见，中国香肠如果较为规范地加工并良好的干燥，从卫生学上讲是安全可靠的。对已腐败的香肠样品的微生物特性进行研究，主要是革兰氏阳性菌（乳酸杆菌、肠道球菌和小球菌）所致，这些细菌大量繁殖（高于 10^7CFU/g）引起酸化，在真空包装条件下产气，也检出了霉菌。而正常、干燥良好又经真空包装的产品上无霉菌，从理论上讲也可能出现霉菌毒素，但只有在香肠严重霉变时才会出现，另外，在所有中国香肠样品中未检出沙门菌。

表 4-9 中国香肠样品的理化指标

指标	最小值	最大值	均值
pH	5.6	6.3	5.9
A_w	0.57	0.87	0.75
食盐用量/%	2.5	9.2	4.5

中国香肠是典型的中间水分食品，其微生物稳定性主要建立于 A_w 栅栏之上，即以加工过程中迅速干燥为基础。这种肉制品，pH 相对较高，乳酸菌在其中只很少量繁殖，因此香肠无酸味，酸味被认为是次品的标志。A_w 的迅速降低通过添加食盐（2.8%~3.5%）和糖（1%~10%），以及小直径肠衣（26~28cm）在较高温（45~60℃）和较低湿度（相对湿度60%~75%）下干燥等来实现，干燥交互作用后的香肠已具备较好的微生物稳定性，保证其微生物稳定性和安全可贮性的主要栅栏及其交互作用如表 4-10 所示。

表 4-10 保证中国香肠微生物稳定性和安全可贮性的主要栅栏及其互作

栅栏效应		栅栏途径
主栅栏	迅速降低 A_w	2.8%~3.5%的食盐和低于 10%的糖，26~28mm 的小直径肠衣，约 65%的较低相对湿度
次栅栏	稍降低的 pH	少数乳酸菌作用，但不酸化，调节 pH 至约 5.9
	F	对于烘烤干燥产品，约 50℃的温度下干燥脱水
	Pres.	添加硝酸盐或亚硝酸盐，烟熏

对于烘烤干燥的中式香肠，为保证产品的微生物稳定性和卫生安全性，香肠的 A_w 值应在 12h 内降到 0.92，36h 内降到 0.90 以下，可在 50℃左右温度和 65%相对湿度下干燥 30~36h，如果轻微烟熏更佳。烘烤后最好在 20℃温度和 75%相对湿度下挂晾 2~3d，使 A_w 值降到 0.80，这时失重率达到 50%，此后真空包装贮藏，包装后室温下存放 14d，香肠才能形成特有的浓郁香味，真空包装除促使香味形成外，还可抑制霉菌生长。综上所述，从栅栏技术上分析香肠的生产控制措施包括如下几方面。

（1）控制初始菌数　以鲜肉为原料，原料肉尽量少含革兰氏阳性菌。

（2）快速而有效地降低肉料的 A_w 以抑菌　加工时使 A_w 值 12h 内降至低于 0.92，36h 内降至低于 0.90，通过在 50℃左右温度和 65%相对湿度下干燥 30~36h 实现。

（3）烟熏提高 Pres. 防腐栅栏　例如在 50℃左右温度和 65%相对湿度下微烟熏 5h。

（4）进一步熟成和降低 A_W　可在温度为20℃和相对湿度为75%的条件下挂晾2~3d，使其 A_W 值小于0.8。

（5）产品真空包装并提高Eh栅栏抑菌防霉　包装产品最好在室温下放置14d以上以便香味形成。

三、其他中间水分肉制品

（一）南非比尔通牛肉干

比尔通牛肉干（beef biltong）是原产于南非的精美干肉制品，其生产可追溯到好望角人定居时代。其制作方法是，将肉顺纹理切成长条，用腌制剂涂抹后腌制。腌制剂主要成分是食盐，也可用糖、醋、胡椒等，有时还加入硝酸盐、亚硝酸盐和其他防腐剂（如海松素或山梨酸钾等）。当地山梨酸钾的允许添加量为0.1%。牛肉腌制数小时后，用加有醋的热水过一下，挂晾1~2周使之干燥即成，成品可非冷保存，生食。

德国肉类研究中心对比尔通牛肉干样品的测定表明，其 A_W=0.6~0.9（一般为 A_W=0.65~0.8），pH=4.8~5.8（一般为5.5），含盐量6%~9%（平均约为7%），含少量糖，硝酸盐残留30mg/kg左右，但添加的硝酸盐并不能保证其微生物稳定性，因为已腐败的样品中也检出了大量硝盐残留量。研究者认为，保证比尔通牛肉干可贮性是 A_W≤0.77和pH≤5.5的协同结果，达到此栅栏的样品都未变质和霉变，腐败主要是耐旱的赤绿霉菌引起的，酵母和细菌较少。当比尔通肉干脱水至含水量不超过24%时（A_W=0.7），则已具有微生物稳定性。比尔通牛肉干中最危险的是沙门菌，经长期贮藏后的比尔通牛肉干上也检出了沙门菌，当地已有比尔通肉干通过内源性传染而导致人患沙门菌病的病例。因此，在比尔通牛肉干加工中必须选择健康畜肉并严格加工卫生条件，原料肉不含沙门菌和其他加工中易残存的微生物，相应的其他措施包括添加0.1%山梨酸钾以抑制霉菌和其他有害菌，产品的 A_W 值应通过盐腌制和干燥过程尽可能迅速地降到小于0.80。由于比尔通牛肉干是生食的，因此加工中的良好卫生条件尤为重要。

（二）土耳其巴特马肉干

巴特马肉干（pastima）是用牛肉经腌制干燥加工成的肉制品，在土耳其、埃及等国家和地区极受人们喜爱。巴特马肉干主要是9~10月份制作的，在这段时间苍蝇少，气温也比夏季低，雨量少，空气温度适宜。80kg瘦牛肉可加工出50kg肉干，原料肉添加食盐和香辛料，腌制后以大蒜等调制为酱料涂布在肉干表面，在风干脱水即成，室温下可贮藏9个月。对巴特马肉干样品测定结果，一些特性指标的平均值：含水量30.2%，食盐含量6.5%，亚硝酸钠含量12mg/kg，pH=5.5，A_W=0.88，菌落总数约 10^6CFU/g，其中乳酸杆菌占绝大多数，无肠道菌和霉菌，大量乳酸杆菌或许也对降低pH发挥了作用，从而使肉干具有良好的防腐性。

对巴特马肉干接种沙门菌、炭疽杆菌、致病性梭菌等进行挑战实验，这些微生物在巴特马肉干的加工过程中难以残存，产品具有出色的防腐性。残留的微生物主要是小球菌和乳酸杆菌，也有极少的肠道菌。在美国也有一种类似的产品，称为巴士马（basturma），其加工法与亚美尼亚加工的巴特马肉干相同，但这种肉干检出了沙门菌，其原因很可能是为了迎合美国当地人的口味，将食盐和大蒜的添加量减少所致。有专家提出了既适应美国本土消费习惯，又能预防沙门菌的措施，即将这种产品在52℃下热处理6h，提高其防腐抑菌栅栏，但这一工序可能改变巴特马肉干正宗产品特有的风味。

巴特马肉干表面霉菌特别少，采用不同成分和不同大蒜量的配方涂料进行试验，结果发现大蒜具有抑制霉菌的出色能力，这种能力随着贮藏时间延长，抑菌效能减弱，因为大蒜中的抑制物易挥发，另外，巴特马肉干贮藏中A_W的减小也对其可贮性起到补充作用。正宗的巴特马肉干产品涂料含35%鲜大蒜，即使在夏天高温季节，也可防霉菌数月。大蒜作为Pres. 栅栏因子改进了产品的卫生性，并与风干降低A_W效应结合，成为经验式应用栅栏技术于传统肉制品加工的典范。

（三）拉丁美洲恰克干牛肉（charqui）

在拉丁美洲地区，许多传统的中间水分肉制品很常见，一项称为CYTED-D的项目，对拉丁美洲的260种食品进行栅栏技术评估，在其中的29种肉制品中，中间水分肉制品占多数。例如，一种称为恰克干牛肉的中间水分肉制品，流行于巴西和墨西哥等国，也是当地人的动物蛋白质重要来源，特别是对于制冷设施有限的农村很重要。该产品原料为大块牛肉，主要来自于牛的侧面或前躯，通过盐渍和晒干保存。将生肉块浸入饱和盐溶液中约1h，然后成堆干腌，海盐被均匀地铺在混凝土地板上，一层肉一层盐直到盐和肉的交替层叠到大约1m的高度。8h后上下翻动替换，使顶部的肉换到肉堆底部，并添加新鲜的盐层，如此重复5d后，肉片经快速清洗，去除黏附在表面上的多余盐分，再放在木轨上晒4~5d。在夜间或预计会下雨的情况下，肉块将被收集并堆放在混凝土地板上，并用防水油布覆盖。恰克干牛肉主要通过盐渍和干燥保存，它含有约45%的水分和15%的NaCl，其A_W值为0.70~0.75。这种传统的肉制品可以贮存几个月而不需要冷藏，且带有一种特有浓郁风味和轻微的酸败味。恰克干牛肉在干燥阶段的发酵，可能是由嗜盐片球菌引起的，其有助于形成典型的风味，并成为重要的防腐栅栏。该产品总是在煮熟的状态下食用，但即使在长时间浸泡后，也不可能完全复水至加工前的状态，只是可去除多余的盐。研究显示，如果原料肉质量很好，加工和贮存期间的微生物数量可能会逐渐减少，凭经验式的栅栏调控可获得微生物含量较低的最终产品，这可能是微生物代谢衰竭所致。

第三节 发展中国家的食品加工与栅栏技术

一、印度食品防腐与栅栏技术

栅栏技术引入印度是在1993年，此后对该技术的研究与应用对印度食品防腐保质产生了重要影响，目前栅栏技术在印度的研究与应用已涉及果蔬、肉类、乳制品、谷物、水产等各个领域，印度成为栅栏技术应用较广的国家之一。近年来，印度消费者在食品选择上变得更加注重质量和健康，但准备新鲜健康食品的时间却越来越少，而方便、加工程度低的鲜态即食食品供应仍然相当匮乏，食品保存和包装技术也处于发展阶段，消费者需要的不是那么多新颖的外来或新开发食品，而是货架稳定的本土传统食品。大众化的产品如chapaties、parothas、poories、khoa、rabri、chhana、paneer、rasogolla、sandesh、kababs、meat samosa、meat tikki 等，随着现代技术和设备的引进，栅栏技术应用于这些产品的防腐保鲜，提升其微生物稳定性和安全可贮性取得显著成效。

（一）乳制品

牛乳和乳制品是印度最为重要的食品，对于以素食为主、不吃畜禽肉的人群来说，以牛乳为基础的产品是动物蛋白质的唯一来源，动物蛋白质可提供人体所需的氨基酸。然而，许多本土乳制品在印度的炎热气候条件下很容易变质，因此提高其货架稳定性受到特别关注。印度的一些传统乳制品，如 chhana、khoa、payasam，在 30℃ 温度下约 2d 就会变质。不过，对其改进的研究已积累了一定经验。范例之一是对传统工艺进行优化，调节其 A_W，然后装入高压灭菌袋，密封包装后贮存在冰箱（5℃）中平衡 12～24h，然后于 104℃ 下热处理 20min，以 F 栅栏为主导，并通过 A_W 和 Eh 的协同实现产品的常温可贮。

另一个范例是传统的农家帕里乳制品（paneer），因其丰富的营养和独特的风味在印度北部深受喜爱。然而帕里乳制品在室温下（可达 35℃）1～2d 内因细菌大量滋生而腐败。如果采用罐头形式的杀菌防腐，产品在味道、质地和颜色方面将受到严重的不良影响。印度专家 K. Jayaraj Rao 在德国肉类研究中心对其进行了基于栅栏技术的研究，设计出尽可能保持传统风味，又能在常温下可贮的栅栏技术食品并在印度实现了产业化，这种帕里乳制品，其栅栏技术机制是前面所述的 Combi-SSP，在没有冷藏的条件下也可贮藏数周。保证 paneer curry 可贮的栅栏组合为 $A_W=0.97$、$F_0=0.8$，pH=5.0，或者 $A_W=0.96$，$F_0=0.4$，pH=5.0。最终选择的应用栅栏是 $A_W=0.95$、$F_0=0.8$、pH=5.0，并辅以 Pres.（添加 0.1% 山梨酸钾），对保持其微生物稳定性最佳，而对其质构、营养和感官的影响最小。产品连同包装袋浸泡在沸水中几分钟即可食用。该产品的研发证明了多因子栅栏的交互作用在稳定传统乳制品方面的有效性，这是栅栏技术成果在印度实际生产中应用的突破。

还有一个例子是印度乳制品 dudh churpi，这种产品在喜马拉雅地区（即不丹，以及印度的锡金邦和大吉岭）很受欢迎，由牦牛或奶牛的牛乳制成，其最重要的特性是丰富的营养和特有质地（弹性），生活在高海拔地区的人把它当作能量片咀嚼。Sarkar 等应用栅栏技术对传统产品进行改进，包括适当干燥和降低 A_W，如热加工、酸凝固、山梨酸钾添加、微烟熏和密封包装等，在多个栅栏因子的选择和协同效应上进行研究，并提出了可行的产品优化建议，在非制冷条件下确保了该产品的可贮性。这项研究成为栅栏技术应用于改善偏远喜马拉雅地区的传统食品的范例。

（二）谷物制品

印度生产最多的小麦制作产品是类似于薄脆饼的 chapathies，特别是将其伴随沙拉、果酱等食用，在印度很受欢迎。这种大众食品是即做即食，以往的尝试对其长期保质的研究均不成功，如曾经通过添加丙酸或山梨酸防腐保质，但产品的味道会变差；罐装后 116℃ 加热处理 100min，质构又会变得非常坚硬和易碎，且色泽褐化；伽马射线辐照保存，会有异味产生，而且还是不能完全消除霉变隐患。对于基于栅栏技术的 chapathies 研究取得了较好的效果，配方上调整为 2.5% 食盐、3.0% 糖、0.2% 柠檬酸和 0.09%～0.14% 山梨酸（最大允许量在印度为 0.15%），工艺上传统工序上增加包装后 90℃ 热处理 2h，成品在常温下非冷藏的保质期可达到 6 个月。

印度非常受欢迎的甜食 halwa，它是用小麦、大米、胡萝卜、土豆、南瓜等磨碎后加糖和植物油制成，是提供热量的主要食品，也是脂溶性维生素的良好载体。这种产品是即食的，且常温下可贮，其水分含量较高，具有较好的微生物稳定性。另一种同类产品是 upma，水分含量甚至更高。这两种产品都添加一定的防腐剂（多为山梨酸钾），经过 155~175℃ 温度油炸。测定显示，在聚丙烯袋中 halwa 和 upma 均出现腐败并伴随发酵，随后霉菌生长并产气。如果不添加防腐剂，常温下 halwa 在 2d 内变质，upma 在 1d 内腐败。加入山梨酸盐后，halwa 的保质期延长至 10d，upma 延长至 5d。基于栅栏技术对其进行改进，新制备的 halwa 和 upma 的将 6.0~6.3 的 pH 通过添加柠檬酸降低至 5.2 左右，从而增强添加的山梨酸盐的防腐作用。包装后再 95℃ 热处理 2h，成品在环境温度下的保质期：halwa 超过 6 个月，upma 超过 1 个月。

（三）果蔬制品

印度国防食品研究机构实施了一个旨在开发基于栅栏技术而具有常温贮藏条件下微生物稳定性的熟制蔬菜项目。开发的产品之一是菜豆，蒸熟以软化组织，使其达到最佳食用状态，并导致营养生物失活和细菌芽孢的亚致死性损伤。研究中用酸和盐处理软化的菜豆，以引入 pH 和 A_W 栅栏，然后在 70℃ 的热风干燥器中干燥至预定湿度水平。部分干燥、酸盐浸渍的菜豆 A_W 值和 pH 分别达到 0.85 和 4.5，已经属于中间水分食品，袋装后室温下贮存也具有微生物稳定性。研究显示，即使在贮存 6 个月后，栅栏稳定的菜豆的感官品质仍然可以接受。这种产品在外观和质地上比常规干燥至低湿度的豆类更接近于新鲜煮熟的豆类，可以用作许多即食食品的蔬菜组成部分，特别适合用于烹饪条件困难的军队供应。基于此还开发出了满足印度军队战略需求的多种蔬菜制品，这类军用产品技术转化为民用也是有益的，可以有效地避免季节性过剩期间新鲜农产品大量收获后的损失。

印度专家对一些高水分果蔬产品（HMFP）进行了基于栅栏技术的研究，结果表明，与传统的冷冻、罐装、脱水等相比，类似于上述菜豆的防腐保质技术更简单，所需能源更少，涉及的产品有香蕉、苹果、菠萝、杧果、木瓜、番石榴、梨、麝香瓜、菠萝蜜等。水果被清洗、去皮、去核并切成片，在含有 0.3% 焦亚硫酸钾（KMS）和 0.3% 柠檬酸（水果和溶液之比为 1∶2）的糖浆中，50℃ 浸泡 2h，然后在 90℃ 下浸烫 2min，冷却后聚丙烯袋真空包装，每袋 60g，再置于 85℃ 热水中保温 30min，冷却即为成品。根据对所选水果使用不同糖浆浓度、水果与糖浆的比例、浸泡温度和达到所需 A_W 和 pH，对工艺参数进行了标准化。通过该技术，水果的 A_W 值调节到 0.92~0.95，pH 调节到 3.7~4.5。产品在室温下的保质期：杧果 12 个月，番木瓜 8 个月，其他水果 6 个月。

印度迈索尔国防食品研究机构开展的广泛研究和开发工作，为栅栏技术在高水分水果产品中的应用提供了重要信息。采用相对简易的工艺，可弯曲的柔性袋真空包装，进行 GMP 或 HACCP 加工控制，产品非制冷常温可贮。基于栅栏技术的水果和蔬菜保鲜为消费者带来了以下优势：食品的新鲜特性，无需冷藏即可贮存，且食用方便。对于企业而言，较为简易的工艺，能源耗用和资金投入低，柔性包装，产品常温可贮且保质期长，季节性水果和蔬菜可以得到较好的加工贮藏，可以带来较大的产品附加值。

（四）肉类及家禽产品

在印度，消费者更喜欢购买热去骨、未经加工的生肉原料，并添加大量香料烹制食用。肉制品的低温贮藏、运输和配送体系不健全甚至缺乏。因此加工中心的建立是在畜禽养殖原产地，且采用小规模形式，成品可以在附近的城区出售和分销。这也有助于当地农村的发展，以及为失业者创造更多就业机会。为此栅栏技术提供了实现其有效加工利用的可能。可采用成本和能耗较低的技术加工新鲜、安全的半成品预调理产品，可以在环境温度下非制冷贮存，并且需要在用户端进行短时间的终端烹饪。在这样的背景下，印度国防食品研究实验室专家进行了研发，应用栅栏技术生产无骨羊肉片和带骨鸡腿等半成品产品。羊肉在含有食盐、亚硝酸盐、酸化剂和抗坏血酸等的溶液中低温浸泡，烹调至所需的湿度和质感，冷却后用柔性包装材料真空包装。由于 pH 和 A_W值分别降低至 4.6 和 0.70~0.85，该产品具有良好的微生物稳定性和安全可贮性。室温下的保质期接近 1 个月，5℃下的保质期超过 4 个月。产品看起来是粉红色的，有点像软皮革，食用前需要添加香料并油炸。

印度研究机构进一步探索减少添加剂和改善产品质地的可能。就鸡肉而言，主要问题是微生物的控制，尤其是致病菌，并尽量控制导致酸败的脂质氧化。可有效抑制腐败性和致病性微生物的措施包括原料减菌、适度热处理、调节 pH 至 5.1~5.2，降低 A_W值至 0.82、添加功能性香料、真空或气调包装，以及低温贮存。不同的产品采用不同的技术组合，加工的预制半成品外观很吸引人，品感柔软，还可加热即食。然而这类产品在室温下的保质期通常较短，仅为 1 周左右，5℃下的保质期接近 2 个月，在-2℃下可超过 4 个月。可通过使用抗氧化美拉德反应产品（MRP）和功能性香料控制脂质氧化，其抗氧化效果不如 BHA、BHT 或亚硝酸盐等，但如果与这些化学防腐抗氧化剂结合使用，可发挥极为有效的抗酸败作用。研究显示，栅栏技术可以成功地应用于这类短期贮存的预调理半成品形式的羊肉和鸡肉块。微生物稳定性和抗酸败问题可通过适当选择一些强度较低的 F、pH、A_W等栅栏因子来实现，这些栅栏因子可以有效地控制产品品质的劣变，同时在其产业化中需良好的加工卫生条件，特别是置于 GMP 或 HACCP 管理下予以实现。

Manchurian chicken 的肉制品，这是一种印度的传统食品，目前在大城市的快餐系统中的需求量很大。本产品原料为去皮、去骨的鸡肉，切块后添加含食盐、食用酸和香料腌制，煮至半熟，裹以面糊后油炸即成。这种食品曾经局限于厨房和餐厅制作，而栅栏技术的应用及标准化工艺流程的制定为其规模化生产和具有适销的保质期提供了可能。采用的栅栏是降低水分活度（A_W）、热处理（F）和真空或氮气气调包装（Eh）。产品的含水量为约 33%、含盐量 2.5%、pH=6.0，产品在 20~25℃下 15d 内具备微生物稳定性，感官上可接受。气调包装产品外观干燥，真空包装产品略显油腻但风味更佳。

还有一种通过应用栅栏技术改良的传统印度肉制品是 tandoori chickene，属于鸡肉肉制品，采用改良措施，配方是添加氯化钠 3%、亚硝酸钠 0.012%、葡萄糖酸-δ-内酯 0.2% 和乳酸杆菌发酵剂（10^6CFU/g）。原料肉用香料和 8% 酸奶腌制 24h，pH 达到约 5.1。肉炸至中心温度 82℃后冷却，并与含有 5% 大蒜和 0.1% 山梨酸钾的糊状物混合。产品 A_W值为 0.86，25℃下的保质期为 7d。经过单核细胞增生李斯特菌、伤寒沙门菌和大肠杆菌等的挑战实验，证明产品是稳定和安全的。一种称为 caprine keema 的肉制品在常温下的保质期也是通过栅栏技术实现的。这是一种极易腐败的印度本土肉类产品，用低档、廉价的山羊肉作为原料，切块添加香料烹调制成，因为易腐，所以需新鲜食用。研究中采用的栅栏是作为可变栅栏的 A_W和 pH，以及作为恒定栅栏的真空包装、防腐剂和热处理。通过添加盐、糖、分离大豆蛋白和脱脂乳粉，将产品的 A_W值调整为 0.90 和 0.88 两个水平。A_W值为 0.90 的产品感官质量较佳，若 pH=5.80 则更可接受。防腐剂可添加 2% 天然香料混合物、100mg/L 的亚硝酸盐、500mg/L 的山梨酸和 500mg/L 的抗坏血酸。原产品保质期仅为 1d，栅栏技术改进后可达到 5d 以上。

二、 拉丁美洲国家食品防腐与栅栏技术

在一些拉美国家，鱼类是最为重要的营养食品来源，来自南美洲西海岸的沙丁鱼和其他远洋鱼类是人们日常所需的重要食品，也大量用于动物饲料鱼粉生产，而作为食品的大规模利用需要低成本、简易的加工和贮存技术。例如，在智利就应用栅栏技术延长沙丁鱼的保质期，使沙丁鱼糜在 15℃下不足 3d 的保质期延长至 15d 以上。处理方法及设置的栅栏：清洗后添加 6% 氯化钠调节 A_W 值至 0. 94，用醋酸将 pH 降至 5. 7，添加防腐剂为 0. 2% 山梨酸钾，包装后在 80℃的水浴中处理 2min。为改善感官色泽，沙丁鱼肉糜洗涤 4 次，以去除深色色素和大量脂肪，并将污染的微生物降低 100 倍，进一步降低 pH，山梨酸钾防腐剂及温和的热处理有效抑制微生物生长，其中热处理对肉糜的质地和功能特性的影响很小。如果采用传统干燥和/或腌制，也有助于微生物稳定性，但会显著改变产品的质地和感官特性。

在阿根廷，Maria 等在 1990 年就应用栅栏技术延长鱼制品保质期，涉及中等水分或高水分鱼类产品，相应方法在食盐、烟熏、醋酸、山梨酸钾和真空包装等因子中筛选，已经在脂肪含量高或低的鱼肉，如鲭鱼和鲑鱼的片或块，这些产品在冷链下至少可贮存 30d。对不同类型的鱼类原材料（新鲜、预售、冷冻）和实验腌制过程的每个阶段（清洗鱼片后取样后浸泡在盐水中，再浸泡在腌制槽中，最后用醋酸溶液或油包装）的微生物状况的检测结果显示，所有类型的原料都适合在腌制阶段通过基于氯化钠和醋酸的联合防腐作用抑制病原菌和腐败菌的生长，产品具有良好感官质量和微生物稳定性。为使中等水分含量而又可贮的鲭鱼产品的开发，通过添加氯化钠和甘油降低 A_W，以及添加山梨酸钾和温和热处理。鱼在含食盐、甘油和山梨酸盐的汁液中预煮 20min，然后降温至 2℃后在汁液中浸制 20h，这时肉料的 A_W 值和 pH 分别为 0. 89 和 6. 5。白色鱼肉灌装于装有植物油的玻璃罐中，并在 90℃下巴氏杀菌 40min。通过该栅栏组合获得的产品具有适度的甜味和多汁的质地，没有苦味，有这一特性的产品可能会更容易被消费者接受。

秘鲁食品研究机构也进行了鱼类产品的新栅栏保存方法探索，涉及沙丁鱼、鲭鱼等，将鱼与 35% ~40% 的食盐混合，然后真空包装于塑料薄膜中放置 3 ~ 4d。这导致最终含盐量较高（至少 16%），因此 A_W 值低于 0. 79。而盐水覆盖产品可避免脂肪氧化，阻隔性能良好的密闭袋阻氧也能将质量损失降至最低。该产品的一个重要优点是其品质稳定性，如果在黑暗中保存并进行一定的制冷，保质期可长达 3 个月，冷藏以避免组胺生成和微生物生长极为必要。

一种称为 pesquerita 的鱼糜产品，也是使用 24% 的食盐，并通过压榨降低含水量，调节 A_W 值至 0. 75 左右，之后产品在水中浸泡后又能迅速恢复湿度。这一方法被用作多种鱼类产品的基础，包括鱼肉制作的肉丸和汉堡包等，1% ~ 2% 的柠檬酸被添加到变性肌肉蛋白质中，有助于分离水和油。产品以 0. 5 ~ 1kg 的大体积真空包装，冷链条件下的保质期为 3 个月。对用作动物饲料的青贮鱼也进行了栅栏技术研究，该饲料是由煮熟和碾碎的鱼渣制成，补充甘蔗糖蜜和植物乳杆菌，然后在 40℃发酵 48h，导致乳酸菌生长至约 10^9 CFU/g，pH 下降至约 4. 5，酸度（以乳酸计）上升至 3. 3%，产品在常温下可安全贮藏 6 个月，仍然质量完好，气味芳香。

传统腌制产品的外观、风味、味道和高盐含量已逐渐受到市场冷落，为此，一种被称为 carne bovina 的干牛肉基于栅栏技术进行改进，用含食盐和亚硝酸盐的溶液浸泡，然后进行干腌和干燥，并对成品进行真空包装。其产品的栅栏因子分析包括氯化钠、亚硝酸钠、脱水、真空包装等抑制微生物的栅栏，研究加工过程中发生的生物化学、物理化学和超微结构变化，较优的栅栏组合甚至可选择产生理想发酵的微生物。在阿根廷，研究人员对货架稳定的牛肉产品进行了测定，评估了丙酸钠的抗肉毒作用，处理方法包括固化、烹饪、真空包装和 γ 辐照等，对 240 个样品用 0%、0.8%、2.0%、3.3% 丙酸钠处理，或者 2.5kGy、5.0kGy、7.5kGy 和 10kGy 辐照，并在 28℃贮存长达 4 个月。结果显示丙酸钠与其他因子的优化组合可有效抑制肉毒梭菌生长并产毒，可以作为 carne bovina 货架稳定中保障产品安全的栅栏。

三、 非洲国家果蔬食品防腐与栅栏技术

栅栏技术在 1989 年引入南非，至今这一概念已成功应用于南非的各种食品。范例之一是位于约翰内斯堡的威特沃特斯兰德大学（University of the Witwatersrand，Wits）研究人员将其应用于防止因芽孢杆菌分解淀粉导致产品发黏，以及霉菌的生长而导致面包变质，这一直是导致南非烘焙业经济损失较大的难题。通过测试双乙酸钠、食用醋、丙酸钙等联合使用对面包中导致腐败的微生物的抑制效果，也评估了它们对酵母活性的影响。试验结果醋与 0.10% 丙酸钙复配可获得最长的保质期，而 0.30% 丙酸钙对霉菌的抑制最佳。双乙酸钠和丙酸钙分别以 0.10% 的比例组合时，所需酵母活性的降低度最小。南非研究人员的另一项实验是针对真空包装维也纳香肠在贮存期间因乳酸菌生长的变质，产品在约 60℃下的包装内巴氏杀菌，可保障其在 8℃下的保质期。然而该巴氏杀菌在降低明串珠菌和乳酸杆菌发生率的同时，却又增加了杆菌和梭状芽孢杆菌的生长率，而且贮藏时温度不恒定（或高或低），巴氏杀菌的香肠也会存在安全隐患。

在一些非洲国家，研究人员也对应用栅栏技术实现食品保鲜有极大兴趣，如尼日利亚食品专家研究通过栅栏组合保存食品，特别是使用天然香料及其提取物作为防腐剂。在尼日利亚，西红柿只在一年中的某些时间段才大量上市，通常在家切碎加盐，煮熟后涂上一层薄薄的花生油或棕榈油，然后在室温下贮存数周，低温冷藏因为能源费用太贵而很少被采用。甚至烹调需要的石油能源也可能因原油供应不足而导致困难，因此普通消费者能够负担得起的是以防腐剂防腐。肉豆蔻、香草和胡椒籽等在尼日利亚随处可见，因此对其提取物的防腐效果进行的研究受到关注。研究显示，这些香辛料的果实的酚酸和精油提取物对从腐败番茄果实中分离的酵母菌属、念珠菌属、隐球菌属、地霉属、根霉属、曲霉属和镰刀菌属的菌株具有抗真菌活性，酚类和精油提取物的组合显著抑制了切碎混合鲜番茄的真菌的生长。当温和加热（80℃，1min）和 1% 氯化钠与低浓度的酚类和精油提取物结合作为防腐剂时，在常温下贮存 1 个月后的番茄混合物中未检测到这些细菌。经相同浓度的提取物和盐处理（但无热处理栅栏）后，番茄中具有挑战性的真菌数量稳步下降，直到常温贮藏 3 个月后仍未检测到任何细菌。研究结果显示，当地的香辛料提取物可作为良好的天然防腐剂，以低剂量添加于番茄，可保持产品的良好感官特性，又可发挥较理想的防腐保质功能。尼日利亚研究人员还通过以下栅栏组合实现了橙汁和菠萝汁 3 个月的保质期：添加生姜或肉豆蔻的香料提取物，并在热处理至中心温度 70℃后保温 5min，对黄曲霉生长具有显著抑制效果。pH 为 4.6

的杧果汁添加生姜和肉豆蔻提取物后并进行温和热处理，在常温下的保质期为3个月。温和的热处理为55℃加热15min，可降低酵母和非芽孢菌的水平，果汁的口感未受到显著影响。

尼日利亚的研究者还研究了栅栏技术在山药和鱼的保存上的应用。将产品接种上单一或多种霉菌培养物（曲霉、葡萄孢、镰刀菌、青霉和根霉）后气调包装，曲霉和根霉的成对接种诱导了最广泛的腐烂，当镰刀菌与葡萄双孢菌/青霉共同接种时，出现最小的腐烂。在各种防腐剂中，二乙烷MT5（亚乙基二硫代氨基甲酸锰）显著抑菌，而苯甲酸钠的效果最差，通过筛选确定了控制山药贮藏腐烂的较佳栅栏组合。在另一项研究中，将新鲜大黄鱼浸泡在3%山梨酸钾溶液中30s或60s后烟熏，常温贮藏后进行微生物、物理和感官属性的特性研究。在从新鲜样品中分离出的各种微生物中，大多数革兰氏阴性细菌在烟熏过程中被杀灭，残存的主要是革兰氏阳性细菌（葡萄球菌、芽孢杆菌、梭菌、乳酸杆菌和链球菌），而导致腐败的主要微生物是霉菌（曲霉菌、青霉和根霉）。结果显示在山梨酸钾中较长的浸泡时间（60s）对产品的抑菌效果更佳。

非洲大陆很多部落有丰富本土风味的食品，至今很多仍然鲜为人知，其中传统肉类制品如odika、qwanta、khundi、kilishi、biltong等，它们是A_W值均为0.60~0.75的中间水分食品，含水分较低，历史悠久，可在环境温度下贮存数周或数月。许多非洲的动、植物源性食品，在当地较高温度下的贮藏和流通，其微生物稳定性和安全可贮性大多可能基于栅栏因子组合方法（栅栏技术）的经验式应用，而只有少数产品的加工和保存特性进行过研究。例如，德国肉类研究中心（BAFF）对南非比尔通肉干（biltong）及其基于栅栏技术改进的研究，这在上文已做了介绍。近年有关这些产品的研究一直在进展中，正如上面提到的南非和尼日利亚的肉制品，通过有意识地、主动地将栅栏技术用于改进传统本土食品，或开发适合非洲文化和饮食习惯的新产品。

第四节　栅栏技术与其他现代技术的结合及其拓展

一、　食品微生物预报与栅栏技术

在食品微生物学的某些领域，特别是在安全方面，多年来使用的预测数学模型对微生物状况进行预报已成为普遍做法。例如，所有高水分活度、高pH食品的安全热处理都是通过基于热灭活微生物模型计算得出的，最著名的例子是肉毒梭菌蛋白水解菌株的大量芽孢失活的成熟模型，该模型构成了低酸罐头食品安全热加工的基础，该模型的构建基于近一个世纪前所获得的数据。过去的大多数实用模型都是灭活模型，如用于加热和辐照巴氏杀菌以及化学消毒过程。后来生长模型才被开发出来，并开始用于分析食品中微生物生长的情况。首先，开发生长模型是为了改进危害分析关键控制点（HACCP）和风险评估，主要针对食物中毒微生物，以帮助确保食品安全。而当前最重要的腐败微生物的生长建模也越来越受到重视，开启了微生物预测技术的重要阶段。

确定特定类型食品中特定微生物生长潜力的传统方法是“挑战试验”(challenge experiment)。在典型的挑战试验中，将已知数量的特定食物中毒或腐败微生物接种到食品中，然后在整个特定的过程中监测其死亡或存活情况。滞后时间和观察到的生长速率取决于时间和温度的综合影响，以及食物中特定微生物的所有其他因素的影响。所获得的数据非常有用，因为它们有助于就食品的安全性和无变质保质期做出决策，但其缺点是仅与所研究的特定食品成分以及选定的特定贮存条件相关。因此认为将此类数据结果扩大于其他同类产品的推断是不准确的，因为产品配方的改变、加工条件的差异、挑战实验中的产品贮藏条件等均会对结果产生一定影响。预测模型的主要目的是克服这一局限性，通过涵盖关键生长抑制因子和环境因子的一系列值对目标微生物的影响的测定，推导出可以精确描述所记录响应的数学方程，来实现这一目的。只要不进行用于构建模型的值之外的外推，就可以使用这些方程预测代表未经专门测试情况的值组合的影响。在此获得的模型可能与广泛的食品类型和配方相关，并大大减少了耗时且昂贵的挑战性测试的需求。

早在 1988 年，英国的一项食物中毒微生物预报项目实施后，预报微生物学开始迅速发展，目标是获取不同温度、pH、水分活度和防腐剂条件下的微生物生长和死亡的系统数据；对获得的数据进行数学处理，以构建微生物变化特性的模型；确保模型模拟微生物在生长和死亡条件下的行为；通过与独立发布的科学数据进行比较或通过选定的挑战性试验来“验证”模型。

该项目的成果是建立了在 Windows 下运行的商用软件。美国农业部支持了一个类似的项目，该项目建立了“病原体建模项目”，也在 Windows 下运行。这些来源提供的模型包括主要食物中毒微生物的生长和最常见的预防因素的影响。后来欧盟支持的系列项目增加了可用模型的数量和广度，澳大利亚、加拿大及其他国家和地区的研究进一步增加了可用模型的数量和广度。

微生物预报技术的进展显现出栅栏技术在其最为重要的建模环节的重要意义。影响食品中微生物生长和存活的因素有很多，包括主要栅栏和次要栅栏。因此，目前可用的各种模型并未涵盖所有可能因素的影响。大多数模型包括三四个变量的影响，研究最多的因素包括温度、pH、A_W和防腐剂，防腐剂涉及亚硝酸盐、弱有机酸和 CO_2 等。而构建包含五六个或更多变量的模型的工作量将是巨大的，因此，针对此类多重栅栏的模型尚未开发出来。同时，从积极的方面来看，对许多食品而言，微生物的生长在很大程度上取决于少数最有影响的因素。例如，基于大豆蛋白的植物基食品的 16 个主要和次要因素中，只有 4 个对产气梭状芽孢杆菌（*C. Perfringens*）产生显著影响。而腊肉中的栅栏因子对肉毒梭菌（*C. Botulium*）的影响主要由三个因子决定。此外，尽管不同模型的滞后时间和增长率预测与食品中的观察值之间通常相一致，但也有例外，生长反应有时与实验室衍生模型预测的反应存在本质差异。由于模型构建过程中未包括的一些已知影响因素，如鸡蛋中的溶菌酶或卵转铁蛋白等自然产生的抗菌素以及牛乳中的乳过氧化物酶或乳铁蛋白，这些差异有时是明显的，而非意外的。

食品的某些物理性质，如固体产品的高黏度，或特定微观结构，尤其是油包水乳液产品，可能通过限制微生物的移动、营养物质向微生物的扩散以及最终远离微生物而产生影响，而研究的因素不包括这些物理效应。此外，在固态发酵食品中，如发酵香肠，微生物在肉间质的巢穴中生长分布不均匀，预报微生物学的应用就很困难。如果当前的模型仍然不能很好地预报食品中微生物的反应，那么可能是某些未知或未经考虑的因素正在影响其生长和存活。这些例子具有巨大的潜在重要性，因为它们表明了新的、以前未曾预料到的栅栏的运作。考虑到这些因素，可以基于栅栏技术原理改进与特定类型食品相关的模型，更重要的是，这些新的栅栏很可能在其他类型的食品中得到更广泛的应用。

上面提及的大多数建模工作涉及微生物生长的动力学，而生长动力学与食品相关，其中内在因素和外在环境因素使得生长可能在配送、贮存或消费者食用期间发生。虽然动力学模型与某些栅栏技术食品相关，如保质期有限的冷冻食品，但它们之间的相关性不如预测生长发生概率、预测生长/无生长边界的模型与某些栅栏技术食品的联系密切。这是因为大多数有效的传统栅栏技术都是为了实现长期的环境稳定性而开发的，许多新进展的栅栏技术的应用也有同样目的。

概率建模的一个重要领域是食品中的肉毒梭菌，该微生物主要与肉制品相关。经典的例子包括一些专家对肉制品中残留的亚硝酸盐可能对单个芽孢萌发和产生毒素产生的影响，在较大范围的固化成分对萌发和产毒概率的影响，以及使用巴氏杀菌对其影响的研究等。这些研究结果与许多 A_W-SSP 和 F-SSP 相关。生长数据的概率很快表明了此类产品配方变化或贮存条件变化可否带来安全隐患，如培根中的肉毒梭菌是研究者和消费者关注的焦点，通过微生物预测模型的研判证实该菌在产品中不太可能出现。然而火鸡卷等其他产品，一向被认为不大可能存在肉毒梭菌问题，而微生物预测模型的应用却判定其安全性较低。

边界建模的研究方法与建模生长动力学的研究方法有很大的不同，这项工作的目的是提供一个合理的腐败边界指示，因此在模型建立过程中要选择使用的实验条件，以在生长和不生长之间提供平衡。当然，最终边界的位置取决于微生物的培养时间。然而随着时间的延长，边界轮廓变得越来越近，因此可就“无限”保质期所需的条件得出合理的结论。例如 Lopez Malo 等开发了一个模型，预测了暴露于不同 A_W、pH 和山梨酸浓度组合下的酿酒酵母的生长概率及基于培养时间的函数，这些模型构成了保证长期不变质保质期的基础。边界模型与环境稳定的栅栏技术食品最为相关，在这种食品中，需要微生物在长时间贮藏期间完全不生长。一个很好的例子是在酸化产品中接合酵母菌（*Zygosaccharomyces bailii*）的生长，通常产品需要在封闭容器中保持较长的保质期（如酱汁、番茄酱、泡菜、芥末、蛋黄酱、沙拉酱等)。这些产品的稳定性取决于多种因素，最重要的是 pH、乙酸浓度，有时是弱酸防腐剂、盐和糖，有时是温和的热处理。Tuynenburg 等早在 1971 年就建立的保存此类产品的预测模型，至今仍作为确保酸化酱汁等产品微生物稳定性的行业标准的基础。与许多其他栅栏腌制食品一样，消费者倾向于以健康为理由减少盐的消费，并倾向于酸度低、口感更温和、丰富的调味。因此明确定义出关键微生物，如接合酵母菌生长的边界条件，对于产品研发人员可以在海量研究中确定一个实现目标的“空间”具有重要意义。

通过热处理、pH 和 A_W 的综合栅栏，以及贮存温度的额外影响，预测可抑制食品中芽孢杆菌芽孢可能生长的边界条件，在此领域的研究已取得创新性突破。有研究者指出，一些罐装食品通过显著低于经典耐热性数据的加热过程得到稳定，这是必要的，当然这类食品现在已包括许多环境稳定的货架稳定食品。为了研究明显不同的环境稳定性要求，已测定了芽孢杆菌属 18 种共 151 个菌株的芽孢，在不同 pH（4.0~9.0）和 A_W（0.850~0.995）下经受各种热处理（F_0=0.001~24.0）后，在一定的贮存温度范围内（25~55℃）存活和生长的能力。在 pH 介于 6.5~9.0 以及 A_W 值介于 0.985~0.995 的范围内，需要进行较强烈的热处理，尤其是在贮存温度高到足以利于嗜热杆菌生长的情况下，这种较高热处理更为必要。而在该区域之外，使用相对温和的“非经典”热处理对芽孢杆菌菌株进行控制似乎有多种选择，即使在贮存温度较高时也是如此。在 pH 和 A_W 的不同组合下，在高 A_W、低 pH（“酸性罐装”）食品中，仅需低热处理，即约 F_0 值为 0.1。同样，pH 较高而 A_W<0.92 的食品在经过较低强度热处理（F_0=0.1）后，预测在抑制细菌腐败方面是稳定的。然而其他“非经典”区域也应提供确保防止芽孢杆菌导致腐败的热处理，如 pH 为 5.0 且 A_W 值为 0.97 的食品，应通过 F_0 值至少约 0.5 的热处理，尽管在原来对于此类产品建议的热处理的最低 F_0 值是 3.0。在其扩展研究中，使用了作为接种物的进一步培养菌株，以及自然产生的芽孢混合悬浮液，包括梭状芽孢杆菌和芽孢杆菌的芽孢，并在厌氧条件下培养。结果表明，原始的 Braithwaite 和 Perigo 数据并不能作为更多样的自然产生的孢子反应的精确模型。总的来说，通过智能使用 pH 和 A_W 组合，可以向更温和的加工方向修改传统热处理。在这些数据的基础上仍有很大的发展空间，特别是在包括其他栅栏的情况下，如果对食品腐败进行合理的边界建模，当然也必须对需氧和厌氧致病性孢子进行建模，类似的研究进展很快。研究发现，在 50℃ 的温度下，杀灭苹果酒中的大肠杆菌 O157:H7 的 D 值约为 65min，但通过单独添加防腐剂，这一时间减少到约 14min（0.5% 苹果酸）、13min（0.1% 山梨酸）或 7min（0.1% 苯甲酸）。在所有三种食品添加剂都存在的情况下（分别为 1%、0.2% 和 0.2%），D 值降低到 18s。结果分析强调了对此类效应进行较为精确的建模的必要性，研究中观察到添加剂的存在也会引起 z 值变化。在无添加剂的苹果酒中，z 值为 6℃，但在各种添加剂组合中，z 值范围为 6~26℃。其结果是，在 70℃ 的较高加工温度下，含苯甲酸酯的苹果酒比不含添加剂的苹果酒的还原时间长。

因此，对于栅栏技术保存的食品来说，越来越多的动力学模型可以用于延长易腐食品的保存时间，因为它们可以指示安全和不腐败的保质期。然而当主要关注对象是病原微生物时，生存和边界模型则更为重要，因为病原体是否能够生存和生长比生长率更重要（如大肠杆菌和温度、pH 以及 A_W 等栅栏的关系）。对于同样需要较长保质期的环境稳定性食品而言，关键腐败微生物生长的可能性的边界极小，因此微生物能否生存比生长动力学更重要，这就进一步彰显了建模与栅栏技术食品中相关的关键致病微生物和腐败微生物的生长/不生长界面的重要性，为栅栏技术与微生物预报技术融合应用于新产品开发提供了更为广阔的空间。

诚然，某些食品的保存取决于单一栅栏的应用（如热、冷、酸、盐等），但目前大多数保存食品的微生物稳定性和感官质量是基于非单一栅栏的组合。由于传统食品和新开发食品通常分别通过凭经验式栅栏或主动性栅栏生产，因此栅栏技术食品包括各种差异较大的食品类别。在法律层面，没有一项法律能够准确涵盖栅栏技术食品，而食品保存过程中可能遇到的栅栏（质量和强度方面）又由属于食品立法范围。对于特定类型的栅栏技术食品，如在致病微生物方面存在风险较小其加工度也较低的冷冻产品，安全法规要求需实施良好生产规范。由于食品立法在不同的国家或地区存在很大差异，在选择特定食品所用栅栏因子的质量和数量时，必须遵守食品生产国或出口国的相关卫生法规。

二、HACCP 与栅栏技术

（一）食品加工的过程控制

在食品生产的过程控制中，产品的质量和安全性一直受到重视。以前，这是通过应用家族内部或小型手工艺企业代代相传的知识和经验，对经验式生产的产品应用的。随着食品工业生产和国家对食品的监测，引入了过程控制，在此背景下，大中型制造商在食品监测框架内制定了内部标准。总的来说，目的是优化或改善生产条件。长期以来，过程控制主要基于员工培训、设施设备控制和实验室检测三种方式实现。员工培训和设备设施的卫生控制的重要性在现在得到了足够的重视，而目前很多肉类加工企业还不具备实验室检测条件，或者还不常态化对产品原料、半成品或成品，进行理化、微生物等，按照质量和卫生标准进行理化、微生物等各项指标检测，以及对设施设备进行微生物检验。一般来说，只有肉制品的成品在理化和微生物等方面受国家食品监督管理部门监管。在微生物实验室测试中，它们包括一般细菌含量（细菌总数）、指示生物（旨在指示缺乏卫生或腐败风险）以及致病性和致毒性微生物以及微生物产生的毒素。企业内部实验室大多只重视细菌总数和大肠杆菌等数量的测定，以及必要时对细菌芽孢或霉菌的检测。表 4-11 是一些肉制品成品中可允许的菌落总数，即使是这些相对简单和少量的测试也可以为发现产品中的弱点提供重要线索。

表 4-11　　一些肉制品成品中可允许的菌落总数

产品	菌落总数/（CFU/g 或 cm^2）
白条肉	5×10^6
分割肉、绞肉及生鲜调理肉	5×10^6
西式蒸煮香肠（整节真空包装）	$10^2\sim10^3$
西式蒸煮香肠（切片真空包装）	$10^5\sim10^6$
西式烫香肠（整节真空包装）	$10^3\sim10^4$
发酵火腿	$10^2\sim10^3$
西式发酵香肠	$10^7\sim10^8$
中式酱卤等熟肉制品	$10^4\sim10^5$
中式香肠及腌腊肉制品	10^6
罐头制品	商业无菌

（二）HACCP 管理与栅栏技术

HACCP 源于美国的核工业和化学工业，后来在航天工业中成为必不可少的安全控制手段，并在 1973 年引入食品业。美国食品与药品监督管理局（Food and Drug Administration，FDA）首先将其用于加工低酸食品的卫生监控，现已广泛应用于各类食品加工管理。欧盟甚至制定了强制实施 HACCP 管理的法规。HACCP 的原理，是对产品加工从始至终的整个生产过程中与产品卫生性、可贮性、感官性、营养性等所有质量特性密切相关的关键点进行充分评估，找出对质量造成危险的栅栏关键控制点（Critical Control Points，CCPs），然后建立消除这些危险的标准值，确定监控实施手段，将其危险限制或尽可能降低至最小。

HACCP 原理作为一种模式和概念，普遍适用于各食品加工企业。它有 7 个基本原理，即危害分析与预防措施、确定关键控制点、建立关键限值、监控、纠偏、记录保持和验证。HACCP 是一个非常严谨的科学体系，是一种从原料生产、收获、初加工处理、精深加工、贮运销售至消费相关的安全危害为基础的评估与预防最经济有效的方法。它将重点放在食品的显著危害上。这里的显著危害是指极有可能发生，如不加控制就有可能导致消费者不可接受的健康或安全风险的危害，包括生物的、化学的、物理的安全危害。但不是面面俱到，全面控制诸如质量隐患或卫生危害等。其可操作性强，体现了以最少的资源配置达到最佳的预防控制效果的原则。但 HACCP 不是一个零风险的体系，将安全危害降低到可接受水平才是其唯一合理的目标。而且，HACCP 必须建立在良好生产规范以及卫生标准操作程序（SSOP）基础之上。HACCP 的实施包含以下三个阶段。

1. 微生物风险评估

不同产品的微生物风险不同，如对于果蔬蜜饯产品，梭菌是其关键风险，腐败主要由产孢梭菌引起，而导致食物中毒主要是肉毒梭菌引起；发酵火腿的腐败主要是由耐寒肠杆菌科，食物中毒也是肉毒梭菌，火腿是由非蛋白水解菌株引起；香肠的变质、产气、过度酸化等主要由乳酸杆菌引起，构成食物中毒风险的是沙门菌、金黄色葡萄球菌、李斯特菌和霉菌。因此，有必要尽可能准确地了解各种产品变质和中毒的原因，并针对每种产品制定其 HACCP 管理体系，需通过研究专家和实际生产的工程技术人员合作，进行微生物风险评估。

2. 关键控制点的确定

在评估了产品的微生物风险之后，需要根据重要微生物可能进入产品的关键环节，如原材料带入、设施设备接触、加热产品后的再污染等确定关键的工序点位。进一步涉及微生物在产品中繁殖的必要条件，如在加工贮运的各个环节都重要的温度、时间、相对湿度等，以及采用相应的技术措施将其抑制或杀灭，如加热温度值（F），调节水分活度（A_W）、酸碱度（pH）、氧化还原电位（Eh）等。同时，也是确定生产过程中重要微生物可能进入产品并在其中繁殖或被灭活的关键点，对此需在生产过程中发现并确定。

3. 制定控制值和检查清单

一旦确定了关键控制点，就需要进一步研究分析和试验确定每个关键点的指导性控制值。在此过程中栅栏技术提供了必要的支撑。对此本书第一章已分析了不同产品中各种微生物生长及抑制或杀灭的栅栏及其强度。一般而言，不仅应指明特定关键控制点的指示值，还应指明监测该基准的手段和方法、与指示值偏差有关的限值，以及检查基准的频率。检查结果应以书面形式记录，如果出现偏差，应提供补救措施，也应以书面形式记录。应以简洁、操作性强的形式为每个产品的加工制定清晰的检查表，其中以用清晰的形式列出为基本要求。尽管在现代食品加工中，过程控制的实施使得产品处理速度更快，生产期间和贮存期间的条件更加透明，员工的参与度更高，但对于大型企业，通过健全和完善内部管理机制，建立内部生产和卫生控制的检查清单用以监测关键控制点仍然很有必要。

基于员工培训、设施设备的控制和实验室检测的过程控制在食品加工企业实施已久，对保障产品品质和安全发挥了重要作用，但极为有效地防止食品食物中毒和产品变质的发生仍有难度。因此，加工业一直在不断寻求优化食品加工管理及更能保障产品品质的方法。在此背景下，栅栏技术和 HACCP 的结合为此提供了可能。栅栏技术提出的基础之一是 HACCP 的 CCPs，栅栏技术明确了食品保存过程中，或开发稳定安全产品中的关键因子及其控制方法和强度，而 HACCP 的进行源于食品卫生风险关键控制点的分析，通过技术参数值进行监控，从而消除风险。通过根据 HACCP 概念控制和监测食品生产，可以提高迄今为止所采取措施的效率，并通过观察生产关键点的具体监测值，将微生物风险降至最低。原则上，

HACCP 概念既可用于企业内部生产控制，也可用于国家层面的食品监管，其目的是确保产品加工者和食品监管者遵循统一、公认的指导方针，达到防止食品变质和食物中毒的共同目标。

三、 食品设计与栅栏技术

消费市场的变化需要新产品的不断推出，而加工和贮运流通技术和设备发展使得现代消费者期望的加工度低，尽可能保持鲜态，少含和食品添加剂的清洁标签的食品，如 SSP 食品，使主动性基于栅栏技术原理研发的新产品的开发成为可能，这些产品可称为栅栏技术食品（hurdle technology food，HTF）。而一些栅栏技术食品往往不如传统产品稳定，这是因为传统产品通常经过深度深加工，具有更佳的安全问题。为此 Leistner 等（2002）提出了基于栅栏技术食品的设计指南（表 4-12），该指南包括 10 步程序，其中涉及栅栏技术、预报微生物学和 HACCP 或良好生产规范的应用。

表 4-12 栅栏技术食品设计指南

步骤	设计要求
1	定义开发的新产品或改进的产品所需的感官特性和保质期
2	概述其可行的加工技术
3	根据其技术，在实验室或中试工厂小规模生产出产品，对所得产品进行 pH、A_w、Pres. 或其他栅栏因子及其强度进行分析，定义出相关技术参数，如热加工温度、贮藏温度、以及预期保质期等
4	进行基于微生物预报技术的微生物稳定性的初步测试
5	采用相关导致食物中毒和腐败的微生物并对产品进行挑战实验，使用比食品“正常”状态更高的接种菌量和贮藏温度
6	必要时对产品中的栅栏因子进行调整，使得多靶效应防腐与产品的感官和营养性（即总质量特性）关联
7	再次进行微生物挑战实验，如有必要将再次调整和优化栅栏因子及其强度，并结合微生物预报技术评估食品的安全性
8	定义开发的新产品或改进的产品的准确栅栏（包括其数量和强度），制定栅栏控制过程和手段，最好使用易于操作的物理或感官方法进行监测和调控
9	设计的食品在工业化条件下生产，验证工艺是否适合规模化加工生产
10	针对工业过程建立 CCPs 及其监控，采用 HACCP 或良好生产规范对生产过程实施有效控制

上述的设计指南通过实际应用已证明可较好地应对食品行业的新产品研发或原有产品的改进，当然，这还需要在应用中不断完善。在食品设计中，不同的学科必须合作，食品设计确实是一项涉及多学科的工程。

与传统食品相比，先进的栅栏技术食品需要对相关原理有透彻的理解，以及对其生产和营销的更多考量。在一些发展中国家，以小微企业居多，HACCP 的严格应用仍面临实际困难，基于良好生产规范的指南则更合适。此类指南的确定和控制必须通过对主要防腐栅栏因子的客观监测来支持，即使在发展中国家的小型企业中，也必须确定并定量测量这些防腐因子中最重要的因子参数，如时间、温度、pH，以及最终的A_W等。在此领域，简单可靠的测定和调控仪器与方法也需要不断地普及。

四、 食品风险评估与栅栏技术

栅栏技术保障食品的安全性，取决于如何有效避免食品中毒微生物的污染和/或不同类型食品中微生物的消除或抑制。为了实现这一目标，有必要进行可能存在的风险的评估。此外，食品微生物控制的要求应建立在对需要控制的风险的科学理解的基础上，对此已逐渐被监管机构和食品行业所接受。风险评估是从科学层面了解危险、危险发生的可能性及其发生后果。如上所述，HACCP 和相关技术的应用是为了帮助实现这些目标以及确保食品安全生产、贮存和销售的最有效手段。HACCP 的成功应用依赖于对影响潜在危险微生物存活和生长因素的充分了解。然而，即使有大量这样的信息，也没有任何食品可以无限期地、绝对无风险地得到保存。相反，HACCP 和其他安全相关技术旨在将风险降低到非常低至可接受的水平。HACCP 是食品生产和加工企业基本风险管理系统，并且越来越多地适用于零售商、食品服务机构等，而最近开发的定量微生物风险评估（microbial risk assessment，MRA）技术具有不同的目标，旨在提供良好的整体食品消费人群风险的定量估计。

微生物风险评估技术已在化学、工程和核工业中应用多年，但针对食品中有害微生物的正式风险评估则较晚些。微生物风险评估技术当然有助于量化关键控制点（CCPs），量化与之相关的关键标准限值，并允许对总体风险以及 CCPs 失控时的任何风险变化进行定量预测。定量微生物风险评估的结果是形成一种逻辑陈述，将接触微生物或其毒素的概率与其对消费者造成伤害的概率联系起来。考虑到微生物或其毒素可能引发的相关疾病的严重性，其结果是一个全面的定量风险表征。然而微生物风险评估在食品安全评估中，不应被视为 HACCP 的一个要素。相反，应是一种政府主导的程序，最终由监管机构用于评估特定微生物危害是否对人群构成不可接受的健康风险，而 HACCP 是一个行业主导的程序，用于识别和控制与特定食品生产和销售相关的微生物危害。在食品安全评估中制定微生物风险评估的 6 个阶段如下。

（1）编制目的声明　定义了涉及的内容，如食品及其制造过程、与特定食品相关的病原体以及可能食用该食品的相关人群等。

（2）危险识别　旨在确定可能受到关注的特定微生物或毒素，并评估食品中是否可能出现实际危险。

（3）接触评估　旨在评估食用食品时可能存在的微生物数量或毒素浓度。为了对接触情况做出现实的预测，有必要获得一系列因素的可靠信息，如原料中特定微生物的水平，加工、贮存和分销对它们的影响，消费者准备的效果，人群中个体群体的任何特殊敏感性（年轻人、老年人、免疫功能低下者等）等。对于某些食品，应考虑可能导致微生物抗性或毒力增加的过程诱导应激反应的可能性。

（4）危害表征　对不良影响的性质、严重程度和持续时间进行定量或定性评估。

（5）风险表征　这估计了消费的总体概率以及对给定人群健康影响的严重程度。

（6）评估报告编写　以上述阶段为基础，写出一份正式、透明且清晰的风险评估报告。

世界贸易组织（WTO）《卫生与植物检疫措施实施协定》（SPS 协定）要求该协议的签署国将其有关保护人类、动物和植物健康的法律建立在风险评估过程的基础上。其目的是确保健康保护措施以科学为基础，不被用于变相的贸易壁垒。这一要求激发了人们对开发和使用科学合理的定量风险评估方法的新兴趣。因此，定量风险评估和 HACCP 技术应始终应用于未来食品保存的任何新的栅栏技术方法：一是充分了解总体微生物风险，二是确保在制造和相关过程中适当控制风险。

人们普遍认为，对于任何新的食品配方或工艺，包括建立于栅栏技术原理之上的经验式加工的传统食品，以及主动性应用多因子协同开发的新型栅栏技术食品，都应进行风险评估。对于一些保存完好的产品，这通常是简单而明确的。在其他情况下，特别是对于冷藏食品，在整个配送链中的温度控制是最为关键的栅栏，需要进行更复杂的分析。例如，对烟熏鲑鱼和大马哈鱼及虹鳟鱼产品感染单核细胞增生李斯特菌的风险进行了评估，其中包括此类调查模型的详细计算，得出了摄入一定量的该食品可能感染李斯特菌的风险概率。当然，在此评估体系中，如果考虑到年幼的、年老的、免疫功能低下的个体等对李斯特菌易感性增加，分析评估会更加复杂。

五、 栅栏技术应用展望

多因子交互作用的栅栏技术是食品防腐保质的根本所在，利用多因子交互作用的栅栏效应原理，设计或调节栅栏因子、优化加工工艺、改善产品质量、延长保存期、保证产品的卫生安全性和提高加工效益，即是栅栏技术的核心内容。栅栏技术是将传统方法和新技术融为一体的综合性专门知识，对其一般认识较易，深刻理解较难；针对某一产品分析较易，具体运用较难。主动性运用需具有扎实的理论基础、丰富的实践经验及现代加工和管理控制技术与设施设备为支撑，至今其研究与应用大多也尚处于初级阶段。

栅栏技术不仅仅揭示了基于多因子效应的食品防腐机制保鲜方法，也涉及复杂的食品加工工艺和新产品开发，因此可用于食品加工控制，也有助于按照需要设计新食品。例如，我们如果需要减少肉制品在贮存过程中的能耗，就可考虑用耗能少的因子（如 A_w 和 pH 等）来替代耗能大的因子（如冷藏的 t），因为保证食品微生物稳定性和可贮性的栅栏因子在一定程度上是可以相互置换替代的。又如我们在开发低硝肉制品中，可运用栅栏技术，通过加强 A_w、pH 或 F 等栅栏强度来替代 Pres. 因子的防腐抑菌作用，从而大大降低肉制品中亚硝酸盐或硝酸盐，以及其他化学防腐剂的添加量。在食品加工控制中，可应用栅栏技术快速评估食品的稳定性，预测其保质期。即通过对个别食品的各种栅栏因子的测定，然后通过计算机进行评估，并通过计算机预测可能生长繁殖的微生物。如果某一食品的栅栏因子及其交互作用模式已知，则可预测其保质期，实现较为准确的微生物预报，这样就比传统的微生物测定和判定法要省时、快捷、高效得多。

在食品设计中，根据栅栏效应原理开发栅栏技术食品，栅栏因子的合理组合既能确定食品的微生物稳定性，又能尽可能地保障产品的感官和营养特性。在食品设计步入计算机的进程中，甚至可将现有的可利用的理化、微生物特性等数据都收集起来，以便为栅栏技术的应用提供一个可依赖的数据库，设计带有这些数据库的程序。通过计算机来提出加工配方、工艺流程和包装方式相结合的合理化建议。此外，也可应用计算机程序改进不稳定产品，使该产品的微生物稳定性得到保证。随着对栅栏技术的深入研究，它必将为未来食品保藏提供可靠的理论依据及更多的关键参数。栅栏技术的研究和应用日益广泛和深入，尤其在传统食品现代化技术改造、产品质量提升和适应市场发展需求的新产品开发上显现出其广阔的应用前景。栅栏技术在食品科学和质量保证领域中一个可挖掘度高的研究领域，每年都有大量的研究与探索在进展中，而未来广受关注和富有挑战性的关键点如下。

（1）深入了解微生物生存生理以及与内外环境条件的关系，探究如何触发和响应各种应激适应过程，这对于改进基于多个较为温和的栅栏因子对食品的防腐保质的技术至关重要。

（2）应激反应可能具有非特异性效应，微生物可因其特定的应激效应而变得更能耐受某些应激条件，获得“交叉耐受性”。微生物中不同类型的应激反应影响杀菌或抑制过程，并使栅栏因子的干预复杂化。因此，基于栅栏技术的食品保存在一开始就需要深入了解微生物的“交叉耐受反应”。

（3）一般而言，与单个栅栏相比，组合栅栏具有相加效应或协同效应，而栅栏之间可能存在的拮抗效应至今很少有研究涉及。因此，在采用组合因子的保存技术时，对其不确定性的充分评估至关重要。

（4）微生物预报是栅栏技术应用中一种实用性高的产品设计工具，基于计算机的预测微生物学辅助设计食品栅栏技术，它可以实现食品中的微生物活性的定量预测，即微生物预报技术的应用。然而实验室中的挑战性实验和工艺验证是必不可少的，这在食品设计中甚至带有强制性。

（5）整合来自基因组学、代谢模式识别和蛋白质表达对微生物的研究的数据，有助于澄清栅栏技术干预中微生物细胞的总体反应。

（6）各种化学和机械因素作用于微生物细胞膜，导致细胞失活。大多数因素在较短的处理时间内起作用，以达到所需的微生物失活，这也可能导致不良反应的产生，因此有必要基于栅栏技术的微生物失活机制的监测，进行每个栅栏因子涉及的微生物失活机制的验证。

（7）目前大多数栅栏技术方法，尤其是其因子的设置，不仅耗时费神、成本高效益差，且要求技术人员训练有素。未来应致力于开发具有微生物高效抑制或杀灭，对产品的质量特性变化较小，且成本更低、效益更佳的栅栏技术体系。

（8）在研究领域，食品研究人员应遵循栅栏技术多因子、多方位协调原则，并实现不同研究方法及所获结果的标准化，这也有助于栅栏技术的通识性和商业化，并应用于市场产品的品质保障和保质期的延长。

（9）目前尚缺乏关于栅栏技术必要的评估和监管标准，因而难以确定多因子联合作用的具体效果。长期和大量的研究已展现基于多因子联合的栅栏技术的有效性和优势，通过标准与法规的建立来推进栅栏技术的研究与应用，在未来具有重要意义。

第五章　栅栏技术在中式肉制品及水产品中的应用

第一节　栅栏技术在畜禽屠宰加工中的应用

一、优质肉鸡屠宰加工 HACCP 体系及栅栏技术的应用

HACCP 作为较为科学合理和完善的鉴别判断和控制危害的管理方法在食品加工中得到广泛应用，苏瑛（2009）探讨将其与栅栏技术结合，应用于优质肉鸡屠宰加工 HACCP 体系构建。

（一）HACCP 体系与栅栏技术

根据 HACCP 体系的基本基础原理，优质肉鸡屠宰加工企业的危害分析应从原料鸡验收到产品运输每一道工序危害发生的可能性进行讨论。

优质肉鸡屠宰加工流程中常见的危害：器具管理不严或使用不当造成磨损产生的金属碎片；原料鸡带来的金属标记物等外来杂质（物理危害）；原料鸡在养殖过程中造成兽药残留危害；在肉鸡屠宰流程中，使用清洗剂和消毒剂引起残留（化学危害）；来自疫情地区或正发病的原料鸡，原料鸡内容物产品之间的交叉感染；生产加工环境、器具、生产人员的健康和清洁等造成的微生物污染（生物危害）。然后以此为依据确定 CCP，根据危害分析的结果确定哪些危害是显著的，并结合制定的预防措施来确定哪些环节步骤或点是关键控制点。建立关键限值（CL），每个 CCP 都必须有一个或多个关键限值。关键限值一般不用微生物指标而是采用物理或化学的易于快速、简便控制的因素，如时间、温度等。在建立监控体系中，通过一系列有计划的观察和测定来评估 CCP 是否在控制范围内，同时准确记录监控结果，以备之后进行核实。建立纠偏措施是指当监测结果表明 CCP 失控时所采取的措施，当监控人员发现 CCP 偏离关键限值时，必须进行纠偏，以防止进一步偏离。然后建立验证程序，验证 HACCP 体系是否正确运作、是否有效，包括审核关键限值是否能够控制确定的危害，保证 HACCP 计划正常执行。最后是建立记录保持程序，包括优质肉鸡屠宰加工过程中所有的数据表格、证明等，并进行妥善保管。

栅栏技术是通过各个栅栏因子的协同作用，利用食品的 pH、A_W、Eh 等，建立一套完整的栅栏体系，控制微生物的生长繁殖以及引起食品氧化变质的酶的活性，阻止食品腐败变质并降低对食品的危害性。

（二）优质肉鸡屠宰流程中 HACCP 体系的建立

优质肉鸡屠宰流程中 HACCP 体系的建立分为以下几步。一是组建 HACCP 工作小组，由具备多学科知识背景及食品安全管理体系经验的相关专业技术人员组成，描述产品类型和

销售、明确消费群体。二是绘制并确认优质肉鸡屠宰加工的工艺流程图，以识别可能产生危害的因素及其水平。三是建立产品危害分析工作单。流程中存在的危害并不都是显著危害，HACCP 旨在控制显著危害。显著危害指可能发生并且一旦控制不当，会给消费者带来不可接受的健康风险的危害。四是根据关键限值、监控记录、纠偏程序、验证程序制定 HACCP 计划表。最后是产品的召回程序，优质肉鸡屠宰加工企业生产的产品一旦出现安全卫生或质量问题，能及时、快速、完全地从市场上追溯回来，保障消费者安全。

（三）优质肉鸡加工中的栅栏技术的应用

优质肉鸡加工中重要的栅栏因子有以下 6 个。一是降低初始菌量，试验表明初始菌量低的肉制品保存期是初始菌量高的产品保存期的两倍。二是 F 和 t，高温热（不低于 62.8℃）处理是利用高温对微生物产生致死作用，低温（温度不高于 7.2℃）可以抑制微生物的生长和繁殖，降低酶的活性和肉制品内化学反应的速度，延长肉制品的保存期。家禽肉在 10℃下的腐败速度是 5℃的 2 倍，15℃是 5℃的 3 倍。三是 A_W，$A_W>0.96$ 时肉品易腐败，须低温保存；$A_W<0.95$ 时可阻止大多数导致肉品腐败的微生物的生长；$A_W<0.90$ 时肉品可常温贮存。A_W值可通过食盐、糖、脂肪、甘油、蛋白、胶体的配比来调节。四是 pH，肉的 pH 为 4.5~7.0，大多数细菌的最适 pH 为 6.5~7.5，低 pH 可影响微生物代谢中酶的活性。五是 Eh，肉品的 Eh 在-0.2~0.3V，而 pH、防腐剂等都可改变肉的 Eh 值，好氧性微生物需要正的 Eh 值，厌氧性微生物需要负的 Eh 值。六是包装，为了有效防止鸡肉的褐变和汁液流失，抑制微生物的生长，减缓脂肪的氧化，可采用气调或真空包装。

（四）栅栏技术与 HACCP 的结合

优质肉鸡屠宰工艺流程中建立 HACCP 体系可预防、消除或降低对产品质量造成的危险，使最终生产出的产品具有良好的品质。因此，将 HACCP 体系和栅栏技术有机结合应用于优质肉鸡屠宰加工生产中，可以有效地控制各个工序中的微生物，延长保质期，充分保证优质肉鸡的鸡肉质量。当然 HACCP 体系和栅栏技术并不是一成不变的，而是随着企业肉类产品的不断更新处于一种动态平衡之中。只有企业在实践中不断地发现问题并总结经验，才能使企业的 HACCP 品质管理体系和栅栏技术更完善、更合理。

二、生鲜预调理肉制品贮运期栅栏因子及其控制

预调理生鲜肉制品贮运流通条件直接影响产品的保鲜期，贮运流通过程中微生物的变化是反映冷却产品鲜度最直接、重要的指标。目前，已有应用防腐剂、采用气调包装等方式延长其保鲜期的相关研究。王卫等（2013）在总结这些研究结果的基础上，通过实验探讨在预调理冷保鲜肉制品贮运流通过程中不同温度条件、包装袋材料选择、气调配方、防腐剂等因素对产品微生物特性的影响，以便选择生产环节栅栏关键控制因素点，筛选实用控制技术，并通过技术集成来延长产品保鲜期，以保障产品品质和卫生安全。

（一）因子影响度

在本实验条件下，实验因素对产品微生物特性的影响强度：温度条件>气调包装>包装袋材料>保鲜剂。其中，温度条件对产品微生物特性的影响极为显著，气调包装的影响同样显著，选择不同的包装材料和添加保鲜剂也有一定影响，但影响不是特别大，尤其是保鲜剂影响作用十分有限。

（二）温度

预调理冷保鲜肉制品在超市常规的几种温度下冷藏，2℃的保鲜效果最佳，其次是5℃，而在8℃和12℃下，保鲜效果最差。不同组合的气调包装与真空包装均可延长产品保鲜期。3种气体组合相比较，10% CO_2、90% N_2 组合效果最佳，微生物总数比非气调真空包装对照组少约 10^2CFU/g；其次是50% CO_2、50% N_2 组合，真空包装在延长产品保鲜期上的作用相对较弱。

（三）包装材料

本实验所选用的是目前生产企业常规使用的几种包装材料，其对产品保鲜期的影响有所不同。所选用的4种材料真空包装冷却牛肉，聚乙烯/尼龙复合效果最佳，硬塑托盘、PVC覆膜次之，PVC和尼龙效果较差，但上述4种材料在保鲜效果上的差异不显著。

（四）防腐剂

现有的研究报道表明，添加防腐保鲜剂有助于产品保鲜期的延长。本实验对此也予以了证实。所选择的3种保鲜剂，与不添加的对照组比较，均不同程度上抑制了微生物的生长。本实验所选择的3种保鲜剂，抗坏血酸钠和乳酸菌肽效果略优于乳酸钠，但差异不是特别明显。

（五）最佳栅栏组合

在本实验条件下，预调理冷保鲜肉品保藏的最佳组合为2℃的温度条件，选择50% CO_2、50% N_2 气体组合，采用聚乙烯/尼龙复合材料气调包装，以及添加乳酸钠保鲜剂。由于保鲜剂的效果不显著，还受生产成本增加和操作工艺复杂的限制，以及安全性等因素的影响，因此在实际生产中应尽可能不作为添加剂使用。综合本实验结果分析，预调理冷保鲜肉品冷藏（2~5℃，最佳为2℃），并与真空包装结合，有条件的可采用气调包装。

微生物是影响预调理生鲜肉制品保存的关键因素，微生物生长特性受产品pH、温度等综合因素的影响。测定表明，预调理产品 A_W 值高达0.99左右，在此范围内变化幅度不大对其特性影响较小；pH为5.8左右，而pH在5.3~7.8时不会对微生物的生长速率造成显著影响。因此，温度是影响微生物生长的关键因素。对产品贮藏过程中不同温度条件、包装袋选择、气调配方、保鲜剂等因素对产品微生物特性的影响研究结果表明，最佳的控制栅栏是低温栅栏（t），控制参数为2℃；选择适宜的包装袋气调包装或真空包装（Eh）与低温（t）控制相结合，可显著抑制微生物生长，延长保鲜期。但应根据实际生产对产品的要求，尽可能采用低成本、高效能方法。保鲜剂可在一定程度上抑制不利微生物的生长，但对产品保鲜期的延长效果不是特别显著，还涉及生产成本增加和操作工艺复杂化，以及安全性等环节，在实际生产中应尽可能不添加使用。

三、应用多靶栅栏控制羊肉生产与贮藏过程中的微生物

栅栏技术的要点之一，是利用肉制品中各栅栏因子之间的协同作用对肉制品进行预设计并调整出最佳的栅栏因子组合。当肉制品中有2个或2个以上的栅栏因子共同作用时，其作用效果强于这些因子单独作用的叠加。基于多靶效应的栅栏技术就是要在实际生产过程中，将栅栏因子有机地组合起来，有效地控制生产过程中的微生物，最大限度地延长产品的保质期，保障产品的安全性。李宗军（2005）在对羊肉生产环境及贮藏过程中主要污染微

生物进行实验测定的基础上，有针对性地筛选出了最佳的栅栏组合。

（一）ClO_2消毒前后车间微生物数量的变化

生产环境的卫生状况直接影响到产品的贮藏特性，这已经成为现代食品加工企业的共识。不同的食品生产企业有不同的控制措施，对畜禽屠宰生产车间来说，通常采用紫外线或活性氧进行空气消毒，紫外线的消毒范围在 2m 以内，且因为物体的阻隔而出现消毒不均匀。本实验测定，ClO_2具有良好的消毒效果，可以使生产车间的微生物数量下降 1~2 个对数级。特别是对排酸间和分割间微生物的控制，可显著改善原料肉的卫生状况，有利于冷却分割羊肉的保鲜。

（二）乙醇和 ClO_2对羊胴体的消毒效果

喷洗脱污对去除微生物起部分作用，包括使用热水、氯水喷洗、醋酸和乳酸喷洗。本实验采用不同方法进行比较，50%乙醇+0.3%乳酸、75%乙醇和 50mg/L ClO_2 3 种（组）消毒剂对微生物胴体表面微生物的控制都有一定的效果。排酸前以 75%乙醇的效果最好，排酸后则以 50mg/L ClO_2 的效果最佳。前者在排酸过程中胴体表面的微生物增殖最快，这可能与乙醇的挥发性有关。相比而言，乙醇和乳酸的组合在短期内清除微生物的效果不明显，但能有效地控制表面微生物的生长。在排酸过程中，胴体表面微生物的增幅最小，这与乳酸降低环境的 pH 有关。

（三）正交试验结果

不同贮藏期内细菌总数的变化实验结果显示，对羊肉保鲜效果影响最大的是乳酸链球菌素（nisin），其次是胴体的表面消毒，最后是乳酸钠。乳酸链球菌素不能抑制革兰阴性菌、酵母和霉菌，但能抑制葡萄球菌属、链球菌属、小球菌属和乳杆菌属的某些菌种，以及抑制大部分梭菌属和芽孢杆菌属的芽孢，有效控制肉毒梭菌、李斯特氏菌、金黄色葡萄球菌等引起的食品腐败。就羊肉贮藏过程中细菌总数的控制而言，最佳的多靶栅栏组合为 0.01%乳酸链球菌素，50mg/L ClO_2胴体表面消毒，1%乳酸钠，贮藏 30d 试验组细菌总数均符合国家相关卫生标准（GB 16869—2005《鲜、冻禽产品》）。

挥发性盐基氮测定结果，对其影响最大的是乳酸钠，其次是乳酸链球菌素，胴体的表面消毒处理对挥发性盐基氮的影响最小，这与微生物的测定结果一致。因为挥发性盐基氮通常被认为是微生物生长分解蛋白质，产生氨和胺所致，挥发性盐基氮的水平从侧面反映了肉品中的微生物特性。结果表明表面进行消毒处理并添加乳酸链球菌素可以有效地降低羊肉中的细菌总数。就各因素而言，50%乙醇+ 0.3%乳酸消毒组合对具有挥发性的盐基氮影响最小，这是因为低 pH 能有效控制肉品中腐败微生物的生长。

pH 的测定结果与分析结果，贮藏过程中不同试验组合的羊肉样品，pH 在正常范围内变动，呈先上升后下降的趋势。3 个实验组合的 pH 整体上低于其他组合，主要和乳酸处理有关，但并没有造成鲜肉的异常 pH，并且对羊肉的风味没有显著影响，说明胴体表面喷洒的乳酸并没有渗透到羊胴体的内部，且乳酸具有良好的长效表面消毒效果。

在冷却羊肉的生产过程中，可以运用表面清洗消毒、添加化学生物防腐剂、真空包装、低温贮藏等栅栏因子，对羊肉产品的微生物进行控制。有效的多靶栅栏组合是采用 50mg/L 稳定态 ClO_2对胴体进行表面消毒，添加 0.01%乳酸链球菌素和 1%乳酸钠，真空包装后于(4±1)℃冷藏，可以使冷却分割羊肉的保质期达到 30d。为了防止生产车间的微生物对某一类消毒剂产生适应性，建议不同的消毒剂交叉使用，从而提高消毒效果。

四、 栅栏技术对冷鲜羊肉的保鲜效果

冷鲜羊肉贮藏方法大多是采用冷藏冷冻、真空或气调包装、添加防腐剂等，每种方法就是一道防止微生物生长繁殖的栅栏。现在人们虽然对各种天然防腐剂和包装材料以及冷藏温度研究较多，但对其结合使用的共效作用的研究甚少。宋振等（2011）采用天然保鲜剂壳聚糖和多种市面上常见的包装材料，对冷鲜羊肉进行真空包装，考察这些栅栏结合对冷鲜羊肉贮藏期的影响。

（一）贮藏期间羊肉感官指标的变化

采用质量分数2%和1%壳聚糖保鲜液涂膜后冷藏，进行羊肉感官综合评价。冷藏6d后，各处理组均有少于1.0mL的汁液流出，汁液流出量与冷藏15d时没有很大的差别，以PET/AL/PE为包装材料的羊肉流出的汁液明显少于其他组；对照组在冷藏9d后出现了不可接受的气味；其他4组的羊肉均能保持良好的气味；冷藏9d后，除了对照组羊肉开始出现稍亮的颜色，其他所有包装袋内的羊肉均保持原来的色泽；冷藏15d后，所有包装组均保持着良好的滋味，只有对照组在9d后就已经出现不可接受的气味。

分析可见，均以OPP/PETA/PE为包装材料的羊肉在感官评定中效果最好；以PET/PE为包装材料在感官评定中各项指标的下降速度都很快。壳聚糖涂膜对于冷鲜羊肉有较好的护色效果，且质量分数为1%的壳聚糖溶液效果略好于质量分数为2%的壳聚糖溶液。

（二）贮藏期间羊肉挥发性盐基氮值的变化

随着贮藏时间的延长，各组挥发性盐基氮（TVB-N）值均呈上升趋势。在第12天时，只有OPP/PETA/PE组处于1级鲜度，其余处理组的挥发性盐基氮值处于2级鲜肉范围；第12天之后，OPP/PETA/PE组挥发性盐基氮值上升相对较为缓慢，其他各处理组挥发性盐基氮值上升较快。且根据挥发性盐基氮值的上升趋势来看，一定质量分数的壳聚糖涂膜能有效地抑制冷鲜羊肉制品的变质，其中以质量分数2%为佳。

（三）贮藏期间不同处理羊肉pH的变化

贮藏期间羊肉的pH先降低，后有所回升，这主要与肉中含氮物质增加有关，经过涂膜的冷鲜羊肉pH变动幅度小于对照组，不同包装材料对冷鲜羊肉pH的变化影响不大。

（四）贮藏期间菌落总数的变化

对照组的菌落总数直线上升，其他组的菌落总数随贮藏时间的延长逐渐升高，但是只有包装材料为PET/PE的羊肉2%壳聚糖保鲜液涂膜时菌落总数上升到一定范围内开始保持稳定。除了PET/PE的变化不同于其他3种材料，另外3种的菌落总数变化趋势为前6d缓慢增长。第6天开始，生长速度都很迅速，原因是开始时鲜肉中的微生物数量较少，保鲜液对微生物抑制开始比较强。但此后微生物以几何对数繁殖，达到一定数量后使鲜肉腐败。

根据对冷鲜羊肉经不同质量分数的壳聚糖保鲜剂涂膜处理后采用不同包装材料真空包装，在4℃贮藏过程中菌落总数、pH、挥发性盐基氮值和感官检验的测定结果分析得出，综合壳聚糖的抑菌作用和低透氧性的塑料薄膜能够对冷鲜羊肉保鲜形成双层栅栏保鲜，对其贮藏期的延长有明显的效果。将这两种保鲜技术进行优化组合，从而能最大化地延长羊肉的

贮藏期限。分析不同包装材料结果，1%的壳聚糖保鲜液涂膜后冷鲜羊肉感官指标较好，2%的壳聚糖保鲜液涂膜后冷鲜羊肉菌落总数和挥发性盐基氮值指标较好；包装材料中 OPP/PETA/PE 这种复合包装材料对羊肉的贮藏效果最好。虽然 OPP/PETA/PE 包装袋在价格上比其他材料稍贵，但是从长远的角度看还是物有所值的。

五、 栅栏技术在调理肉类食品中的应用

近年真空包装或气调包装预调理肉制品的开发成为热门，这些产品符合方便、优质、安全、营养的要求。赵志峰等（2002）探讨将栅栏技术应用于预调理肉制品开发，从栅栏技术的角度出发，以土豆烧排骨为例，基于栅栏技术原理，确定新型调理食品加工过程中的关键控制点，并提出和采用可利用的栅栏因子，以有效抑制产品品质的劣变。

（一）栅栏因子的选取

从原料可能受到的污染及所含微生物种类的角度考虑，新鲜猪肉所含微生物主要有细菌、乳酸杆菌、肠杆菌科、普通霉菌和酵母等，而根茎类的蔬菜中的微生物主要是大肠杆菌、沙门菌以及土壤中的一些其他微生物。同时为了尽量减少对食品风味品质的影响以及对营养价值的破坏，在加工过程中采用了远红外线和紫外线辐射、100℃高温处理、巴氏杀菌、4℃低温冷藏等栅栏因子的交互作用。用远红外线加热对食品进行杀菌，辐射可达一定深度，受热均匀，而且不会引起物质化学变化，因此减少了营养成分的损失。紫外线虽然穿透力差，但是能有效杀灭物料表面附存的大肠菌群、沙门菌及一些其他致病菌。而采用 100℃高温处理及 0~4℃低温冷藏的栅栏因子是从该调理食品的加工工艺及冷藏销售的角度考虑。

（二）栅栏因子效果评估

感官检测结果显示，采用的主要栅栏措施，即排骨腌渍后的远红外线杀菌，具有明显的杀菌效果而且没有对产品的感官指标造成影响；紫外线对该调理食品的保藏有效，对产品的口感和风味影响不大。

产气率测定结果显示，排骨腌渍后的远红外线处理，能有效抑制产气菌的繁殖。不同组别比较，土豆去皮后采用紫外线处理的栅栏措施，对该调理产品的加工中抑制产气菌的繁殖的效果并不明显。

微生物检测结果显示，采用远红外线处理和杀菌后，细菌繁殖速度明显得到控制；紫外线处理对抑制杂菌的繁殖也有一定作用。在杀灭有害菌的前提下，为保证食品的风味和口感，尽可能采取低强度栅栏措施。通过类似上述的实验，对所测数据进行对比，进一步确定了排骨腌渍后的远红外线处理，即当排骨质量为 600g，最佳强度为 95℃，时间 20min，紫外线处理则以 25min 为宜。若用于工业化生产，则需综合考虑物料的处理量、设备情况以及包装材料等因素并作进一步的调整。

（三）冷藏条件下的贮藏情况

前面所做的保藏性实验所确定的有效栅栏措施的最佳强度加工的样品，分别对其在 4℃和 37℃恒温保藏，在 4℃低温保藏时，细菌总数曾一度减少，60d 后细菌总数才开始明显增多。因此，判定该调理食品在加工过程中采用以上栅栏措施后，0~4℃低温冷藏的保质期至少为两个月。

实验结果表明，采用 1500W 远红外线 95℃、20min，235W 紫外线 25min，0~4℃低温冷

藏以及包装后的巴氏杀菌等栅栏因子作用于该产品的加工保藏过程，能有效灭菌，而且不会对产品的风味和口感造成不良影响。远红外线可以有效抑制肉类中的产气菌、产酸菌等一些腐败菌的繁殖，也不会对该产品的风味和口感造成不良影响；紫外线能有效抑制土豆表面的部分杂菌的繁殖；加工过程中的高温处理、包装后的巴氏杀菌和低温冷藏在该调理食品的保藏中，也是必不可少的栅栏因子，能有效杀灭食品中的多种嗜温性腐败菌和病原菌。其他栅栏因子，如产品包装材料、包装方式等的影响尚需进一步的探究。

六、 香豉兔肉防腐保质栅栏因子的调控

王卫等（1999）在新型兔肉干制品开发中，以优化传统工艺为基础，对决定产品感官及风味特性的食盐、糖、含水量等主要指标进行了研究，通过正交实验法筛选出保持产品最佳感官质量的食盐、糖的添加量和产品干燥脱水程度。然后以含水量、食盐和糖所确定的A_W作为保证产品总质量特性的主要栅栏因子，将包装产品在不同温度和时间内杀菌处理，选择既能保持传统肉干风味，又能保证产品可贮性的最佳F因子强度，从而开发出感官品质优于传统肉干、保质期更佳的新型兔肉制品。

（一）保证产品可贮性栅栏因子的分析

添加2.0%食盐和3.0%糖，卤煮，成型后70℃烘烤干燥2h，之后对加工产品主要特性指标进行测定，结果为A_W=0.86、pH=6.0、水分含量30.5%、食盐3.6%、糖4.5%。对传统肉干的研究已表明，保证其可贮性的主要栅栏因子是A_W，而A_W的降低又主要通过干燥脱水，以及添加的食盐、糖等辅料共同作用实现。干燥脱水是降低A_W最有效的方法，但包括食盐和蔗糖在内的许多辅料和添加剂也可在一定程度上降低A_W。在香豉兔肉中，成品0.86的A_W值是由30.5%水分含量，3.6%食盐和4.5%糖共同决定的。

Leistner等的研究表明，传统肉干非制冷长期贮藏的条件是A_W<0.80，有效防霉变A_W<0.70。尽管香豉兔肉食盐、pH等常规理化指标与肉干类制品相近，A_W值也在小于0.90的非制冷可贮的中间水分食品范围，但其A_W值远高于传统肉干，要达到非制冷长期可贮，必须有其他栅栏因子的交互作用。对于pH=6.0左右的非酸性肉干类制品，不可能通过酸化提高pH栅栏的防腐性。本研究所选择的交互作用因子除常规真空包装（一定的Eh栅栏作用）外，主要通过高温灭菌，就是设置新的F栅栏因子以进一步保证微生物稳定性。

（二）保证产品可贮性的较佳杀菌强度的确定

通过提高F值延长肉干保质期，关键是控制F值的强度。包装后产品的热灭菌温度过高，时间过长，将使产品带“罐头”味而失去肉干特色。如果是高水分食品，必须对罐藏产品较高热灭菌强度（较高F值）才能使之长期非制冷可贮。而香豉兔肉A_W值为0.86，已属于易贮存食品（A_W<0.90），因此只需较低强度的F值即可。从栅栏效应和栅栏技术的原理上分析，香豉兔肉属于Combi-SSP食品或栅栏技术食品，也就是说这一产品的可贮性和总质量特性不同于传统肉干，主要通过干燥脱水降低A_W值至不高于0.70而达到可贮，也不同于完全依赖于高温使F值达到较高强度的，而是干燥脱水至A_W值为0.86，再经110℃高温杀菌，通过F和A_W的交互作用保证产品可贮性和卫生安全性。此外，真空脱氧也发挥一定作用。

香豉兔肉在110℃条件下采用不同时间杀菌，对成品感官和微生物稳定性评定结果表

明，5min 和 10min 的杀菌时间对产品的感官质量影响不大，可使产品较好地保持肉干特有风味。杀菌时间超过 10min，对产品色泽、气味、香味和口感均不利。从微生物稳定性上分析，则是杀菌时间越长越好。既能保持传统肉干较佳的感官特性，又能达到至少 9 个月保质期的条件，显然是 110℃杀菌 10min，不过其感官评定与杀菌 5min 的比较差异不显著，但是当产品贮藏至 9 个月，菌落总数仍为 3.9×10^3 CFU/g，大大优于肉干制品不高于 10^4 的标准。

（三）产品特性测定及栅栏控制分析

香豉兔肉属于即食型方便营养食品，产品外观、色泽均优于传统肉干，呈现特殊豆豉香味，风味独特，没有罐头制品高温杀菌的特殊异味。食盐、pH 等常规理化指标同肉干类制品，A_W略高于肉干，组织结构比传统肉干软。各项微生物指标显著优于肉干，但低于罐头制品（商业无菌）标准。在新型肉干制品香豉兔肉开发中，对决定产品感官和可贮性的主要特性指标进行了研究。结果表明，添加 2.0% 食盐、3.0% 糖，70℃烘烤干燥 2h，使肉料含水量至 30.5%，将产品 A_W 值确定为 0.86，当 pH = 5.9、3.6% 食盐、4.5% 糖时产品风味最佳，而以 A_W 值为 0.86 作为保证产品可贮性和质量特性的主要栅栏因子，在 110℃ 杀菌 10min，通过高温杀菌设置的 F 栅栏因子与 A_W 交互作用，可使产品在尽可能保持肉干传统风味的同时，常温下 9 个月内保持较好的微生物稳定性。

七、 狗肉制品栅栏保藏技术

通过肉用狗的养殖来加工狗肉制品是一些地区的传统特色产品，其加工中采用的杀菌方式是高温高压灭菌，杀菌后的狗肉可以达到商业无菌状态，保质期大大延长，但产品的口感、风味和营养品质均受到不同程度的损害，从而大大降低了产品的食用价值。陈学红等（2010）在狗肉制品加工中，通过栅栏因子的确定和栅栏控制，确定保证产品较佳质量特性的栅栏技术，以期在不影响其保藏效果的前提下，大大提高狗肉制品的营养和食用价值。

（一）可贮性（胀袋率）

设置的各栅栏对保存性（胀袋）的影响结果：杀菌时间 10min 胀袋情况最严重，20min 胀袋较严重，30min 仅个别胀袋，得分分别为 34 分、33 分和 43 分；杀菌温度 105℃ 的得分 35、108℃得分 38 分、110℃得分 37 分；乳酸链球菌素用量为 0.05%、0.075% 和 0.1% 的得分分别为 36 分、37 分和 37 分。说明杀菌时间和杀菌温度对狗肉制品的胀袋的较大影响，杀菌时间越长，胀袋越少，而乳酸链球菌素用量的影响不明显。最佳杀菌时间为 30min，杀菌温度为 108℃。

（二）对 pH 的影响

杀菌时间为 10min、20min 和 30min 的得分分别为 4 分、4 分、7 分，杀菌温度 105℃、108℃和 110℃的得分分别为 3 分、6 分、6 分，乳酸链球菌素用量 0.05%、0.075% 和 0.1% 的得分均为 5 分。说明杀菌时间和杀菌温度对狗肉制品 pH 变化的影响较大，杀菌时间越长，杀菌温度越高，pH 变化越小，而乳酸链球菌素的影响不明显。最佳杀菌时间为 30min，杀菌温度为 108℃和 110℃。

（三）对感官品质的影响

感官评定结果：杀菌时间 10min、20min 和 30min 的得分分别为 4 分、7 分、5 分，杀菌温度 105℃、108℃和 110℃ 的得分分别为 5 分、7 分、7 分，乳酸链球菌素用量 0.05%、

0.075%和0.1%的得分为6分、6分、7分。说明杀菌时间和杀菌温度对狗肉制品感官变化的影响较大，而乳酸链球菌素的影响不明显。最佳杀菌时间为30min，杀菌温度为108℃和110℃。

（四）对微生物的影响

接种培养结果：杀菌时间10min、20min和30min的得分分别为4分、4分、6分，杀菌温度105℃、108℃和110℃的得分分别为4分、5分、6分，乳酸链球菌素用量0.05%、0.075%和0.1%的得分为4分、4分、6分。说明杀菌时间和乳酸链球菌素对狗肉制品接种培养中微生物的生长有较大的影响，而杀菌温度的影响不明显。最佳杀菌时间为30min，乳酸链球菌素用量为0.1%。

（五）最佳栅栏因子组合

正交实验及结果分析，最优方案为杀菌时间30min，杀菌温度108℃，防腐剂乳酸链球菌素用量0.1%。当杀菌温度超过108℃后，得分有下降的趋势，主要表现在产品胀袋数增多，感官较差，所以选择108℃作为最佳杀菌温度。总体评分随着防腐剂乳酸链球菌素用量的增大而增加，主要表现在产品感官较好，接种培养微生物减少，保藏效果较好，所以乳酸链球菌素用量0.1%较佳。通过以上分析，确定出关键的各栅栏因子最优水平组合为杀菌时间30min，杀菌温度108℃，防腐剂乳酸链球菌素用量0.1%。

八、栅栏技术结合HACCP体系延长“叫化鸡”保质期

“叫化鸡”是江苏省常熟市具有地方特色的传统美食，其以制法独特、肉质酥嫩、味道鲜美而名扬国内外。然而，由于传统加工工艺缺乏科学性管理、卫生条件差，导致产品保质期很短。李莹等（2012）在“叫化鸡”的工艺标准化改造基础上，将栅栏技术和HACCP体系结合，应用于淘汰蛋鸡生产“叫化鸡”的加工，探讨如何有效地控制各个工序中的微生物、延长保质期，从而有效保证并提升传统鸡肉制品的质量档次的效果。

（一）危害分析及关键控制点的确定

运用HACCP体系为基础，对常熟市某食品企业的“叫化鸡”制品生产过程进行了危害分析，确定了关键控制点。在此基础之上，有目的地设置栅栏，将栅栏技术应用于“叫化鸡”制品加工中，靶向性地抑制微生物的生长，从而有效地延长产品的保质期。在前期研究结果中，可以得知“叫化鸡”的关键控制点（CCPs）为接收原料与熟化杀菌两个环节。

（二）栅栏技术的应用

任何栅栏在食品防腐中的效果，都与食品初始的带菌量相关，初始的带菌量越低，防腐效果就越令人满意。分别用85℃热水、75%乙醇、50mg/L ClO_2、0.5%醋酸和0.5%乳酸喷洒淘汰蛋鸡的胴体，对淘汰蛋鸡的胴体表面进行清洗，在10℃排酸48h后，测定胴体表面的微生物数量，结果得出75%乙醇、50mg/L ClO_2、0.5%乳酸对胴体表面的微生物有良好的控制作用。采用乳酸链球菌素、山梨酸钾和乳酸钠作为防腐剂因子。本实验结果：降低剂量的多种防腐剂结合比单一使用效果好、成本低。在杀菌技术的筛选实验中，高温高压杀菌（121℃，15min）最可靠，但对肉质质构不良影响大。研究选择L9（3^3）正交表进行正交实验，考察了杀菌方式、防腐剂及胴体清洗方式等保质栅栏因子及其强度对“叫化鸡”制品中微生物残留和制品保藏性的影响，各栅栏因子表现为杀菌方式>胴体清洗方式>防腐剂，

最优栅栏组合为 50mg/L ClO_2 清洗胴体，0.03%乳酸链球菌素+0.5%乳酸钠防腐，采用110℃蒸汽杀菌 15min。

(三) 产品贮藏试验

按照上述最优栅栏组合条件下制得的“叫化鸡”，进行的产品贮藏实验结果，在25℃下可保存6个月，在4℃保质期可能更长；而传统裹泥制得的“叫化鸡”在25℃只能保存1周。栅栏技术与HACCP体系的结合科学有效地提高了“叫化鸡”产品的保质期，实现了传统鸡肉制品的现代化和标准化生产。

九、 栅栏技术在延长牦牛腱子制品保质期中的应用

近年来，随着西部大开发的深入，高原牦牛、藏系羊被越来越多的人认知，牦牛肉、藏系羊肉软包装肉制品、干类制品深受广大消费者的欢迎。但是由于产品保质期短，很多产品销往省外后，常发生因腐败变质被退货的情况。赵静等（2006）对软包装牦牛腱子制品生产中的原料、辅料、各加工工序及用具中微生物的消长情况进行了研究，利用栅栏技术控制微生物的生长，以提高成品率，延长产品的保质期，并取得了较满意的效果。

(一) 关键控制点的选择

将原料肉在不同的空气温度下进行缓化，缓化时间均为24h，测定细菌总数及大肠菌群。结果显示，随着缓化温度的增高，细菌总数和大肠菌群数也会增加。对牦牛腱子制品各加工工序微生物的消长情况进行了检测，在加工过程中，滚揉、煮制及烤制工序中细菌总数明显增多，盐水注射、滚揉工序中大肠菌群数量剧增。对牦牛腱子制品加工中所用的辅料进行细菌总数和大肠菌群的检测，表明辅料是牦牛腱子制品中微生物污染的重要来源。对牦牛腱子加工设备、用具及人员手部的卫生状况进行微生物的检测，检测结果表明，加工设备、用具及人员手部是牦牛腱子直接污染途径。以此确定出牦牛腱子制品加工过程中原料肉的缓化温度，盐水注射、滚揉、煮制及烤制工序，辅料及加工设备、用具、人员手部卫生状况是牦牛腱子制品质量保障的关键控制点。

(二) 栅栏因子的选择

对原料肉缓化温度的选择试验结果：缓化温度在10℃时，冻肉可在24h左右达到完全解冻，而且在该温度下细菌总数及大肠菌群数相对较少；通过对各种杀菌方法的方差分析，3种杀菌方法处理辅料，其杀菌效果有很大的差别，通过均值比较确定用微波对辅料杀菌效果最好；选用适用于食品生产的3种消毒剂，即75%酒精、新洁尔灭及84消毒液，对加工设备进行消毒，其中设备使用75%酒精消毒效果最好。

(三) 关键控制点的栅栏限值

结果分析表明，原料肉的缓化温度，盐水注射、滚揉、煮制及烤制等4道工序以及在工序中半成品所接触到的设备和器具的清洁状况、工人手部卫生状况是牦牛腱子制品生产中的关键控制点。据此，确定牦牛腱子制品加工中的栅栏限值：缓化温度10℃、时间24h；加工辅料采用微波1421MHz、时间2min；工人手部戴一次性消毒手套；设备消毒液为75%酒精、时间5min。

(四) 关键控制点及所设置栅栏限值验证

将确定的栅栏限值应用于牦牛腱子制品加工，产品放置在25℃保存9周，进行保温实

验，每隔一周检测细菌总数和大肠菌群，以验证所选关键控制点及所设置栅栏限值的作用，进而检测是否延长了牦牛腱子制品的保质期。通过保温实验测定结果，所选关键点及设置的栅栏限值可使产品由原来的25℃ 1周的保质期延长至9周，在4℃冷藏保质期可能更长。

针对牦牛腱子加工过程的危害分析，关键控制点设置的栅栏如下：辅料处理栅栏，微波1421MHz、2min；原料肉缓化栅栏，10℃、时间24h；二次污染控制栅栏，工人操作戴一次性消毒手套、设备消毒液为75%的酒精、时间5min。结果表明，栅栏技术与HACCP结合应用于牦牛腱子制品加工生产中，可以延长产品的保质期。

十、 兔肉制品栅栏因子及调控

王卫等（1998）选择3种不同类型的产品，即缠丝兔（腌腊制品）、风味烤兔（烧烤制品）和五香卤兔（酱卤制品），按传统配方和常规工艺加工生产，测定加工后以及贮存期产品的A_W、pH、NaCl、菌落总数、大肠菌群等理化及微生物指标。通过对产品特性和可贮性的分析，探讨应用栅栏技术优化传统工艺，改善产品质量，保证其卫生安全性的可行途径。

（一）缠丝兔

成品主要理化及微生物指标：A_W = 0.88～0.90，pH = 6.0，4.97% NaCl，硝酸盐残留（以亚硝酸盐计）14mg/L，菌落总数4.0×10^3CFU/g，肠杆菌小于100个/kg。结果表明缠丝兔是典型A_W=0.60～0.90的中间水分食品，这类产品具良好的微生物稳定性和非制冷可贮性。常温（21～23℃）贮存2个月后，其总菌量尽管从初始的4×10^3 CFU/g增至9.3×10^6CFU/g，但其肠杆菌始终无检出量。贮存期A_W值和pH稍有变化，A_W值从0.89降至0.88，pH从6.0降至5.8。对于腌腊型兔肉制品，总菌量的增加主要是乳酸菌，而其感官质量评定，色、香、味均在可接受范围，按常规食用方法烹饪后腊香浓郁。与一般腌腊生肉制品一样，缠丝兔的可贮性和卫生安全性主要建立在有效降低A_W之上，一是添加食盐、白砂糖等的调节，二是烘烤快速脱水干燥，因此适宜的烘烤温度的调控显然很重要。当然残存的硝酸盐、真空包装等对抑菌和延长保存期也有一定作用。

（二）风味烤兔

主要理化及微生物指标：A_W=0.915～0.925，pH=5.9，3.5% NaCl，硝盐残留（以亚硝酸盐计）28mg/L，总菌量2.1×10^3CFU/g。肠杆菌小于100个/kg。这一产品是原料经腌制后再风干以适当降低A_W，再高温烧烤而成，A_W介于缠丝兔和五香卤兔之间，室温21～23℃贮存30d后，总菌量从2.1×10^3CFU/g增至9.0×10^6CFU/g，60d为3.3×10^6CFU/g。其间A_W略下降，pH略上升，至30d显然已超过卫生法规定标准。而在4℃冷藏则产品呈现良好可贮性，至60d总菌量1.4×10^4CFU/g，肠杆菌难以检出，感官评定仍具较好食用价值。这一制冷条件下的可贮性主要建立于高温烧烤灭菌和较低A_W值（小于0.93）抑菌之上。食盐和糖等添加剂的调节、风干和烧烤脱水导致A_W值从原料的0.99降至成品的0.92。贮存期低温和残存硝盐将进一步抑制不利微生物生长而使产品保持微生物稳定性。

（三）五香卤兔

主要理化及微生物指标：A_W=0.96～0.97，pH=6.1，1.4% NaCl，硝盐残留（以亚硝酸盐计）2.0mg/L，菌落总数小于10^2CFU/g，肠杆菌小于10/100g。这一产品较长时间卤煮保证了卫生质量，但属于高水分食品，A_W>0.96，在缺乏有效抑菌因子作用条件下极易腐败，冷藏可贮性也仅数天。测定表明，4℃贮存30d，总菌量已从小于10^2CFU/g增至9.6×10^6CFU/g，尽管其A_W和pH仍无很大变化。因此，作为熟肉制品已属变质食品而不能再食用。

对三种不同类型的兔肉制品主要进行理化及微生物指标测定，结果反映出传统工艺赋予产品的不同特性。五香卤兔属于A_W>0.95的极易腐败产品（EPP），可贮性冷藏条件下也仅数天。风味烤兔A_W值为0.92，仍属于易腐产品（PP），室温下贮存期很短，最好是低于10℃贮存，4℃条件下保质期可达2个月以上。缠丝兔是中间水分食品（IMF），也属易贮存产品（SSP），室温下也能较长期存放。快速加工法（烘烤干燥）加工生产的A_W值为0.88~0.90的产品，真空包装后21~23℃可贮期2个月以上。但这类腌腊制品加工中需经较长时间的腌制和干燥脱水、挂晾成熟，如果产品内不利微生物残存较多，则很可能在加工和贮存中大量增殖而对产品质量，尤其是对可贮性和卫生安全性构成威胁。因此对加工中关键控制点CCPs的研究确定和调控至关重要。

第二节　鱼类制品加工中栅栏技术的应用

一、应用栅栏技术确定带鱼软罐头杀菌工艺

杀菌是罐头食品生产过程中不可缺少的重要环节，用热力杀灭食品中的致病菌、产毒菌、腐败菌及破坏食品中酶活性，使食品耐藏二年以上不变质，同时尽可能保存食品原有的品质和营养价值。陈丽娇等（2004）以带鱼为试验材料，考察了A_W、pH、F和T 4个栅栏因子对带鱼软罐头食品中细菌总数的影响，并建立这4个主要栅栏因子对产品细菌总数的影响的动态数学模型，应用该数学模型进行实际生产中的动态控制和预测产品质量，同时也为确定更科学合理的杀菌工艺条件提供依据。

（一）水分活度对微生物的影响

微生物生长繁殖和化学反应利用的水分主要是自由水，每种微生物都有最低生长水分活度：一般革兰氏阴性杆菌、部分真菌的孢子及某些酵母菌生长的最低A_W>0.95；大多数球菌、乳杆菌、杆菌科的营养细胞及一些霉菌生长的最低A_W值在0.91~0.95；大多数酵母在0.87~0.91；大多数霉菌、金黄色葡萄球菌在0.80~0.87；大多数耐盐酵母在0.75~0.80；耐干燥霉菌在0.65~0.75；耐高渗酵母在0.60~0.65；在A_W<0.60时，任何微生物都不生长。本实验结果，在数学模型中，y随x_1的增大而增大，即降低带鱼软罐头的A_W值时，可降低微生物的耐热性，减少细菌总数。A_W处于较低水平时，曲线斜率变化平缓，说明A_W<0.85时可有效地抑制细菌的繁殖；当A_W处于较高水平时，曲线斜率变化明显加大，即微生物的耐热性随着A_W的提高而增强，细菌总数明显增加。例如当pH为5.5、杀菌条件为95℃，20min时，若制品的A_W值从0.9降到0.8，则细菌总数将从8000个/kg降到5400个/kg。

（二）pH对微生物的影响

酸度是微生物的重要生存条件，基质中的pH对微生物的生命活动有很大的影响。其作

用机制是氢离子浓度会首先引起菌体细胞膜电荷性质的变化，进而影响微生物对某些营养物质的吸收；其次，氢离子浓度会影响到微生物代谢过程中酶的活性。对于大多数芽孢杆菌来说，在中性范围内耐热性最强，pH 低于 5 时，细菌变得不耐热，如鱼制品中肉毒梭菌芽孢的耐热性显著减弱。本实验结果显示，在 pH 处于较低水平时，曲线斜率变化比较平缓。尤其在 pH<4.5 时对细菌总数的影响并不显著，说明低 pH 能有效降低微生物的耐热性；当 pH 处于较高水平时，曲线斜率变化明显加大，说明 pH>5.0 时对细菌总数的影响明显加大，细菌耐热性明显增强。pH 对微生物的耐热性的影响趋势与 A_W 是一致的，在高水平时，pH 的影响比 A_W 强。例如在 A_W 值为 0.9、杀菌条件为 95℃、20min 时，若制品的 pH 从 5.5 降到 4.5，则细菌总数将从 8000 个/kg 降到 4400 个/kg。

（三）杀菌温度和时间对微生物的影响

本实验结果，在数学模型中，x_3 和 x_4 对 y 构成线性负相关，细菌总数会随杀菌温度和时间的增大而成比例地下降。而且 A_W、pH 对微生物的耐热性影响很大，从回归数学模型可以看出，A_W、pH 与杀菌温度、时间存在负相关关系，说明在低水分活度、高酸性罐头中细菌的耐热性明显减弱，即杀菌所需的温度、时间减少。

（四）模型验证与应用

为验证该模型对实际生产的影响，设置各栅栏因子的参数（$x_1=-0.2$，$x_2=0.6$，$x_3=0.5$，$x_4=-0.2$），即 $A_W=0.83$、pH=5.3、$T=95$℃和 $t=23$min，得到细菌总数平均值为 275 个/100g。而将（-0.2，0.6，0.5，-0.2）代入模型，得 $y=280$，结果与试验基本相符。再取参数（$x_1=-0.3$，$x_2=-1$，$x_3=1.5$，$x_4=0$），得到细菌总数平均值为 270 个/100g。而将参数（$x_1=-0.3$，$x_2=-1$，$x_3=1.5$，$x_4=0$）代入模型，得 $y=290$。同样，结果与试验基本相符，说明该模型可以客观地反映生产情况，对实际生产具有指导意义。此外，也可以通过改变工艺条件来实现应用该数学模型在实际生产中动态控制和预测产品质量的目的。如以上述工艺条件为例，为使 $Y=150$，可以通过保持 $x_1=-0.2$，$x_3=0.5$，$x_4=0.2$ 不变，改变 x_2 得到，即把 $x_1=-0.2$，$x_3=0.5$，$x_4=-0.2$，$y=150$ 代入模型，得 $x_2=-1.2$（pH=4.3），说明当 pH 从 5.3 降到 4.3 时 y 也从 280 降到 150。可通过改变任意两项参数，从而把细菌总数控制在所需水平。例如改变 A_W 和 pH，应用模型容易得到（$x_1=0.4$，$x_2=0.4$，$x_3=0.5$，$x_4=-0.2$）（0.3，0，0.5，-0.2）等多种工艺参数可达到质量要求。另外，也可通过改变任意 3 项参数，得到多组数据，达到同样效果。

二、 栅栏技术优化即食调味罗非鱼片工艺

目前我国罗非鱼产量已占世界总产量的 55%，在全世界罗非鱼产业中占有举足轻重的地位。但罗非鱼与其他淡水鱼一样具有浓重的腥味，造成其出口及深加工都不及其他海产品。颜威等（2012）通过分析影响罗非鱼即食食品的各种因素和各因素间的协同作用，运用栅栏技术原理，进行高营养价值和感官体验较好的即食调味罗非鱼片的研发，以降低能耗和生产成本，为罗非鱼的深加工提供理论依据。

（一）不同盐渍条件对鱼肉的口感及鲜度的影响

经过不同浓度的盐水盐渍后，盐渍时间、食盐添加量对鱼片含水量基本无影响，但对鱼片的口感和质地有显著影响，并对微生物也有一定的抑制作用。综合考虑盐水浓度和盐渍时

间对原料的抑菌作用和感官质量等方面的影响，最终确定盐渍条件：食盐质量分数10%，盐渍时间30min。

（二）pH对鱼肉品质及微生物的影响

不同pH条件下调味后鱼肉的口感及细菌总数测定结果：添加柠檬酸后鱼片口感清淡，鱼腥味不能很好除去，而采用陈醋调节鱼片pH为4.2~4.5，能显著降低鱼腥味，对制品风味无不良影响，且有良好的抑菌性。

（三）烘干方式对鱼片品质及微生物的影响

不同热风干燥温度对干燥速度的变化和鱼片主要成分含量的影响较大。按照上述得出的条件处理鱼片，先放于150℃的烤箱中烤制5min，再于40~50℃烘干，得到的罗非鱼片有诱人的金黄色，表面紧实饱满，且嚼劲好，具有罗非鱼特有的鲜美味道。但40~50℃条件下的烘干方式对罗非鱼的水分含量、A_W会产生影响，应用不同的烘干方式处理罗非鱼片，然后测定鱼片的水分含量、A_W，并进行感官评定。

罗非鱼的干燥过程并非恒速进行。如果开始烘制时采用高温，表面水分挥发过快，内部水分不能及时扩散出来，使得成品呈焦黑色，口感干而硬且带有苦焦味；若开始用低温缓慢烘制，加热温度过低，鱼肉水分挥发慢，导致加热时间变长，在结束烘烤时，产品表面部分有焦黑色，略带有焦烤味；采用梯度升温和分段烘干的方法，鱼肉内部的水分可及时扩散到表面，烘干后产品外观没有出现外焦里嫩的现象。结果显示，先用40℃烘干2h，放于干燥器中冷却1h后，再用45℃烘2h，继续放于干燥器中冷却1h，再用50℃烘干2h，得到的产品软硬适宜，色泽好，咀嚼感好，水分含量为42.56%。

（四）杀菌前的低温处理对鱼片中的微生物的影响

杀菌前的低温处理对鱼片中的微生物有一定影响。将烘干好的产品真空包装后分2组，一组直接在85~90℃杀菌30min，另外一组在0~4℃放置不同的时间后，进行微生物的低温处理，使之耐热性下降后，再于90℃杀菌30min。结果表明，杀菌前的低温处理有利于提高杀菌的效果。产品在4℃存放48h后再杀菌，残留菌落总数显著下降；将罗非鱼肉调味制品真空包装后在0℃左右环境中放置48h后再杀菌，杀菌效果明显好于直接杀菌。这是因为微生物的耐热性与其培养过程有关，处在较低培养温度的微生物由于其培养过程温度较低，使其耐热能力逐代下降，几代之后的微生物更易被杀灭。

（五）不同杀菌方法对鱼片微生物的影响

不同杀菌方法对鱼片微生物有一定影响。分别对鱼片进行低温杀菌、巴氏杀菌和紫外线杀菌，然后进行微生物测定。巴氏杀菌后罗非鱼片的微生物含量明显低于紫外线杀菌后罗非鱼片的微生物含量。因此，采用巴氏杀菌，较低的温度将微生物抑制在较低水平，并能保持鱼片制品中营养物质和风味不变。

（六）调味配方试验

影响即食罗非鱼块风味的主要因素是复合调味料。通过对调味料的不同组成并以柠檬酸、醋酸调节pH进行调味试验确定出最佳调味液配方。然后分别对鱼块的味道、色泽和感官进行评分，并测定鱼肉的pH及微生物总数，以便研制出具有特殊风味的即食罗非鱼片。

通过对盐渍条件、pH、烘干方式、杀菌方式等实验，得出即食调味罗非鱼片生产工艺中最佳条件：原料前处理需用质量分数 10% 的食盐进行了盐渍 30min；采用陈醋调节 pH 为 4.2~4.5；鱼肉调味后先用 40℃烘干 2h，放于干燥器中冷却 1h 后，再 45℃烘 2h，继续放于干燥器中冷却 1h 后，再用 50℃烘 2h，可使产品水分含量为 45%~50%，A_W值为 0.88~0.90；产品真空包装后在 0~4℃中放置 24h，再进行巴氏杀菌（80~85℃，30min）。该方法不但可提高产品品质，延长保存期，而且能使产品口感更好，软硬适中，可较好地保持罗非鱼肉的鲜味和营养价值，对降低能耗和生产成本也有较大作用，能够充分利用罗非鱼肉，为市场提供美味的休闲即食水产品。

三、 栅栏技术在半干鲢鱼片生产工艺中的应用

栅栏技术是根据食品内不同栅栏因子的协同作用或交互效应使食品的微生物达到稳定性的食品防腐保鲜技术，该技术已广泛运用于肉类制品、即食制品调味品以及食用菌保鲜等方面。尤其是在研究半干水分食品中，原料的预处理、加工、杀菌到包装都会直接或间接地运用栅栏技术。半干水分食品因其口感好，产出率高且非制冷可贮性而备受生产者的关注和消费者的青睐。运用栅栏技术来优化半干鲢鱼片的生产工艺，可以达到事半功倍的效果。李云捷等（2011）探讨应用栅栏技术于半干鲢鱼片的制作，分析了各种常见栅栏因子对制品感官品质及贮藏稳定性的影响，并进行优化并确定其最佳保质栅栏模式。

（一）干燥时间对制品含水量、水分活度和感官特性的影响

绝大多数细菌只能在 A_W值为 0.90 以上生长活动，金黄色葡萄球菌虽然在 A_W值为 0.86 以上仍能生长，但在缺氧条件下 A_W值为 0.90 时生长就会受到抑制。霉菌与细菌及酵母菌相比，能在较低的水分活度下生长，但若处于高度缺氧环境下，即使处于最适水分活度环境中霉菌也不能生长。通过测定不同干燥时间的制品的水分含量，并进行感官评价，综合考虑感官品质和微生物稳定性。最终确定制品的最适 A_W值为 0.886，水分含量在 45% 左右，且干燥时间在 4h 内，基本处于恒速干燥阶段，干燥效率高、节省能源。

（二）各栅栏因子对贮藏性及感官特性的影响

1. 有机酸

测定有机酸添加量对贮藏性及感官特性的影响，一般情况下，微生物的生长发育受 pH 的影响很大，细菌的最适 pH 为 7~8，随着 pH 的下降，细菌的生长发育受到抑制，有机酸往往显示有较强的杀菌作用。此外，pH 的变化对微生物抗热性影响很大。综合考虑抑菌效果、对产品风味的影响、价格等因素，本试验选用了柠檬酸、冰醋酸、抗坏血酸，以不同浓度添加到制品中，进行感官检验及微生物保藏试验，发现抗坏血酸会使制品产生令人不愉快的酸味，而冰醋酸使风味偏酸，柠檬酸对制品风味无不良影响，且有良好的抑菌性。

2. 复合防腐剂

山梨酸钾是一种常见的食品添加剂，但其抑菌作用随 pH 的升高而降低，故适用于酸性食品中，目前在水产调味干制品中也广泛应用，添加量一般为 0.05%~0.10%。乳酸链球菌素是一种高效、安全、无副作用的天然食品添加剂，能有效地抑制许多引起食品腐败的革兰氏阳性菌的生长、繁殖。在复合防腐剂总添加量为 0.10% 时，研究了山梨酸钾和乳酸链球菌素以不同比例添加对制品菌落总数的影响，结果菌落总数随复合防腐剂添加量比例的不同

而变化，其中山梨酸钾与乳酸链球菌素为 1∶1 时抑菌效果较好。且实验表明，由于复合防腐剂添加总量较小，因此对鲢鱼片的感官品质影响极小。

3. 杀菌方式

通过试验发现，当杀菌温度低于 95℃ 且时间不超过 40min 时，杀菌时间长短对制品品质基本无影响。而采用二次杀菌（在 95℃ 水浴中杀菌 20min，取出，立即放入冰水混合物中冷却 10min，再在 95℃ 水浴中杀菌 20min），不但能保持制品的优良品质，且有很好的杀菌效果。二次杀菌是利用微生物在骤热、骤冷时，其细胞无法适应环境的改变而发生胀破的特性来杀死微生物。相对于传统的巴氏杀菌方法，不但能减少对制品组织结构因过度杀菌而造成的损伤，而且杀菌效果更理想。

4. 杀菌前的低温处理

研究表明，杀菌前低温处理可以从两方面降低细菌的抗热性，一方面是降低细菌本身的抗热性，另一方面是通过降低杀菌前的初菌数来降低细菌的抗热性。杨宪时等的研究表明，将扇贝调味干制品真空包装后在 0~5℃ 环境中放置 48h 后再杀菌，杀菌效果明显好于直接杀菌。

（三）正交试验设计及结果分析

在上述单因素试验的基础上，选择对制品品质和保藏性影响较大的栅栏因子：杀菌前低温处理时间、柠檬酸添加量、复合防腐剂（山梨酸钾、乳酸链球菌素）、杀菌方式，进行 L9（3^4）正交试验。结果显示，微生物数量随低温处理时间的延长而减少，且在 12~24h 内的抑菌作用明显，而在 24~36h 内抑菌作用减弱。柠檬酸对微生物的抑制作用随其浓度的增加而增强，在 0.15%~0.20% 阶段的效果尤其明显。在 95℃、20~40min 内，菌落总数随杀菌时间的延长而减小。当乳酸链球菌素与山梨酸钾的添加质量比为 1∶1 时，表现出较强的协同增效作用。从极差分析可知，各栅栏因子对制品贮藏性的影响程度从大到小依次为防腐剂、处理时间、杀菌方式、柠檬酸量，正交出最优栅栏组合为柠檬酸添加量为 0.20%，复合防腐剂添加量为 0.10%（山梨酸钾∶乳酸链球菌素＝1∶1），杀菌前的低温处理时间为 36h，二次杀菌。

（四）验证试验和产品贮藏效果

按照最佳栅栏组合进行验证试验，产品软硬适中，且呈棕黄色，略有酸味，感官评价得分 9.5 分，综合各项指标均最好。采用最佳栅栏组合制得产品进行保藏实验，在设置的联合栅栏因子的共同作用下，半干鲢鱼鱼片制品在室温下保藏 5 个月，菌落总数未超过国家标准规定的 1.50×10^3CFU/g，产品具有优良的品质和食用安全性。通过正交试验以及验证试验，提出加工产品的技术要则和工艺流程，从产品微生物环境和总数量上考虑，对选择的栅栏进行调整和改进。确定出最优的栅栏组合：柠檬酸添加量为 0.20%，复合防腐剂添加量为 0.10%（山梨酸钾、乳酸链球菌素质量比为 1∶1），在 45℃ 干燥 4h，杀菌前的低温处理时间为 36h，二次杀菌。半干鲢鱼鱼片制品的水分含量在 45.80% 左右，对应的 A_W 值为 0.886。保藏实验证明，其在室温（20℃）下可保存 5 个月以上。

四、利用栅栏技术研制高水分活度食品（即食鱼片）

近年栅栏技术在我国食品加工业中的应用受到关注，尤其在肉制品及果蔬的保藏中研究应用较多。在传统水产调味干制品的生产中，为了防止产品在贮藏过程中发霉变质，干制品的水分含量通常控制在20%，致使水产品原有的风味、质地特性受到损害。汪涛等（2007）探讨将栅栏技术应用于新型即食高水分调味半干鱼片，即H-A_W-F即食鱼片，通过合理设置若干个强度和缓的栅栏因子，利用其交互作用，使食品的品质及卫生安全性得到进一步的保证。

（一）pH对鱼片品质及贮藏性的影响

一般情况下，微生物的生长发育受pH的影响很大，细菌的最适pH为7~8，随着pH的下降，细菌的生长发育越受到抑制，有机酸往往显示有较强的杀菌作用。另一方面，pH的变化对微生物抗热性影响很大。综合考虑抑菌效果、对产品风味的影响、价格等因素，本试验选用了柠檬酸、苹果酸、抗坏血酸和冰醋酸，以不同浓度添加到制品中，进行感官及微生物保藏试验。试验结果表明，添加苹果酸、抗坏血酸会使制品产生令人不愉快的酸味，而冰醋酸对降低制品pH影响不显著，柠檬酸的添加量在0.1%~0.15%时对制品风味无不良影响，且有良好的抑菌性。

（二）防腐剂对鱼片品质及贮藏性的影响

山梨酸钾是一种常见的食品添加剂。其抑菌机制在于它能透过细胞壁，进入微生物体内，抑制脱氢酶系的作用，但其抑菌作用随pH的升高而降低，故适用于酸性食品中，目前在水产调味干制品中也广泛应用。乳酸链球菌素是由乳酸链球菌合成的一种多肽抗菌类物质，能有效地抑制许多引起食品腐败的革兰氏阳性菌的生长。本实验结果：当添加量为0.005%~0.05%时，随山梨酸钾浓度的增加，细菌总数显著减少；当添加量为0.05%~0.1%时，其抑菌作用趋于减缓。乳酸链球菌素也有很好的抑菌作用，且对制品的风味无不良影响。有研究表明，乳酸链球菌素和山梨酸钾具有协同作用。因此，在其后的正交试验中选取乳酸链球菌素和山梨酸钾复合防腐剂作为栅栏因子。

（三）杀菌方式对鱼片品质及贮藏性的影响

通过试验发现，当杀菌温度低于95℃且时间不超过40min时，巴氏杀菌时间长短对制品品质基本无影响。而采用二次杀菌（在95℃水浴中杀菌20min，取出，立即放入冰水混合物中冷却10min，再在95℃的水浴中杀菌20min），不但能保持制品的优良品质，而且有很好的杀菌效果。二次杀菌是利用微生物在骤热、骤冷时，其细胞无法适应环境的改变而发生胀破的特性来杀死微生物。相对于传统的巴氏杀菌方法，该方法不但能减少对制品组织结构因过度杀菌而造成的损伤，而且杀菌效果更理想。

（四）杀菌前的低温处理对鱼片品质及贮藏性的影响

相关研究表明，杀菌前低温处理可以从两方面降低细菌的抗热性，一方面是降低细菌本身的抗热性，另一方面是通过降低杀菌前的初菌数来降低细菌的抗热性。杨宪时等的研究表明，将扇贝调味干制品真空包装后在0~5℃环境中放置48h后再杀菌，杀菌效果明显好于直接杀菌，杀菌前的低温处理对微生物有一定的抑制作用。

（五）保质栅栏因子综合效应及最佳栅栏组合

在上述试验的基础上，选择L9（3^4）正交表做正交试验，着重考察杀菌前低温处理时间、柠檬酸添加量、复合保鲜剂（乳酸链球菌素与山梨酸钾）、杀菌方式等保质栅栏因子及强度对制品保藏性的影响。结果显示，微生物数量随低温处理时间的延长而减少，且在12~24h的抑菌作用明显，在24~36h时抑菌作用减缓。柠檬酸对微生物的抑制作用随其浓度的增加而增强，在0.15%~0.20%阶段的效果尤其明显。在95℃杀菌20~40min期间，细菌总数随杀菌时间的延长而减小。复合保鲜剂1和2的抑菌效果相差不大，而当乳酸链球菌素与山梨酸钾的添加比例为1∶1时，表现出较强的协同增效作用。极差分析可知，各栅栏因子对制品贮藏性的影响程度从大到小依次为复合保鲜剂（山梨酸钾+乳酸链球菌素）、杀菌前的低温处理、杀菌方式、添加柠檬酸。修正后的最优栅栏组合为杀菌前低温处理时间为36h，柠檬酸添加量0.15%，复合保鲜剂添加量0.1%（山梨酸钾：乳酸链球菌素=1∶1），二次杀菌（在95℃水浴中杀菌20min，取出，立即放入冰水混合物中冷却10min，再在95℃水浴中杀菌20min）。H-A_W即食调味鲅鱼鱼片制品的适宜水分含量在45.5%，对应的乳酸链球菌素在0.88。保藏试验证明，在0~4℃可保存8个月以上。

五、 栅栏技术在淡腌半干鲈鱼加工工艺中的应用

大口黑鲈（Micropterus salmoides，常称鲈鱼）属于鲈形目鲈属，又称加州鲈鱼，是中国高档淡水经济鱼类品种之一，近年来养殖产量剧增。由于鲈鱼以鲜销为主，养成鱼集中上市时常出现滞销现象，给养殖户造成很大的损失，制约了鲈鱼养殖业的发展。鲈鱼肉质鲜嫩，骨刺较少，非常适合深加工。目前鲈鱼深加工产品主要有茶香淡腌鲈鱼、风干鲈鱼等，种类不多，因此亟待研发鲈鱼深加工技术，生产满足现代人饮食需求的产品。魏涯等（2017）通过分析影响淡腌半干鲈鱼加工中的各种因素及各因素间的协同作用，设置多个低耗能、无污染、抑菌效果好的栅栏因子，并利用其协同作用，建立淡腌半干鲈鱼加工工艺，达到抑制甚至杀灭微生物、提高产品品质和安全性的目的，为鲈鱼的深加工提供理论依据。

（一）不同前处理方法的抑菌效果

鲈鱼含有丰富的蛋白质，适宜细菌生长繁殖，高浓度的食盐和低pH可抑制细菌的生长。采用不同方法进行前处理，未处理前的鱼肉细菌总数为$1\times10^{(5.90\pm0.07)}$ CFU/g，先用食盐处理再用清水冲洗，细菌总数由只用清水洗的$1\times10^{(5.16\pm0.03)}$ CFU/g下降到$1\times10^{(4.86\pm0.11)}$ CFU/g（$P<0.05$），而先用柠檬酸处理后用清水冲洗的鱼肉细菌总数仅为$1\times10^{(3.67\pm0.03)}$ CFU/g，显著低于前两种处理方法，说明柠檬酸前处理对鲈鱼的原料脱菌有着非常积极的影响，所以鲈鱼前处理选择4g/L柠檬酸进行浸泡清洗。

（二）腌制条件中各栅栏因子的单因素试验

1. 食盐添加量

食盐添加量为20~40g/L时，产品外观色泽和组织状态均不佳，且在风味上偏淡；为60~80g/L时，产品的外观色泽和组织状态基本无差别，即外观紧实，呈黄褐色，口感有咀嚼性，软硬适中，但风味上偏咸，不易被接受。食盐添加量从20g增加到80g时，菌落总数从$1\times10^{(6.48\pm0.02)}$ CFU/g降低到$1\times10^{(3.60\pm0.06)}$ CFU/g，差异显著。可见添加适量的食盐不仅可以使产品的外观色泽和组织状态呈现最佳状态，也可以使其在风味上更易被接受。而且食盐还是一种水分活度调节剂，食盐添加量越高产品的水分活度越低。绝大多数细菌只能在$A_W\geq0.9$时生长活动，因此，食盐可以调节产品的低水分活度以抑制细菌的生长。通过综合考虑感官评分和抑菌效果，初步选择食盐添加量为60g/L。

2. 白砂糖添加量

糖对菌落总数影响不大（$P>0.05$），但对产品的整体风味有一定的影响。从感官评价上看，糖的添加量对产品外观色泽的形成有益，这可能是由于产品在干燥过程中发生了美拉德反应，而美拉德反应可以促进颜色的形成。通过感官评分初步选择糖的添加量为20g/L。

3. 酒添加量

酒的添加量对产品外观无显著影响，但对产品口感和风味有影响，主要原因是适量的白酒可以很好地去除鱼腥味，使其更容易被消费者接受。同时也可以通过酒来调节水分活度从而抑制微生物的生长。依据评分，初步得出5%的酒添加量产品的感官得分较高。

4. 柠檬酸添加量

一般情况下微生物受pH的影响很大，多数细菌的最适pH为中性，酸性条件下微生物会明显受到抑制。柠檬酸的加入对产品有显著的抑菌效果，但也会影响其整体风味，柠檬酸添加量为2~4g/L的产品均有不良酸味产生。因此综合考虑抑菌效果及对感官品质的影响，选择柠檬酸添加量应该低于2g/L。

5. 腌制条件

基于生产的可操作性，考察了低温（4℃）和室温（25℃）条件下分别腌制鲈鱼，对产品感官和微生物的影响，不同腌制温度的产品在感官评分上几乎没有差别，但是低温条件下腌制的产品菌落总数显著降低，这有利于提高产品的安全性，因此选择最佳腌制温度为4℃。腌制液随着腌制时间的延长逐渐渗入鱼肉中，对产品的感官品质和菌落总数均造成一定的影响。随着腌制时间的延长，菌落总数逐渐降低，腌制3h以上的产品菌落总数显著降低，但与腌制4h和5h的产品菌落总数并无显著差别，且产品色泽均呈黄褐色，软硬适中，咀嚼感好。因此从节约时间和成本的角度来看，最佳腌制时间为4h。

6. 干燥工艺

腌制水产品的A_W值一般为0.80~0.95，干制品则为0.60~0.75。通过设置不同干燥时间获得4个干燥后不同A_W值的样品，其中较高水分活度（$A_W>0.899$）的样品在15d后菌落总数已经多到无法计数，且能明显闻到臭味，说明产品已腐败；而当A_W值降低到0.883以下，同样贮藏条件下的样品中菌落总数显著低于高A_W值的样品。低水分活度（$A_W<0.883$）的样品贮藏60d后，其菌落总数分别达到$1\times10^{(9.77\pm0.06)}$CFU/g和$1\times10^{(8.93\pm0.03)}$CFU/g，略有异味，说明样品接近腐败。也就是说，A_W值降低到0.883以下，其贮藏性能得到明显改善，较低的水分含量有效抑制了微生物的生长。对于低A_W的干制品，其硬度和弹性可能难以被人们所接受，而不同程度的干燥将会影响鲈鱼组织中水分的分布，进而影响其组分的分布、肉蛋白的溶解以及产品的多汁感和柔软度。A_W对产品硬度的影响较大，可能是由于A_W降低后造成结合水部分脱出，使得产品硬度变大，结构变硬。A_W值为0.866~0.925的样品弹性值为0.79~0.95，经感官评定，易于被人们所接受，所以认为在此范围内，A_W对样品弹性影响不大。因此，综合考虑产品的贮藏效果以及弹性和硬度等质构参数，产品的最佳A_W值在0.883。

干燥工艺中的烘干温度和时间对产品的影响很大，随着烘干温度的升高和时间的延长，细菌总数均呈下降趋势，这是干燥造成水分散失，水分活度降低以及盐度的变化等因素造成的，一些需要高水分和耐盐性较差的微生物受到抑制，导致其数量开始减少。感官评价的结果显示，不同烘干温度和时间对产品外观、口感等有一定影响，在（60±2）℃条件下烘制，造成表面水分蒸发过快，内部水分却未能及时蒸发出来，导致产品表面呈焦黄色，口感干硬且有苦焦味；而在（30±2）℃条件下的低温缓慢烘制，鱼肉内部的水分可及时扩散到表面，烘干12h后产品呈诱人的黄色，软硬适中，咀嚼感好，菌落总数也显著低于原料，此时水分含量为52.42%，是理想的烘干条件。

7. 杀菌

杀菌前的低温放置处理有利于提高杀菌效果，产品在0~4℃放置24h后再杀菌，残留菌落总数从$1\times10^{(3.43\pm0.07)}$CFU/g下降至$1\times10^{(2.43\pm0.18)}$CFU/g（$P<0.05$），这是由于微生物的耐热性与微生物所处的温度有关，处在较低温度下微生物的耐热能力逐渐下降，因此更易被杀灭。杀菌方式对产品品质和微生物产生影响，沸水杀菌和85~90℃杀菌后的产品菌落总数均显著低于紫外杀菌后的产品。但沸水杀菌后的产品包装开始胀气，香味也开始减弱，且出现汁液。因此采用85~90℃杀菌不仅将菌落总数控制在安全范围，且能保持产品营养物质和风味不变。

8. 包装方式

普通包装的产品在贮藏14d后菌落总数已达到$1\times10^{(6.51\pm0.07)}$CFU/g，且能明显闻到臭味，说明产品已经开始腐败，而真空包装的产品在14d后菌落总数显著低于普通包装的产品，仅为$1\times10^{(3.32\pm0.06)}$CFU/g，未检出大肠菌群和致病菌，且包装依然平整，产品感官上没有出现异味，产品各方面均符合卫生标准要求。继续对真空包装的样品进行观测，60d后真空包装的样品中微生物数量为$1\times10^{(7.58\pm0.06)}$CFU/g，略微能闻到些许异味，说明产品已经接近腐败，没有继续监测的必要。通过保藏实验证明，真空包装的产品可以延长保质期。

通过栅栏实验，准确设置了淡腌半干鲈鱼制品生产工艺中的栅栏因子为鲈鱼前处理需用4g/L柠檬酸进行浸泡清洗，采用食盐60g/L、糖20g/L、酒1.5%，在4℃腌制4h，在（30±2）℃热泵干燥机中烘12h，控制产品A_W在0.88。经该工艺生产的淡腌半干鲈鱼产品，不仅口感好，软硬适中，而且挥发性组成物质、必需氨基酸、鲜味氨基酸和不饱和脂肪酸含量均增加，产品风味更好。产品真空包装置于0~4℃放置24h后采用85~90℃杀菌处理30min，不仅可以明显降低产品微生物数量，而且可以较好地保持产品的风味和营养价值，4℃可贮藏2个月以上。

六、　利用栅栏技术研制即食调味鲅鱼片

鲅鱼属鞘形目鲅科，学名蓝点马鲛，是我国沿海地区的主要经济鱼类之一。鲅鱼肉厚实味鲜美，富含丰富的维生素A以及多种矿物质。因无法人工养殖，多以鲜食为主，加工度较低。王晓凡等（2016）将栅栏技术应用在即食调味鲅鱼片中，通过合理设置栅栏因子，达到长时间贮藏水产品的目的。

（一）盐渍、脱盐工艺条件的确定

食盐添加量、盐渍时间、脱盐时间对鱼片的口感和质地有显著影响，同时对微生物有一定的抑制作用。本研究最终确定的工艺条件：食盐5%，盐渍时间2h，脱盐时间0.5h。

（二）各栅栏因子对制品品质及贮藏性的影响

1. pH

将鲅鱼片分成等量的4份，然后加上其他已确定用量的调料，分别添加柠檬酸0.10%、0.15%、0.25%、0.35%，置于4℃低温下腌制2h后烘干，品尝以评定制品口感。试验结果：当添加柠檬酸的量为0.25%时风味良好且抑菌性佳，然后测定其pH为6.26。

2. 烘干条件

许钟等的研究已发现，在水分活度为0.90时，水分含量为45%的水产品色泽、外观、质地、风味均非常好。本实验结果：当鲅鱼产品的水分含量为55%时风味鲜美，外观、质地等都较为理想。综合考虑各项指标，得出即食鲅鱼片的最优水分活度在0.894，此时水分含量55.68%。结果分析显示，鲅鱼产品的A_W越高，口感、风味和组织状态的评分越高，而色泽和外观评分逐渐降低。其中，当A_W值在0.85~0.90时感官评分较高。虽然A_W值在0.894时口感较好，但A_W值为0.875的制品更耐贮藏，因此即食鲅鱼片应在80~85℃条件下烘制1.5h。

3. 杀菌条件

本试验是3因素3水平的正交试验，A_W分别取为0.941、0.894和0.875，杀菌温度控制在85~90℃、90~95℃、95~100℃三个水平，杀菌时间分别为30min、40min和50min。贮藏试验的最终结果，在A_W、杀菌温度和杀菌时间三个指标中，A_W的R值是最大的，由此可知，影响即食鲅鱼片贮藏性能的最主要的因素是A_W，当其增大产品的细菌总数也在上升，而A_W值大于0.89后，对产品的耐贮性影响更大。有研究表明常温下低酸性食品（pH>5）的A_W值接近0.90时很难贮藏，因此时条件适合多种微生物生长繁殖，不利于贮藏。杀菌温度和杀菌时间的R值相差不多，对耐贮性影响效果也基本相同。当杀菌温度升高和杀菌时间延长时，产品的菌落总数会逐渐减少。杀菌温度和杀菌时间在水平3时总和最小分别为10.93和10.99，当杀菌温度、杀菌时间达最高值时耐贮性也最好。但感官评价得出在三种杀菌温度和时间中，90~95℃、杀菌50min的感官评分最好，故选取其作为最终栅栏。

（三）保藏实验及总体结果

按照实验确定的工艺参数，批量制出鲅鱼片制品，分装真空包装后放入37℃恒温条件下保藏7d，观察制品的胀袋情况。结果显示未发现有成品胀袋。将成品放入0~4℃冰箱中保藏6个月，产品仍然保持良好性状。本研究得出pH-A_W型即食调味鲅鱼鱼片的工艺流程：

原料解冻 → 清洗 → 去头、鳍、尾、内脏 → 剖片 → 修片 → 盐渍（5%、2h）→ 脱盐（0.5h）→ 调味料配制 → 腌制（2h）→ 烘干（85~90℃，5h）→ 真空包装（0.9MPa）→ 杀菌（90~95℃、50min）→ 冷却 → 保温 → 检验 → 成品

确定最优的栅栏组合：鲅鱼片中加入5%的盐腌制2h，脱盐后加白砂糖5%，其他辅料6%，4℃腌制2h，80~85℃烘烤1.5h，真空包装后4℃放置48h，90~95℃水浴杀菌50min即成，成品最适水分含量为55.68%，此时A_W值为0.89。通过7d保藏试验可以得到在0~4℃能保质6个月的产品。

七、栅栏技术在海鲜调味料开发中的应用

近年来，人们对食品的要求越来越高，不仅要求色、香、味俱全，还要求具有天然、营养、保健等特点，使得天然调味料的需求量越来越大。海鲜调味料（又称水产天然调味料）是以水产品为原料，采用抽出、分解、加热、发酵、酶解等手段生产出的调味料，因含有丰富的氨基酸、多肽、糖、有机酸、核苷酸等呈味成分和牛磺酸等保健成分，受到人们的青睐。海鲜调味料开发生产中，如何保证良好的风味并达到理想的保质期成为研究的焦点。任增超等（2011）就栅栏技术在海鲜调味料开发中的应用及未来发展前景进行了分析阐述，以期为海鲜调味料的工业化生产提供理论依据。

（一）高温热加工（*F*）

高温热加工是最安全和最可靠的保藏方法之一。加热处理不仅可以防止微生物引起的食品腐败，也可以防止酶引起的变色、变味。从食品保藏的角度，热加工指的是两个温度范畴，即杀菌和灭菌。杀菌是指将调味料中心温度加热到65～75℃的热处理操作。在此温度下，几乎全部酶类和微生物均被灭活或杀死，但细菌的芽孢仍然存活。因此，杀菌处理应与产后的冷藏相结合，同时要避免二次污染。灭菌是指调味料的中心温度超过100℃的热处理操作。其目的在于杀死细菌的芽孢，以确保产品在流通温度下有较长的保质期。但经灭菌处理后，仍存有一些耐高温的芽孢，只是量少且处于抑制状态。在偶然的情况下，经一定时间，仍有芽孢增殖腐败变质的可能。因此，应对灭菌之后的保存条件予以重视。海鲜调味料由于高温杀菌而易引起风味的变化，因此，一般在调味料风味定型前通过100℃、10min灭酶处理进行高温短时杀菌，并结合美拉德反应杀灭微生物以起到防腐的作用；在风味定型后采用辐照技术，一般可以达到理想的杀菌防腐效果。

（二）水分活度（A_W）

水分活性是指食品中水的蒸汽压与相同温度下纯水的蒸汽压之比。当环境中的水分活性值较低时，微生物需要消耗更多的能量才能从基质中吸取水分。基质中的水分活性值降低至一定程度，微生物就不能生长。一般地，除嗜盐性细菌（生长最低A_W值为0.75）、某些球菌（如金黄色葡萄球菌，A_W值为0.86）以外，大部分细菌生长的最低A_W值均大于0.94，且最适A_W值均在0.995以上；酵母菌为中性菌，最低生长A_W值在0.88～0.94，霉菌生长的最低A_W值为0.74～0.94，A_W值在0.64以下任何霉菌都不能生长。实验证明，海鲜调味料的A_W值低于0.76为安全，当低于0.74时则不需要添加防腐剂。

（三）pH

酸碱度对微生物的活动影响极大，任何微生物生长繁殖都需一定的pH条件，过高或过低的pH环境都会抑制微生物的生长。大多数细菌的最适pH为6.5～7.5，放线菌最适pH为7.5～8.0，酵母菌和霉菌则适合pH 5.0～6.0的酸性环境。但当pH为5.0～6.0时，海鲜调味料才可以保持良好的风味。因此根据风味的要求，pH不可能降低到4.5以下，改变pH对保藏的意义不大。

（四）防腐剂

随着国家相关部门及消费者对食品安全的日益重视，食品生产商对各类添加剂的使用要求也日趋严格，海鲜调味料中不能含有防腐剂已成为部分食品生产商的基本要求。如何在

不含防腐剂的情况下保证产品的安全已成为一个重要的研究课题。研究表明，当海鲜调味料的 A_W 值低于 0.74 并结合低温冷藏等栅栏因子时，不需要添加任何防腐剂。另一方面，美拉德反应对防腐也有一定的贡献，但因反应程度、反应产物不同，所以防腐效果也不同，因此应区别对待。

（五）预包装

随着食品包装技术的不断发展，人们已将一些具有栅栏功能的成分添加到包装材料中去，使其发挥栅栏功能，如脱氧剂（Fe 系脱氧剂，连二亚硫酸盐系脱氧剂等）、防腐剂与抗氧化剂、吸湿剂等。对海鲜调味料而言，气调包装不能抑制一些微生物的生长，因此很少采用；无菌包装生产时要求对包装容器进行规范灭菌处理。

随着生活水平提高，人们对调味料的需求由单一的调味型向营养、方便、安全、天然的复合型转变，而海鲜调味料以其独特的风味和营养保健功能正逐渐受到重视，研究发展及市场都具有广阔的前景。将栅栏技术运用于海鲜调味料的开发中，通过调整栅栏因子的种类及协同作用，不仅可以延长保质期，而且能够改善风味和营养，生产出适应不同地区饮食文化和习惯的天然调味料。然而单一的栅栏技术已无法满足市场开发新产品的需求，将栅栏技术与关键危害点控制技术（HACCP）和微生物预测技术（PM）结合已经成为必然。利用 HACCP，可以有针对性地选择和调整栅栏因子，微生物预报技术则在不进行微生物检测分析条件下，快速对产品的保质期进行分析预测。栅栏技术已广泛应用于海鲜调味料的开发，它与现代高新技术的结合将成为未来天然海鲜调味料开发的发展方向。

第三节 栅栏技术在虾贝类等水产加工中的应用

一、栅栏技术在即食南美白对虾食品制作中的应用

南美白对虾（Litopenarus vannamei）是世界养殖虾类产量最高的三大种类之一。它营养丰富、味道鲜美，高蛋白低脂肪，并富含多种矿物质。林进等（2010）在加工工艺和配方中运用栅栏技术原理，设置控制水分活度、浸泡乙醇、调节 pH、降低氧化还原电位、热杀菌等保质栅栏因子，优化栅栏因子的强度，利用其交互作用，开发新一代高水分即食南美白对虾食品，使食品的品质及卫生安全性得到保证，提高产品的竞争力和企业的经济效益。

（一）A_W 的选定

在恒定温度（25℃）下，测得 60℃ 热风脱水的南美白对虾虾仁样品的水分含量与水分活度的关系。实验显示，南美白对虾样品的 A_W 值随着水分含量的下降而下降。当水分含量从 75% 下降到 45% 左右时，A_W 值仅仅从 1.0 下降到 0.95，变化很小。而此后样品的 A_W 值随其水分含量的下降而迅速下降。结果表明，A_W 值与水分含量有关，但水分含量并不是决定 A_W 值的决定性因素。因为干制品中所含的水分有结合水分与游离（自由）水分。通过对 A_W 值和质构的关系分析，样品硬度随 A_W 值的下降而增大、咀嚼度随 A_W 值的下降而略为增大、弹性随 A_W 值的下降而减小。当对虾的 $A_W<0.97$ 时，从质构分析可知硬度和咀嚼度增加较快，弹性下降较快。当对虾的 $A_W<0.92$ 时，硬度、咀嚼度和弹性变化趋缓。

对虾的 A_W值与其色泽、组织质构、滋味都有密切关系，样品的 A_W值越高，滋味评分也就越高。A_W值高时，其肌肉组织的含水量高，吃起来比较鲜嫩有弹性，但水分含量高时焙烤出来的色泽不佳，而且真空包装下杀菌后组织溢出过多水分，影响外观。制品 A_W值低时，虽然比不上高 A_W值制品那样嫩滑柔软，但虾仁更具嚼劲，且经焙烤后表现出令人愉快的风味和鲜红诱人的色泽。但是 A_W值过低，个体会明显缩小，商品价值降低。样品的 A_W值为 0.948 时，感官评定总体接受性分数最高，而在 0.94~0.95 时感官品质最好。结合 A_W值和质构的关系分析，样品的弹性在 0.7 以上，咀嚼度在 3000 左右，A_W值在 0.95 左右时，样品的质构较符合预期。

（二）乙醇浸泡条件的选定

乙醇作为 Pres. 因子，能迅速使菌体蛋白凝固、变形、脱水和沉淀，并能溶解细菌体表的脂肪而渗入菌体内部。50%~80%的乙醇杀菌力最强，常用 70%乙醇来消毒。浸泡时对虾质量（g）和乙醇溶液体积（mL）的比值为 1，浸泡 3min 具有一定的杀菌效果，特别是杀灭对虾中较为耐热的 G^+菌。乙醇具有较好的挥发性，因此在后期的工艺中可以挥发掉。

（三）pH 的选定

几乎所有水产品的 pH 都呈中性或弱酸性，为低酸性食品。水产品的腐败变质与 pH 有很大的关系。pH<6.0 时对蜡样芽孢杆菌起抑制作用，并且据报道，当 pH 值从 6.6 下降到 5.5 时，金黄色葡萄球菌致死温度从 65℃下降到 60℃，蜡样芽孢杆菌等芽孢杆菌的致死温度从 100℃下降到 60℃。一般水产品 pH 值调节到 6.0 以下，贮藏性得到增强，但 pH 过低时制品的口感不佳。醋酸不但能降低 pH，还起到调味作用，但过多醋酸有可能使制品产生刺激性味道。柠檬酸口感较好，无其他不良刺激味道，且具有护色和抑制细菌生长的作用。选择合适的 pH，不仅不会影响虾的风味，还能达到一定抑菌效果。醋酸和柠檬酸结合不但可以调味，还可以调节产品的 pH。柠檬酸添加量与制品风味及抑菌效果，柠檬酸对微生物的抑制作用随其浓度的增加而增强，当醋酸中柠檬酸添加量在 1.0% 和 1.5% 时对制品风味基本无不良影响，且有良好的抑菌性，但是抑菌的差别不明显，故选择在滋味上感官评定更好的柠檬酸添加量。对虾调酸时用添加 1% 柠檬酸的白醋浸泡，对虾质量（g）和酸液体积（mL）比为 1，调酸时间为 1min。

（四）杀菌条件的确定

杀菌是栅栏技术中的 *F* 因子，样品经过预处理，干燥后真空包装进行 90℃杀菌 40min，100℃杀菌 20min，以及 105℃杀菌 10~55min。3 种杀菌工艺的杀菌效果是根据接种法杀灭 99.99%的大肠杆菌和样品 37℃加速实验的涨袋时间相近，从而通过色差、质构、维生素 A、维生素 E 和氨基酸分析选定的最终杀菌工艺。3 种杀菌工艺的色差值差别不大，90℃杀菌的样品的 *L* 值相对较大，*a* 值和 *b* 值相对较小。随着杀菌温度的增大，咀嚼度随之增大，样品的口感会下降；90℃杀菌的样品的咀嚼度最小，但是弹性太小，可能是由于长时间的热处理，许多蛋白质会发生变性、分解；100℃杀菌的样品的硬度最小、弹性最大、咀嚼度较小；105℃杀菌的样品的硬度最大、咀嚼度最大。从希望得到样品的硬度较小、弹性较大和咀嚼度较小来综合考虑，100℃杀菌的样品的质构最优。

3 种杀菌工艺样品的氨基酸含量，所需氨基酸占总量比例最高的是 100℃杀菌的样品；鲜味氨基酸占总量比例最高的是 90℃杀菌的样品。产品的氨基酸总量比 100℃杀菌的样品的氨基酸总量低，可能是由于产品经过调味和乙醇浸泡等过程造成了蛋白质的损失，使得部分氨基酸含量降低，如产品中的脯氨酸（Pro）含量下降最为严重，调味的过程中会去除很多的胶原蛋白，而胶原蛋白含有丰富的 Pro 和 Gly。还有一个原因可能是产品在乙醇浸泡和调味调酸等加工中对虾吸收了一些水分和糖醇类物质（糖醇类物质使对虾 A_W值降低，使产品在 A_W值在 0.94~0.95 时的水分含量较高）。产品的必需氨基酸（除了甲硫氨酸）与乙烯丙烯酸比较，两者的比例较适宜，氨基酸组成优良。综上所述，比较 3 种杀菌工艺得到的样品的色差值、质构、维生素 A、维生素 E 和氨基酸分析，选定 100℃热杀菌 20min。

（五）包装袋的确定

包装袋与 Eh 因子相关，南美白对虾产品经过 3 种包装袋真空（大于 0.9MPa）包装好以后进行 25℃保藏。真空包装降低了氧化还原电位，可以有效抑制需氧菌的生长。铝箔蒸煮袋的阻水性最好，7 层复合袋的阻水性较好，透明 pouch 袋的阻水性较差，水分的蒸发可导致样品保藏过程中质构的相应变化。样品保藏前期的质构变化均较明显，其中，样品硬度变化和弹性变化较小的均是用 7 层复合袋和铝箔蒸煮袋的样品，且在样品保藏后期都较稳定，3 种材料包装的样品，咀嚼度变化都不大。透明 pouch 袋的样品 *L* 值下降较大，3 种包装袋样品的 *a* 值和 *b* 值都有所减小，3 种包装袋样品的 *a* 值和 *b* 值降幅差异不是很明显。包装材料的隔光性与样品保藏过程中色差值的变化可能有一定的关系，铝箔蒸煮袋的隔光性是最好的。所以综合考虑包装材料对样品品质的保护作用，选择铝箔蒸煮袋进行包装产品具有突出的优势。

经上述系列栅栏因子处理的南美白对虾即食产品，25℃保藏前期是一个滞缓期，第 2 周仍未检测出细菌，到第 3 周才检测出细菌，一直到第 4 周细菌生长较缓慢，到了第 8 周和第 12 周细菌开始生长较快。这表明应用栅栏技术和所选择的栅栏因子是合理的，此工艺已经杀死较多原始细菌，但是并不能杀死全部微生物，不过产品在相对较合适的 A_W、一定的 pH、真空、避光的保藏环境可以抑制其增殖。在此环境保藏过程中有些亚死状态的细菌没有恢复生长以致死亡，也有一些经过自我修复慢慢复活并生长，即食南美白对虾腐败菌中存在芽孢杆菌，100℃热杀菌处理 20min，也只能杀死其营养体，热处理使芽孢半致死，在常温的贮藏过程中，芽孢会慢慢发芽生长，导致产品品质的降低。在整个 25℃保藏过程中，产品的色泽、组织质构和滋味的感官评分出现下滑的趋势，但是都在可接受限度以上，且基本上评分都还在 1 分以上，完全可以被大多数人接受。通过试验，合理设置了高水分型即食南美白对虾生产工艺中的栅栏因子，生产的调理食品不仅品质提高，保存期延长，且硬度较小、弹性较大，色泽诱人，并开发一系列的口味。保持了南美白对虾特有的鲜味和营养价值，而且也降低能耗和生产成本，并为人们提供了美味的休闲即食海产品。

二、 栅栏技术优化即食调味珍珠贝肉工艺

合浦珠母贝（Pinctada fucata）是中国海水珍珠产业中养殖最广、数量最大的主要贝类，目前珍珠贝肉的利用率低，部分用于鲜食，大部分用作饲料，其潜在价值未得到充分利用。珍珠贝肉营养丰富，粗蛋白含量为 74.9%，氨基酸评分为 82 分，是优质蛋白质；呈味氨基酸在氨基酸组成中比例较高，味道鲜美；无机质含量丰富，锌和硒等微量元素含量较高；游离氨基酸中具有生理活性的牛磺酸占 74%。因此，珍珠贝肉的开发具有很大潜力，可产生良好的经济效益和社会效益。吴燕燕等（2008）探讨以合浦珠母贝采珠后大量的珍珠贝肉

为原料，利用栅栏效应，通过合理设置若干个强度和缓的栅栏因子，利用其交互作用，杀灭微生物，把珍珠贝肉制成高水分型即食调味食品，提高珍珠贝肉利用率的同时，使珍珠贝肉制品的品质及卫生安全性得到进一步的保证。

（一）前处理工艺

分别用清水或用3%的食盐处理解冻后的珍珠贝肉，通过分析微生物变化和贝肉外观发现，只用清水冲洗贝肉，贝肉仍有黏液，菌落总数为5.0×10^5CFU/g；而用贝肉重量3%的食盐处理贝肉，再用清水冲洗，贝肉表面没有黏液，菌落总数由清水洗的5.0×10^5CFU/g下降到9.4×10^3CFU/g，说明盐洗对贝肉的加工有着积极的影响，所以珍珠贝肉前处理用3%的食盐进行清洗。

（二）pH对产品品质及微生物的影响

微生物的生长发育受pH影响很大，随着pH下降，细菌的生长发育受到抑制。另一方面，pH的变化对微生物抗热性的影响很大，当细菌在pH下降时，提高杀菌效果比霉菌、酵母更为明显，尤其是抗热性的球菌和芽孢杆菌更为突出。本研究选用柠檬酸、醋酸、维生素C，分别用不同浓度添加到贝肉中，进行风味和微生物分析。结果几种酸的加入都有明显的抑菌效果，柠檬酸和醋酸没有使贝肉产生不良风味，但醋酸的酸味较浓；柠檬酸酸味柔和，使贝肉风味更为鲜美。维生素C虽然抑菌效果较好，但在贝肉中产生不愉快酸味，且价格较贵。所以选择柠檬酸来调节贝肉的pH。

（三）烫煮对烘干时间和微生物的影响

将珍珠贝肉调味后直接烘干或在烫煮后55℃烘干，如果不经过烫煮就直接烘干，烘干的时间较长，当烘干到水分含量为64.30%时，需要4h，而烫煮后再进行烘干，所需时间较短，只要2h，水分含量就下降到41.82%。而且经过烫煮可以杀灭部分微生物，烫煮后烘干2h，菌落总数只有100CFU/g。试验也表明，如果贝肉先经烫煮后再调味，虽然也能有效杀灭部分微生物，但最终产品风味没有先经调味再烫煮的好，这是因为在烫煮过程中，调味料中的香味物质更易浸透到贝肉中。所以工艺采用调味后烫煮，再进行烘干工序。

（四）水分含量、A_W与产品品质及微生物的关系

当珍珠贝肉调味后直接在60℃下烘干，水分下降过程较为均速，当A_W值为0.90时，产品的水分含量为63%。当A_W值为0.85时，产品的水分含量在45%左右。当产品水分含量过高时（大于60%），制品口感柔软、多汁、色泽较浅、外观较饱满、感官分值高，但菌落总数也较高。在产品水分含量在50%左右时，产品口感软硬适中、外观紧实、色泽为黄褐色，此时菌落总数也较少，最能体现珍珠贝肉的质地、外观和口感。而随着水分含量进一步减少，达到传统干制品的水分含量20%时，则口感较硬，色泽为深褐色，产品品质较差。这与杨宪时等研究结果相符。绝大多数细菌只有在A_W值达到0.90以上才生长，金黄色葡萄球菌虽然能在$A_W=0.86$以上生长，但在缺氧的条件下$A_W=0.90$时生长就会受到抑制。虽然霉菌与细菌及酵母菌相比，能在较低的A_W下生长，但若处于高度缺氧环境下。即使处于最适A_W环境中霉菌也不能生长。综合考虑珍珠贝肉产品品质和综合感官评价，确定产品的水分含量控制在45%~50%，对应的A_W值为0.88~0.90。

（五）烘干温度和时间对产品品质等的影响

烘干工艺中的烘干温度、时间选择对制品的影响很大，采用梯度升温，分段烘干，不仅

烘干时间缩短，而且一段温度烘干后，放置1h再进行二段烘干，使得贝肉内部的水分扩散到表面，这样烘干后产品外观不会出现外硬里软现象。采用60%烘干0.75h，再用70℃烘0.5h，产品软硬适中、色泽好、咀嚼感好，此时水分含量为47.18%，菌落总数仅为200CFU/g，是理想的烘干条件。

（六）杀菌前的低温处理对微生物的影响

将烘干好的产品真空包装后采用直接90℃杀菌30min，以及0~4℃中放置24h后在90℃下杀菌30min。结果表明，低温处理有利于提高杀菌的效果，产品在4℃存放24h后再杀菌，残留菌落总数由1000CFU/g下降到100CFU/g。杨宪时的研究表明，将扇贝调味制品真空包装后在0℃左右环境中放置48h后再杀菌，杀菌效果明显好于直接杀菌。这是因为微生物数量与抗热性有很大关系，菌苗越多，抗热性越强，杀菌前低温处理可以降低细菌本身的抗热性，同时通过降低杀菌前的初菌数来降低细菌的抗热性。

（七）杀菌条件对产品品质等的影响

将含水量45%左右的珍珠贝肉制品，0~4℃放置24h后，试用不同的温度和时间进行杀菌试验，随着温度的升高，微生物的数量迅速下降，产品包装基本未受影响；但在90%进行了杀菌处理时，产品析出汁液，香味也减弱。而采用紫外照射30min，产品风味正常，包装平整，菌落总数小于200CFU/g。但通过进一步的保藏试验发现，采用紫外照射的产品，在（37±2）℃的条件下，第4天就出现发黏变质，细菌总数达到4.6×10^4CFU/g；第5天细菌总数已难以计数。而采用80~85℃、30min的热杀菌未出现胀袋、气味变坏等情况，且由保温后的菌落总数可看出都在标准允许范围内，产品具有的优良品质和食用安全性没有改变。所以确定最佳杀菌条件为80~85℃处理30min。

（八）包装方式对产品保藏性的影响

将水分含量在45%左右的调味珍珠贝肉分别进行真空包装和普通包装，包装后再分别进行巴氏杀菌（80~85℃、30min），将产品进行（37±2）℃的保温贮藏试验。采用真空包装，制品处于真空缺氧状态，从而抑制需氧微生物生长的作用。通过保藏试验证明，经真空包装的珍珠贝肉产品保质时间长。

本研究准确设置了高水分型即食调味珍珠贝肉生产工艺中的栅栏因子：原料前处理需用3%的食盐进行清洗；采用0.15%柠檬酸溶液调节pH值为5.6~5.7；贝肉调味后需经烫煮；烘干工艺采用二段式，先用60℃烘干0.75h，再用70℃烘0.5h，控制产品水分含量45%~50%，A_W值为0.88~0.90；产品真空包装，包装后在0~4℃放置24h，再进行巴氏杀菌（80~85℃、30min）。这样处理后的产品，不仅品质提高，延长保存期，产品水分含量还控制在45%~50%，口感好，软硬适中，保持了珍珠贝肉特有的鲜味和营养价值，而且也降低能耗和生产成本，充分利用珍珠开珠后大量珍珠贝肉，为人们提供美味的休闲即食海产品。

三、栅栏技术在调味对虾制品中的应用

对虾是目前世界上流通性最大的农产品，美国、日本、欧盟成员国等每年的进口量均在40万t以上，对虾也是我国第一大出口农产品。虾系列产品属即食或稍作处理即可食用的食品，因此进口国对虾制品的微生物指标提出了很高的要求。李莹等（2008）将栅栏技术应

用于调味对虾制品的研发中，通过合理设置若干个强度和缓的栅栏因子，利用其交互作用，使食品的品质及卫生安全性得到保证，提高产品的竞争力和企业的经济效益。

（一）A_W与水分含量和制品品质、贮藏性的关系

食品的A_W、水分含量与其质构、口感、风味、色泽、外观都有密切关系。当制品的A_W值高时，其肌肉组织的含水量高，质地比较鲜嫩有弹性，但焙烤出来的色泽不佳，杀菌后甚至出现汁液，影响外观。当制品A_W值过低时，则产品原有风味、质地特性逐渐受到损害，商品价值降低。当制品A_W值在0.90~0.96时，最能体现虾的鲜美风味，外观、质地等感官质量均为最佳。而绝大多数细菌只能在A_W值为0.90以上时生长活动，金黄色葡萄球菌虽然在A_W值为0.86以上仍能生长，但在缺氧条件下A_W值为0.90时生长会受到抑制。综合考虑感官品质和微生物稳定性，采用真空包装，控制制品的A_W值为0.90。

（二）pH对制品保藏性的影响

水产品的pH呈中性或弱酸性，为低酸性食品。绝大多数细菌生长的适应范围为pH 7~8，所以水产品中细菌生长繁殖的可能性较大。随pH下降，细菌的生长发育越发受到抑制，当pH调节到6.0以下时，贮藏性得到增强，但是pH过低时，制品的风味不佳。通常醋酸、柠檬酸、苹果酸都可作为食品调节pH的添加剂。醋酸不但能降低pH，也起到调味料作用。但过多的醋酸有可能对制品产生刺激味道，苹果酸也会使制品产生令人不愉快的酸味，故选择柠檬酸作为调节制品pH的添加剂，其他条件不变。结果表明，柠檬酸对微生物的抑制作用随其浓度的增加而增强，当柠檬酸添加量在0.1%~0.2%时对制品风味基本无不良影响，且有良好的抑菌性。

（三）防腐剂对制品保藏性的影响

乳酸链球菌素（Nisin）是一种高效、无毒、安全、营养的天然食品添加剂，而且能被人体消化吸收，它能有效地抑杀引起食品腐败的许多革兰氏阳性菌的生长和繁殖，对细菌芽孢的萌发有一定的抑制作用。国标规定在干制品和肉制品中，乳酸链球菌素的添加量不超过0.05%。选择0.01%~0.04%的添加量，测定制品的细菌总数。本实验样品的菌落总数随乳酸链球菌素添加量的增大而减少，当添加量为0.04%时，菌落总数显著减少，且对制品的风味无不良影响。乳酸钠与乳酸链球菌素在食品保鲜中有协同增效作用。本实验结果显示，细菌总数随乳酸钠添加量的增大而减少，当添加量为1%~2%时，细菌总数显著减少。

（四）杀菌方式对制品保藏性的影响

巴氏杀菌是目前广泛使用的杀菌方式，杀菌后制品品质良好，但通常保质期较短。近年来利用微波杀菌保鲜食品成为研究热点。本试验选择微波杀菌、巴氏杀菌，90℃处理40min及微波杀菌对制品有较好的杀菌效果。

（五）各保质栅栏因子的综合效应

在上述试验的基础上，通过正交试验考察杀菌方式、防腐剂、水分活度、柠檬酸添加量等保质栅栏因子及强度对制品保藏性的影响。极差分析结果，各栅栏因子对制品贮藏性的影响程度：水分活度>杀菌方式>防腐剂>柠檬酸添加量。最优栅栏组合为$A_W=0.92$，柠檬酸添加0.2%，复合保鲜剂0.02%（乳酸链球菌素和1%乳酸钠），95℃杀菌40min。保藏试验证明，4℃即食调味对虾制品可保存9个月以上。

四、 栅栏技术制备高水分即食合浦珠母贝肉工艺

近年来我国广东、广西、海南每年采珠后的贝肉产量约4000t，但合浦珠母贝肉潜在的食用价值和经济价值未被充分挖掘，为提高其经济效益，各种贝肉制品应运而生，如贝肉干制品和贝肉软罐头等。传统贝肉干制品水分含量低，肉质干涩粗糙，无法满足现有的消费需求，高水分即食贝肉食品相较于传统的贝肉干制品具有食用方便，水分含量高，口感适宜等优点，因而逐渐被人们所喜爱，拥有较好的市场前景。王安凤等（2016）通过对高水分即食贝肉基于栅栏技术制备工艺的研究，以期生产出高品质的贝肉食品，提高贝肉产品的附加值。

（一）烫煮对贝肉感官品质、失水率及菌落总数的影响

贝肉经高温烫煮，蛋白质会迅速变性，细菌失活，菌落总数也将相应减少。随着烫煮时间的增加，贝肉的失水率逐渐增大，生腥味逐渐减弱，鲜香味逐渐增强，菌落总数逐渐减少。肌纤维的长度和直径在高温作用下发生变性而缩小，肌纤维的压力和张力变大，部分水分及营养物质等流失，导致贝肉失水率增加。且经烫煮后的贝肉在卤制过程中更容易入味。同时肌纤维的长度收缩和单位面积内的纤维数量增加，都会引起贝肉剪切力值增大，而剪切力值的大小是反映肉质嫩度的常用指标之一，因此肉质硬度也会增大。在6min之后杀菌效果不再存在明显差异，因此综合考虑贝肉的感官品质及细菌菌落总数两个因素，应控制烫煮时间为6~7min。此时贝肉为黄色，具有贝肉特有鲜香味，咀嚼口感适宜。

（二）卤制工艺的确定

1. 卤制温度

将贝肉放置在不同的温度范围内卤制2.5h后，通过测定贝肉失水率，确定最佳的卤制温度范围。随着卤制温度的升高，贝肉失水率逐渐增加，且不同卤制温度对贝肉失水率的影响显著。相关研究发现，温度越高，肉中的肌原纤维蛋白变性程度越高，肉的持水率越低，且在水分流失的过程中部分肌浆蛋白等成分也会一起随水溢出，使营养成分的损失增加。同时高温还可促使调味料的香味成分更容易渗入到贝肉里，有效缩短卤制的时间，提高生产效率。但在烘烤阶段仍需损失一部分水分，因此综合考虑烘烤后贝肉的品质及节约成本两个条件，选取卤制温度范围为61~65℃，此时贝肉失水率为36.71%。

2. 卤水比例

将调味料加入水中，沸水熬煮30min，使调味料的香味成分充分溶解在水里。控制卤汁温度范围61~65℃，再将烫煮好的贝肉按一定比例放置卤汁中腌制2.5h。通过对腌制后的pH、菌落总数、风味等因素进行对比来选取合适的料液比，随着贝肉与水比例的增大，菌落总数逐渐增多，pH逐渐增大。研究表明pH越小，芽孢杆菌、霉菌等微生物的抗热性越弱，致死温度降低，细菌生长繁殖将受到抑制。综合分析，贝肉与水的比例为1∶3时，卤制得到的贝肉味道适中、风味最佳，且此时菌落总数较低。

3. 卤制时间

贝肉卤制是调味料的香味成分逐渐向贝肉里渗透的过程，也是即食贝肉制备的重要环节。卤制时间对调味料香味成分在贝肉里渗透的程度起着关键作用，将影响卤制贝肉的整体

风味。选取卤制温度为61~65℃卤制，卤制时间对贝肉口感的影响不明显。但卤制时间对贝肉风味影响较大，经烫煮后细胞组织结构被破坏，卤汁可透过细胞膜及纤维之间的空隙逐渐向里渗透。综合结果，选择卤制时间为3h时，肉质细嫩有弹性，且贝肉的鲜香味和调味料最为协调。

（三）烘烤条件的确定

贝肉烘烤过程一方面减少了制品的水分含量，从而延长产品的保质期；另一方面，会对产品的感官品质产生巨大的影响。采取不同的烘干条件对卤制品感官品质的优劣有着至关重要的作用。在烘烤贝肉的过程中，分别采用了一段式、两段式、三段式的烘烤方式，总烘烤时间相同。但采用三段式烘烤的贝肉水分为39.54%~47.12%，水分含量变化范围小于一段式和两段式，因此三段式烘烤方式更加温和。其原因在于：烘烤过程中，贝肉表层的水分缓慢蒸发，内部水分逐渐向表面扩散，但采用梯度升温方式，水分的流失过程较缓和，不会出现因温度太高表层水分蒸发太快而导致的表皮干硬内部偏软的不良现象，且水分流失也较为缓慢。结合评分结果得出，采用三段式烘烤的贝肉的综合感官品质评价等级分数要高于一段式和两段式的烘烤方式。而在三段式的烘烤方式里按50℃、60℃、70℃的顺序依次烘烤1h的烘烤条件制备所得贝肉的感官品质最优，此时产品的水分含量为（47.12±0.95）%，A_W值为0.90±0.01。

（四）杀菌条件的确定

烘烤后的贝肉经真空包装后在0~4℃冷藏一段时间，然后在75~80℃杀菌40min，随着冷藏时间的延长，杀菌后菌落总数逐渐减少，但在冷藏36h之后，杀菌效果的差异性将不再明显。综合考虑杀菌效果后，选取杀菌前在0~4℃的环境中先冷藏36h再杀菌。经高压蒸汽灭菌后的贝肉，微生物含量大幅度减少，总体杀菌效果要强于巴氏杀菌。但高压蒸汽灭菌法在杀菌过程中，容易造成肌纤维的断裂，对肉的质构造成一定程度的破坏，导致贝肉肉质松散、弹性减弱。同时高压蒸汽灭菌过程中的高温作用会使贝肉制品的颜色加深，贝肉营养成分也会遭到一定程度的破坏。而巴氏杀菌过程条件较为温和，不会对产品品质造成破坏，而且杀菌结果也能满足产品要求。因此综合考虑最佳的杀菌条件为80~85℃，灭菌30min。

杀菌后的贝肉放置在室温阴凉处贮藏，测定不同贮藏时间后的菌落总数，随着贮藏时间的增加，细菌总数逐渐增加，因此可判定在室温阴凉处贮藏120d的即食贝肉制品的菌落总数为1100CFU/g，符合国家相关标准规定。

本研究通过实验确定了即食性贝肉的栅栏关键控制条件：将贝肉在沸水里烫煮6~7min，沥干后在贝肉与水为1∶3，pH=4.6~4.8，温度61~65℃卤制3h。在烘烤过程中采取50℃、60℃、70℃的三段梯度升温方式，每段烘烤时间为1.5h、1h和1h；烤好的贝肉进行真空包装，在0~4℃的环境中冷藏36h，再进行巴氏杀菌（80~85℃，30min）。在此工艺流程下制备的即食贝肉的水分含量为（47.12±0.95）%，A_W值为0.90±0.01，且在120d室温阴凉贮藏的条件下不会出现微生物超标。最终的产品中蛋白质含量为（40.89±0.07）%，脂肪含量（4.92±0.07）%，是一款高蛋白、低脂肪的即食食品。

五、栅栏技术对常温蟹酱的品质影响

中华绒螯蟹又称河蟹，其营养丰富、味道佳，深受广大消费者的喜爱。近年来，我国东部沿海地区河蟹产量大幅度增加。然而市场上多以鲜活销售为主，产品的附加值和综合利用率偏低，制约了河蟹产业的综合发展。另外，河蟹是一种季节性水产品，通常在每年的9—11月集中上市。因此，河蟹产品多样性的开发，进行深加工利用，从而有效推动河蟹产业健康发展是极其必要的。王雅玥等（2016）运用栅栏技术在蟹酱中添加天然抗氧化剂抗坏血酸、茶多酚（TP）和乳酸链球菌素，并进行热杀菌和超高压杀菌处理的同时常温贮藏，进而筛选最佳杀菌工艺。

（一）感官评价结果

本实验结果，从色泽和组织形态方面来看，超高压处理组感官得分均在4分以上，明显优于其他组别，说明经高压处理后蟹酱的色泽保持更佳，组织更紧密，这是由高压下蟹酱中的蛋白变性引起的。对于风味的评定结果热杀菌处理组（约4.2分）优于超高压处理组（约3.7分），验证了高温能提升风味这一结论。因此在感官评价水平上，经超高压处理后的蟹酱其色泽和组织形态更加受到人们的认可，但热杀菌处理的蟹酱风味更佳。

（二）贮藏过程中的菌落总数变化

微生物是食品贮藏品质检测中的一项重要指标。随着贮藏时间的延长，微生物逐渐生长繁殖使蛋白质、脂质等营养组分分解，食品的色香味形发生明显变化，导致食品变质腐败。蟹酱中蛋白质、脂质含量较多，易发生腐坏。根据相关国家卫生标准，蟹酱的菌落总数不应超过5000CFU/g。本蟹酱常温存放1周后已全部腐败，0d时其菌落总数数值已很大，这可能是由于蟹酱分装过程中接触到环境中的微生物，受到污染所致，因此未杀菌的蟹酱不宜常温贮藏。同时，由于添加剂的不同使未杀菌蟹酱在0d菌落总数变化趋势不同。食盐分析表明茶多酚和抗坏血酸的抑菌效果相当，且二者的联合使用表现出较好的协同效果。

经热杀菌处理的蟹酱在第6周时菌落总数仍然为零，抑菌作用良好。经超高压处理的蟹酱在第2周时微生物开始生长，实验组常温贮存至3周时还未检测出菌落，更好地说明了茶多酚和抗坏血酸栅栏因子的协同效果明显的优于单个因子，有效的控制了腐败菌的生长，其原因可能是抗氧化剂的添加导致氧气被消耗，使好氧菌难以生长；6周时全部经超高压处理的蟹酱菌落总数均已超标，无法食用。因此热杀菌和超高压两种杀菌方式可以有效延长贮藏时间，且热杀菌的杀菌效果更好。

（三）贮藏过程中的挥发性盐基氮变化

根据相关国家卫生标准，蟹酱的挥发性盐基氮应不超过250mg/kg。本实验中未经过杀菌处理的蟹酱1周之内挥发性盐基氮已严重超标，此结果与菌落总数的结果一致，说明蟹酱的新鲜度与微生物的繁殖程度存在关系。而经热杀菌处理的蟹酱，挥发性盐基氮值整体较高，变化较小，整体呈现缓慢的增加趋势，这与菌落总数的结果相对应，第6周时对照已超标，实验组也已达到限值，而茶多酚和抗坏血酸同时加入的还未超标，同样说明了栅栏因子茶多酚和抗坏血酸的组合效果更佳。经超高压处理的蟹酱，其挥发性盐基氮初始值较低，同未杀菌处理的蟹酱的数值相近；整体增加趋势比较明显，未经防腐和抗氧化处理的明显的高于其他样品，且实验组之间无明显的差异。从挥发性盐基氮的结果来看，依然可以得出热杀菌栅栏处理（6周）效果优于超高压（4周）的结论，但若考虑到色泽、风味等感官指标，再充分结合抗氧化剂的使用，超高压杀菌处理可以在保持色香味形的基础上使蟹酱常温存放4周。

（四）贮藏过程中的硫代巴比妥酸变化

蟹酱在贮藏过程中，其所含的油脂会发生自动氧化，其中硫代巴比妥酸（TBA）能与脂肪自动氧化产生的衍生物如丙二醛等发生发应，生成一种红色复合物，因此可用硫代巴比妥酸值来评价油脂氧化的程度。对于未杀菌处理组，由于在 1 周时其检测的微生物指标和挥发性盐基氮值均已超过限值，故硫代巴比妥酸值只检测了第 0 周和第 1 周的 2 组数据，类似的原因同样可以解释超高压杀菌处理的蟹酱只检测到第 4 周。随着贮藏时间的延长，硫代巴比妥酸值不断增加，虽然菌落总数已超标，但硫代巴比妥酸值仍然较小。另外，未经防腐和杀菌处理组均高于其他组，而实验组之间差别不大，同样说明 2 种抗氧化剂茶多酚和抗坏血酸单独使用时效果相似，但两者协同后明显优于单个因素的效果。从硫代巴比妥酸的结果来看，超高压杀菌和热杀菌的蟹酱变化趋势相似。

本实验得出结论，经超高压杀菌的蟹酱色泽及组织形态较好，优于热杀菌处理组。未杀菌的蟹酱在 1 周内变质腐败。热杀菌处理后，蟹酱的菌落总数一直为 0，硫代巴比妥酸也未超标，但其挥发性盐基氮到第 6 周时已超过限值，故其贮藏期可达 6 周。超高压杀菌处理后，蟹酱的挥发性盐基氮和硫代巴比妥酸一直未超标，但从第 2 周开始滋生微生物，经防腐和抗氧化处理的贮藏期可至 4 周。此外，在本实验中单个添加剂之间的差异并不明显，但茶多酚和抗坏血酸表现出了较好的协同效果。经对比，对于蟹酱，考虑到理化及微生物指标的影响，筛选各栅栏因子从而得到最佳贮藏效果的是添加 0.05% 茶多酚，0.03% 抗坏血酸，0.04% 乳酸链球菌素，以及热杀菌处理这 4 种栅栏因子的交互作用下，蟹酱可最多贮藏 6 周。但若从感官评价方面考虑，则超高压杀菌处理更具有优势。

六、 水产品栅栏技术控制与冷链物流

作为食品中的一员，水产品营养素分布均衡，但品质极不稳定，容易腐败变质。体表微生物和水产品体内固有的酶是造成这一现象的主要原因，其中影响最大的是微生物。渔获前的鲜活水产品，其肌肉、内脏、体液无菌，但由于皮肤、鳃等部位与海水（或养殖水体）直接接触，导致渔获后的水产品含多种微生物。另外，渔获后的水产品生存环境发生变化，特别是海洋渔汛和海淡水养殖产品收获季节，鱼货集中，极易因保存不及时导致腐败变质，发生质量安全事故的风险较大。熊海燕（2015）对水产品保鲜及冷链物流中的栅栏控制进行了总结。

（一）栅栏技术在水产品保鲜中的应用

水产品因所含微生物种类不同对保藏要求也不同，有的适应酸、有的适应碱，对温度而言还有高温、中温、低温微生物之分。当然，只有与水产品贮藏环境适宜的微生物才会生存、繁殖，分解水产品产生代谢产物，引起食品腐败。这些微生物称为特定腐败菌（SSO）。引起淡水鱼类腐败变质的细菌种类有假单胞菌属、无色杆菌属、黄杆菌属、摩根菌属等。采用气调保鲜和真空包装技术进行淡水鱼保藏时需关注磷发光杆菌和乳酸菌；假单胞菌与腐败希瓦氏菌则是水产品低温有氧贮藏时的腐败细菌。

水产品贮藏初期，特定腐败菌数量和比例可能不高，但微生物具有生长繁殖快、代谢活力强、对贮藏环境耐受力强等特点。破坏其优势使其特点无法发挥作用，即可达到保鲜目的。腐败菌之所以能生长繁殖，离不开内平衡。微生物只有当其内环境处于稳定的情况下才

能保持其活性，若内环境遭破坏，平衡被打破，微生物即进入延迟期以适应新变化，表现为数量不增长甚至减少。栅栏因子的概念由此产生，意指各种打破微生物内平衡的方法。这些方法均具有阻止微生物生长繁殖、防止食品腐败变质、保持或尽量保持食品原有新鲜度的功能。水产品中常见的栅栏因子包括水分活度、防腐剂、氧化还原电势、杀菌温度、低温、高温、干燥、高渗、辐照、包装方式等。

根据食品内不同栅栏因子的交互作用，使食品微生物达到稳定，此种防腐保鲜技术即是栅栏技术。栅栏技术应用于食品防腐，其可能性不仅是根据食品内不同栅栏所发挥的累加作用，更进一步是这些栅栏因子的交互作用（表5-1）。在众多栅栏因子中，生物保鲜剂安全、健康、高效，成为关注焦点。有分析认为，在水产品贮藏中，生物保鲜剂与低温协同作用，不仅可以解决因微生物引起的腐败变质问题，还能对酶引发的水产品的变质，有效抑制脂肪氧化。但该研究多以实验室研究方式呈现，产业化应用极少。在实际生产中，水产品仍以单一栅栏因子的低温贮藏为主，具体体现在冷链物流的过程中。

表5-1 水产品保鲜常见栅栏因子及其交互作用

栅栏因子组合	技术原理	研究方法	应用实例
杀菌前低温处理时间、柠檬酸、山梨酸钾、乳酸链球菌素、二次杀菌	杀菌前低温处理降低细菌本身抗热性；化学防腐剂抑制微生物内酶活性，乳酸链球菌素与细胞膜上类脂分子结合，形成复合物，构成穿孔通道，细胞内营养物质通过孔道流出；微生物死亡，通过骤冷骤热改变微生物生活环境，微生物无法适应而死亡	正交试验	栅栏技术在半干鲢鱼片生产工艺中的应用
食盐、柠檬酸、杀菌温度	食盐保持鱼肉弹性，提高微生物的渗透压，有机酸改变环境pH，影响微生物抗热性	响应曲面中心组合设计试验	栅栏技术在带鱼制品生产及保鲜中的应用
水分活度、浸泡乙醇、调节pH、降低氧化还原电位、热杀菌	乙醇通过溶解细胞膜中的类脂破坏膜结构，使蛋白质脱水、凝固、变形和沉淀，抑制细菌生长，高温杀菌，通过真空包装降低氧化还原电位，可以有效地抑制需氧菌的生长	单因素试验，协同作用	栅栏技术在即食南美对虾食品制作中的应用
茶多酚、壳聚糖、乳酸链球菌素	茶多酚具有良好的抗氧化作用，能清除超氧离子自由基和羟自由基；抑制氧化酶的生成，即壳聚糖涂抹在水产品表面能形成一层半透膜，影响细菌吸取营养物质，阻止其代谢产物排泄，导致菌体的新陈代谢紊乱，致使细菌死亡	正交试验	不同生物保鲜剂对巢湖银鱼保鲜效果的研究
溶菌酶、乳酸链球菌素、真空包装、微冻保鲜	革兰氏阳性菌肽聚糖结构由*N*-乙酰葡萄糖胺+和*N*-乙酰胞壁酸交替排列，之间通过β-1,4糖苷键连接。溶菌酶可水解肽聚糖链骨架中的β-1,4糖苷键，使细胞破裂；低温抑制微生物生长	单因素试验，交互作用	生物保鲜剂结合微冻保藏对杂色蛤肉的保鲜作用

续表

栅栏因子组合	技术原理	研究方法	应用实例
气调保鲜、复合生物保鲜剂、低温保藏	将 CO_2、O_2、N_2按一定比例混合，构成气调保鲜环境。再采用具有气体阻隔性的包装材料包装食品，置于气调环境中。由于 CO_2 抑制大多数细菌的生长繁殖，O_2 抑制厌氧菌，N_2 作为填充气不参与反应，好氧、厌氧微生物的生长繁殖均受抑制，食品保质期即可延长	对照试验，协同作用	生物保鲜剂结合气调包装对带鱼冷藏保质期的影响
臭氧水、浸泡时间、低温	臭氧是广谱、高效、快速的杀菌剂，可快速杀灭各种细菌繁殖体和芽孢、病毒和真菌，臭氧消毒后分解为氧气，无毒、无害、无残留	单因素试验	臭氧处理和低温保藏对黄鱼保鲜效果

（二）水产品冷链物流

水产品冷链物流是指水产品等在生产、贮藏、运输、销售到消费前的各个环节中始终处于规定的、生理需要的低温环境下，以确保产品质量、减少产品消耗的一项系统工程。鲜活水产品品种繁多、生产受季节影响大、易腐，对物流技术装备和物流功能要求相对苛刻。目前水产品冷链物流主要依靠生产者或者销售企业完成，成本高、效率低。水产品冷链物流涉及活体水产品、冷藏品、冻藏品三大对象。活体水产品物流目标是保活，使用的方法有冷冻麻醉保活，降低温度保活，添加巴比妥钠、乙醚、乙醇、碳酸氢钠保活，无水保活，充氧保活等。根据 GB/T 31080—2014《水产品冷链物流服务规范》要求，活体水产品暂养时，暂养池水温应预先保持与将运输时温差宜大于等于 5℃ 的水体温度，需要降温时，宜缓慢降温，降温梯度应小于等于每小时 5℃。运输水产品时，应有与活体品相适应的活动空间和水质环境。

水产品死亡后，其表面微生物仍然活跃，存在随时分解利用水产品营养物质的可能。但当环境温度降低到 4℃ 以下，酶活性降低，微生物代谢、遗传停滞，细胞膜流动性变差，进入休眠。故 GB/T 31080—2014《水产品冷链物流服务规范》要求，冷藏水产品中心温度应在冻结点温度以上至 4℃，冷却间宜在 0~4℃。当环境温度降低到零下 18℃ 以下时，水产品体内 90% 以上的水分冻结成冰，水分活度极低，微生物体内形成的冰晶刺破细胞膜，使微生物活力丧失，不能繁殖，酶活性严重抑制，微生物几乎无法生长，故冷冻水产品运输温度应不超过-18℃。在实际生产应用中，这些关键栅栏的调控对于产品保质至关重要。

七、栅栏技术在水产品加工与贮藏中的应用研究进展

我国水产品产量位居世界第一。但我国目前加工现状是深加工比例比较小（30% 以上），水产品经济效益明显低于其他畜禽肉制品。我国水产品加工主要集中在鱼体的分割初加工和鱼肉的深加工，如市售冷冻鱼片、鱼糜制品和烟熏制品等水产品。由于鱼体本身具有较高的水分含量，富含多不饱和脂肪酸，pH 呈中性，并且内源性组织蛋白酶含量丰富，鱼肉组织鲜嫩，因此较其他畜禽肉制品更容易变质腐败。在水产品加工过程中需改善加工工

艺，防止多不饱和脂肪酸的氧化酸败、控制组织酶的分解活性并抑制腐败菌的生长繁殖，保鲜防腐和延长保质期是目前水产品加工亟待解决的难题。栅栏技术能够将多种保鲜技术科学地结合在一起，从而阻止氧化酸败等不良化学变化并抑制微生物的生长繁殖，延长食品货架期。郭燕茹等（2014）对栅栏技术在水产品中应用的研究进展进行了综述，并重点分析了新型抗菌包装材料和冷杀菌工艺的未来发展趋势。

（一）水产品中的栅栏因子

栅栏因子选择是基于该产品的基本营养组分组成和特定腐败菌而定的，主要是一些好氧性细菌导致其腐败变质，如假单胞菌、无色杆菌、黄杆菌和芽孢杆菌，故水产品在加工贮藏过程中主要对表 5-2 所列的栅栏因子进行调控。

表 5-2 水产品关键栅栏因子及其调控

栅栏因子	机制	调控方式	应用实例
A_W	水产品高含水量使得体内蛋白质和多不饱和脂肪水分活度易发生化学变化，自身携带的和加工过程中感染的微生物也容易生长繁殖从而提高其腐败速率	控制水产品的水分活度是保证水产品安全、延长其保质期的途径之一，一般控制水分活度的方法是漂洗、加盐、脱水等	对于水产品（鱼糜制品）的 A_W 值一般控制在 0.80~0.85
防腐剂	防腐剂是通过改变细胞壁或者细胞膜的结构、钝化酶、抑制遗传物质转录和翻译等方式达到阻止微生物生长繁殖的目的	基于防腐剂对食品和环境安全存在威胁，故应该限制使用量。添加到食品中的防腐剂应严格按照国家标准执行，不得私自添加不允许使用的防腐剂或过量添加防腐剂	天然防腐剂如壳聚糖、茶多酚和植物精油中等的使用比较普遍，在鲫鱼片中分别添加茶多酚和迷迭香精油，并在（4±1）℃条件下贮藏，迷迭香精油的鱼片保质期达到 15~16d，茶多酚的鱼片保质期为 13~14d，而对照组在 7~8d 时已经不能食用
包装	食品包装是阻碍环境中的气体和微生物与食品直接接触的屏障，能够抑制食品腐败变质从而延长食品的保质期	水产品中普遍使用玻璃、金属罐头，塑料包装等，抗菌塑料包装目前也有所研究和应用；包装方式主要包括真空和气调 2 种	向微盐渍的海鲈鱼中加入 0.8%的牛至精油，并结合气调包装（MAP；40% CO_2-30% O_2-30% N_2），贮藏过程中挥发性盐基氮和三甲胺氮均大幅度降低，保质期可达 33d
杀菌方式	杀菌主要是杀灭食品本身所携带的、在加工过程中感染的微生物，从而保证食品品质和延长保质期	杀菌方式包括热力杀菌和冷杀菌。热杀菌包括巴氏杀菌、高温杀菌和超高温杀菌等；冷杀菌应用和研究比较少	研究热力杀菌鲍鱼硬罐头对品质影响，在 12min-12min-12min/121℃的杀菌工艺条件下，鲍鱼咀嚼性为 36.86N，酱汁咀嚼黏度为 0.218mPa/s，酱汁可溶性固形物含量为 6.4%，品质最好

续表

栅栏因子	机制	调控方式	应用实例
贮藏温度	低温可以抑制水产品体内酶活性和微生物的新陈代谢速率，故可以延缓食品腐败	水产品中一般通过低温贮藏从而获得较长保质期，低温贮藏包括冰温和冻结贮藏。冰温在保持食品固有品质，减少产品失水和其他物理变化方面效果更佳	通过对比冻藏和贮藏在4℃的环境中的白斑鱼的感官、化学和微生物指标，结果不同贮藏条件下的保质期分别是16d和4d；冻藏8d和4℃贮藏4d时菌落总数显著增加

（二）新型栅栏因子及其应用

1. 抗菌包装技术

目前国内外对食品包装的研究主要朝着抗菌包装的方向发展。抗菌包装即是在包装材料中添加抗菌剂，通过在包装膜中的渗透性将抗菌剂缓慢释放到食品中。由于在食品包装中的抗菌剂浓度远远大于被包裹食品，所以抗菌剂由高浓度的包装膜中向低浓度的食品中缓慢迁移。使抗菌剂在食品中不超过最高限制使用量，实现长期对食品补充抗菌剂，保鲜效果持久。通过对比肉桂油-海藻酸钠涂膜或薄膜，乳酸链球菌素海藻酸钠涂膜或薄膜以及肉桂油+乳酸链球菌素海藻酸钠涂膜或薄膜对黑鱼的保鲜效果检测，结果表明，膜液处理和薄膜处理均维持黑鱼品质，但膜液处理尤其是含有肉桂油的膜液处理能显著抑制微生物生长，维持较低挥发性盐基氮值，抑制脂肪氧化。

最新研究表明，将控释技术应用于包装体系的新型抗菌包装材料的制备不仅可以达到抑制微生物生长和抗氧化的效果，而且保鲜效果更持久。控释技术是借鉴给药系统的控释和缓释，将抗菌剂包裹在控释包装材料内缓慢释放，制备含有抗菌剂的微胶囊，再添加到具有成膜性的基质材料中，最终得到控释抗菌包装袋。这种抗菌包装袋可以防止受环境和食品本身性质改变而导致的抗菌剂失活，抗菌剂经长期的迁移最后释放到食品中，其防腐效果可以持久地保持。Jipa等研究表明，以山梨酸为抗菌剂的单层和多层控释抗菌膜，其膨胀率、水蒸气透湿性和水溶性随山梨酸浓度的增加而增加，随着细菌纤维素粉浓度的增加而降低。通过对大肠杆菌K12-MG1655的抗性研究表明，其在抗菌方面颇有前景。Metin等通过以醋酸纤维素作为基材制备山梨酸钾的单层和多层控释包装膜，结果表明，随着醋酸纤维素浓度降低，山梨酸钾的释放速率降低，湿铸件和干燥温度均提高，可作为食品包装材料并控制和延长山梨酸钾的释放。

新型抗菌包装材料的抗菌剂是主要选择天然抗菌剂，如姜黄素、乳酸链球菌素和植物精油（essential oil），植物精油是一种具有高效抗菌性的天然防腐剂，主要成分是酚及酚的衍生物和黄酮类物质。Tunc等使用香荆芥酚作为抗菌剂，以甲基纤维素制备纳米复合包装材料，通过检测其对大肠杆菌和金黄色酿脓葡萄球菌的抗性，发现其具有抑菌性，并且膜矩阵中蒙脱土浓度和贮藏温度均会影响香荆芥酚的释放速率。Gómez-Estaca等结合高压处理（300MPa、20℃、15min）与含有抗菌剂（牛至精油/迷迭香精油/壳聚糖）的功能性可食用膜对冷熏沙丁鱼进行包装，结果表明，含有植物精油的可食用膜包装使鱼肌肉具有很强的抗氧化性，其中明胶-壳聚糖制备控释材料的可食用膜包装抗菌性更显著，其结果表明高压结合活性包装具有抗氧化和抑菌功效。

2. 冷杀菌技术

基于受热使热敏性营养成分损失比较严重，食品固有的感官、色泽、风味和质构方面均受到不同程度的影响，近年来食品杀菌更倾向于使用尽量保持食品固有性状的冷杀菌技术。冷杀菌是主要通过物理方式（生物杀菌除外）达到杀死微生物的目的，如静水压、磁力摆动和γ射线照射等，主要包括超高压杀菌、辐照杀菌、磁力杀菌、脉冲强光杀菌和二氧化钛等杀菌技术。李学鹏等综述不同冷杀菌技术的优劣并阐述在水产品中的应用进展。

冷杀菌工艺由于对本身操作技术要求高，且对食品的形态和外观都有限制，故在食品工业应用中并不普遍，如超高压主要是在果汁等液体食品中使用，辐照杀菌对食品安全性存在安全隐患。国内外有关冷杀菌技术在水产品中的应用较多处于研究阶段。Aubourg 等研究在冷冻前使用 150MPa 的静水压处理大西洋鲭鱼，能够抑制脂肪氧化，并且提高冷冻鱼肉的质量，对色泽没有影响，感官分析和微波熟制后对鱼片分析，其风味和口感与新鲜鱼片类似。Juan 等研究了超高压对金枪鱼的保质期的影响，结果表明经 310MPa 的处理，金枪鱼在 4℃和-20℃条件下分别可保存 23d 和 93d 以上。张晓艳等使用 1kGy 低剂量辐照常温（25℃）贮藏的淡腌大黄鱼，结果表明低剂量辐照处理可延长淡腌大黄鱼的保质期，相对于对照组的 9d 和 11d，实验组的保质期可分别延长至 16d 和 20d；辐照处理后淡腌大黄鱼的菌落总数显著减少，在贮藏期间实验组数量始终比对照组少；辐照处理可显著减缓淡腌大黄鱼挥发性盐基氮的增加；对脂肪氧化的影响较小。

基于冷杀菌操作强度大，对操作人员技术要求比较高，目前相关学者将栅栏技术的理念运用到冷杀菌工艺中，并提出联合冷杀菌技术的概念。联合冷杀菌技术，即降低两种杀菌工艺的强度并有机结合从而达到高效的杀菌效果，该技术也逐渐进入研究人员的研究范围。例如抗菌包装和高静水压（high hydrostatic pressure，HHP）技术的结合，辐照和真空包装的结合等。Martin 等对虹鳟鱼片高剂量辐照处理并结合真空包装检测保质期，结果表明随着剂量增加，贮藏期有明显延长，在 3.5℃条件下贮藏下保质期分别是 28d、42d、70d、98d。Jofré 等使用 400MPa 处理熟制汉堡包，检测发现沙门菌的含量显著降低，并且可以在 6℃条件下保持 3 个月。不难发现，需结合抗菌包装和高静水压才能够控制病原菌的生长。因此，抗菌包装、高静水压和低温贮藏能够长期保持即食性食品的安全性。

栅栏技术在水产品加工贮藏中的应用效果是显而易见的，但一般水分含量较高的水产制品并不能实现长期的贮存，因此在水产品加工和贮藏过程中应该针对水产品本身的生理特点和特定腐败微生物而优选栅栏因子。水产品的保鲜将朝着开发天然、无毒无害的保鲜剂并结合抗菌包装和冷杀菌的方向发展。生物杀菌（保鲜剂）不仅降低了对水产品的处理强度，最大限度地保证其品质；而且天然保鲜剂几乎不存在安全隐患。抗菌包装可以避免大量防腐剂和水产品的直接接触，又能够达到持续的释放，实现长久保鲜。冷杀菌在杀灭水产品中的微生物的同时，最大限度地减少固有成分物质的流失，从而提高水产品价值。

据此提出的新型栅栏技术概念，即是在选用天然保鲜剂的情况下，将新型抗菌包装技术和冷杀菌工艺融入到栅栏技术中并提高水产品的保质期。在保证食品安全的前提下最大限度地保持食品固有的营养和感官特性（色泽、风味、质构等），使水产品品质达到营养、感官、保健三大功效。由于单一冷杀菌工艺强度大，且操作技术要求高，故尝试将两种或多种冷杀菌工艺科学结合在一起，降低其强度，但仍然可以保证杀菌完全且达到食品安全卫生的标准，甚至优于原有的杀菌效果。

第六章　栅栏技术在果蔬、粮油等加工中的应用

第一节　栅栏技术在果蔬保鲜中的应用

一、 利用栅栏技术进行番茄保鲜

番茄含水量高，营养丰富，属于易腐蔬菜，其采后的保鲜期通常仅为一周多。张桂等（2010）为延长番茄的保质期，研究栅栏因子对番茄成熟度的影响，选择温度、涂膜和包装3个影响因素对番茄进行处理，以确定最佳的栅栏因子组合。研究结果表明，由于冰温、保鲜袋、涂膜3个栅栏因子的共同作用，番茄的呼吸强度得到抑制、失重率明显减小、维生素C含量变化很小，保鲜时间达到了30d。

（一）涂膜剂对番茄失重率的影响

新鲜果蔬的含水量可达65%~96%，但采后失去了水分补充，在贮藏和运输中逐渐失水萎蔫，使产品质量不断下降，直接造成经济损失。此外，失水还会引起产品失鲜。番茄采后的呼吸作用和蒸腾作用会导致其失水失重，番茄原来饱满的状态消失，呈现萎蔫、疲软的形态，影响其生理代谢和外观品质。随着保鲜时间的延长，失重率不断增加，但壳聚糖涂膜剂对番茄失重率的影响最大，效果最好，可使番茄净失重率达到最小。其他的涂膜剂对番茄失重率的影响都不显著，因此壳聚糖添膜是最佳的选择。

（二）温度对番茄失重率的影响

番茄失重率随温度的升高而增大、随着贮藏时间延长而升高。常温下变化比较明显，7~8℃和0℃下变化比较缓慢。相比之下，0℃条件下的番茄失重率最小，因此0℃是保鲜番茄最好的温度。

（三）保鲜袋对番茄呼吸强度的影响

不同保鲜袋抑制率呈现差异，呼吸强度与保鲜袋的厚度、保鲜袋孔径大小、以及开孔多少有关。打孔后保鲜袋能微调袋内的温度、湿度和气体的比例，配合低温能明显抑制番茄的呼吸作用。

（四）温度对番茄呼吸强度的影响

将不涂膜番茄放置在不同温度下保鲜，每2d测定一次果实的呼吸强度，通过温度对呼吸强度的影响，可以研究温度对保鲜效果所起的作用。试验证明，温度是抑制果蔬采后呼吸强度的重要因素，抑制了呼吸强度也就是抑制了果实的成熟与衰老速度，对保鲜是十分有利的。试验还发现将番茄放在低于0℃的条件下（冰温保鲜）会出现严重的冻害，反而不利于保鲜。冰温保鲜不破坏细胞，有害微生物的活动及各种酶的活性受到抑制，呼吸活性降低，

保鲜期得以延长，从而保障了果蔬的品质。

(五) 保鲜袋对番茄维生素 C 含量变化的影响

维生素 C 是番茄的重要营养成分，也是番茄新鲜程度的测量指标，保鲜袋除了可以防止微生物生长繁殖与氧化、降低番茄的呼吸强度外，还可以为番茄提供一个稳定的 O_2浓度和湿度，使得番茄的代谢减缓，继而营养物质损耗降低。保鲜袋可以减慢维生素 C 的氧化速度，试验证明 2 号保鲜袋（20 孔）对于维生素 C 含量的保护作用最好。

栅栏技术的应用在番茄保鲜中显见成效，采用壳聚糖涂膜、合适的有孔保鲜袋、冰温保鲜等几个栅栏因子配合，可减缓果实的呼吸强度，使其处于“冬眠”状态，同时又能抑制霉菌的繁殖，使番茄能够保持果实表面光滑、色泽新鲜、果肉饱满、硬度保持好，以维生素 C 为代表的营养成分丢失少，保鲜达到 30d 之久，仍具有商业价值。

二、 栅栏技术在鲜切果蔬质量控制中的应用

鲜切果蔬（fresh-cut fruits and vegetable）是指新鲜果蔬原料经清洗、修整、切分等工序，最后用塑料薄膜袋或塑料托盘盛装后覆塑料膜包装，供消费者立即食用或餐饮业使用的一种新型果蔬加工产品，也可称之为 MP 果蔬（minimally processed fruits and vegetables）或轻度加工果蔬。与新鲜果蔬原料相比，鲜切果蔬由于经过处理，生理衰老、生化变化及微生物腐败是导致其产品色泽、质地、风味下降的主要原因。鲜切果蔬生理衰老及生化变化主要由一些相关的酶（如多酚氧化酶和脂肪氧化酶）所引起的，而微生物腐败则是由于生产过程中产品表面受加工工具和环境中的细菌、霉菌、酵母菌等微生物的污染。赵友兴等（2000）就栅栏技术在鲜切果蔬质量控制中的应用做了分析和总结，以期为鲜切果蔬工业化生产提供一定的理论依据。

(一) 鲜切果蔬加工

1. 原料选择

鲜切果蔬只适合于部分品种的新鲜蔬菜和水果的加工。选择具有易于清洗、修整等良好加工性的优质原料，加工前辅以正确的贮存及辅助处理对于保证鲜切果蔬产品的质量来说非常重要。果蔬原料因种类、品种不同，其内在的栅栏因子（A_W、pH）各不相同，导致贮藏特性和加工性能差异很大。鲜切果蔬产品在贮运过程中均有不同的腐败变质方式，如胡萝卜经切分加工后会出现颜色变白现象，而芦蒿鲜切后易出现组织软化及腐烂等不良现象。为生产出高质量的鲜切果蔬产品，要求对不同果蔬原料进行系统而深入的研究。随着科技的发展，尤其是生物技术的普及和应用，选育、栽培符合鲜切果蔬原料特殊要求的品种将成为可能。

2. 修整与切分

修整与切分是生产鲜切果蔬的必要环节，最理想的方法是采用锋利的切割刀具在低温下进行手工或机械操作。工业化生产中，机械化操作（如去皮）应尽可能地减少对植物组织细胞的破坏，避免大量汁液流出，损害产品质量。研究表明，切分的大小对产品的品质也有影响，切分越小越不利于保存，不同果蔬对切分大小要求各不相同。切分操作时，所有与果蔬接触的工具、垫板及所用材料必须符合相应操作的要求，并且都应进行清洗或消毒处理，避免发生交叉污染。

3. 清洗与沥干

经切分的果蔬表面已遭到一定程度地破坏，汁液渗出，更有利于微生物活动和酶反应的发生，引起腐败、变色，导致质量下降。清洗处理可除去表面细胞汁液并减少微生物数量，防止贮存过程中微生物的生长及酶氧化褐变。清洗后还应作除水处理，如沥干工序，降低表面 A_W，否则更易腐败。通常可采用离心脱水机除去表面的少量水分。清水清洗并不能有效减少微生物数量，因此通常在清洗水中添加一些化学物质，如柠檬酸、次氯酸钠等来减少微生物数量并阻止酶反应。氯水可以在一定程度上提高清洗效果，但具有一定的缺陷，如对莴苣中的单核细胞增生李斯特菌作用不明显，且氯可与食品中某些成分结合，产生有毒物质，影响产品质量、安全，因此，氯水使用的安全性深受质疑。

目前，研究人员考虑用 O_2、ClO_2、$NaHPO_4$ 和 H_2O_2 等来取代氯水。其中，对 H_2O_2 研究较多，H_2O_2 辅助添加 EDTA 可有效防止褐变。研究表明，5% H_2O_2 添加 1mg/mL EDTA 可有效抑制蘑菇褐变。H_2O_2 也只适用于部分果蔬的清洗，如卷心白菜、青椒、莴苣及马铃薯等，而对青花菜、芹菜与番茄则效果不好。此外，清洗水还可含有一定浓度的二价钙离子，以便硬化组织，使其维持较佳品质。清洗时采用化学物质作为控制微生物的栅栏，应选用适宜的清洗时间及化学物质浓度，尽量减少化学物质在鲜切果蔬中的残留，符合美国食品和药品管理局的限量标准。一般可采用大量清水冲洗经处理的果蔬，去除其表面的化学物质。另外，化学清洗应考虑果蔬的一些不良反应，如变色（褐变）及组织萎蔫等胁迫反应的发生会导致产品质量下降。

（二）褐变处理及微生物控制

鲜切果蔬在贮存期间褐变和微生物腐败是主要的质量问题，其为了保存所设置的栅栏主要是针对果蔬中酶类物质及微生物。化学保存剂是重要的栅栏因子，可分为抗微生物防腐剂和抗氧化、褐变的保鲜剂，化学保存剂的作用效果与果蔬种类、品种和微生物种类、数量有关。两种以上保存剂一起使用可能有相乘、相加的效果或拮抗作用。

1. 褐变抑制

传统上，一般采用亚硫酸盐来抑制果蔬褐变，但其存在健康隐患，现提倡使用亚硫酸盐作为替代。随着研究的不断深入，柠檬酸与 EDTA 已作为螯合剂使用，柠檬酸与抗坏血酸或异抗坏血酸的结合物、L-半胱氨酸、Zn（AC）$_2$ 及 4-己基间苯二酚（4-HR）很可能成为亚硫酸盐替代物。李宁等单独采用柠檬酸、EDTA 二钠盐、抗坏血酸、异抗坏血酸、L-半胱氨酸及 Zn（AC）$_2$ 都成功地抑制了鲜切藕片的褐变。几种试剂配合使用抑制褐变效果远优于使用单一试剂，异抗坏血酸、半胱氨酸与 EDTA 配合使用防褐变效果最好，4% 抗坏血酸+1% 柠檬酸+1% 酸式焦磷酸钠能较好地抑制马铃薯的褐变。最吸引人的鲜切果蔬抗氧化和抑制褐变的方法为天然法，使用菠萝汁可有效抑制新鲜苹果圈的褐变。另外，激素柠檬酸（如 6-BA、NAA 等）处理对防止某些鲜切果蔬腐烂变质具有明显效果。

2. 微生物的控制

日本与法国等各国对鲜切果蔬产品都制定了相应的微生物标准，以保证产品卫生及质量。防止鲜切果蔬微生物生长主要是控制 A_W 和 pH，应用防腐剂及低温冷藏等栅栏因子。蔬菜上的微生物主要是细菌，霉菌、酵母菌数量较少；而水果上除了有一定细菌外，霉菌、酵母菌数量也相对较多，且不同蔬菜、水果上的微生物群落差别很大。采用柠檬酸、苯甲酸、三梨酸、醋酸及中链脂肪酸等有机酸抗菌剂降低 pH 可有效抑制微生物的生长。对某些果蔬用低浓度盐处理可适当减低 A_W，且具有一定的抑菌效果。非热处理的物理方法如高压电场、高液压、超强光、超声波及放射线，尤其是辐照也将逐步应用于鲜切果蔬的杀菌。研究者还发现，利用菌种间的拮抗作用抑制腐败菌生长的生物控制法，结合清洗、辐照、包装，最后进行冷藏可达到较佳的保存效果。例如使用乳酸菌产生乳酸、醋酸降低 pH 及产生鲁特森溶菌酶（lysozyme reuterin）等抗菌物来阻止微生物生长的栅栏。控制鲜切果蔬微生物的方法很多，为了达到较理想的抑菌效果，一般需综合使用多种抑菌方法与技术。

（三）包装贮运

1. 预包装

鲜切果蔬的迅速发展应归功于气调包装。气调包装本身可直接作为栅栏并起阻隔作用，防止微生物侵染，同时调节果蔬微环境，控制湿度与气体成分。栅栏技术与食品包装的融合为鲜切果蔬的保存提供了一条新途径。自发气调包装是鲜切果蔬生产中最主要的包装方法，其目的在于使用适宜的透气性包装材料，被动地产生一个组分为 2%～5% CO_2 和 2%～5% O_2 的气体环境。所使用的塑料薄膜有聚乙烯（PE）、乙烯-乙酸乙烯共聚物（EVA）、定向聚丙烯（OPP）、聚氯乙烯（PVC）及低密度聚乙烯（LDPE）等，也可采用 EVA 与 OPP 或 LDPE 相结合形成的混合材料来提高透气性。研究发现，包装在这些混合材料中的甘蓝丝和胡萝卜条在 5℃贮存，可获得 7～8d 的保质期。不同种类的果蔬都建立各自不同的最佳 MAP 包装系统。迄今为止，国内对这方面的研究还很少。

随着食品包装技术的不断发展，人们已将一些具栅栏功能的成分添加到包装（料）中去，使其发挥栅栏功能。这样的栅栏功能成分主要有脱氧剂（Fe 系脱氧剂、连二亚硫酸盐系脱氧剂等）、防腐剂与抗氧化剂、吸湿剂与乙烯吸收剂（$KMnO_4$、活性炭等）几类。对鲜切果蔬保存而言，最有潜力的方法是涂膜保鲜，即将可食性膜涂于果蔬表面形成涂层，改善产品质量。卡拉胶和壳聚糖是用于鲜切果蔬很有潜力的涂层材料，另外，单甘酯、CMC、明胶及肌醇六磷酸都将成为今后涂层材料的研究对象。

2. 贮运与销售

温度是影响鲜切果蔬质量的主要因子。产品在贮运及销售过程中应处于低温状态，包装后的产品必须立即放入冷库中贮存。配送期间可使用冷藏车进行温度控制，尽量防止产品温度波动，以免质量下降。零售时，应配备冷藏设施（如冷藏柜等）组成冷链，保证冷藏温度不超过 5℃。对于某些易发生冷害的果蔬产品应在冷害临界点以上的低温下进行贮存。

（四）栅栏技术在鲜切果蔬中的应用前景

鲜切果蔬在加工及保存过程中，极易腐烂变质，要求有一个原料、加工、贮运和销售高度配合的冷链系统，使组织的代谢和微生物的生长处于最低水平。目前，鲜切果蔬在我国仍处于起步阶段，很多问题有待研究解决。为了能够生产出高质量的卫生安全的鲜切果蔬产品，生产单位应采取严格的卫生措施和执行良好生产规范，制定相应的产品质量标准，包装标有最终食用日期（use-by-date）。随着食品保存理论和手段——栅栏技术研究的不断深入，栅栏理论将成为鲜切果蔬生产和保存的重要理论指导依据。对不同果蔬设置符合保存要求的特定栅栏可保持鲜切果蔬产品质量及获得足够的保质期。栅栏技术与关键危险点控制管理技术（HACCP）及微生物预测技术（PM）的结合，今后有望成为改善鲜切果蔬质量和保质期的重要手段。

三、 栅栏技术在鲜切菜生产中的应用研究

鲜切菜与传统的罐藏蔬菜、速冻蔬菜、脱水蔬菜、腌制蔬菜相比具有品质新鲜、食用方便、营养卫生等特点。新鲜蔬菜在未受损伤的情况下，组织内部基本上“无菌”或菌数很少，一旦受到机械切割，微生物就会大量侵入；同时引起一系列不利于贮藏的生理生化反应，如呼吸强度加快、乙烯产生加速、酶促和非酶促褐变加剧、蒸腾失水加强、切分表面木质化等。所有这些变化都会加剧鲜切菜的品质下降，缩短其保质期，大大降低鲜切菜的商品价值。高翔等（2004）就栅栏技术在鲜切菜质量控制中的应用做了总结概述，以期为生产优质、新鲜、营养、安全的鲜切菜提供一定的理论依据。

（一）栅栏因子的筛选

鲜切菜加工成品要求新鲜、营养、方便、卫生。蔬菜虽经去皮切分，但仍是具有生命活力的营养体，因此，杀灭和抑制微生物生长、繁殖，破坏和抑制酶的活性就不能采用加热或冷冻工艺，必须采用适合鲜切菜加工特点的冷杀菌技术，筛选控制鲜切菜品质的栅栏因子是非常重要的。鲜切菜中可应用的控制微生物的栅栏因子包括低温冷藏、降低 A_W、pH、Pres.、Eh、压力、辐照、臭氧、气调、包装等。

（二）栅栏因子对鲜切菜品质的控制

1. 浸泡清洗

在浸泡时加入 0.2% 聚山梨酯-80/偏硅酸钠，或清洗中加入 0.2% 次氯酸钠、10% H_2O_2 等消毒剂有助于去除微生物，可以使微生物减少 1~2 个数量级；清洗水中加入一些如柠檬酸、次氯酸钠可减少及阻止酶反应，可改善产品的感官质量。此外，采用超声波气泡清洗有利于去除蔬菜表面的微生物。

2. 护色保鲜

护色主要是防止鲜切菜褐变，褐变是鲜切菜主要的质量问题。影响果蔬褐变的因子很多，主要有多酚氧化酶的活性、酚类化合物的浓度、pH。温度及组织中有效氧的含量。因此，可通过选择酚类物质含量低的品种，钝化酶的活性，降低 pH 和温度，驱除组织中有效氧的办法来防止褐变。传统抑制褐变采用亚硫酸钠，但目前国际上不允许使用，一般替代亚硫酸盐的化学物质有抗坏血酸、异抗坏血酸、柠檬酸、L-半胱氨酸、氯化钙、EDTA 等。0.5% 抗坏血酸钠、0.5% 柠檬酸和 0.5% 抗坏血酸，以及 0.2% 氯化钙，联合作用抑制切割莴苣的酶促褐变效果良好。把切分马铃薯分别浸泡异抗坏血酸、植酸、柠檬酸，时间各为 10min、20min，浓度各为 0.1%、0.2%、0.3%，均有一定护色效果，且浓度越高、浸泡时间越长，护色效果越好，最优处理组合为 0.1% 异抗坏血酸、0.3% 植酸、0.1% 柠檬酸、0.2% $CaCl_2$ 混合溶液，影响护色效果的作用由大到小依次为植酸、异抗坏血酸、柠檬酸、$CaCl_2$。在包装前用 1.0% 或 2.5% 柠檬酸加上 0.25% 抗坏血酸处理杨桃片，可保证其在 4.4℃贮藏 2 周以上不褐变。用抗坏血酸钠、半胱氨酸、EDTA 在 pH=5.5 时处理 MP 蘑菇能抑制褐变，0.5% 半胱氨酸与 2% 柠檬酸联合处理也能抑制 MP 土豆的褐变。质量分数 0.5% 的抗坏血酸+质量分数 0.5% 的柠檬酸能够较好地抑制莴苣的酶促褐变。褐变果实中的钙具有维持细胞壁和细胞膜的结构与功能的作用，适当增加采后果实的钙水平，对其呼吸作用、

乙烯释放、软化和生理病害等均有抑制作用，常用于蔬菜保鲜。潘永贵等用0.4%和0.6% $CaCl_2$处理MP菠萝，在第10天仍然保持了其良好的风味。$CaCl_2$可抑制猕猴桃切片、苹果切片、梨切片的褐变。

最新的研究表明，臭氧、辐照、CO_2、涂膜等保鲜技术具有比较理想的保鲜效果。臭氧除对蔬菜表面的微生物有良好的杀菌外，臭氧的强氧化性可将蔬菜产生附乙烯氧化破坏，对延缓蔬菜后熟、保持蔬菜新鲜品质有理想的效果。例如，无刺黑莓用0.3mg/L臭氧，在温度为2℃环境中处理果实，色泽可保持12d不变。每天用2~3mg/L的臭氧对贮藏室消毒，使草莓的保质期延长几个星期。高浓度的臭氧可能对蔬菜固有的色泽、芳香风味等有不利影响。利用辐照处理新鲜蔬菜除了可杀灭蔬菜表面的微生物，还可以抑制蔬菜自身后熟，通常用0.1kGy到0.5kGy的照射剂量处理即可延缓成熟，防止腐烂。在波纹形橱柜里的水果和蔬菜保存时，用一层可渗透的布分隔，容器底部释放二氧化氯气体，香蕉、白菜在室温下贮藏7d仍然保存原有质量和新鲜度。可食性模具有减少水分损失，阻止氧气进入、抑制呼吸、延迟乙烯产生、防止芳香成分挥发以及夹带延迟变色和抑制微生物生长的添加剂作用。卡拉胶和壳聚糖对轻微加工果蔬来说是很有前景的涂层材料，此外，β-环状糊精、葡甘聚糖、海藻酸钠也是很好的涂层材料。例如1.5%壳聚糖混入1.0%对羟基苯甲酸乙酯制成的涂膜剂有较好的保鲜效果，抑制失重和纤维素含量增加有明显的效果；相对分子质量1万~10万的壳聚糖在浓度为2%时对草莓防腐效果最明显。魔芋甘露聚糖对水果蔬菜也有明显的保鲜效果。值得一提的是，“天然”保鲜剂也可以抑制褐变，如菠萝汁是防止新鲜苹果褐变且很有潜力的亚硫酸盐替代物。

3. 冷杀菌

目前研究最多鲜切菜杀菌方法有臭氧、辐照等冷杀菌技术。用6~10mg/L的臭氧对冷库消毒24h可杀灭90%的细菌和80%的霉菌。假单胞菌接受0.4kGy剂量照射可被全部杀死，各类细菌中假单胞菌属和黄杆菌属的细菌对辐照最为敏感，酵母和霉菌抗性要强一些。例如，用2kGy的辐射处理来代替氯冲洗后旋转干燥处理法，处理切片胡萝卜，结果好氧菌和乳酸菌群受到抑制，而且感官评价认为辐射处理的胡萝卜风味比原处理法的更好。将李斯特菌接入预切好的胡萝卜和柿子椒中，然后用1kGy剂量辐射，再贮存在1~16℃，李斯特菌的活性和数量都降低了。将鲜切生菜的辐射剂量降低至0.19kGy，在辐射处理8d后，未辐射处理的生菜上的细菌总数为2.2×10^4CFU/g，而经辐射处理的只有290CFU/g。卫生学上细菌总数1×10^2CFU/g是传染病可能发生的最低量，10^3CFU/g是食物中毒可能发生的最低量，1×10^7CFU/g为食物腐败基准，基于此，作为食用界限，鲜切菜的细菌指标应定为细菌总数不超过1×10^5CFU/g。

4. 离心脱水

表面水分活度大小直接影响鲜切菜的质量，含水量高即水分活度大，呼吸强度大，机体营养物质消耗快，微生物繁殖迅速，不利于保藏；含水量少即水分活度小，容易引起鲜切菜失水枯萎、黄化、纤维化组织老化，品质下降。因此，对浸泡处理后的鲜切菜进行离心脱水，保持适当的表面水分活度是十分必要的。

5. 预包装

鲜切菜通常用塑料薄膜包装，以维持天然、新鲜的品质，并防止微生物污染。薄膜包装包括聚氯乙烯、聚丙烯和聚乙烯等。复合薄膜通常采用乙烯-乙酸乙烯共聚物，可有效的隔氧、隔光，延长保质期。气调包装（CA保鲜）CO_2浓度为5%~10%，O_2浓度为2%~5%可以抑制褐变和苯丙氨酸裂解酶的活性，降低组织的呼吸速率，阻止微生物生长。自发气调包装体积分数10%~15% CO_2，可抑制草莓、樱桃灰霉病的发生；体积分数10% CO_2+10% CO_2可阻止叶绿素的降解。对芦笋气调保鲜研究显示，在各种初始气体浓度比例中以5% O_2+5% CO_2和10% CO_2+10% O_2的气调贮藏保鲜效果，5℃贮藏18d后仍有较好的品质。减压包装是指将产品包装在大气压为40kPa的坚硬的密闭容器中并贮存在冷藏温度下的保鲜方法，可改善青椒、苹果切片和番茄切片的微生物情况，可提高杏和黄瓜的感受官质量，还可以改善绿豆芽、切割蔬菜混合物的微生物及感官质量。AP包装是指包含各种气体吸收剂和发散剂的包装，其作用机制在于能影响产品呼吸强度、微生物活力及植物激素的作用浓度。通常使用乙烯吸收剂有高锰酸钾、活性炭加氯化钯催化剂等。不同果蔬对最高CO_2浓度和最低O_2浓度的忍耐度不同，如果O_2浓度过低或CO_2浓度过高，将导致低O_2伤害和高CO_2伤害，产生异味、褐变和腐烂。

（三）低温贮藏销售

鲜切菜贮藏销售最好在冷链下进行，低温可抑制果蔬的呼吸作用和酶的活性，降低各种生理生化反应速度，延缓衰老和抑制褐变；同时也抑制了微生物的活动。在MP胡萝卜、MP菊苣、MP生菜中发现，随着贮藏温度从10℃降到2℃，嗜温菌的生长明显被抑制。所以鲜切菜果蔬质量的变化，作用最强烈、影响也最大。环境温度越低，果蔬的生命活动进行就越缓慢，营养素消耗变少，保鲜效果越好。但是，不同果蔬对低温的忍耐力是不同的，每种果蔬都有其最佳保存温度，当温度降低到某一种程度时会发生冷害及代谢失调，产生异味及加重褐变等，保质期反而缩短，同时冷藏中还可能产生嗜冷菌。因此，有必要对每一种果蔬进行冷藏适温试验，以期在保持品质的基础上，延长MP果蔬的保质期。

鲜切菜作为仍具有生命的鲜活组织。在加工及保存过程中，极易腐烂变质，鲜切菜最易出现的质量问题是微生物引起的腐烂变质、生理生化反应引起的褐变、枯萎和黄化等，在实际生产中可以利用栅栏技术，通过控制温度、pH、A_W、气体成分、氧化还原电位、防腐剂、压力、辐照、臭氧和包装等栅栏因子，有效控制鲜切菜在贮藏过程中的变质问题，从而达到延长鲜切菜贮藏期的目的，使组织的代谢和微生物的生长处于最低水平。栅栏在鲜切菜生产中，栅栏技术的引入和推广，结合HACCP以及微生物预报技术，必将为我国新兴的鲜切菜行业持续、快速地发展提供有力的质量保证。

四、栅栏技术在草莓保鲜中的应用研究

草莓是非跃变呼吸型果实，含水量高、组织娇嫩，极易受损伤而腐烂变质，而且由于其果实属浆果，在常温情况下，放置1~3d就开始变色、变味，保质期极短，不耐贮藏和运输，仅限于产地销售且上市时间集中，严重限制了草莓生产及社会效益和经济效益的提高。因此，草莓保鲜技术已成为草莓生产与流通中亟待解决的问题。张桂等（2010）研究了温度、防腐剂及包装等多种栅栏因子对草莓保存性的影响，探讨通过栅栏因子的设计和调节延长草莓保鲜期。

（一）草莓感官变化

采用不同处理方法的草莓在不同温度下经过一段时间的保存，观察到的感官结果也有

比较显著的差别，不同温度下使用醇溶蛋白涂膜液处理的样品表面均出现明显的“白霜”，严重影响样品感官，因此该方法被淘汰。

（二）草莓其他生理指标的变化

由于草莓在7~8℃条件下保存的各项生理指标均不如0~1℃条件下保存的好，故只探讨0~1℃条件下保存的情况。呼吸强度是表示果实组织新陈代谢的一个重要指标，其值越大说明呼吸作用越旺盛，营养物质消耗越快，加速产品衰老，缩短贮藏时间。

草莓采后的呼吸作用和蒸腾作用会导致其失水失重，失水使草莓组织的膨压下降甚至失去膨压，原来的饱满状态消失，呈现萎蔫、疲软的形态，影响其生理代谢和外观品质。在贮藏期内，随着贮藏时间的延长，各组失重率都不断上升，并且，对照组失重率上升趋势较其他组更明显，在保鲜期内失重率达到最大；贮存条件下失重率最低的是涂膜加套保鲜袋组，其原因是保鲜袋能微调袋内样品的小气候，如温度、湿度和各种气体的比例等，减少水分蒸发，同时说明涂膜也能阻止果实内部水分的迁移和扩散，从而延长其保鲜期。

不同贮存条件下各试验组草莓硬度的变化，除了对照组的硬度呈波动下降趋势外，其余各组样品硬度均呈先增后减趋势，这一现象说明涂膜液以及保鲜袋处理对保持草莓的硬度，防止软化有十分明显的效果。在贮藏期内，各组样品的维生素C含量均呈下降趋势，其中对照组的下降趋势最为明显。

（三）栅栏防腐保鲜综合技术

玉米醇溶蛋白涂膜加保鲜袋及低温处理，这3种栅栏因子均能延长保鲜时间，将这3种栅栏因子相结合对草莓样品进行保鲜，在降低失重率、减少维生素C损失、降低呼吸强度以及维持硬度方面具有更加良好的作用效果。试验表明，涂膜后套打孔保鲜袋包装在0~1℃条件下，可使保鲜时间达到24d，无腐烂样品出现，且感官指标较其他保鲜条件好。

五、 栅栏技术在食用菌保鲜贮藏中的应用

鲜食用菌常温下易腐烂、变质，在包装和运输过程中也容易破损，从而降低质量、造成损失。在生产旺季销售食用菌，需调节、丰富食用菌的市场供应，并为了满足国内外市场的需要，必须做好保鲜和贮藏工作。徐吉祥等（2009）探讨采用栅栏技术保持鲜食用菌的质量并延长其保质期，就栅栏技术及其在食用菌保鲜贮藏上的应用进行了总结，以期为食用菌保鲜贮藏工业化生产提供一定的理论依据。

（一）原料选择

选择八九成熟适时采收、色泽正常、菇形完整、无机械损伤、朵形基本一致、无病虫害、无异味的合格菇体。对于出现组织软化及腐烂等不良现象的食用菌要设立栅栏阻隔。清除杂质、去掉生霉和被病虫危害的鲜菇，这对于保证食用菌的产品质量非常重要。一般情况下，蘑菇要切除菇柄基部，平菇应把成丛的逐个分开，并将柄基老化部分剪去，滑菇要剪去硬根。

（二）清洗与沥干

清洗处理是食用菌的保鲜贮藏中不可缺少的环节，清洗可除去表面细胞汁液并减少微生物数量，防止贮存过程中微生物的生长及酶氧化褐变。清洗后还应沥干除水，降低表面水分活度，否则更易腐烂，通常采用离心脱水机除去表面少量的水分。清水清洗并不能有效降

低微生物数量，抗微生物的化学保存剂是重要的栅栏因子，通常在清洗水中添加一些化学物，如柠檬酸、次氯酸钠等作为控制微生物的栅栏以减少微生物数量。需要注意的是，次氯酸钠可提高清洗效果，但氯可能与食品中某些成分结合并产生有毒物质，影响产品质量。另外，也可将食用菌倒入加有适量维生素 C、维生素 E 的 0.1%的硫代硫酸钠液中，防止变质。还有研究表明，5% H_2O_2添加 1mg/mL EDTA 可有效抑制食用菌褐变。此外，清洗水还可含有一定浓度的二价钙离子，以便硬化组织，保持食用菌较好的品质。注意应尽量减少化学物质在食用菌中的残留，可以采用大量清水冲洗经处理的食用菌，去除其表面的化学物质。

（三）微生物控制

食用菌的腐烂与微生物的生长密切相关。处理食用菌在贮运期间微生物是食用菌质量的关键，必须设置针对食用菌中微生物的栅栏。在 pH=6.0~7.5 时微生物生长繁殖最快，易使菌体感染致病菌。应用有机酸抗菌剂等栅栏因子，利用柠檬酸、苯甲酸、山梨酸、醋酸等，降低 pH 可有效抑制微生物生长。有研究发现，利用菌种间拮抗作用抑制腐败菌生长的生物控制法，如使用乳酸菌产生乳酸、醋酸降低 pH 等可以加强阻止微生物生长的栅栏。

非热处理的物理方法如高压电场、超声波、放射线，尤其是辐照也逐步应用于食用菌的杀菌。辐照因子以其可以最大限度保持食品原有的营养成分的特点而受到青睐。例如用钴-60 或钴-137 钯放出的 γ 射线为放射源对食用菌进行辐射处理，能有效地抑制开伞，杀死或抑制腐败微生物的活动；平菇采收、清理包装好，用 10 万 lx 强度的钴-60 射线照射后，在 0℃条件下保存，保鲜时间可延长到 31d，安全无毒。为了达到较理想的抑菌效果，一般需要综合使用多种栅栏因子。

（四）褐变抑制

处理食用菌在贮运期间的褐变是食用菌质量控制的第 2 个关键点，其所设置的栅栏主要是针对食用菌的褐变。将鲜菇用某些抗氧化剂等进行处理，或降低 pH 以抑制酶活性，能延长保鲜时间。水质中铁、铜离子含量超过 2mg/kg，能使食用菌子实体颜色变暗。在 pH 为 4~5 时，食用菌子实体内的多酚氧化酶活性最强，易使菇体褐色加重。一般多采用亚硫酸盐来抑制食用菌褐变，但其对人体具有副作用，现在已有使用柠檬酸（CA）与乙二胺四乙酸二钠（EDTA）混合剂替代亚硫酸盐使用，可获得较好的效果；EDTA 与铁、铜离子螯合能力很强；柠檬酸也能与铁、铜离子螯合，并且可降低 pH。此外，还有柠檬酸与抗坏血酸（AA）或异抗坏血酸（EA）的结合、L-半胱氨酸、$Zn(AC)_2$及 4-乙基间苯二酚（4-HR）等都是比较好的亚硫酸盐替代物。异抗坏血酸、半胱氨酸与 EDTA 配合用于防止蘑菇褐变的效果很好，两种以上保存剂一起使用有协同、累加作用。

（五）低温保藏

温度是影响食用菌呼吸作用最主要的栅栏因子。在 5~35℃，温度每上升 10℃，呼吸强度即增大 3 倍。低温可以抑制微生物生长繁殖，降低酶的活性和食用菌内化学反应的速度，延长食用菌的保藏期。但冷藏温度也不宜过低，因为温度过低会破坏一些食用菌的组织或引起其他损伤，而且耗能较多。因此在选择低温保藏温度时，应从食用菌的种类和经济两方面来考虑。例如低温保鲜法适宜草菇等食用菌的保鲜。草菇装载箱可用高约 40cm 的木箱或塑料箱，下部垫厚约 5cm 的一层碎冰块，盖上塑料膜，膜上摆放厚约 20cm 的鲜草菇，再盖上塑料膜把冰放置在贮藏食用菌的上方。生产上常采用将食盐或氯化钙加入冰中，通常控制在

0~8℃。而速冻保鲜法适宜平菇等食用菌保鲜。鲜菇采收后，先用剪刀分成单个子实体，并漂洗干净，按菇体大小、老嫩分放。然后沥水，按1kg的规格装入相应大小的无毒塑料食品袋中密封。最后，将菇装入食品箱中，置入冷库（温度为-18℃左右）即可，需出售或深加工时可随时取出。

（六）预包装

包装可作为直接栅栏起阻隔作用，防止微生物侵染，同时调节食用菌的微环境，控制湿度与气体成分。气调包装原理是降低氧气浓度，增加二氧化碳浓度，从而抑制食用菌呼吸作用。在0.1%的低氧浓度和25%的高二氧化碳浓度的环境中，食用菌子实体菌盖展开受到抑制，后熟（开伞）延迟。该技术包装多使用塑料薄膜，有聚乙烯（PE）、乙烯-乙酸乙烯共聚物（EVA）、聚丙烯（OPP）、聚氯乙烯（PVC）及低密度聚乙烯（LDPE）等。多采用EVA与OPP或LDPE形成混合材料，从而提高透气性。人们还将一些具有栅栏功能的成分添加到包装材料中。这样的栅栏功能成分主要有脱氧剂（Fe系脱氧剂连二亚硫酸盐系脱氧剂等）、防腐剂、抗氧化剂、吸湿剂与乙烯吸收剂（$KMnO_4$、活性炭等）。

现在真空包装技术已被广泛应用，真空包装延长食用菌保质期的主要原理是采用非透气性材料，降低食品周围空气密度，从而抑制食用菌氧化及需氧微生物生长。在冷藏条件（0~4℃）下可使保质期延长。食用菌保鲜贮藏最有潜力的方法是涂膜保鲜，食用菌表面涂膜的目的主要是阻隔内外气体和水分的交换。卡拉胶、壳聚糖、单甘醇、CMC、明胶及肌醇六磷酸都可能成为用于食用菌保鲜的涂层材料。

目前，食用菌贮藏过程中不同栅栏因子的联合，已经成为获得安全的主要目标。栅栏技术已经广泛应用于各类食品的加工与保藏，其与传统方法和高新技术相结合更为有效。HACCP的引入，说明栅栏技术与现代高新技术和现代化科学管理的有机结合必然是未来栅栏技术的发展方向。

六、 栅栏技术在鲜腐竹保藏中的应用

腐竹营养丰富，一般含蛋白质45%~50%，氨基酸组成接近人体需要，含脂肪约28%，还含有钙、磷、铁和丰富的硫胺素及丰富的磷脂，具有降低血液中胆固醇含量，防止高脂血症、动脉硬化的效果，因此深受消费者青睐。鲜腐竹因其水分含量较高、营养丰富而极易腐败变质，其保鲜措施成为近年来的研究热点。马荣琨等（2016）以水分活度、天然保鲜剂、包装材料和杀菌条件作为栅栏因子，采用栅栏技术研究鲜腐竹的保鲜效果，以期为鲜腐竹的生产和研究提供一定的理论依据。

（一）栅栏因子的筛选

1. 水分活度（A_W）

A_W对鲜腐竹中微生物的生长繁殖影响较大，A_W高利于细菌的生长繁殖，反之A_W低则利于食品的贮藏。本实验结果表明：随着A_W的延长，菌落总数迅速增加；随着培养时间的延长，菌落总数也迅速增加。在第2天，A_W值在0.85以下时，鲜腐竹的菌落总数相对较低；在第4天，A_W值在0.85及以上时，鲜腐竹菌落总数则已超出国家标准。这表明鲜腐竹的A_W值要在0.85以下才有利于鲜腐竹的保藏。

2. 天然保鲜剂

鲜腐竹经恒温培养 2d、4d 后进行菌落总数检测发现，添加纳他霉素的鲜腐竹菌落总数相对较低，其次为茶多酚，而添加溶菌酶的鲜腐竹菌落总数相对较高。纳他霉素能有效地抑制真菌，茶多酚能有效地抑制细菌，溶菌酶是一种碱性蛋白质，耐热性较差，对 G^+菌的溶菌作用非常有效，而对于 G^-菌则效果很差甚至无效。因此，相对其他两种保鲜剂，纳他霉素对鲜腐竹的抑菌效果更好。

3. 包装材料

包装材料对鲜腐竹的保藏效果影响较大。因为在 37℃条件下培养的鲜腐竹的菌落总数过多，所以这里采用常温培养。使用不同材料的实验结果显示，B 包装的鲜腐竹菌落最高，其次是 A 材料，而采用 E、C、D 材料包装的鲜腐竹的菌落总数相对较低。这表明铝箔、PET 复合材料、共挤真空材料对鲜腐竹的保藏效果相对较好，适合用于鲜腐竹的包装。

4. 杀菌条件

鲜腐竹的杀菌条件不同，其保藏效果差异明显。试验发现，采用真空包装后的鲜腐竹进行沸水杀菌处理，经 37℃培养后其菌落总数相对较高，贮藏 6d 即超标，保藏时间较短；其次为采用微波杀菌后经普通封口处理的鲜腐竹，经 8d 贮藏其菌落总数虽未超标，但也较高；而采用微波杀菌后进行真空包装的鲜腐竹，经 8d 贮藏其菌落总数最少，且未超标，保藏效果最好。

（二）鲜腐竹保藏的正交试验

通过栅栏因子的筛选试验发现，鲜腐竹的 A_W、天然保鲜剂、包装材料和杀菌条件对鲜腐竹的保藏效果影响较大，因此以鲜腐竹的 A_W、天然保鲜剂、包装材料 3 个栅栏因子，选择 L9（3^4）正交表，鲜腐竹则采用不杀菌直接真空包装的处理来加速正交试验。试验发现，鲜腐竹在第 2 天鲜腐竹品质较好，菌落总数差别不大，第 4 天到第 6 天鲜腐竹处于临界变质状态，第 8 天部分鲜腐竹的菌落总数多不可计，因此这里选择第 6 天菌落总数结果作为正交试验评价指标，经过极差分析显示，3 个因素对鲜腐竹菌落总数影响的主次顺序：纳他霉素对菌落总数影响最大，其次为 A_W，包装材料对产品质量影响最小。以鲜腐竹的菌落总数最少为原则，则 3 个栅栏因子最佳组合为 PET 复合材料、纳他霉素、A_W值为 0.75。

（三）鲜腐竹保鲜较佳栅栏组合及产品保质期

将最优方案即 PET 复合材料、纳他霉素、A_W值为 0.75 的条件下得到的鲜腐竹进行微波杀菌后真空包装处理，经 37℃恒温培养，以菌落总数为评价指标，则鲜腐竹的保藏时间为 14d。采用以上栅栏因子进行处理后，常温（25℃）条件下鲜腐竹的保质期为 46~52d。

七、栅栏技术对毛竹笋采后品质劣变的调控

毛竹为禾本科竹亚科（Bambusoideae）刚竹属（*Phyllostachys*）植物，其营养丰富，肉质脆松，味美可口，被称之为优良的绿色保健蔬菜。但毛笋出笋期只有 30~40d，采收期短而集中，笋肉老化快，很难长期保鲜贮存。因此，竹笋保鲜技术依然是产业发展的迫切需求。赵宇瑛（2016）基于栅栏技术对此进行了研究。

（一）栅栏技术处理对毛竹笋木质素、纤维素含量、苯丙氨酸酶（PAL）活性以及硬度的影响

竹笋老化过程中纤维素含量大量增加，主要是细胞次生壁加厚，同时伴随着木质素的合成和沉积这种木质化过程是在一系列酶促反应下进行的，而苯丙氨酸酶是植物次生代谢的关键酶，促进合成木质素，从而增大了毛竹笋的硬度。本实验中，毛竹笋采后贮藏期间木质素、纤维素含量均呈上升趋势，对照组竹笋的纤维素和木质素含量增加速率较快，而栅栏技术处理的则处于平缓上升过程。贮藏10d后栅栏技术处理毛竹笋的木质素和纤维素的含量显著低于对照组。贮藏30d，栅栏技术处理的木质素和纤维素含量明显低于对照组。对照组苯丙氨酸酶活性呈先上升后下降的趋势，而栅栏技术处理的苯丙氨酸酶活性变化为较平缓的上升趋势，贮藏10d后显著低于对照，且栅栏技术处理毛竹笋的硬度显著低于对照组。这表明栅栏技术处理能够延缓毛竹笋采后木质化进程，从而降低毛竹竹笋硬度、降低苯丙氨酸酶活性。

（二）栅栏技术处理对毛竹笋创伤面亮度及褐变指数的影响

亮度（L^*值）是衡量竹笋色泽的重要指标，毛竹笋在贮藏期间，其创伤面的亮度L^*值呈下降趋势，栅栏技术处理毛竹笋贮藏10d后L^*值显著高于对照组；毛竹笋创伤面的褐变指数在贮藏期间上升较快，栅栏技术处理毛竹笋创伤面的褐变指数显著低于对照组。色度L^*值可以反映竹笋创伤面颜色的亮暗程度，间接地反映其褐变状况，从而判断绿竹笋的新鲜度。实验结果表明，随贮藏期延长，对照组毛竹笋切面的L^*值降低，褐变指数增加，竹笋切面颜色会渐次变成褐色；而经栅栏技术处理的毛竹笋能够保持毛竹笋创伤面的颜色鲜亮，降低其褐变指数，因此栅栏技术的应用对保持毛竹笋创伤面色泽的亮度发挥了良好的作用。

（三）栅栏技术处理对毛竹笋多酚氧化酶（PPO）活性与总酚含量的影响

毛竹笋贮藏期间多酚氧化酶活性呈持续上升趋势，栅栏技术使其多酚氧化酶活性显著低于对照；毛竹笋贮藏期间总酚含量也呈上升趋势，且栅栏技术处理的总酚含量显著高于对照。实验结果表明，栅栏技术处理明显降低了毛竹笋多酚氧化酶活性，使处理组总酚含量极显著高于对照组。贮藏过程中，多酚氧化酶是引起毛竹笋褐变的关键酶。本实验结果表明，低温和壳聚糖涂膜可显著抑制多酚氧化酶活性，从而有效降低采后毛竹笋的木质化程度和褐变指数，保持笋肉的良好品质。

（四）栅栏技术处理对毛竹笋可食率与腐烂率的影响

毛竹笋的可食率在贮藏期间呈下降趋势，栅栏技术处理组的可食率下降较为缓慢，10d后其可食率显著高于对照组。毛竹笋贮藏10d后开始发生腐烂，但栅栏技术处理组的腐烂率显著低于对照组。这表明通过栅栏技术处理能够有效抑制可食率的降低以及毛竹笋腐烂率的升高。

栅栏技术有效降低了毛竹笋的苯丙氨酸酶和酶活性，减少了竹笋木质素和纤维素含量，降低了竹笋硬度；可显著降低多酚氧化酶活性以及竹笋的褐变指数，使其保持良好的色泽；栅栏技术处理降低了采后毛竹笋的生理代谢，有利于保持笋体的营养品质，显著降低腐烂率，从而有效延长采后毛竹笋的贮藏期；采用栅栏技术能够使毛竹笋贮藏期达到30d，色泽亮，纤维化程度不明显，保持了良好的感官品质和食用质地，实验结果为竹笋保鲜技术提供

了依据。

八、　栅栏技术在核桃贮藏中的应用

核桃所含营养丰富，高于其他坚果，富含多种纤维素、矿物质和高质量蛋白质、碳水化合物、大量的不饱和脂肪，且纤维含量高，是无乳无麸质食品。核桃含有磷脂和丰富的维生素，核桃中的磷脂可以增强细胞活力，促进骨髓造血，提高脑神经的功能，加强肌体抗病能力。核桃仁中油脂易受光、热、氧气、水分的影响分解成甘油和脂肪酸，游离脂肪酸再进一步水解、氧化最后分解为一些简单而有异味的醛、酮、酸等，从而使核桃变质而产生哈喇味，即发生酸败，其商品及营养价值大大降低。刘学彬等（2013）以“漾濞核桃”为试验材料，以含水率、破坏程度、贮藏温度、光照、气调保藏等多种因素在核桃保藏中应用为研究对象，通过分析栅栏因子对核桃生理及品质的影响，为核桃的科学生产及贮藏提供理论依据。

（一）不同含水率对核桃酸值及过氧化值的影响

核桃贮藏前酸价为 0.157mg/g，贮藏期间呈上升趋势。但由于含水率不相同，酸值变化快慢程度有差异。水分越高，酸值越增加。贮藏期间，绝大部分核桃过氧化值变化呈先降后升的趋势，但无法判断出明显的规律性，但含水率 3.5%组的过氧化值明显低于其他组。

（二）不同破碎程度对核桃酸值及过氧化值的影响

核桃贮藏前酸值为 0.254mg/g，贮藏期间酸值呈不断上升的趋势，其中破碎程度为 1/64 的核桃酸值上升速度明显高于其他组。在贮藏的前 10d，破碎程度 1/32 的核桃酸值上升速度高于 1/16 的，随后两种破碎程度核桃仁酸值上升速率基本持平，说明核桃仁与空气接触面积越大对核桃的保存越不利，破碎程度越大，过氧化值越高。

（三）不同贮藏温度对核桃酸值及过氧化值的影响

贮藏前核桃酸值为 0.191mg/g，分别在 36℃、20℃、5℃下贮藏，至 50d 核桃酸价分别为 0.5683mg/g、0.3707mg/g 和 0.2609mg/g，温度越高，其酸值上升速度越快。36℃下的核桃过氧化值一直处于上升趋势，上升幅度较大。20℃与 5℃ 试验组核桃仁过氧化值变化呈现波浪形态，上升幅度不及 36℃。

（四）不同气调对核桃酸值及过氧化值的影响

贮藏过程中，不同气调情况下核桃酸值均呈上升趋势，其中对照组变化最为明显，抽真空次之，充氮气对核桃氧化的影响最小。贮藏 20d 后，自然空气的对照组处于上升阶段，变化趋于平稳。至 50d 过氧化值最高，另两组变化基本一致，但无法判断后续变化趋势。

（五）光照对核桃酸值及过氧化值的影响

贮藏前核桃仁酸值为 0.2232mg/g，贮藏 50d 后，光照、避光分别为 0.296mg/g 和 0.412mg/g。贮藏过程中酸值持续上升，光照情况下上升速度明显高于避光。光照试验中，贮藏 0~10d 期间，过氧化值均有明显下降；10~50d 避光组过氧化值基本不变还略有下降。光照组在 10~40d 期间过氧化值缓慢向上，后迅速增长，两组差异极显著。

综上所述，核桃含水率、破碎程度、贮藏温度、充气情况、光照情况均为影响核桃理化特性的栅栏因子。其中破碎程度、贮藏温度及光照情况在短时期内对核桃酸值、过氧化值影响较大；而充气情况、含水率因素在长期贮藏中的影响会较为明显。

第二节　栅栏技术在果蔬加工中的应用

一、栅栏技术在苹果果脯加工保藏中的应用

苹果营养丰富，产量居水果之首，但其加工产品仅占鲜果的20%。其中，苹果果脯由于保藏困难，更是在市场上少见。李云捷等（2011）探讨栅栏技术在苹果果脯加工保藏中的应用，通过对鼓风干燥温度、pH、A_W、防腐剂和包装共5个栅栏因子进行优化，确定了苹果果脯保藏的最佳栅栏条件，旨在为苹果果脯的加工保藏提供借鉴。

（一）单因素试验研究结果

1. 温度的影响

高温长时间处理易造成产品软烂或碎片，且美拉德反应和焦糖化程度加剧，使成品色泽加深。试验通过研究苹果果脯在鼓风干燥箱中干燥的温度，发现当真空鼓风干燥箱中干燥的温度升至65~75℃时，霉菌和酵母菌生长受到明显抑制，且产品颜色保持较好；当干燥温度超过80℃，反而不利于果脯内部水分的排出，且表面干燥速度过快，产品品相较差。

2. A_W值的影响

苹果果脯A_W值在0.65~0.70时，整个贮存期内霉菌和酵母菌的菌落数量增加趋势缓慢；A_W值在0.75~0.85时，随着贮存时间延长，霉菌和酵母菌菌落数量显著增加，且贮藏90d后霉菌菌落高达210个/g，已远超过国家卫生指标。表明水分活度越大，霉菌和酵母菌的活性就越大，增长的趋势就越快，苹果果脯的保藏性就越低，A_W值为0.65时是试验范围内的最佳因子。

3. pH的影响

降低pH不会对苹果果脯口感产生不良影响，但对苹果果脯中的霉菌和酵母菌影响较大。苹果果脯中酵母菌和霉菌的最适pH为5.0~6.0。在pH低于4.5的酸性食品中存在的微生物一般都不耐热，易被杀死，一些热敏性成分在低pH条件下不易被破坏，适当的酸味还可赋予苹果果脯良好的风味。试验通过加入柠檬酸来调节苹果果脯的pH。结果显示pH在5.5~6.5范围内苹果果脯中的霉菌和酵母菌生长迅速，产生的霉菌和酵母菌都已超出了苹果果脯耐贮的范围，因此苹果果脯在该范围内的保存期很短。而苹果果脯pH在3.5~4.5时霉菌和酵母菌生长受到抑制，特别是pH在3.5时受到的抑制最强。因此，pH控制在3.5时，苹果果脯的保藏性最好。

4. 微生物的影响

苹果果脯上生长繁殖的微生物主要是酵母菌和霉菌，苯甲酸钠在酸性环境下对霉菌和酵母菌有较好的抑制作用。在pH=3.0时苯甲酸钠的防腐效果最佳，是pH=7.0时的5~10倍。实验结果添加少量苯甲酸钠可大大延长苹果果脯的保藏期，而苯甲酸钠的添加量可远低于市售产品的添加量（1~2g/kg）。

5. 包装的影响

苹果果脯水分活度较低，而易吸潮和长霉是主要问题。采用阻隔性高的塑料袋密封包装或抽真空密封包装可有效防止成品吸潮和长霉，包装材料最好不透光。将 A_W、pH、温度、添加剂 4 个栅栏因子经过组合后再与包装结合，对于果脯保藏是一个很大的提升。在普通包装下，霉菌和酵母菌呈不断上升的趋势；而在真空包装下，霉菌和酵母菌的生长受到抑制，说明真空包装有利于苹果果脯的保藏，延长保质期。

（二）正交试验及验证实验结果

根据单因素试验结果，得到各栅栏因子的最佳条件，进一步的正交试验显示，干燥温度是影响苹果果脯保藏性的最主要因素。最佳栅栏因子组合：干燥温度为 75℃、干燥至 A_W = 0.65、pH=3.5，苹果果脯的保藏性能最佳。按照最佳栅栏组进行验证实验，检测产品的霉菌和酵母菌菌落总数为 75 个/g，颜色金黄，有苹果原有的味道，外表光滑，嚼劲较好，感官评分为 9.5 分，综合各项指标均最好。进一步的栅栏组合为苯甲酸钠添加量 0.3g/kg，真空包装。在 5 个栅栏因子的协同作用下，苹果果脯可在常温下保藏 90d，除其颜色有微小褐变外，口感质地风味等品质都较好。另外，由于 A_W值为 0.65 时，水分含量已较低，虽保藏性能较好，但咀嚼性较高 A_W条件更差，对此有待进一步改进。

二、　栅栏技术在软包装榨菜中的应用

榨菜是我国的主要腌渍蔬菜和世界三大酱腌菜之一，四川和浙江是其主要生产地，并已经成为当地农业的经济支柱之一。但是软包装榨菜，尤其是低盐软包装榨菜在贮藏运输及销售过程中易因微生物引起的腐败变质产生“胀袋”现象。为了防止腐败菌的生长与繁殖，一些生产企业使用过量的苯甲酸钠，这严重影响了软包装榨菜行业的信誉与销售。为此，蒋家新等（2003）在对软包装榨菜腐败菌进行了分离与纯化的基础上，将栅栏技术应用到软包装榨菜的防腐保鲜上，以期为软包装榨菜的生产加工提供指导。

（一）单因子栅栏对微生物生长繁殖的影响

任何微生物生长繁殖都需一定的 pH 条件，过高或过低的 pH 环境都会抑制微生物的生长。本研究表明，低 pH 可抑制引起软包装榨菜“胀袋”的短杆菌、链球菌和酵母。盐可以用来控制微生物生长繁殖，但不同的微生物所能忍耐的最高盐分的量不一样。在以前，生产榨菜时常用大量的盐分来抑制微生物腐败，但随着人们生活水平的提高和生活习惯的改变，低盐化是腌制榨菜发展趋势。本实验表明，一定浓度的盐可以抑制引起软包装榨菜“胀袋”的三种微生物，有效抑制微生物的食盐浓度：短杆菌在 5.0% 以上，链球菌在 5.5% 以上，酵母在 3.0% 以上。

（二）栅栏因子交互作用对微生物生长繁殖的影响

防腐剂、pH 和 NaCl 浓度 3 个栅栏因子交互作用对所分离得到的 3 种微生物的影响，pH 是对微生物影响最大的因子，当 pH=5.5 以下时，无论盐的浓度为 3% 还是 5%、有无防腐剂，此 3 种微生物均不能生长；当 pH=6.0 时，再联合添加 0.05% 苯甲酸钠和 5% 食盐也可控制此 3 种微生物的生长，此时若降低盐的浓度至 4%，则短杆菌受到抑制而链球菌和酵母可以生长；当 pH=6.0、盐浓度为 3% 时，此 3 种微生物均生长良好。因此，适当控制 3 种栅栏因子的强度，可以达到控制引起软包装榨菜“胀袋”的微生物活动的目的。此外，我

们实验中也发现，原料榨菜的 pH 在 6.0 左右，若 pH 降低至 5.0~5.5 也并无过酸的感觉，因此适当增加酸度在实际应用中也是可行的。

三、 栅栏技术在低糖脆梅加工中的应用

低糖脆梅是青梅加工品中较为特别的一种产品，它以八成熟青梅加工制得，较好地保持了梅果原有的果形、色泽与质地，口感酸甜清脆。低糖脆梅由于含糖量只有 17% 左右，传统的脆梅加工单纯依靠在糖渍过程中大量添加防腐剂的方法来抑菌以及保存成品，而在渗糖前后都没有采取其他微生物控制措施，因此产品存在保质期短，防腐剂超标等问题。汪艳群等（2007）探讨将栅栏技术应用于脆梅加工中，为延长脆梅保质期提供借鉴。

（一）微波处理时间与产品特性

在 650W 下，10 组 200g 左右的梅果，均在处理 155s 后炸核。因此，650W 微波处理的基线时间应是 150s，以避免在处理过程中出现炸核现象。脆梅的硬度随着微波处理时间的延长逐渐下降，在前 75s 下降较为缓慢，处理 75s 后梅果仍较为清脆；梅果近核部位果肉稀软，出现离核现象。

采用 650W 微波对梅果处理，结果显示：随着微波时间的不断延长，菌种数不断降低。这说明微生物不断被杀灭，通过方差分析发现，微波处理时间对杀菌效果有显著影响，但处理 75s 后，菌落数仍为 1×10^4CFU/g，即在保持梅果硬度的前提下，单凭微波处理不能达到食品卫生指标（菌落总数≤1000 个/g，霉菌≤50 个/g）。

（二）单一或组合栅栏与产品特性

1. 单一栅栏因子对脆梅产品微生物的影响

按照上述方法，进行处理后结果分析，各个栅栏因子对降低菌落总数均有一定的效果，其中，以微波 650W、75s 效果最好，其次是添加防腐剂山梨酸钾，最差是渗糖前进行短时 ClO_2浸泡处理。但是单一的栅栏因子的使用都不能达到菌落总数 1000 个/g、霉菌 50 个/g 的要求。

2. 组合栅栏对脆梅产品微生物的影响

栅栏因子组合运用可以更有效降低菌落对数，但若只是两两组合运用，皆不能达到卫生要求，但当 3 个栅栏因子组合在一起，即脱硫结束后现将梅果用 40mg/L ClO_2溶液浸泡 10min，再渗糖，渗糖过程中加入防腐剂山梨酸钾，避免糖渍过程中发生发酵，糖渍结束包装好后进行 650W 微波，75s 杀菌处理，从渗糖前、渗糖中、渗糖后 3 个时期对微生物进行控制，就能达到很好的抑菌效果，菌落总数≤10 个/g，霉菌与酵母菌总数≤10 个/g。

（三）栅栏技术参数的确定

ClO_2浓度、ClO_2浸泡时间、山梨酸钾的添加量以及微波处理时间对微生物的杀灭、抑制效果均有显著影响。其中，微波处理时间是最主要的影响因素，其次是 ClO_2浓度，再次是防腐剂山梨酸钾的添加量，最后是 ClO_2浸泡时间。最优组合应是糖渍前 60mg/mL ClO_2浸泡 15min，糖渍时添加 0.65g/kg 山梨酸钾，糖渍包装后 650W 微波处理 75s。考虑到成本，由于山梨酸钾较 ClO_2便宜，所以最后选择的栅栏因子组合及其参数：脱硫后渗糖前用 40mg/L ClO_2浸 10min，渗糖时在糖液中添加 0.65g/kg 山梨酸钾，糖渍包装后用 650W 微波

处理75s。

四、 栅栏技术在软包装低盐化盐渍菜生产中的应用

盐渍蔬菜食用方便，口感鲜美，历来是人们餐桌上的佐餐小菜。近年来，随着人们生活水平的提高，低盐化、方便化小包装的发展趋势，有的甚至成为出口创汇产品。但是软包装盐渍蔬菜，尤其是低盐化软包装盐渍菜在贮藏运输及销售过程中易因微生物的腐败变质产生“涨袋”等质量问题，严重制约了盐渍蔬菜的行业的发展。为此，张长贵等（2006）对栅栏技术在低盐盐渍蔬菜防腐保鲜的应用进行了探讨，以期为软包装低盐盐渍蔬菜的生产加工提供参考。

（一）A_W的控制

每种微生物都有最低生长 A_W，当 A_W 值低于 0.60 时，大多微生物均无法生长。因此，将低盐盐渍蔬菜的水分活度降低到一定程度可有效抑制微生物生长。但水分过低会影响盐渍蔬菜的口感和脆度。在实际生产中，只能是在不影响口感和脆度的基础上尽量降低水分含量。另外，在调味的过程中，可以适当添加水分活性剂，如食盐、蔗糖、有机酸、乙醇等辅料来降低 A_W；同时还需要配合其他栅栏因子使用。

（二）pH 的控制

大多数细菌的最适 pH 为 6.5~7.5，放线菌最适 pH 为 7.5~8.0，酵母菌和霉菌最适 pH 为 5.0~6.0。在 pH 低于 4.5 的酸性食品中存在的微生物一般都不耐热，易被杀死，一些热敏性成分在低 pH 的条件下不易被破坏，适当的酸味还可赋予盐渍蔬菜良好的风味。低盐盐渍蔬菜属微发酵制品，一般在生产加工时需直接添加酸，如乳酸、柠檬酸等有机酸，将其 pH 控制在 4.0~4.5，这样既赋予了产品适口的酸味，又可抑制微生物的生长繁殖，同时还可降低热杀菌的温度和缩短热杀菌的时间，避免了产品因过度受热而软烂，影响其风味和质地。

（三）NaCl 的控制

一般微生物的耐盐力较差，但也有些有害微生物的耐盐力较强，如酵母和霉菌，在 20%~25% 的食盐浓度下才受到抑制。在盐渍蔬菜生产加工时一般将其 NaCl 控制在 3.0%~3.5%，但是此盐度对微生物的抑制能力较弱的低盐盐渍蔬菜是不利的。因此在低盐化盐渍蔬菜的保藏中，还需要其他栅栏因子的配合使用。

（四）防腐剂的添加

在低盐化盐渍菜中使用最多的是苯甲酸、山梨酸及其盐类等。在食品保藏上使用的这些防腐剂，有些只能对特定的菌种起到抑制作用，有些则受到 pH 的影响，在应用上受到限制，因此可以使用两种或两种以上的防腐剂组成复合防腐剂来解决，且复合防腐剂具有良好的协同效应。在低盐化盐渍蔬菜的加工中，常将苯甲酸钠和山梨酸钾复配使用，但其添加量必须符合国家卫生标准规定：在低盐酱菜中允许最大添加量为 0.5‰。根据此标准，在低盐化盐渍蔬菜中一般防腐剂总量按 0.2‰~0.3‰添加即可，若产品初始带菌量少、加工操作规范，添加量则更低，甚至不添加。

（五）Eh 的控制

在低盐化盐渍蔬菜的加工过程中，常发生一个问题就是褐变。这与盐渍蔬菜处于一个氧

化还原电位较高的环境有关。氧化还原电位的高低取决于其组成成分，还原性物质如维生素C等可以降低氧化还原电位，氧气和某些金属离子如三价铁则会使氧化还原电位增加。在生产加工时添加抗氧化剂如抗坏血酸、异抗坏血酸等可显著降低其Eh，也可添加柠檬酸、乙二胺四乙酸二钠等螯合剂来螯合三价铁等一些金属离子，同时加工中要使用不锈钢的工器具，这些方法都可以降低Eh。另外，真空包装可以减少氧气的含量，降低氧化反应速度并抑制微生物的生长繁殖。真空包装可以有效地减少低盐化盐渍蔬菜生物褐变。另外，使用的包装材料最好不透光，避免出现产品的色泽和营养成分在光线照射加速劣变。

(六) 热力杀菌

低盐化盐渍蔬菜加工主要采用巴氏杀菌，一般采用80~85℃杀菌温度，杀菌时间8~12min。这样既保证了产品具有脆嫩的质地和良好的色泽，同时也避免了产品因高温处理产生蒸煮味。加热杀菌虽然是保藏的有效措施，但任何形式的加热都会使产品的营养、色泽、风味和质地受到一定程度的破坏，所以在达到杀菌工艺时，要尽量减轻因加热杀菌对盐渍蔬菜品质的破坏。因此杀菌温度不能太高，当加热到85℃以上时，就会有损于产品的脆度。同时，盐渍蔬菜制品杀菌处理后需采用流水快速冷却到室温以防止过度受热，这对保证产品的色、香、味及脆度都大有好处。另外，初始带菌量是影响产品保存时间长短的重要条件，并对加热杀菌、添加防腐剂等处理效果的影响效果很大。因此要选择染菌少的优质原料、做好原料清洗，在加工过程中，尽量减少产品的最初污染菌数，以便缩短加热时间、控制温度。

(七) 低温贮运

低温主要在产品的贮藏、运输、销售阶段，一般要求产品最好处于低温、阴凉状态，以减少细菌的生长、减少营养成分的损失和色泽的变化，以延长货品的保质期。

(八) 栅栏因子的组合效应

在低盐化盐渍蔬菜实际加工生产过程中，仅仅采用以上任意单一的栅栏因子无法使产品达到较长的保存时间，必须通过同时控制温度、pH、A_W、气体成分、Eh、防腐剂、包装等保质栅栏因子，充分利用他们产生的交互作用来控制低盐化盐渍蔬菜在贮藏过程中的腐败变质，从而达到延长产品保质期的目的。保证低盐化盐渍蔬菜的质量稳定，即在生产过程中加强卫生管理，尽量减少杂菌的污染，以减轻杀菌的强度；选择合适的杀菌温度和杀菌时间，既要达到杀菌效果，减少带菌量，又要保持低盐化盐渍蔬菜原有的风味和品质；同时使用严格的包装材料采用真空包装。综上所述，将栅栏技术应用于低盐化盐渍蔬菜的实际生产是可行的，既可避免过去单靠大剂量使用防腐剂来保藏该产品的弊端，又可大大降低热力杀菌强度，使得低盐化盐渍蔬菜具较长的保质期和良好的品质。

五、 栅栏技术在蔬菜罐头生产中的应用

目前蔬菜罐头的主要品种有高温杀菌类和酸化类产品。高温类由于需杀死罐内的致病菌及抑制非致病菌，常采用115~121℃的高温高压处理，蔬菜经这种强度的杀菌后，组织变得软烂，可接受性差；酸化类产品一般采用醋酸调节蔬菜的pH至4.5以下，这类产品一般可用100℃沸水杀菌，产品的组织感得到保存，但过度的酸化使蔬菜带有明显的酸味，失去了原有的风味。余坚勇等（2002）探讨应用栅栏技术，研究一种既能保持产品脆度，又

有较好口感的蔬菜罐头杀菌新工艺。以热力杀菌、酸化、防腐剂分别作为栅栏因子，每种因子只用中等强度，以有效地解决因高温杀菌造成的组织软烂和过度酸化造成的品质下降，产品也能达到商业无菌的要求。

（一）杀菌条件研究

选用豆芽作试验，设置不同的温度、时间、pH 和防腐剂因子。试验发现 100℃、10min，以及 pH=0.25 时达不到商业无菌要求，说明在酸化不足的情况下，热力杀菌不能太低。115℃、15min 所用高温杀菌，样品组织已非常软烂，接收性很差，也难以剔除。进一步的研究可见，酸化因子和热力杀菌因子对产品的感官品质影响作用最大，防腐剂因子作用最小，从位级之和得出热力杀菌为 100℃、15min，酸化至 pH 为 0.3 左右，防腐剂可用 0.1‰~0.2‰。

（二）工业化可行性研究

研究发现，罐头初始微生物的菌数越多，杀菌所需的温度越高，时间越长，如肉毒梭菌为 1.6×10^9 CFU/mL 时，100℃杀菌 120~125min，而含量为 1.6×10^9 CFU/mL 时，只需 45~50min。为此模拟工业化生产中的微生物变化情况，清洗、热烫能大大降低原料的污染程度，产品流程的快慢、产品积压情况也对杀菌效果有较大影响。经不同阶段产品装罐杀菌的商业无菌检验结果分析，若能将蔬菜原料的原料细菌总数控制在 10000 个/g 的水平，那么用该工艺在工业化生产中的安全性是有保障的。在蔬菜罐头的工厂中对微生物的污染进行了分析，在封罐后杀菌前细菌总数一般为 200~300 个/g，离 10000 个/g 的安全水平相差很远，因此，该工艺工业化生产是安全的。

（三）防腐因子研究

该工艺的一个很重要的因子是防腐因子。所用的防腐剂是一种天然食品防腐剂，能有效抑制许多引起食品腐败的革兰阳性菌，而这类菌是耐热性比较强的一类菌类，需较强的热杀菌强度才能杀死。由于该防腐剂是一种蛋白多肽，会在热力杀菌及贮存中发生降解，失去活性。因此，对其降解的分析研究对保障该工艺的可靠性就显得非常重要。从防腐剂的降解曲线可以看出，产品在贮存 2 年后，有效浓度仍能达到 40UI/g，而贮存 30 个月达到 30UI/g。根据研究试验发现，该防腐剂在 30UI/g 时就能对革兰阳性菌发挥抑制作用。因此，该防腐剂在 2 年的贮存期内是有效的。为保证产品更加安全的效果，在正式生产中建议将用量控制在 200mg/kg，以提高产品的安全性。

（四）感官特性分析

为评价新工艺的效果，以新工艺和原工艺分别试制了莴笋和豆芽样品，进行了产品脆性和食品感官分析。试验结果显示，新工艺莴笋的硬度是原工艺的 10.1 倍，豆芽为 2.8 倍；新工艺莴笋弹性模量是原工艺的 23 倍，豆芽为 3.76 倍，说明新工艺在产品脆性方面比原工艺有很大提高。按《军用食品感官评价方法》比较新工艺产品与高温杀菌产品和酸化产品在感官方面的差异，分别选取评价员 $s=7$，样品 $r=3$ 进行感官评价。经试验分析，计算结果：莴笋 $F_{样}=7.977$，按样品自由度 2 为分子自由度，误差自由度 12 为分母自由度，查 F 分布表，F_{12}^{2}（0.05）= 3.855，说明新工艺莴笋在 5% 的显著性水平上比原工艺存在差异；豆芽 $F_{样}=5.86>F_{12}^{2}$（0.05）= 3.855，说明新工艺豆芽在 5% 的显著性水平上与原工艺存在差异。

将栅栏技术原理应用于蔬菜罐头，通过杀菌工艺研究、工业化生产可行性研究及生物抑菌剂降解试验等方面的研究，大大降低了热杀菌强度和酸化强度，试制成功了一种新的蔬菜罐头生产工艺，新产品在脆度、感官接受性等方面均取得了较大突破，具有很好的市场前景。

六、ε-聚赖氨酸、壳聚糖和温度栅栏对金针菇液汁微生物特性的影响

金针菇是主要的商业蘑菇之一，含有高水平的氨基酸、维生素和微量元素，由于其较高的营养价值和药用价值，市场上对其需求量很大。液体培养在蘑菇栽培中的应用不断扩大，它通常是在控制良好的生物反应器中通过深层培养实现。与固态发酵相比，具有占地面积小、生产周期短和污染机会小等优势。栅栏技术是一种有效且温和的食品保存方法，它提倡将现有的和新型的保存技术有机结合，以建立一系列微生物无法逾越的保存因子（栅栏）。为了获得可靠、高质量的金针菇液体菌种，魏奇等（2021）选择天然无毒生物高聚物ε-聚赖氨酸（ε-PL）和壳聚糖作为抗菌剂进行研究，为制备可靠、高质量的蘑菇或其他蘑菇液体菌种提供指导。

（一）温度、ε-聚赖氨酸和壳聚糖和对菌丝体的影响

在20~35℃的温度下培养4d，25℃时获得最大生长率，高于或低于此温度时的生物量菌减少。通过在接种时在培养物中添加抗菌剂，25℃培养4d后，当受试抗菌剂的补充水平低于0.15mg/mL时，菌丝不受其影响。ε-聚赖氨酸增加至0.2mg/mL会导致轻微的生长抑制，但当浓度增加到0.25mg/mL时，其抑制作用变得明显；增加到0.3mg/mL时，壳聚糖对假丝酵母菌表现出强烈的抑制作用。ε-聚赖氨酸和壳聚糖以不同比例混合，同时保持总浓度为0.35g/L恒定，在第4天不同配比之间菌丝生长几乎没有差异，组合没有显现增强抑制活性。在复合物（ε-聚赖氨酸/壳聚糖质量比为1∶1）的浓度增加至0.30mg/mL之前，真菌生长未受影响，0.35mg/mL时出现部分抑制，在0.40mg/mL时几乎或完全受到抑制。

（二）ε-聚赖氨酸或壳聚糖对培养菌丝体中大肠杆菌和枯草杆菌的影响

25℃持续4d，0.05mg/mL浓度的ε-聚赖氨酸或壳聚糖可延缓大肠杆菌生长，增加到0.1mg/mL时，抑制作用更加显著。在上述两种抗菌剂的试验浓度下，由于大肠杆菌大量生长，导致菌丝体的生长受到负面影响。在整个培养期间，两种抗菌剂在0.20mg/mL的浓度下均能完全抑制大肠杆菌的生长，因此菌丝体的生长正常。在培养后期，活菌数量减少。在大肠杆菌水平为10CFU/mL时，完全抑制大肠杆菌所需的ε-聚赖氨酸浓度为0.6mg/mL，而壳聚糖的浓度较低在0.3mg/mL的较低浓度就足够了。在两种浓度下，由于强烈的抑制作用，菌丝体生长速度降低。

以枯草芽孢杆菌作为指示菌株，其他实验条件与前文描述相同，在含有菌丝体的培养基中接种枯草杆菌，当单一ε-聚赖氨酸和壳聚糖达到0.15mg/mL时，可完全抑制细菌的生长。对于较高的细菌水平（10 CFU/mL），ε-聚赖氨酸实现这种抑制所需的浓度为0.30mg/mL，壳聚糖的浓度为0.20mg/mL，对枯草芽孢杆菌的抗菌活性强于ε-聚赖氨酸。在上述两种抗菌剂浓度下，除使用0.30mg/mL ε-聚赖氨酸外，绒毛膜假丝酵母生长正常。完全抑制枯草杆菌所需的抗菌剂浓度低于大肠杆菌。

（三）ε-聚赖氨酸/壳聚糖比对指示菌生长的影响

培养基中两种指示菌株的初始细菌密度设定为5 CFU/mL，混合物总量保持恒定为

0.25mg/mL，在25℃培养24h后测量细菌密度，两种抗菌剂之间的比率影响对受试细菌的抑制活性，并且针对两种指示细菌的抑制活性的变化趋势几乎相同，以响应不同的比率。当ε-聚赖氨酸与壳聚糖的比例在较窄范围内时，它们的联合使用会比单一抗菌剂产生更强的抑制作用，从而占复合物的50%~60%。

（四）模拟所选变量作为栅栏因子对大肠杆菌抑制的影响

对于所有实验运行，大肠杆菌的初始水平为7.5 CFU/mL，培养期为4d，ε-聚赖氨酸和壳聚糖在所有试验中的总浓度（试验6中的最大浓度为0.30mg/mL）低于部分抑制浓度（0.35mg/mL）。通过对大肠杆菌抑制率数据进行建模，多元回归分析和方差分析结果表明该模型具有高度显著性。三维响应面分析显示，较高浓度的壳聚糖对大肠杆菌有较强的抑制作用，而ε-聚赖氨酸浓度的变化对细菌的影响较小。在任何测试ε-聚赖氨酸浓度下，较低的温度都不利于大肠杆菌的生长，并且在研究范围内，随着ε-聚赖氨酸浓度的增加，抑制率也缓慢增加。ε-聚赖氨酸对大肠杆菌的影响没有温度明显，并且培养温度和ε-聚赖氨酸之间没有发现明显的交互作用，同时使用较高浓度的壳聚糖和较低的温度可以有效抑制细菌。

（五）讨论

蘑菇栽培是一个复杂的多步骤过程，通常包括菌种准备、菌种接种到基质中、菌丝体繁殖以及子实体的诱导和生长。整个过程通常需要几个月才能获得果体产品，因此，即使在控制良好的环境条件下进行，该过程中被微生物污染的风险也相对较高。一旦菌丝体被污染物感染，会导致蘑菇产量和质量降低，甚至栽培失败。在本研究中，选择大肠杆菌和枯草杆菌作为指示菌株，ε-聚赖氨酸和壳聚糖为抗菌剂。使用响应曲面法（response surface method，RSM）对菌丝体液体培养进行建模，所建立的两个模型描述了ε-聚赖氨酸、壳聚糖、培养温度和细菌抑制率之间的关系，具有很高的可靠性，可用于预测液体菌种生产过程中的细菌生长。研究为控制细菌污染提供了一个有用的解决方案，从而为生产出可靠且高质量的蘑菇培养液体菌种提供参考。

七、栅栏技术在麻糬生产综合防腐中的应用

麻糬，又称为糯米糍、草饼，是一种用糯米粉熟化后作为皮而包馅的方便休闲食品，盛行于日本、中国台湾和闽南等地。麻糬生产技术难点：防腐（长霉、胀袋、发酸）、保软（老化、开裂、发硬、析水）、裹粉（产品粘袋）、馅料（柔软度、稳定性）。麻糬属于冷成型食品，在熟化之后很容易污染上周遭的微生物，且通常没有二次杀菌工序，在常温下贮运、保存、销售（低温易使产品过早老化），因此产品很容易在流通环节中、消费者食用前出现霉变等质量问题。吴浩等（2012）研究基于栅栏技术原理，从麻糬食品生产的工艺环节入手，分析造成产品长霉的主要原因和途径，并通过试验设计和因子组合，找到解决长霉问题的方法，从而延长产品保质期。

（一）麻糬产品长霉的主要原因探讨

分析麻糬产品长霉原因，包括在工艺高温蒸练中可能有活菌或芽孢残留，冷却过程中车间微生物沉降而污染产品，外裹的芝麻可能存在微生物，包馅、包装生产中可能有设备、工器具带来微生物的污染，以及生产人员在熟区手工操作接触食品也会有潜在的微生物污染

等。检测蒸练后麻糬皮、冷却后表面麻糬皮、包装后的产品（带馅）、贮存 7d 后产品（带馅）的菌落总数、水分含量、水分活度，外裹芝麻的菌落总数，以及各个生产车间进行沉降菌落总数。经过 0.12MPa 的蒸汽蒸 30min，产品中心大约 108℃以上，麻糬皮基本无菌，与此对应的，实际检测中三个稀释梯度均无菌落形成，但此后的产品却均有菌落检出。因此，可以推定高温蒸练可以杀死几乎所有的微生物，从而达到无菌，因此微生物来源于此后的操作工序污染，否定了“在工艺高温蒸练中可能有活菌或芽孢残留”的可能性。

工厂各车间的沉降菌落总数，除了冷却间相对较大（$P<0.01$），其余相差不大，但是根据 GB 15979—2002《一次性使用卫生用品卫生标准》要求，装配与包装车间空气中细菌菌落总数应<2500CFU/m^3，本研究中各组样本均满足这一要求。同时冷却后表面麻糬皮检出微生物菌落，可以认为在冷却过程中受到了车间空气中的微生物污染。冷却间的沉降菌落总数偏大，表明很可能冷却中物料水分蒸发车间空气偏湿、温度偏高，相对其他车间，给微生物较好的生长环境。

外裹芝麻检出有菌落，说明这个也应列为产品污染源，这与生产一线员工的判断一致；在冷却之后的包馅、裹芝麻、包装等工序是机器、工人、传送带配合的流水线操作，时间很短，微生物增殖不快，但发现包装后的带馅产品的微生物菌落明显增多，说明包馅、裹芝麻、包装过程存在微生物污染。

实际生产上，麻糬的馅含水量在 26%左右，A_W 值在 0.78~0.79，所以表中带馅的成品麻糬水分含量和活度都略有下降。注意到麻糬皮的 A_W 值在 0.90 左右，如果没有其他栅栏因子限制（如防腐剂、真空包装等），不少细菌和大部分霉菌在此时都可以很好的快速繁殖，所以产品在贮存一周后微生物就很快接近 GB 7099—2015《食品安全国家标准　糕点、面包》规定中冷加工糕点菌落总数 10000 CFU/g 的上限了。

（二）麻糬皮的水分活度 A_W 的控制

根据栅栏技术原理，A_W 值低于 0.80 以下大多数霉菌停止生长，A_W 值低于 0.91 时大部分细菌停止生长，并将 A_W 列为首个栅栏技术因子。所以在不影响产品口感的条件下，有意识地将降低麻糬皮的水分含量和 A_W，当水分含量在 26%~27%，A_W 值保持在 0.82~0.83，这时产品相对于原先 A_W 值为 0.90 安全得多，实验表明，麻糬表面长霉出现时间大大延迟。若 A_W 值低于 0.8~0.82，麻糬皮口感较干硬，风味变劣。

（三）麻糬皮防腐配方正交试验统计学分析

加入必要的安全的防腐剂是产品第二项栅栏技术保鲜因子。正交试验具体设计处理不考虑交互因素。考虑到微生物的生长规律，其菌落总数应该用几何平均数来统计，而 SPSS（一款常用统计学软件）单变量的多因素方差分析处理的平均数是算术平均数，故将其转化成菌落总数的对数之后，作为分析的变量，这样处理更科学、客观、有效。

结果显示，影响麻糬皮防腐效应（即菌落总数增长）的因素依次是山梨酸钾>脱氢乙酸钠>双乙酸钠。其中山梨酸钾的浓度对麻糬皮的菌落总数增长有显著的抑制作用（$P<0.05$），而脱氢乙酸钠浓度和双乙酸钠浓度的效应均不明显（$P>0.05$），甚至双乙酸钠的均方接近于误差的均方，说明它对菌落总数的抑制作用贡献最小。而实际上，双乙酸钠在糕点类的最大使用量为 4.0mg/kg，使用中会产生一股醋酸味，从而影响产品的感官。通过验证试验，按山梨酸钾 0.6mg/kg、脱氢乙酸钠 0.2mg/kg、不加双乙酸钠的菌落总数均在 30CFU/g 左右，所以最后选择这一防腐配方组合。

（四）外裹芝麻的烘烤处理结果

芝麻烘烤的无菌化处理是麻糬防腐保鲜的第三项栅栏技术因子。通过设计，对比各个处理的菌落总数、感官情况和综合成本，综合比较选择白芝麻 0.02MPa 水蒸气蒸 30min、后用 150℃烘烤 45min，产品效果较好。这样就放弃原先直接烘烤 45min 的处理。通过试验，发现直接烘烤不能把微生物全部杀死，类似于干热灭菌温度和时间要比湿热灭菌苛刻，所以加湿再热化处理，而且加湿处理能有效保护芝麻过干，同时将时间控制在 45min，让芝麻散出香味又不至于色泽过黄或发焦。

（五）紫外线处理

将紫外线处理作为二次杀菌手段，作为麻糬延长保质期的又一项关键栅栏技术因子。经过包装将装包装盒的产品暂不密封，放在专门装有紫外灯灭菌的车间内进行二次冷杀菌，产品四周和上方各有数盏 30W 紫外灯照射麻糬表面，对比普通麻糬产品不照射、照射 15min、25min、35min、45min 残留的菌落总数，照射强度约 $4W/m^2$，照射距离在 1.4m 之内（实际生产在 0.2~1.4m 不等）。实验结果表明，在照射强度约 $4W/m^2$下，麻糬表面微生物菌落大约每 15min 衰减 60%，照射 45min 衰减了约 95%，菌落总数可以满足产品卫生要求；照射 45min，卫生程度虽优于照射 35min，但空间产生臭氧会影响麻糬风味，而且长时间紫外线照射可以反复诱变微生物，造成紫外线抗性。因此在生产上，选择照射 35min。

本研究确定麻糬长霉的主要来源于生产中空气的微生物沉降和外裹芝麻带入的微生物。采取一系列措施，降低麻糬皮的 A_W 值至 0.83，用山梨酸钾 0.6mg/kg、脱氢乙酸钠 0.2mg/kg 的组合防腐剂配方，芝麻用 0.02MPa 水蒸气蒸 30min 经 150℃烘烤 45min 以及经强度为过 $4W/m^2$的紫外线照射 35min，发现麻糬产品在室温下 2 周保存完好，经过 60d 未见长霉，有效延长了产品保质期，为生产厂家解决了产品质量问题。

八、栅栏技术在低糖番石榴果脯防腐中的应用

传统果脯含糖量高达 60%~70%，冠心病、糖尿病、肥胖症等患者不能食用。近年来，已开发出很多种类的低糖果脯。由于低糖果脯渗透压降低，不能有效抑制微生物，因此生产过程中需要加入防腐剂，以延长其保质期。监测表明，果脯质量问题主要体现在食品安全卫生质量上，包括微生物超标和防腐剂滥用。因此寻找一种安全有效的低糖果脯保鲜方法十分必要。郭欣（2019）以低糖番石榴果脯为载体，选择柠檬酸添加量、琼脂添加量、微波灭菌功率、微波灭菌时间作为栅栏因子，组成栅栏减菌体系来抑制低糖番石榴果脯保质期内微生物的生长，最终确定了低糖番石榴果脯加工的最佳工艺条件，实现提高产品品质的目的。

（一）各栅栏因子对低糖番石榴果脯防腐效果的影响

1. pH

pH 是果蔬加工过程中最常用的栅栏因子之一，保护热敏性成分（例如抗坏血酸、花青素等）不被破坏，适当的酸味还可赋予果脯良好的风味。选用柠檬酸作为酸度调节剂，随着其添加量逐渐增大，果脯菌落总数呈下降趋势，感官评分则逐渐上升。当柠檬酸添加量为 1.5%~2.5%时，菌落总数最少，此时果脯 pH 在 3.2~4.4，有利于后续贮藏。柠檬酸添加量超过 2.5%时，果脯酸度较大，感官品质不佳。因此，柠檬酸添加量最适合的范围为

1.5%~2.5%。

2. 琼脂添加

食品中微生物生长变化与食品A_W密切相关。由于低糖果脯渗透压较低，虽然大多数微生物活动被抑制，但难以完全抑制耐渗透能力较强的霉菌和酵母菌。因此，低糖果脯必须更严格地控制A_W。琼脂是一种常用的A_W降低剂，通过在食品中外加极性基团，降低微生物可利用的自由水比例，从而降低其A_W。本实验结果表明，随着琼脂添加量浓度的增大，果脯菌落总数逐渐降低，而感官评分则呈现先上升后下降的趋势。当琼脂添加量超过1%时，果脯菌落总数下降不明显，并且增加了糖液黏度，影响果脯制作和口感。因此，琼脂添加量最适合的范围为0.6%~1.0%。

3. 微波灭菌

造成果脯蜜饯菌落总数超标的直接原因是耐热芽孢杆菌污染，因此仅仅通过添加柠檬酸和降低琼脂pH和A_W这两道栅栏不能够完全控制低糖番石榴果脯微生物的生长，需配合灭菌技术一起使用。实验显示，随着微波灭菌功率的增大，相同时间内，果脯菌落总数不断降低，说明微波功率的增加对于灭菌有很好的作用。但当功率超过900W时会出现果肉焦化的现象，不利于成品感官品质。因此微波功率选择700W、800W、900W这三个功率较为合适。对低糖番石榴果脯防腐效果的影响实验，果脯菌落总数随着微波时间的延长不断降低，杀菌效果明显。微波时间在100s、110s、120s时灭菌效果较好，此时果脯感官评分也较高。

（二）正交试验结果

选择柠檬酸添加量、琼脂添加量、微波灭菌功率和微波灭菌时间作为栅栏因子进行分析可知，低糖番石榴果脯加工的最佳工艺参数为在糖液中添加2.0%柠檬酸和0.8%琼脂，渗糖完成后使用功率为900W的微波进行灭菌处理100s，最终成品菌落总数318CFU/g，感官评分89分。微波功率对菌落总数的影响最大，其次是微波时间和柠檬酸添加量，影响最小的是琼脂添加量。结果表明，选择柠檬酸添加量、琼脂添加量、微波灭菌功率、微波灭菌时间作为低糖番石榴果脯生产过程中的栅栏因子，通过单因素试验及正交试验，最终得到低糖番石榴果脯加工的最佳工艺参数为柠檬酸添加量2.0%、琼脂添加量0.8%、微波功率900W、微波时间100s。该条件下生产出来的低糖番石榴果脯菌落总数为318CFU/g、感官评分89分，可以说该条件不仅抑制了贮藏期间微生物的生长，而且还保证了果脯的感官品质。

九、栅栏技术在发酵辣椒保藏中的应用

发酵辣椒是一种颇具特色的调味品，既保留了鲜辣椒原有的色泽、脆度、辣味和形态，又具有发酵制品特有的浓郁香气、风味。但如今发酵辣椒产业受到产品质量不稳定及后续保藏技术的限制，使用抽真空、热杀菌或添加防腐剂等某一种方法单独处理发酵辣椒时，虽然可以达到保藏的目的，但强度较大，会导致发酵辣椒特有的风味及口感变差。张二康等（2019）将栅栏技术应用到发酵辣椒的保藏中，通过控制食品保藏中的关键栅栏因子以及多因子的综合控制来解决发酵辣椒的保藏问题，同时保证其品质。

（一）单因子栅栏对发酵辣椒保藏性的影响

1. 真空度

随着真空度的增加，氧气含量不断减少，菌落总数逐渐下降，可见其具有一定的抑制作

用，因此在较高真空度条件下的包装有利于抑制样品中微生物的生长繁殖。当真空度≤0.06MPa时，产品发生严重的褐变，真空度为0.08MPa时发生轻微的褐变，当真空度≥0.09MPa时，没有发生褐变。发生褐变的原因是在较低的真空度条件下，由于环境中的氧化还原电位较高而使辣椒中的多酚类物质发生褐变，真空能减少包装袋中氧气含量而降低氧化还原电位以及减缓氧化反应的速度，从而可以有效的防止辣椒发生褐变。实验结果不同的真空度对辣椒的后发酵并没有达到有效的控制，使酸度从发酵熟成后的0.82%增加至1.2%。由于在0.09MPa和0.092MPa时不仅菌落总数相差不大，都在一个数量级，而且在感官评定上相差也不大，还缩短了包装所用的时间、提高了效率，故选择0.09MPa的真空度进行包装。

2. 脱氢乙酸钠添加

脱氢乙酸钠对产品的后发酵有一定的控制作用，随着添加量的增加，可以比较明显的抑制酵母菌、霉菌、细菌等微生物的继续发酵，但是仍不能完全有效地控制；随着脱氢乙酸钠添加量的增加，菌落总数呈下降的趋势，脱氢乙酸钠在一定程度上可以抑制微生物的生长繁殖。当脱氢乙酸钠的添加量大于0.02%后，抑菌效果、感官评分增加不明显，因此选择脱氢乙酸钠的添加量为0.02%。

3. 乳酸链球菌素添加

结合酸度和感官可以确认，乳酸链球菌素对后发酵有一定的抑制作用，随着添加量的增加，可以比较明显的抑制细菌等微生物的继续发酵，但是还不能完全有效的控制；随着乳酸链球菌素添加量的增加，菌落总数呈下降的趋势，乳酸链球菌素在一定程度上可以抑制微生物的生长和繁殖。当乳酸链球菌素的添加量大于0.015%后，抑菌效果、感官评分增加的不明显，因此选择乳酸链球菌素的添加量为0.015%。

4. 巴氏杀菌

相同杀菌时间下，80℃的菌落总数均小于70℃的菌落总数，可以看出杀菌温度越高、杀菌时间越长，产品菌落总数越低，杀菌效果越好。其中在70℃加热15min后，菌落总数都没有明显的下降趋势，当在80℃处理15min时，菌落总数下降趋势较大，杀菌效果明显。从酸度变化来看，在70℃和80℃条件下处理时，酸度随杀菌的时间延长逐渐降低，但在80℃处理时酸度降低较多，对后发酵有较好的抑制，但是由于高温和长时间的处理对辣椒的风味又有影响，导致80℃处理20min时其感官评分降低，因此在能控制微生物生长的同时，应尽量降低巴氏杀菌的温度并缩短处理时间。综合菌落总数、总酸度并结合感官，选择在80℃条件下处理15min。

（二）多个栅栏因子的交互作用对发酵辣椒保藏性的影响

实验结果，以菌落总数为评价指标时，最佳方案为脱氢乙酸钠添加量0.02%，乳酸链球菌素添加量0.02%，杀菌温度85℃，杀菌时间20min。影响菌落总数的主次因素：杀菌温度对菌落总数的影响最大，其次是杀菌时间和乳酸链球菌素，影响最小的是脱氢乙酸钠。其中杀菌温度影响极显著，处理时间影响显著，说明杀菌温度越高，处理时间越长，杀菌效果越好而其对微生物的影响远大于对产品感官的影响。因此既能抑制微生物生长和控制后发酵，又能保证产品的感官品质。经过该栅栏因子的组合处理后，不仅能抑制微生物的生长，且没有胀袋的发生，控制产品的继续发酵，而且能使产品保持较好的感官品质，最终将该组合作为发酵辣椒保藏的最优方案。

本研究确定出辣椒保藏的优化栅栏因子组合为添加 0.02% 脱氢乙酸钠和 0.02% 乳酸链球菌素，抽真空度为 0.09MPa，密封后，在 75℃ 的杀菌温度下处理 10min。在此优化条件下，菌落总数为 $1\times10^{2.30}$CFU/g，感官评分为 95 分，总酸度为 0.85%。经过该栅栏因子组合处理的产品不仅可以抑制保藏期间微生物的生长，控制产品的继续发酵，而且还有利于保证辣椒的感官品质。

第三节 栅栏技术在粮油、乳品等加工中的应用

一、栅栏技术在面包防腐中的应用

面包以其营养丰富、风味芳香、口感柔软、易消化吸收等特点，越来越深受消费者的喜爱。随着食品科技的发展，工业化长保质期面包技术已经成熟，但目前仍然存在易老化、易腐败变质等技术难题，影响工业化面包的质量。吕银德等（2016）运用栅栏技术，通过对面包的 A_W、复配防腐剂、复合充气包装三个栅栏因子进行研究，研究设置合理的栅栏因子，延长面包保质期，旨在为工业化面包的生产提供参考。

（一）各栅栏因子对面包品质的影响

1. 影响水分活度因子

甘油、山梨醇都具有很强的吸水性和保水性，在食品中具有降低 A_W 的作用，从而起到防腐作用。实验结果显示，添加甘油、山梨糖醇能延长面包贮存时间，这是因为甘油和山梨糖醇能够很好的和面包中的自由水作用形成结合水，减少了面包中自由水的含量，面包的 A_W 值降低为 0.846。随着甘油、山梨糖醇添加量的增大，使面粉吸水率的降低、面团稳定时间缩短、弱化度增加且面包口感发苦，感官品质明显下降。综合贮存时间和感官评分，选取甘油 1%、2%、3% 和山梨糖醇 2%、4%、6%，进一步进行验证。

2. 复配防腐剂因子

面包中最常用的防腐剂是丙酸钙和脱氢乙酸钠，丙酸钙的主要作用是可使微生物蛋白质变性，丙酸进入微生物细胞后抑制酶类活动，使酶变性而显示其防腐作用。脱氢乙酸钠具有抗细菌的能力，对腐败菌、霉菌和酵母均有一定的抑制作用，酸性强则抑菌效果好。使用单一防腐剂，防腐抑菌单一，复配防腐剂抑菌广，同时有增效作用。本实验复配脱氢乙酸钠和丙酸钙能有效地延迟面包的贮存时间，当脱氢乙酸钠与丙酸钙为 2∶3 时，面包贮存时间最长。随着防腐剂用量的增加，对酵母的抑制和自身带有的异味影响面包的品质，感官评分下降，所以选取 1∶1、1∶2、2∶3 三种配比进一步分析。

3. 气调包装因子

包装时充入不影响面包风味的氮气或二氧化碳以减少包装内氧气量，可以延长保质期。包装时充入氮气，可以排出内包装中的氧气，氮气对包膜的透气率要求高，如果包膜透气率高，随着贮存时间延长，氮气和外界氧气会互换，影响面包保存。二氧化碳与氧气互换比氮气小，按一定比例联用，可以起到互补作用。本实验中二氧化碳和氮气气调，能有效延长面

包的贮存时间，并且感官评分也相应提高，这是因为包装内没有氧气，面包氧化变质降低。当二氧化碳和氮气比例在 1∶2 时，面包的贮存时间和感官品质最佳。

（二）栅栏因子的正交试验

通过单因素试验，添加甘油、山梨糖醇控制面包水分活度，复配防腐剂和复配气调包装抑菌，延长保质期。选取甘油、山梨糖醇、复配防腐剂和复配充气包装 4 个因素进行正交试验，确定面包保存最佳栅栏条件。极差分析可知 4 个因素对面包保存时间影响大小顺序：复配防腐剂>气调比例>甘油>山梨糖醇。最佳工艺组合：甘油 2%、山梨糖醇 4%、脱氢乙酸钠与丙酸钙复配比例 2∶3、CO_2与 N_2的气调比例 1∶2。

（三）验证实验

按照最佳栅栏因子组合进行验证实验，实验结果随着贮存时间的延长，样品的菌落总数逐渐增大，感官评分逐渐减小。当贮存 62d 时，菌落总数 1600CFU/g（大于 1500CFU/g），霉菌 20CFU/g，感官评分 76.4，样品变质。通过甘油 2%、山梨糖醇 4%、脱氢乙酸钠与丙酸钙复配比例 2∶3，CO_2与 N_2的气调比例 1∶2 栅栏因子处理，面包最大贮存时间 61d，由此说明，该栅栏因子的组合有效延长了面包的保存期。

应用栅栏技术调节面包的 A_W（甘油和山梨糖醇）、复配防腐剂（脱氢乙酸钠与丙酸钙复配）和复合气调包装（二氧化碳与氮气复配）3 个栅栏因子进行研究，确定面包最佳栅栏条件：以甘油 2%、山梨糖醇 4% 做 A_W调节剂、脱氢乙酸钠与丙酸钙复配比例 2∶3，CO_2与 N_2的气调比例 1∶2。通过实验验证，在此条件下，面包贮存时间最长可达 61d。

二、 栅栏技术在花色生鲜面保鲜中的应用

我国面条种类多样，在人们不断追求新鲜、营养、安全、方便和美味食品的消费理念的推动下，品种多样的生鲜面也陆续出现。火龙果是产自热带的一种水果，其果皮也具有较高的利用价值，它含有丰富的蛋白质、碳水化合物、花青素和各种维生素与矿物质，以及有机酸、单宁等。以火龙果皮浆为辅料，生产出花色生鲜面，色泽漂亮、营养丰富。栅栏技术科学、合理地结合了多种技术，即通过各个栅栏因子的协同作用，将多种措施结合并建立一套完整的栅栏体系以达到最好的保鲜效果。游新侠等（2016）研究了影响比较大的栅栏因子（水分活度调节剂、防腐剂、酸度剂）的最佳调节剂选取和最佳配比。

（一）火龙果皮浆添加量的确定

以花色生鲜面的感官评定标准为依据，确定火龙果皮浆的添加量（以面粉质量计）。根据试验，添加量为 38% 时，虽然颜色鲜艳但水分含量多，成型的面条易粘连，导致感官评分偏低。添加量为 34% 时，颜色浅，成形面条干；添加量为 32% 时，面条不成形。由感官评定选取火龙果皮浆的最佳添加量为 36%。

（二）防腐剂的确定

1. 最佳单一防腐剂种类的确定

选取双乙酸钠、脱氢醋酸钠、山梨酸钾为单因素防腐剂，以不超过添加剂的最大添加量为标准，选取添加量为 0.07%（以面粉质量计），研究对花色生鲜面最有效的防腐剂。根据感官评分的减小值可知，双乙酸钠>脱氢醋酸钠>山梨酸钾；根据细菌菌落总数可知，脱氢

醋酸钠>山梨酸钾>双乙酸钠；根据酸度增加值可知，脱氢醋酸钠>双乙酸钠>山梨酸钾。感官评分变化的数值不大，并且由于个人嗜好不同，存在较大的偏差，故以酸度增加值和菌落总数为主要因素，选取脱氢醋酸钠为最佳防腐剂。

2. 防腐剂最佳添加量的确定

因脱氢醋酸钠在添加量为0.07%时已有良好的防腐效果，故在保证产品质量，遵循添加剂的添加量越少越好的原则下，选取脱氢醋酸钠的添加量为0.03%、0.04%、0.05%、0.06%、0.07%。实验结果表明，在遵循添加剂添加量越少越好的原则下，得出0.05%为脱氢醋酸钠在花色生鲜面中的最佳添加量。

（三）A_W调节剂的确定

1. 最佳单一A_W调节剂种类的确定

选择亲水性的木糖醇、海藻糖、山梨糖醇、麦芽糖、麦芽糖醇作为A_W调节剂，在其允许添加量内，以添加剂使用卫生标准中规定的最大使用量为最高添加量，每种调节剂的添加量都选择面粉质量的3%，对不同组进行编号后进行单因素试验，感官评分结果麦芽糖偏高，其次为山梨糖醇，而根据酸度增加值和细菌菌落总数均为山梨糖醇最佳。综合评比得出，山梨糖醇为最佳A_W调节剂。

2. 水分活度剂最佳添加量的确定

采用单因素试验，选取山梨糖醇的添加量（1%、1.5%、2%、2.5%、3%），以感官评分减少值、酸度增加值和细菌菌落总数为判别标准，实验结果在遵循添加剂添加量越少越好的原则下，山梨糖醇在花色生鲜面的最佳添加量为2.5%。

（四）D-抗坏血酸添加量的确定

采用单因素试验，选取D-抗坏血酸的添加量（0.01%、0.02%、0.03%、0.04%、0.05%）。实验结果表明，在遵循添加剂添加量越少越好的原则下，得出D-抗坏血酸在花色生鲜面的最佳添加量为0.02%。

（五）正交试验筛选

以花色生鲜面的酸度和微生物检测为评价指标，结合感官评价，综合选择脱氢醋酸钠（A）、山梨糖醇（B）、D-抗坏血酸（C）为正交试验的3个因素，通过L9（3^3）正交试验，在28℃条件下贮藏24h后观察其酸度、微生物及颜色变化，研究复配保鲜护色的最佳配比。正交试验及结果分析结果，复配栅栏因子感官评分的最优方案是0.05%脱氢醋酸钠、2%山梨糖醇、0.02%D-抗坏血酸。酸度增加值的最优方案是0.05%脱氢醋酸钠、3%山梨糖醇、0.02%D-抗坏血酸；菌落总数的最优方案是0.06%脱氢醋酸钠、2%山梨糖醇、0.02%D-抗坏血酸。

（六）验证实验

由正交试验以不同评分标准得出3种不同优化方案分别为0.05%脱氢醋酸钠、2%山梨糖醇、0.02%D-抗坏血酸，0.05%脱氢醋酸钠、3%山梨糖醇、0.02%D-抗坏血酸，0.06%脱氢醋酸钠、2%山梨糖醇、0.02%D-抗坏血酸。分别采用这3种方案的复配栅栏因子做验证实验，由感官评分减小值得出0.06%脱氢醋酸钠、2%山梨糖醇、0.02% D-抗坏血酸为最优方案，由酸度增加值得出0.05%脱氢醋酸钠、3%山梨糖醇、0.02%D-抗坏血酸为最优配方，由细菌菌落总数得出 0.05% 脱氢醋酸钠、3% 山梨糖醇、0.02% D-抗坏血酸为最优配方。因为在产品感官评分减小值相差不大，并且存在较大的主观误差，所以以酸度增加值和细菌菌落总数为判定标准，得出 0.05% 脱氢醋酸钠、3% 山梨糖醇、0.02% D-抗坏血酸为最优方案。

（七）包装方式的确定

以现有条件为基础，采用抽真空后包装和自然密封包装，采用阴阳两面包装袋包装。不添加任何添加剂加工的花色生鲜面在室温同一条件下每 12h 观察一次，并记录感官评分值。根据试验的感官评分得出，真空包装的阴面包装保存效果最好，但是真空包装挤压度比较大，造成面条严重变形，所以建议还是自然密封较好。因此，采用自然密封并且选用不透明的包装袋（即避光）保存为最佳。

（八）保质期的确定

通过以上单因素试验及正交试验，可得出复配栅栏因子的最佳配方及最佳使用量。在花色生鲜面中添加此配方，即 0.05% 脱氢醋酸钠、3% 山梨糖醇、0.02% D-抗坏血酸。在 4℃ 的条件下进行保藏，每天定时观察，以感官、酸度增加值和微生物为判别标准。如有色泽发生改变、发霉或有霉变气味，感官评分低于 75 分，酸度增加值超过 0.9mL（因初始酸度值为 3.1mL，酸度值大于 4.0mL 时视为酸度值超标），微生物指标超出规定范围的均视为保质期终点。

单因素试验结果表明：火龙果皮浆的最佳添加量为 36%，最终产品颜色鲜艳并且不粘连；最佳单一防腐剂为脱氢醋酸钠，最佳添加量为 0.05%；最佳单一水分活度剂为山梨糖醇，最佳添加量为 2.5%；D-抗坏血酸具有明显效果的添加量为 0.02%。通过正交试验，根据花色生鲜面在贮存过程中的感官评分、酸度变化和微生物生长情况，得到复配栅栏因子的最佳配方为 0.05% 脱氢醋酸钠、3% 山梨糖醇、0.02% D-抗坏血酸，在冷藏温度 4℃ 条件下生鲜面能保藏 13d，达到了预期的效果。

三、栅栏技术在苦荞鲜湿面保藏中的应用

荞麦为廖科荞麦属一年生草本植物，包含甜荞、苦荞、翅荞和米荞四种，其中苦荞最具营养保健价值。但是目前对苦荞的开发利用还比较有限，仅局限于苦荞籽粒及其黄酮化合物的开发利用。我国面条生产工艺多种多样，随着社会消费不断升级和转型，以及消费理念的更新和发展，生鲜面的品种不断推陈出新。苦荞鲜湿面原材料是苦荞，通过利用其鲜美的口感、丰富的营养来提升面条品质，但是在加工过程中，由于贮藏保鲜技术的缺失，很容易出现色泽、口感下降的问题。耿敬章（2019）研究了苦荞鲜湿面生产过程中山梨糖醇、柠檬酸、脱氢醋酸钠添加对苦荞鲜湿面的保鲜护色效果，以期对于苦荞鲜湿面的开发利用提供参考。

（一）不同脱氢醋酸钠添加量对苦荞鲜湿面的影响

选取 0.02%、0.04%、0.06%、0.08%、0.1% 和 0.12% 六个水平的脱氢醋酸钠添加量，设定其他各因素条件，在不同梯度的脱氢醋酸钠添加量下，观察苦荞鲜湿面保藏的效果。随着脱氢醋酸钠添加量的不断增加，菌落数量快速减少，这可以判断脱氢醋酸钠可以有效抑制苦荞鲜湿面微生物的繁殖和生长。但脱氢醋酸钠添加量过高，会降低苦荞鲜湿面的新鲜度和口感。因此，综合各方面的要求，可以确定脱氢醋酸钠添加量控制在 0.06% 左右。当脱氢醋

酸钠添加量为0.06%时，苦荞鲜湿面感官评分最高，菌落总数最低，苦荞鲜湿面保藏的效果较好。

（二）柠檬酸添加量对苦荞鲜湿面的影响

细菌在pH=7~8的环境下最宜繁殖生长，随着溶液酸性不断提高，细菌繁殖和生长速度受到限制，酸性环境对微生物生长有较强抑制作用。另外，pH的变化还会影响细菌的抗热性。综合考虑产品保鲜、口味以及成本等因素，选取0.03%、0.05%、0.07%、0.09%、0.11%和0.13%六个水平的柠檬酸添加量，设定其他各因素条件，在不同梯度的柠檬酸添加量下，观察苦荞鲜湿面保藏的效果。随着柠檬酸浓度的不断上升，苦荞鲜湿面综合口感逐渐下降。综合考虑抑菌效果，当柠檬酸添加量为0.09%时，苦荞鲜湿面感官评分最高，菌落总数最低，苦荞鲜湿面保藏的效果较好。

（三）山梨糖醇添加量对苦荞鲜湿面的影响

选取0.5%、1%、1.5%、2%、2.5%和3%共六个水平的山梨糖醇添加量，设定其他各因素条件，在不同梯度的山梨糖醇添加量下，观察苦荞鲜湿面保藏的效果。山梨糖醇不仅可以提高苦荞鲜湿面的持水性，还可以改善A_W，是一种效果较好的持水剂。山梨糖醇浓度的增加会导致菌落浓度下降；同时山梨糖醇浓度变化对苦荞鲜湿面口感会产生较大影响。综合考虑各方面因素，当山梨糖醇添加量为2%时，苦荞鲜湿面感官评分最高，菌落总数最低，苦荞鲜湿面保藏的效果较好。

（四）杀菌温度对苦荞鲜湿面的影响

选取50℃、60℃、70℃、80℃、90℃和100℃六个水平的杀菌温度，设定其他各因素条件，在不同梯度的杀菌温度下，观察苦荞鲜湿面保藏的效果。随着温度不断提高，微生物菌落数量不断减少。这可以看出，温度对杀菌效果有较大的影响。当杀菌温度为80℃时，苦荞鲜湿面感官评分最高，菌落总数最低，苦荞鲜湿面保藏的效果较好。

（五）栅栏因子优化及验证实验

在单因素试验基础上，选择脱氢醋酸钠添加量、柠檬酸添加量、山梨糖醇添加量和杀菌温度四个因素做试验因素，以产品的感官评分为响应值，进行优化试验。通过分析影响苦荞鲜湿面保藏效果的栅栏因子可知，柠檬酸添加量、山梨糖醇添加量、杀菌温度是显著因素。根据此得出感官评分的二次回归拟合方程，建立苦荞鲜湿面保藏效果的栅栏因子优化试验模型，其$P<0.0001$，而且模拟项的$P=0.6305$，模型的相关系数$R^2=0.9795$。说明苦荞鲜湿面保藏效果的栅栏因子优化试验模型和实际情况拟合度比较好。

依据模型对苦荞鲜湿面保藏效果的栅栏因子优化条件进行预测，得到苦荞鲜湿面保藏效果的栅栏因子优化条件：脱氢醋酸钠添加量为0.05%，柠檬酸添加量为0.08%，山梨糖醇添加量为2.1%，杀菌温度84℃。脱氢醋酸钠添加量与山梨糖醇添加量交互作用对苦荞鲜湿面保藏的影响显著，随着脱氢醋酸钠添加量与山梨糖醇添加量的提高，感官评分先增后减，变化幅度较大。苦荞鲜湿面保藏效果的栅栏因子优化条件：脱氢醋酸钠添加量为0.05%，柠檬酸添加量为0.08%，山梨糖醇添加量为2.1%，杀菌温度84℃。

四、 栅栏技术在乳品工业中的应用

大部分食品品质劣化多由微生物引起，而食品的微生物稳定性和卫生安全性取决于产品内部不同抑菌防腐因子的交互作用，杨文俊等（2007）在分析栅栏技术基本原理的基础上，就重要栅栏因子（温度、pH、压力因子、气调技术、包装材料、益生菌等）在乳品工业中的应用进行了总结和分析。

（一）温度因子在乳品工业中的应用

与地球生物圈中的各种生物一样，微生物的生长、代谢、繁殖与温度具有直接相关性，且哺乳动物的乳汁是各种微生物的完全培养基，所以在乳品工业中对温度的控制就显得至关重要。无论是在乳牛养殖、原料乳的收购、运输、暂存，还是在加工线上的预热、杀菌、灌装及后续工艺上的包装、贮藏，以及销售环节的运输、贮存（即乳从生产到消费的每一个环节），人们对温度的控制始终贯穿于各个环节之中。原料乳的贮藏和运输一般在5℃条件下进行，此外，巴氏杀菌和超高温瞬时杀菌（UHT）是栅栏技术在乳品工业中成功应用的典型实例。

（二）pH控制在乳品工业中的应用

作为乳品质量的一个重要衡量指标，pH的控制在乳品的加工中尤为重要。由于牛乳是一个较为复杂的包含真溶液、高分子溶液、胶体悬浮液、乳浊液及其过渡状态的分散体系，其pH的变化直接关系整个体系的稳定性。正常新鲜乳的pH为6.4~6.8，一般酸败乳或初乳的pH在6.4以下，乳房炎乳或低酸度乳的pH在6.8以上。但由于滴定酸度可以反映出乳中乳酸的产生程度，在生产时常采用滴定酸度来反映乳的新鲜程度。在乳品加工中，针对不同的产品，对原料乳的要求也不同，发酵酸乳、超高温瞬时杀菌乳、巴氏杀菌乳等产品的原料乳的滴定酸度要求在16°T以下，中性含乳饮料原料乳滴定酸度在16~18°T，炼乳和奶粉的原料乳滴定酸度在20~22°T。针对牛乳原料的特性，在乳品加工工艺中对其设立一系列pH的特殊控制。如在Mozzarella干酪加工过程中，要求原料乳的初滴定酸度小于18°T，预酸化至20°T，凝乳后pH达到6.3时开始排乳清，堆酿至pH达5.25开始加盐。总之，牛乳加工过程中对pH的控制都是以提高最终产品的质量为目标。

（三）压力因子在乳品工业中的应用

食品高压加工技术被认为是未来最具潜力、最有希望的食品保鲜加工方法。在乳品加工中，压力因子多和温度因子联合控制使用，如在巴杀鲜牛乳生产线上常采用70℃、1.5~1.8MPa来均质，在发酵酸乳的生产线上常采用25℃、2.0MPa左右压力来均质。现有的乳品加工或多或少都对乳的成分造成一定程度的破坏，如果使用高压或超高压技术来加工乳品，将可以避免这种情况的发生。但这种方法作为工业应用，在设备设计及制造上将会遇到很大的困难。首先，大产量的高压泵系统（每小时超过1t），制造费用会非常昂贵，防泄漏问题将非常重要但难以解决。另外，定性的研究虽已进行不少，定量的研究尚有大量工作要做。随着高压材料技术的发展，高压技术定会在乳品工业中广泛使用。

（四）气调因子在乳品工业中的应用

随着气调技术的不断发展和完善，也被利用于乳品加工和贮藏方面。在乳品加工过程中，利用填充碳酸气来制得充气酸乳，在奶油冻的生产方面加入充气机来制得充气甜食，在奶粉的包装上采用抽真空技术延长产品的保质期，在干酪的熟成过程中采用气调技术改善其熟成环境和熟成时间，在干酪制品包装上采用活性气调（50% N_2和50% CO_2，75% N_2和25% CO_2）包装技术延长干酪制品的保质期，还可以利用气调技术延长牛乳酒的保质期。这些气调技术在乳品工业中的应用还只是冰山一角，相信随着科技的发展和气调技术的不断完善，气调技术在乳品工业中的应用将越来越广。

（五）包装材料在乳品工业中的应用

而今乳品作为现代食品中的“白色石油”，正在可食包装上不断尝试前进。包装材料的革命不仅仅是乳品工业的部分改变，而是现代乳品企业集体智慧的凝聚体现，代表着一个企业的志向和科技水平。总之，国内外新开发的包装材料的发展趋势均是朝着高性能、无毒无害、绿色环保、物美价廉、方便使用等绿色包装方向发展。另外，目前研制的智能性功能包装材料，通过用光电、温敏、湿敏等功能材料与包装材料复合制成的。它可以识别和指示包装空间的温度、湿度、压力以及密封的程度、时间等一些重要参数，乳品智能包装材料的发展提供了更为广阔的前景。

（六）益生菌在乳品工业中的应用

乳制品中发酵乳以其丰富的蛋白质、有益健康且易消化而成为几千年来人们喜爱的食品。现代乳品界公认的益生菌主要是指双歧杆菌、干酪乳杆菌等天然菌株，随着现代消费对保健功能的追求，在乳品加工过程中常采用益生菌菌株来开发相关的发酵乳制品，如在酸奶中添加活性益生菌群、副干酪乳杆菌、鼠李糖乳杆菌等菌株来制得保健酸奶，添加杆菌来制得双歧功能性酸奶，在干酪制作过程中采用干酪乳杆菌、瑞士乳杆菌来制备具有保健功能的干酪食品，开发具有多种特殊功能的开菲尔产品，以及利用天然菌株或驯化菌株制备功能保健奶酒等具有特殊功能、花样繁多的乳制品食品。

五、HACCP 体系协同栅栏技术在甜炼乳生产中的应用

炼乳是一种浓缩乳制品，通常是将鲜乳经真空浓缩或其他方法除去大部分的水分，浓缩至原体积 25%～40% 的乳制品。炼乳分为加糖炼乳（甜炼乳）、淡炼乳、脱脂炼乳、半脱脂炼乳、花色炼乳、强化炼乳和调制炼乳等。我国主要生产全脂甜炼乳和淡炼乳。甜炼乳是在牛乳中加入 15% 左右的蔗糖，并浓缩至原体积 40% 的一种乳制品，成品中蔗糖含量为 40%～50%，增加产品的渗透压，抑制微生物的生长，从而赋予成品一定的保存性。贾小丽等（2018）对 HACCP 体系协同栅栏技术在甜炼乳生产中的应用进行了研究分析。

首先利用 HACCP 体系，对甜炼乳生产过程进行危害分析并确定关键控制点，然后在此基础上，有针对性地设置“栅栏”，靶向作用于微生物的不同部位，破坏微生物的内平衡，从而使之失去活性甚至死亡。通过分析，全脂甜炼乳生产过程中的关键控制点有五个；其栅栏因子共选取六个，在正确控制各关键控制点在控制界限内的同时，合理设置栅栏因子，对生产过程中乃至后期贮存和销售环节的微生物污染起到防治作用，对延长甜炼乳的保质期起到促进作用。具体做法如下。

（1）严把原材料质量关，选择合格的、固定的供应商，并向其索取原料检验合格证，对其进行抽样检验，保障农药、兽药、重金属残留的量符合相关要求，原料乳的酸度控制在 18°T 以下，剔除变质、掺假的原料。

（2）严格进行各项杀菌操作，合理设计监控方案，专人专责、及时纠偏。

（3）合理控制蔗糖的品质和添加量，以甜菜糖为最佳，蔗糖含量应高于 99.6%，还原糖应低于 0.1%；另外，选择适宜的加糖方法也尤为重要，将原料乳和糖浆分别预热杀菌，待

其冷却到57℃后混合浓缩，效果更佳。

（4）真空浓缩温度控制在45~55℃，浓缩终点时甜炼乳的浓度是72.5%左右，相对密度在1.28~1.29；若浓缩不到位，则最终产品 A_W 过高，而渗透压不高，势必会为微生物的生长提供条件，从而缩短产品的保质期。

（5）合理使用防腐剂，可以单独或复合使用。

（6）包装车间在灌装前需经紫外线灯光杀菌30min以上，并用乳酸熏蒸一次包装用金属罐体杀菌温度超过115℃，杀菌时间超过15min，或者采用紫外灯照射杀菌；塑料罐盖用75%酒精浸泡不低于30min。

将HACCP体系与栅栏技术结合起来应用于甜炼乳生产与贮存过程中，可以有效地防止芽孢菌、链球菌等细菌作用而产生有机酸及凝乳酶类物质，避免出现甜炼乳成品变稠、产生异味及酸度上升现象；减少因酵母菌和乳酸菌的生长繁殖而出现的“胖听”现象；同时，可以防止霉菌作用而产生的白色、黄色乃至红褐色，形似纽扣的干酪样凝块及因脂肪水解而产生的酸臭味。总之，二者结合对减缓微生物活动、抑制酶活性、延长保质期、保证甜炼乳的食品安全性具有重要意义，对甜炼乳的实际生产起到指导作用。

六、 栅栏技术在膏状肉类香精防腐中的应用

随着国家相关部门及消费者对食品安全的日益重视，食品生产商对食品添加剂的使用要求也日趋严格，香精中不能含有防腐剂已成为部分食品生产商的基本要求。如何在不含防腐剂的情况下，保证产品的安全已成为一个重要研究课题。袁霖等（2005）研究引入栅栏技术，以期为膏状肉类香精产品的研发与生产提供指导性建议。

（一）产品主要栅栏分析

膏状肉类香精产品可能用到的主要栅栏，一是加工温度，现有产品加工温度主要取决于风味的要求，但已满足一般的灭菌要求；二是保藏温度，低温可抑制微生物的生长；三是pH，产品的pH一般在5.0以上，6.0左右，由于风味要求，不可能降低至临界点4.5以下，对保藏的作用不大；四是防腐剂，乙醇、丙二醇、美拉德反应物等对防腐都有一定贡献，但因每种产品这些物质含量不同，应分别考虑；五是包装，气调包装不能抑制一些微生物的生长（目前不适用），无菌包装生产时要求对包装容器进行规范灭菌处理（一直使用）；六是 A_W，A_W 表征了食品中的水分作为微生物化学反应和微生物生长的可用价值，是决定食品腐败变质和保质期的重要参数，对食品的生产和保藏有直接的指导作用。

综上所述，对于膏状肉类香精产品而言，水分活度、包装、保藏温度、防腐剂可作为栅栏应用，其中 A_W 是一个重要的栅栏因子，包装、保藏温度、防腐剂可作为辅助栅栏使用。以丙二醇、70%以上乙醇为溶剂的产品不需考虑防腐问题，此篇主要针对以水为介质的膏状肉类产品，对 A_W 进行分析、实验，并最后推荐产品配方防腐设计解决方案。

（二）膏状肉类香精 A_W

1. 原料对 A_W 的影响分析

测定常用原料的浓度与 A_W 的关系，发现食盐对产品 A_W 的影响最大，其他原料（糖、氨基酸、蛋白质等）对产品 A_W 影响较小。需要注意的是，糖、氨基酸、蛋白质等对 A_W 的影响也略有不同，如葡萄糖、木糖对 A_W 影响大于蔗糖，更大于糊精。当 A_W 值在0.6以上时都会

有微生物生长，而 A_W<0.6 对膏类产品来说是难以做到的。所谓安全 A_W 值只是相对的，良好的生产、贮运条件可允许产品有较高的 A_W 值。结合产品以往的保藏经验，在现有的生产、贮运条件下，认为反应型产品 A_W<0.76 为安全，酶解物 A_W<0.74 则不需要添加防腐剂。

2. 膏状肉类香精 A_W 的栅栏设计

由前述知，各种原料对 A_W 的降低都有一定的作用，食盐是最有效降低 A_W 的原料，其他物质也有一定降低水分活度的能力，所以增加盐浓度或增加固形物浓度均可降低 A_W，三者有一定联系。一般来说，盐浓度确定时，改变固形物含量可以改变 A_W 值，反之亦然。膏状肉类香精体系中水分活度、包装、保藏温度、防腐剂均应作为栅栏应用。水分活度（A_W）为主要栅栏因子，在充分运行 HACCP 体系的情况下，反应型产品以 A_W<0.76 为安全，酶解物 A_W<0.74 则不需要添加防腐剂。应加强无菌包装工序的监控，并尽可能降低保藏与运输过程的温度。必要情况下，可选择天然防腐剂，如溶菌酶、乳酸链球菌素等，但应以满足客户要求，且不影响产品风味为前提。

七、 丁香酚多靶点抗菌机理及其与脉冲电场联合灭活大肠杆菌研究

丁香酚（eugenol，EUG）是许多芳香植物精油的主要活性酚类化合物，由于其卓越的杀菌活性，已在食品工业中广泛用于保护食品在贮存期间免受微生物侵害。研究已表明，丁香酚的抗菌作用可能归因于细胞膜的破坏，从而导致膜通透性的增加，但对其实际抗菌机制尚未完全了解。一般来说，单一防腐剂因素的保存不足以确保食品的绝对安全，而采用基于栅栏技术的多个因子更为有效。脉冲电场（pulsed electric fields，PEF）被认为是在不改变食品原始质量的情况下使液体食品中微生物失活的最有前景的非热技术之一，脉冲电场处理会导致细胞膜的电击穿和电穿孔，将丁香酚和脉冲电场处理组合用作栅栏技术可能是达到所需微生物失活水平的有效手段。Niu 等（2019）研究了基于栅栏技术的丁香酚多靶点抗菌机理，并探究丁香酚联合脉冲电场处理对大肠杆菌灭活的影响。

（一）丁香酚对细胞膜通透性和完整性的影响

研究显示在前 3h 的培养中，没有丁香酚（对照）的样品细胞溶解指标（REC）没有显著变化（从 1.52% 到 2.51%）。当培养时间增加到 8h 时，REC 显著增加到 9.42%，这可能是由于培养期间细胞的正常溶解和死亡。然而，随着培养时间和（或）的延长，溶解指标明显增加。此外，随着丁香酚浓度的增加，核酸和蛋白质含量也显著增加，表面丁香酚增加了大肠杆菌的细胞膜通透性，并对细胞膜的完整性造成不可逆损害，从而可能导致细胞死亡和细胞内物质泄漏。

（二）丁香酚对细胞形态的影响

通过 SEM 获得形态学图像，以目视观察暴露于丁香酚后大肠杆菌细胞可能的膜破坏。未经丁香酚处理的大肠杆菌细胞。所有这些细胞都具有正常光滑的表面、原始的杆状。然而，在经不同浓度丁香酚处理的大肠杆菌细胞中观察可以到显著的形态学变化。例如，经 0.40mg/mL 丁香酚处理的大肠杆菌细胞表面出现塌陷和褶皱；0.80mg/mL 丁香酚处理后，细胞扭曲、不规则，出现广泛变形和塌陷；经 1.60mg/mL 丁香酚处理的细胞相互粘附，部分细胞断裂，可能导致细胞内物质泄漏和细胞死亡。这些结果表明，丁香酚处理破坏了大肠杆菌细胞膜的完整性，并且随着丁香酚浓度的增加，破坏作用显著增强。

（三）丁香酚与大肠杆菌 DNA 的交互作用

通过荧光光谱分析在体外探索丁香酚和大肠杆菌基因组 DNA 之间的交互作用，315nm 处的荧光发射强度峰值随着 DNA 浓度的增加而显著降低。例如，当 DNA 浓度为 0mmol/L、0.03mmol/L、0.06mmol/L、0.09mmol/L 时，波长 315nm 处的荧光强度峰值分别为 869、608、451 和 349。结果表明，丁香酚可以与 DNA 结合，从而导致荧光猝灭，丁香酚与 DNA 的结合模式可能是沟槽结合，因此可以推断丁香酚与 DNA 的结合可能会影响大肠杆菌细胞的正常功能。

（四）丁香酚与 DNA 交互作用的对接模拟

分子对接研究结果显示，总共形成了 30 个多成员构象簇，并且最低能量簇的结合能为-4.83kcal（1cal≈4.18J）的构象最高。因此，选择这种对接构象进行丁香酚-DNA 交互作用，对接分析进一步揭示，丁香酚优先结合到 DNA 富含 A（腺嘌呤）—T（胸腺嘧啶）的区域，该区域由 A16、A17、A18、T6、T7 和 T8 的碱基对包围，从而与定义沟槽的 DNA 官能团形成有利的范德华交互作用。可以得出结论，丁香酚通过沟槽结合方式与 DNA 结合，并且容易与 DNA 的小沟槽结合。

（五）丁香酚对 DNA 形态的影响

研究显示，未经处理的 DNA 分子均匀地分散在云母表面，线条光滑，没有明显的交联。然而，在暴露于 0.40mg/mL 丁香酚 3h 后，DNA 分子的形状变得不规则、扭结和交联。经丁香酚处理的 DNA 片段的局部高度比未经丁香酚处理的 DNA 片段高 1.2nm。这些观察清楚地表明，丁香酚不仅能够与 DNA 结合，而且还导致其聚集。DNA 形态的这种变化表明，丁香酚可能会改变 DNA 二级结构，这可能会影响细胞的正常生长。

（六）丁香酚和脉冲电场栅栏交互作用对大肠杆菌灭活的影响

根据栅栏技术原理，丁香酚与脉冲电场的结合可能会增加细菌细胞的死亡。为了确定它们的组合是否具有协同效应，因此对丁香酚与脉冲电场的不同组合模式进行了评估。随着电场强度或（和）丁香酚浓度的增加，三种组合处理中的大肠杆菌失活显著增加。例如，当脉冲电场处理强度为 20.0kV/cm，丁香酚浓度从 0 增加到 0.64mg/mL，大肠杆菌的灭活水平如下：处理 A，从 $1\times10^{0.39}$CFU/g 增加到 $1\times10^{0.96}$CFU/g；处理 B，从 $1\times10^{0.42}$CFU/g 到 $1\times10^{1.66}$CFU/g；处理 C，从 $1\times10^{0.44}$CFU/g 到 $1\times10^{2.30}$CFU/g 对数。相比之下，当丁香酚浓度为 0.40mg/mL 且脉冲电场处理强度从 15.0 增加到 25.0kV/cm 时，处理 A、处理 B 和处理 C 的大肠杆菌失活率分别从 $1\times10^{0.20}$CFU/g 增加到 $1\times10^{1.37}$CFU/g，从 $1\times10^{0.59}$CFU/g 增加到 $1\times10^{1.63}$CFU/g，从 $1\times10^{0.79}$CFU/g 增加到 $1\times10^{1.86}$CFU/g。这表明丁香酚与脉冲电场的组合对大肠杆菌具有协同效应，且该协同效应随着丁香酚浓度或电场强度的增加而增强。例如，当使用 0.52mg/mL 丁香酚或 20.0kV/cm 脉冲电场处理强度处理大肠杆菌时，细胞失活率分别为 $1\times10^{0.24}$CFU/g 和 $1\times10^{0.42}$CFU/g（处理 B），因此（N_0/N_E）EUG+（N_0/N_E）PEF 为 $1\times10^{0.66}$CFU/g。然而，当丁香酚和脉冲电场结合时，大肠杆菌的失活率［（N_0/N_E）EUG×PEF］为 $1\times10^{1.17}$CFU/g，表明丁香酚和脉冲电场的结合产生了协同效应。相反，当丁香酚浓度为 0.64mg/mL 且电场强度为 25kV/cm 时，λ 值增加至 $1\times10^{0.69}$CFU/g，表明丁香酚和脉冲电场的协同效应随着丁香酚浓度或（和）电场强度的增加而增强。

本研究结果表明，丁香酚对大肠杆菌的抗菌作用主要是引起细胞膜的物理和形态改变，并通过微槽模式直接与基因组 DNA 结合。暴露于较高水平的丁香酚后，大肠杆菌的细胞膜完整性和形态受损，膜通透性显著增加，导致细胞内物质泄漏。体外实验结果表明，丁香酚可以结合到基因组 DNA 的小凹槽上，使 DNA 分子的形态改变和聚集。丁香酚和脉冲电场处理组合对大肠杆菌的灭活表现出强烈的协同效应。总体分析结论：丁香酚是一种很有前途的天然防腐剂，它与脉冲电场的结合作为一种栅栏技术，为微生物失活提供了一种可行的策略。

八、 栅栏技术在食品包装中的应用趋势

食品包装在食品工业中无疑具有很大的作用，特别是塑料薄膜、复合薄膜成为食品包装材料后，食品包装在保护食品、促销、防伪防盗及方便等各方面发挥的作用更大。在所有作用中，最重要的是保护作用，其中食品防腐尤其重要。在栅栏技术的应用中发现：其实栅栏技术是离不开食品包装的，栅栏技术与食品包装的融合也决定了食品包装的发展趋势。为保护食品，仅仅对食品施以栅栏技术，而不进行包装协助，是达不到预期效果的。随着包装技术的进步，食品包装直接发挥的栅栏作用也越来越大。严奉伟等（1998）对栅栏技术在食品包装中的应用与发展趋势进行了总结分析。

（一）食品包装的阻隔作用

O_2、CO_2、紫外线、水蒸气等很大程度上影响着许多食品的稳定性。为延长保存（质）期、保证食品的卫生安全性及营养与风味等，必须采取措施来控制包装内这些成分的量，即控制氧化还原电位、水分活性等。控制措施能否实施主要依赖于食品包装材料的阻隔性；虽然玻璃及金属容器的阻隔性能最优，但在食品中广泛采用的还是塑料与复合薄膜。需阻隔的物质往往同时有几种，有时可能把某一种成分当作重点，因此有防湿包装、真空与真空充氮包装、气调包装、在食品表面涂膜等形式。

1. 真空与真空充氮包装

这类包装把阻隔 O_2进入食品作为首要目标，需与抽真空设备共同使用，用于含易氧化成分较多的食品的包装。包装时先用抽真空设备抽除容器内的空气，然后封合。保质期限与食品的成分决定需要维持的真空度，而真空度的高低又决定所用包装材料的阻隔性能。包装材料阻隔性能主要由气体渗透系数与材料厚度决定。现在在食品包装上主要采用复合薄膜，厚度一般在 60~96μm。其内层是热封层，厚 50~80μm，要求热封性能良好，一般采用 PE；外层是密封层，厚 10~16μm，除了要有良好的气体阻隔性外，还须具备可印刷性，并有一定的强度。随要求不同可使用的 PET、PA、EVAL、PVA、PVDC 及镀硅塑料膜，其中后三者阻气性能最优。例如鲜笋及笋制品可采用 PET（20μm）/LDPE（50μm），油焖笋则加一层 PVDC。

真空及充氮包装如今运用在很多食品上。例如腌腊制品、酱腌菜、豆制品、熟食制品、方便食品、软罐头等采用真空包装；油炸食品、膨化食品、果蔬脆片、脱水蔬菜、奶粉、咖啡、巧克力、蛋糕、月饼、茶叶、果仁、瓜子仁、肉桂等采用真空充氮包装。真空充氮包装与真空包装的区别仅在于真空下易碎的食品、棱角可能刺破包装的食品、真空下内缩影响外观的食品，包装时抽真空后充入惰性气体 N_2，使内外气压平衡。

2. 防湿包装

防湿包装用于对湿度敏感食品的包装，以阻隔水蒸气为主要目的。包装设计与选材的原理与真空包装一样。材料的阻湿性能主要与透湿系数和厚度有关。由于阻气性好的材料一般阻湿性也好，因此所用材料与真空包装基本一样。有些食品也在内包装内放置包装了阻湿剂，或在食品内添加保湿剂。

3. 气调包装

气调包装首先应用于果蔬贮藏，现已扩展到粮油产品、畜禽及水产品等其他加工食品。气调包装主要调节控制包装内的 O_2和 CO_2浓度稳定在一个狭小范围内。其作用除了防止微生物生长繁殖与氧化外，还可降低有生命产品的呼吸强度、延缓成熟衰老、抑制害虫活动等。月饼、蛋糕等产品以抑制微生物与防氧化为主，所用材料与真空包装一样。粮油、果蔬以抑制呼吸作用为主，包装材料的气密性可以很低，有时甚至必须采取措施来扩大塑料薄膜的透气性。例如贮藏粮食时，每天空气透入率可达密闭容积的 0.5%，贮藏果蔬时，气调包装要在塑料薄膜中嵌入一定面积的硅橡胶窗以扩大内外 O_2和 CO_2的交换。有些食品还必须维持较高的 O_2浓度，如零售鲜肉的理想气体组合是 70%~80% O_2+ 20%~30% CO_2。气调包装内的气压一般维持在一个大气压，随着研究的深入，现在也开始在减压或加压下使用。气调的效果有时十分明显，如大米与面粉采用 100% CO_2贮存，可保存三年不变质。正因如此，全世界对气调贮存的研究都很活跃。国际上对许多产品都有推荐理想的气调贮藏条件。

4. 食品表面涂膜

涂膜的主要目的也是为阻隔内外气体和水分的交换。成膜可采用浸渍、涂布、喷洒、覆盖等方式，它所应用的范围较广，果蔬中尤为集中，所用材料以天然产品为主，大多数膜可食。膜的主体成分：日本采用多糖类与蛋白质，英国采用多糖、蔗糖酯，而我国种类较多，单甘酯、聚乙烯醇、石蜡、虫胶、魔芋精粉、几丁质、CMC、淀粉、明胶、黄原胶、海藻酸钾等都有应用。有些膜还有特殊作用，如肌醇六磷酸可抗氧化、螯合果蔬表面的 Fe^{2+}、Zn^{2+}等离子，从而抑制其内部一些不适宜反应的发生。涂在水果表面的蜡质膜可使其外观鲜艳亮丽，大大提高其商品价值。

5. 阻隔紫外线

紫外线可引发自由基。在无自由基猝灭剂时，自由基将引发链式反应，使脂类等成分迅速氧化，产生有害物与异味，故含脂高食品的包装必须能阻挡波长 550mm 以下的光线。最有效的材料是无针孔的铝膜，这类食品的包装在内部复合有一层 7μm 左右的铝。

（二）包装包含的栅栏功能（功能性包装）

用来作食品包装的材料很少具有防腐性、抗氧化性或能吸收 C_2H_4、O_2、水蒸气及氧化 C_2H_4。但现在能把具有这些功能的有机或无机物质复合或添加到包装材料中去，使用这类材料做成的功能性食品包装发挥这样的栅栏功能。

1. 包含脱氧剂

食品组织中溶解的 O_2用抽真空的办法难以除去（如某些果蔬与含骨食品），或食品要求极低的 O_2浓度，仅仅用高阻隔性材料阻挡外界 O_2已无法满足要求，这时可在食品包装内放置经包装的脱氧剂；或把脱氧剂复合在薄膜中间，外层依然是气密层，而内层则要求透气性较好。脱氧剂的种类较多，有通过与 O_2 反应去掉 O_2 的化学脱氧剂，如 Fe 系脱氧剂、连二亚硫酸盐系脱氧剂等；有通过吸附使 O_2 不能发挥作用的物理脱氧剂，如活性炭等；现在甚至能把一些催化剂包含在食品包装里，由它催化 O_2 与某些物质反应来消耗 O_2，如 Pt、Pd 等可催化 H_2 与 O_2 反应生成 H_2O，在包装里带一点 Pt 或 Pd，在包装内充入少量 H_2，可用在对水分要求极严格的贵重食品包装上。有些情况下使用脱氧剂还可降低产品成本。

2. 包含防腐剂与抗氧化剂

把一些特殊性质的防腐剂包含在食品包装里，可以使其缓慢释放，作用发挥得更为持久。例如日本新近开发的粮食防腐包装袋，以聚烯烃树脂为主要材料，再添加 0.01% ~ 0.05% 香草醛加工成膜袋，香草醛缓慢挥发，从而可以长期抑制霉菌。富马酸二甲酯与香草醛类似，2~500mg/L 时可抑制 10 种以上的霉菌和 10 种以上的细菌。在必须抵御外界危害的情况下，食品包装包含防腐剂优越性更大。采用合适的方法完全可以阻止防腐剂向食品内迁移，如日本已成功地开发出了防虫、防鼠、防蚂蚁的食品包装袋。在食品表面涂膜时，从一开始就在涂膜内添加了各种抗氧化剂与防腐剂，我国学者还把具有防腐作用的中草药包埋在涂膜中，有些地方收到了较理想的效果。

3. 包含吸湿剂与 C_2H_4 吸收剂

所依据的原理与使用的方式与脱氧剂一样，只不过所选用的吸湿材料与吸收 C_2H_4 材料不同而已。吸湿所用材料有无水 $CaCl_2$、硅石粉、硅胶、活性炭等；C_2H_4 吸收剂有 $KMnO_4$、活性炭、分子筛等。

4. 适应栅栏技术的要求

冷冻与高温处理是食品加工中广泛采用的措施。现代技术条件下，对食品进行的高温或低温处理的程度较以前有很大提高。食品包装在能适应这种加工的前提下，应能发挥出足够的阻气或阻湿等性能，最好还能抵御高温或低温对食品品质带来的负面影响。目前，很多食品包装适应了栅栏技术的新要求，因此为这类技术真正在食品工业中得到应用提供了保证。例如，以冷藏方式保存食品、低温速冻效果最为理想，但贝肉贮藏时易干耗，解冻后易破碎、糊化，汁液流失多等。只有采用可以克服这些缺点的涂膜包被贝肉，低温速冻的优越性才能体现。加工罐头时，杀菌必不可少。杀菌方式以高温短时杀菌对食品品质损害最轻，但高温短时杀菌要求传热非常迅速，软罐头复合包装袋能适应这一要求，从而保证了高温短时杀菌技术的实施。

（三）栅栏技术确定的食品包装发展趋势

1. 食品包装材料的性能越来越优异

人们总希望食品的保质期越来越长，保存期间食品品质下降越少越好。栅栏技术的进步会使这种可能性越来越大；另外，还能生产出保存条件很严苛的新食品。这都要求食品包装材料的性能，不论是阻气性、阻湿性、直接发挥的栅栏作用，还是对栅栏技术的适应性，都变得更强。事实上，现在经常有性能更加优异的食品包装材料被开发出来。

2. 食品包装将发挥更多更强的栅栏作用

栅栏理论的研究成果表明，在多个栅栏因子起作用时，有时一个因子的稍微增强可极大地提高整个栅栏作用。因此在提高这一因子时，可以较大幅度地降低其他因子的强度。通过加强食品包装的栅栏作用，有时可大大降低加工过程中栅栏技术的强度，如降低杀菌程度、冷藏温度、减少防腐剂添加量等，这对提高食品品质、降低生产成本都很有利。目前对这一领域的研究还很不深入，但已有令人鼓舞的成果。例如，德国以前完全靠杀菌来保证可贮性的一种香肠，适当调节pH与水分子活性，杀菌只达到F值为0.4时，就可达到原来的保质期限；用一种高黏度的食品涂膜保存肉类，在40℃条件下鲜肉可以保鲜4~5d。

3. 食品包装在改造或开发食品中作用的展望

传统食品往往存在一些缺陷，改造时可能难以解决保存期问题；而一些精致独到的新兴产品，可能对保存要求也很严。这都必要求食品包装栅栏作用。例如蜜饯与酱菜是传统食品，但它们含盐或糖太高，不利于人体健康，而降低盐或糖的含量，产品防腐能力也下降，多年来无法解决这一问题，最近有人用高阻隔性、耐压强度高、耐高温的复合薄膜，经抽真空后再在90℃杀菌，成功地解决了这一问题。果蔬脆片也要用特殊材料进行真空充氮包装，才能保证其松脆的口感与完整的形状。

第七章　栅栏技术应用研究进展

第一节　肉制品加工与栅栏技术

一、栅栏技术和熟成期低温对无硝腊肠加工及产品特性的影响

亚硝酸盐和硝酸盐是重要的食品添加剂，用于开发腌制颜色和风味、抑制微生物生长和抑制肉制品中的氧化。近年由于对硝盐过多残留可能导致对健康的损害，消费者对使用低浓度添加剂生产的肉类和肉类衍生产品（如干发酵香肠）的兴趣不断增长。但这类食品添加剂的减少可能导致无法实现对肉毒梭菌等的有效控制，对产品色泽和风味等也会产生不良影响，因此，到目前为止还没有找到更好的替代品。在其加工中采用栅栏技术实现产品的微生物稳定性和安全性，并提高其感官和营养价值的关注度。研究已证实了将较低的成熟温度（降低水分活度）与低温适应乳酸菌相结合为确保最终产品安全的策略之一。

代谢组学图谱被认为是研究肉类和肉类衍生产品质量特征的有效工具。事实上，同时对结构多样的代谢产物进行分析，从而在特定时间点提供代谢“快照”。最近，代谢组学被用于探索添加抗氧化剂提取物后不同肉制品在保质期内的氧化过程。Gabriele 等（2021）对基于此的栅栏技术和熟成期低温对无硝腊肠加工及产品特性的影响进行了研究。

（一）微生物分析

研究人员对五种使用不同添加剂和熟成条件生产的干发酵香肠进行了分析。35d 后，腊肠直径为 35~37mm，重量损失为 32%~35%。样本 N 在 8d 后微生物量达到最大值（$1\times10^{8.33}$CFU/g），而对于采用冷熟化干燥工艺生产的意大利腊肠，该值在 22d 后达到（样品 B、样品 R、样品 B_1 和样品 R_1 分别为 $1\times10^{8.23}$、$1\times10^{8.33}$、$1\times10^{8.25}$、$1\times10^{8.12}$CFU/g），并在发酵结束前几乎保持稳定。此外，对于样本 N，葡萄球菌计数从最初的约 $1\times10^{6.5}$CFU/g 增加到发酵 14h 的 $1\times10^{7.95}$CFU/g。而对于其他样本，在 22h 时达到最高值，分别为 $1\times10^{7.83}$、$1\times10^{7.79}$、$1\times10^{7.85}$、$1\times10^{7.84}$CFU/g。对于葡萄球菌，直到第 14 天，样本 N 与其他所有样本都存在显著差异。LAB 和葡萄球菌在冷熟成干燥过程中也生长良好，因为在第 0 天和其他培养日之间观察到统计上的显著差异。然而，所有计数在发酵第 22 天的均未发现统计上的显著差异。在本研究中，特别是在第 0 天和第 8 天时，每个样本中的肠杆菌科细菌均超过 10^{0}CFU/g，然后下降到 10CFU/g 以上。此外，在研究的任何样本中均未检测到大肠杆菌和蜡样芽孢杆菌，也没有致病的微生物李斯特菌、沙门菌和产气荚膜梭菌。

（二）A_W和 pH

在发酵过程开始时（第 0 天），A_W值在 0.974~0.978，熟成过程中逐渐降低。在第 22 天

时，所有样品都显示 $A_W \leq 0.92$，而在熟成过程结束时，平均值小于 0.896。关于 pH，样品 R 和样品 R_1 的 pH 最低（5.22）（$P<0.01$）。最初可能是由于添加了乳酸，因此可以立即抑制不需要的微生物。除了在发酵第 8 小时（5.06）检测到较低 pH 的 N 样品外，对于样品 B、样品 R、样品 B_1 和样品 R_1 的处理，在第 16 天分别达到最低 pH，分别为 5.17、5.06、5.23 和 5.16，然后在第 22 天和第 35 天稍有增高。对于所有微生物而言，A_W、pH 和温度值与细菌的生长密切相关，$A_W \leq 0.92$ 为大多数致病菌生长的最低限度。事实上，只有金黄色葡萄球菌可以在 $A_W = 0.88 \sim 0.90$、pH = 5~5.4 的范围内生长，但它需要的温度大于 12℃。此外，考虑到允许肉毒梭菌生长的最小 A_W 值、pH 和温度值分别为 0.94、4.6 和 10℃，而肉毒梭菌分别为 0.97℃、5℃和 3.0℃。本研究结果表明，在熟成过程中引入较低的熟成温度可能是控制肉毒梭菌生长的另一个栅栏。考虑到李斯特菌和沙门菌生长的最低 A_W 值为 0.90~0.92 和 0.94，并且当 pH 降低时，需要更高的 A_W，而本实验设计的工艺条件是以不利于病原菌的生长为前提。

（三）颜色参数与脂质氧化

本研究中设置的两个组别（样品 B_1 和样品 R_1）经历了第一个相对湿度较低（65%~80%）的冷干熟成阶段，以便尽可能快地干燥产品。总的来说，在 8d 后，这些样品的表面经历了表面硬化的形成；如果从香肠表面去除水分的速度快于过程内部的扩散速度，则会发生此过程。研究发现，表面硬化（硬壳表面）的形成显著影响熟成结束时的颜色和脂质氧化参数。与其他样品相比，样品 B_1 和样品 R_1 意大利腊肠样品的 a^* 值和 b^* 值较低，而样品 R_1 样品的 L^* 值较高（41.85）。因此，在具有硬壳表面（即样品 B_1 和样品 R_1，分别为 1.42mg/kg、1.30mg/kg）的样品中，硫代巴比妥酸反应物值显著较高，因此表明可能存在氧化熟成过程中的现象，并可能影响最终产品的外观。在 22℃贮藏 30d 后，硫代巴比妥酸反应物值在 0.2~0.4mg/kg 范围内。对于脂质氧化，1,3-丙二醇（MDA）是多不饱和脂肪酸二次脂质氧化过程中产生的醛之一。它在肉类中被认为是非常重要的，因为在低含量时，它会产生腐臭的气味，并且被认为是脂质氧化的主要标志。研究确定了 1,3-丙二醇为 2~2.5mg/kg，作为肉和肉制品中没有酸败的可接受限值。然而，如文献所述，很难在硫代巴比妥酸反应物和肉制品的可接受性之间建立明确的相关性。

（四）不同样品的代谢组学特征

对发酵 35d 样品的 UHPLC-QTOF 分析注释了 139 个质量特征之后，结合精确的质量、同位素剖面和 FoodDB 数据库，确定了 111 种化合物。最具代表性的化合物是脂肪酰基（31 种化合物），其次是甘油磷脂（27 种化合物）、丙烯醇脂质（10 种化合物）和其他代谢物（如类固醇、氨基酸衍生化合物、吲哚和羟基脂肪酸）。此外，还检测到有机氮化合物胆碱，其次是 L-色氨酸和一些寡肽（如 L-亮氨酰-L-脯氨酸），它们可能来源于作为发酵香肠特征的肉蛋白的水解。在这方面，已知肉类蛋白质先水解为多肽，然后水解为较小的肽和氨基酸。低分子量肽和游离氨基酸是发酵肉中非蛋白氮组分的主要成分，有助于在干香肠和半干香肠中产生挥发性和非挥发性的风味化合物。

（五）不同样本的多元统计判别

使用多元统计数据促进数据解释，建议模型并对模型进行了交叉验证，并检查异常值（使用霍特林的 T 平方分布），同时排除置换测试（$n=200$）模型过度拟合。因此，所有这些因素都证实了该模型在区分非常规熟成条件对肉类代谢产物影响方面的稳健性。研究结果表明，样品 R_1 和样品 B_1 处理的最佳熟成条件不是由较低的相对湿度值引起的，因此可能决定了其氧化性。除了在脂肪酸代谢和能量生产中具有重要功能外，肉碱还可以被细菌获得或合成，作为渗透保护剂。当环境中水分含量的剧烈变化决定了细菌细胞的渗透压力时，就会发生这种情况。后者可能是在样品 R_1 和样品 B_1 熟成期间发生的一种情况。本研究可以被认为是第一次使用基于 UHPLC-QTOF 的代谢组学研究非传统技术用于获得发酵香肠时的肉类代谢组学特征。特别是，应用栅栏技术生产无硝酸盐意大利腊肠，然后进行基于代谢组学的分析（作为筛选和检测工具），是避免使用硝酸盐的一种有前景的方法。

（六）结论

基于人们对生产低浓度添加剂的肉类和肉制品（如意大利腊肠）的关注度正在上升，本研究使用栅栏技术制造干发酵香肠，以避免使用硝酸盐或亚硝酸盐。非目标代谢组学可以评估熟成结束时肉类代谢产物的显著变化。冷干燥熟成过程后产生的样品显示出与对照组（使用添加剂和传统干燥熟成过程后产生）相当的微生物和代谢组学特征。总的来说，在这种非常规的干燥-熟成过程中，相对湿度的控制似乎是一个关键点。事实上，在较低的相对湿度值（65%～80%）下生产的样品在熟成结束时表现出明显的氧化现象。与对照组相比，一些氧化标记物，如脂肪酸的氧和羟基衍生物，而不是1,3-丙二醇，证实了这种氧化失衡。综上所述，我们的研究结果表明，当选择最佳操作条件时，低温干燥-熟成工艺生产不含硝酸盐/亚硝酸盐的干发酵香肠是一个很好的折中方案。如果有足够的微生物和代谢物，建议进一步研究栅栏技术对感官属性的影响。

二、栅栏技术提升冷冻生牛肉微生物安全性、质量和氧化稳定性

畜禽肉最初的病原菌污染发生在屠宰剥皮阶段，随后的污染通常发生在加工、搬运和贮存过程中。HACCP 的实施在防止致病菌污染肉类，并降低与这些病原体相关的风险中发挥的作用，但仍然无法确保肉类中没有这些病原体，肉类加工商和科学家正在努力引入不同的策略和技术来解决这一问题，如栅栏技术，其研究也受到广泛关注。Anum Ishaq 等（2021）研究了采用丁香精油、紫外线和噬菌体多因子栅栏单独和联合，以确定消除或降低冷冻牛肉片上单核细胞增生李斯特菌的生长和存活率，评估对生牛肉在贮藏期间的微生物安全性、食用品质和氧化稳定性的非热和生物栅栏作用。

（一）多因子栅栏的联合作用

试验结果分析表明，噬菌体、丁香精油和紫外线处理的多因子栅栏的联合抗菌处理对肉类样品在贮藏期间的单核细胞增生李斯特菌生长具有极为显著的影响。对照组在贮藏期间李斯特菌持续增加，而因子栅栏多处理的样品中计数较低。噬菌体+丁香精油、噬菌体+紫外线处理和噬菌体+丁香精油+紫外线处理均显现李斯特菌生长显著下降，而最后一组的联合处理达到了最大程度的减少，这证实了多障碍方法在减缓目标病原体在肉表面生长方面的潜力。

（二）多因子栅栏对滴水损失的影响

结果分析表明，在牛肉上应用噬菌体、紫外线处理和丁香精油的多因子栅栏技术对牛肉的滴水损失有显著的减少，但其中两个因素之间的交互作用不是特别的显著。此外，在贮藏期间的所有处理中，滴水损失的百分比略有升高，这可能与肌肉蛋白质分解导致的肌肉强度

随时间推移而损失有关；而未经处理的样品滴水损失的增加主要归因于微生物活性的增加；紫外线处理组也略高，这可能是由于紫外线的穿透性增加了肌肉中孔隙的形成。

（三）多因子栅栏对色泽的影响

统计分析表明，丁香精油、噬菌体和紫外线联合处理牛肉，经处理后颜色值没有显著变化。但在贮存期显著影响其色泽，甚至多因子组红色度 a^* 和黄度 b^* 也有轻微变化，但均在可接受范围内。其中丁香精油有助于颜色的稳定性，这归因于其抗氧化能力。紫外线处理对牛肉贮存期间的颜色值变化可忽略不计。但随贮存时间的增加，由于其氧化稳定性，丧失颜色值出现轻微变色。

（四）多因子栅栏对质地的影响

对不同组合处理的牛肉的测定表明，肉的硬度受处理方法和贮存时间和这两个因子交互作用的影响。所有处理中硬度值在贮存期间均增加，而处理的样品硬度值增加则显著较少。在第 15 天达到最大平均硬度值，对照组为 41.89g，而多因子组为 32.22g。结果证实了丁香油、紫外线处理和噬菌体的协同效应对牛肉在贮藏期间的质地改善。

（五）多因子栅栏对挥发性盐基氮的影响

牛肉贮藏期间所有处理均呈现挥发性盐基氮（TVBN）的持续增加，但在丁香精油、噬菌体和紫外线处理多因子栅栏处理组的挥发性盐基氮值显著更低，第 0 天至第 15 天，对照为 102.0mg/kg 和 406.7mg/kg，实验组为 101.6mg/kg 和 266.2mg/kg。实验结果表明，蛋白质的降解与噬菌体对挥发性盐基氮值的影响是一致的，细菌负荷增加与噬菌体处理之间的作用导致含氮量减少。贮藏后多因子栅栏处理牛肉的挥发性盐基氮值低于 300mg/kg，这表明紫外线处理、噬菌体和丁香精油的组合有助于防止冷藏温度下贮存的牛肉样品的蛋白质降解，从而防止变质。

（六）多因子栅栏对硫代巴比妥酸反应物值的影响

本实验结果，随着贮存时间的延长，所有样品的硫代巴比妥酸值都会增加，而对照组极显著增高。牛肉贮藏第 9 天后因子栅栏观察到最低硫代巴比妥酸值，即 1,3-丙二醇为 0.746mg/kg，而对照为 1.57mg/kg，丁香精油、噬菌体和紫外线处理的多因子栅栏显著延缓冷藏期间牛肉的氧化。发挥作用的主要是丁香精油含有的多酚，特别是丁香酚，具有很强的抗氧化活性，而紫外线处理不会导致肉类中的脂质氧化。

三、基于栅栏技术的紫外线非热灭活山羊肉表面大肠杆菌 K12 的评价

大肠杆菌（*E. coli*）O157:H7 是最有害的食源性病原体之一，尽管牛是大肠杆菌 O157:H7的主要宿主，但它也可从山羊、鹿、绵羊、马、狗、鸟和苍蝇等中分离出来。山羊肉是动物蛋白质的重要来源，特别是在非洲和亚洲。对于生肉，由于热加工对其肉类质量的潜在影响，因此首选。化学方法，特别是基于氯的清洗技术，已被用于清除肉类表面的食源性病原体，如大肠杆菌 O157:H7 和沙门菌。然而，这些化学方法会在肉中留下氯残留，有可能引发健康问题。因此，利用非热技术在室温下净化食品而不改变食品的感官特性受到关注。紫外线（UV-C）是一种被批准用于食品表面处理的非热技术，因此它可能是用于灭活细菌和病毒的替代表面去污剂。

精油是植物产生的次级代谢产物，被归类为“公认安全”而有助于植物抵御微生物，其作用方式和抗菌活性取决于有效成分的化学结构、pH、温度和氧气水平以及食品的微生物污染水平。在肉类工业中，有几个被用于对抗食源性病原体（如沙门菌、单核细胞增生李斯特菌和葡萄球菌）的抗菌剂和抗氧化剂。单独使用这些非热技术实现菌数更显著的减少可能需要更高的处理强度和更长的处理时间，然而这两者都会对食品的质量特性产生不利影响，包括颜色、质地和脂质氧化率的变化。因此，栅栏技术似乎是降低能量输入和治疗强度协同抗菌效果的更好替代方法。这些技术可以通过干扰细胞的多种功能来对抗与亚致死治疗相关的微生物细胞的应激适应。Hema 等（2018）研究了基于栅栏技术的紫外线非热灭活山羊肉表面大肠杆菌 K12 的效果，旨在探索短波紫外线（UV-C）和精油（LG）协同灭活山羊肉表面大肠杆菌 K12 的潜力及其对肉品质属性的影响。

（一）单独短波紫外线或精油处理降低山羊肉上大肠杆菌

本实验结果表明，单独应用短波紫外线处理，在 200mW/cm^{2}的强度下，12min 内大肠菌减少 $1\times10^{1.18}$CFU/mL，使用脉冲紫外光在生鲑鱼鱼片上减少约 90% 单核细胞增生李斯特菌，这与本研究具有可比性。假设有限的渗透深度，以及具有强紫外线吸收特性的肉类中存在的表面脂质和蛋白质，为紫外线光子的可用性形成了额外的屏障，以使分散在粗糙食物基质中的自然微生物群失活。这限制了紫外线照明作为一种表面去污剂的作用。在我们的研究中，将短波紫外线强度从 100mW/cm^{2}增加到 200mW/cm^2，可显著增加细菌减少量，因此分别从 $1\times10^{0.61}$CFU/mL 增加到 $1\times10^{0.77}$CFU/mL，从 $1\times10^{1.06}$CFU/mL 增加到 $1\times10^{1.18}$CFU/mL。然而，将处理时间从 2min 增加到 12min，未呈现显著效果。单独的精油处理表明，1% 精油处理 8min 后可减少 $1\times10^{2.16}$CFU/mL。然而，将处理时间从 2min 增加到 12min，细菌减少 $1\times10^{2.05}\sim1\times10^{2.1}$CFU/mL，差异不显著。因此，本研究建议将 1% 精油处理 2min 作为一种潜在的个体非热处理工艺，以延长羊肉的保质期。

（二）精油和短波紫外线结合降低山羊肉上大肠杆菌

采用 6 种不同强度的精油和短波紫外线栅栏处理降低山羊肉上大肠杆菌 K12 的细菌浓度。使用 1% 精油和短波紫外线 200mW/cm^{2}栅栏处理时实现完全减少（$1\times10^{6.66}$CFU/mL，低于可检测水平），因此显著增加精油浓度和短波紫外线强度可增加细菌的减少。一般来说，将处理时间从 2min 增加到 12min 对细菌减少的影响不显著。当暴露于亚致死性应激时，病原微生物产生耐药性的能力可能随着处理时间的延长而增加大肠杆菌对短波紫外线处理的抵抗力。因此与其他栅栏处理相比，1% 精油和短波紫外线 200mW/cm^{2}处理时间为 2min，这似乎是可以替代当前非热栅栏技术减少肉表面大肠杆菌 K12 的最佳选择。

（三）精油和短波紫外线非热栏技术对羊肉品质特性的影响

在对色泽的影响上，对 L^* 值、a^* 值和 b^* 值测定结果，羊肉样品在 0min、6min 和 12min 处理时间内，单独处理的差异均不显著。但与处理后的未处理对照样品相比，使用 100mW/cm^{2}组合的精油和短波紫外线的栅栏处理显著降低了处理样品的 L^* 值、a^* 值和 b^* 值，而颜色值在 24h 后又恢复。此外，随着处理时间的延长，颜色值也显著增加，12min 后随着处理时间的延长而减少。

质构测定显示，经单独短波紫外线和精油处理的羊肉的 WB 硬度值随处理时间的延长而增加或减少。12min、0.5% 精油处理的样品具有最低的 WB 硬度值（11.83N），12min、1%

精油处理的样品具有最高的硬度值（30.96N）。对于0.25%和0.5%的单独精油处理，对照和处理过的肉类样品的WB硬度值差异不显著。与改变生肉硬度、多汁性和持水能力的高压处理相比，本研究中的栅栏处理（短波紫外线和精油）不会影响肉的质地和质量。

根据氧化特性分析，单独应用短波紫外线和精油处理的硫代巴比妥酸反应物值范围为0.17~0.49mg/kg。与对照组相比，这些处理组的脂质氧化显著降低，但1%精油处理组的增加除外。另一方面，栅栏处理的硫代巴比妥酸反应物值范围为0.22~3.66mg/kg，某些处理的硫代巴比妥酸反应物值增加，其他处理的硫代巴比妥酸反应物值减少。与对照组相比，短波紫外线100mW/cm^{2}和1%精油处理12min的硫代巴比妥酸反应物值最高（3.66mg/kg）。研究还表明，与对照组相比，某些组合处理显著减少了脂质氧化，而将细菌浓度降低到检测水平以下的栅栏处理增加了氧化性，但其量小于Rababah等观察到的氧化水平。

（四）结语

本研究表明，单独应用短波紫外线和精油工艺对羊肉上的微生物减少有显著影响。而这两个栅栏交互作用可大大提高大肠杆菌K12的灭活率，使其低于检测水平。在单独和有交互作用栅栏处理中，将处理时间从2min增加到12min，对细菌减少的影响不显著（$P>0.05$），而显著增加短波紫外线强度和精油浓度可促进羊肉上的细菌减少。总之使用短波紫外线和精油的栅栏可以成功地提高羊肉的微生物稳定性。但培养基的富集表明，细菌细胞在一段时间内有恢复的机会。因此有必要优化处理条件，以增强该栅栏技术对生肉中食源性病原体的抗菌效果。此外还应进行味觉和气味感官测试，以确定精油引起的羊肉感官属性变化，然而这可能会影响消费者的接受度。因此，可考虑将精油加入可食用薄膜涂层或纳米封装以掩盖其强烈的气味。

四、发酵肉香肠模型中单核细胞增生李斯特菌失活的创新栅栏系统的构建

阿尔赫拉香肠（Alheira）是葡萄牙北部的一种传统发酵香肠，该产品中单核细胞增生李斯特菌污染已成为当地食品安全的重要安全隐患之一，应用栅栏技术消除或降低单核细胞增生李斯特菌污染水平在肉制品的安全控制中被广泛采用。相关的栅栏因子包括植物提取物（如香精油和酚类化合物）、微生物产物（如细菌素、噬菌体和内溶素）和动物源性抗菌剂（如溶菌酶）等，此外，高静水压（hydrostatic pressure，HHP）等非热物理加工法也受到关注。高静水压作为一种成熟的新技术已在食品加工中得到应用，其主要缺点之一是商业设备昂贵，而且按照其操作导致单位产品加工成本也较高。为了克服这一经济瓶颈，应用其他栅栏技术互作可以优化其操作，从而降低处理成本、提高加工效益。Norton Komora等（2021）研究利用噬菌体P100和酸化乳片球菌HA6111-2，作为一种新的交互作用栅栏，旨在既能够降低高静水压压力并优化其处理规程，又能有效消除发酵肉香肠中的单核细胞增生李斯特菌。

（一）发酵肉香肠模型中单核细胞增生李斯特菌的灭活

在4℃冷藏期间，所有处理均使评估的两种菌株失活至低于计数技术检测限值。对于只接种了致病细菌的样品，在非加压样品中观察到单核细胞增生性李斯特菌在贮存60d期间轻微生长（两种菌分别增加$1\times10^{1.27}$CFU/g和$1\times10^{1.20}$CFU/g）。在高静水压处理的样品中，在轻度高压（300MPa）暴露导致亚致死性应激后，在整个冷藏过程中观察到单核细胞增生李

斯特菌的抑菌作用。在单核细胞增生李斯特菌中，观察到由温和压力（如300MPa）引起的亚致死性损伤，主要与细胞质膜有关（结构损伤增加细胞通透性，从而提高生物防治剂的有效性）。

两个加压（300MPa，5min、10min）和非加压样品相比，仅使用噬菌体P100作为生物防治剂的处理在贮存60d内无法消除单核细胞增生李斯特菌。尽管如此，在300MPa下处理的样品中观察到高静水压和噬菌体P100之间有协同作用，其中，高静水压处理后单核细胞增生李斯特菌计数立即下降至计数技术的检测限以下（即100CFU/g），导致Lm Scott A和Lm 1942分别下降$1\times10^{3.10}$CFU/g和$1\times10^{3.15}$CFU/g。在非加压样品中（0.1MPa，4℃），冷藏14d后才能获得相同的结果。所有含有乳酸双歧杆菌HA-6111-2的处理，贮存于4℃的Alheira香肠模型的整个保质期内，诱导单核细胞增生李斯特菌失活至无法检测的水平。组合的协同效应仅在加压后72h内将单核细胞增生李斯特菌的初始负荷降低至无法检测的水平。在单独接种乳酸双歧杆菌HA-6111-2的非加压处理样品中，仅在冷藏21d后才检测到单核细胞增生李斯特菌。相同的结果也出现作用在噬菌体P100和乳酸杆菌HA-6111-2组。

（二）发酵剂培养对发酵肉香肠模型pH的影响

不同处理的发酵香肠的pH没有显著差异（$P>0.05$），并且略高于之前关于在香肠模型中将乳酸双歧杆菌HA 6111-2用作发酵剂培养物的测定值；观察到的pH差异可以通过香肠中使用的不同配方来解释。中试分析中，在烟熏工艺之前，香肠模型的pH为4.5，而在整个贮存时间内自发酵或接种乳酸双歧杆菌HA 6111-2的香肠肉馅的平均pH降低约0.5个单位。因此，该pH的下降与本研究的非高静水压噬菌体实验室和高静水压噬菌体实验室处理样品中观察到的一致。

（三）非热栅栏多因子协同灭活单核细胞增生李斯特菌的机制

观察单核细胞增生李斯特菌细胞的超微结构变化，栅栏因子涉及高静水压、乳酸菌素和噬菌体，在10min时进行2h的挑战实验，并用借助透射电镜观察。高静水压、pediocin PA-1和噬菌体P100的PBS减少分别为（$1\times10^{1.78}\pm1\times10^{0.11}$）CFU/g、（$1\times10^{3.78}\pm1\times10^{0.15}$）CFU/g和低于检测限。正如预期的那样，三个栅栏的结合导致了单核细胞增生李斯特菌完全失活。有关细胞超微结构变化的透射电子显微镜（transmission electron microscope，TEM）成像显示，经Pedocin PA-1处理的细胞在细胞质膜和细胞壁之间呈现出明显的透明区域，这意味着这些细胞层可能扩张。在300MPa下处理的单核细胞增生李斯特菌的透射电子显微镜成像揭示了超微结构形态的轻微变化。尽管在整个细胞壁上可以观察到罕见的粗糙度，但主要的损伤是膜破裂、细胞内基质泄漏和核内容物凝结。DNA原纤维区的扩大以前被描述为单核细胞增生李斯特菌细胞高压处理的效应，以及限制刚性细胞壁内细胞膜引起的内陷，致使膜破裂。噬菌体P100的应用导致单核细胞增生李斯特菌细胞被附着的噬菌体颗粒完全被包围，导致其中许多遗传物质注入宿主细胞，并且在裂解周期后，细胞裂解引起细胞质物质泄漏。当三个栅栏交互作用时，没有观察到完整的细胞，在整个可视化制剂中分散着大量的血浆物质残留物，其中一些仍然附着在噬菌体上。

（四）结论

研究表明，结合轻度高静水压、噬菌体P100和产细菌素的酸性乳杆菌的非热处理能够在加工后立即在Alheira发酵香肠模型中根除单核细胞增生李斯特菌，并且在贮存60d期间未观察到其再生。此外，这种创新的多栏技术通过组合栅栏的协同效应导致 USDA-FSIS 5 减少。温和的高静水压与窄谱天然抗菌剂相结合，可能代表了一种可行的选择，即在保持传统食品感官特征的真实性的同时，对腌制和发酵肉制品进行微生物净化的最小化处理，这在实际应用中具有积极意义。

五、 高压可提高真空包装腌制猪排的腌渍液吸收率和保质期

腌制是肉类加工常用技术，腌料在腌制中发挥两大类特有功能特性，一是影响水结合或质地特性的成分，并通过离子强度和 pH 调节肉结合水，如水、盐、磷酸盐、有机酸、水胶体、分离蛋白、腌制助剂和酶等；二是影响对消费者吸引力和腌制肉类产品食用质量的成分，如草药和香料、风味提取物和甜味剂等。高压处理（HPP）是一种食品保存的替代方法，它使液体和固体食品（无论是否包装）能够承受 100~800MPa 的压力，具有在环境温度或低温下使微生物和酶失活而不影响食品营养特性的优势。然而，当压力高于 300MPa 时会对其他一些重要产品质量产生负面影响，如嫩度、颜色和脂质氧化等。

Ciara 等（2019）研究以高压加工为栅栏因子提高真空包装腌制猪排的腌渍液吸收率和保质期，目的是确定高压处理加速发色的功效和腌料在猪排中的吸收，以及高压处理和食用酸混合物在 4℃冷藏期间对腌制猪排的物理化学、感官和微生物特性的影响。研究中使用工业规模的高压处理装置和商用有机酸处理腌制猪排，其优点是易于扩大规模。高压处理和最终包装也为消费者提供了方便烹饪的产品。

（一）腌渍液的吸收/得率及色泽等的分析

分析实验结果，与未经处理的对照样品相比，在 300MPa 压力下处理的猪排对腌渍液的吸收/得率没有显著提高；然而当腌制猪排在高压下加工时，腌制液的吸收则显著增加。据报道，由于较高浓度的卤汁与肉内部较低浓度的液体形成梯度，卤汁从肉表面扩散到肉内部。在本研究中，较高的高压处理水平可能加速了这种扩散过程。高压处理对熟腌猪排的水分、蛋白质、脂肪或灰分含量没有显著影响，这与烹饪损失结果相关，但没有显著差异。在处理的第 1 天，与对照组未经处理的生腌猪排（0.1MPa）相比，高压处理的生腌猪排具有显著更高的 L^* 值和 b^* 值（分别为亮度和黄色）以及最低的 a^* 值（红色）。未经处理的对照样品颜色最深（$P<0.05$），随着施加的压力水平的增加，亮度成比例显著增加，500MPa 高压处理的生腌猪排显示出最高亮度。

在贮藏过程中，未经处理的对照生猪排和经高压处理的腌制生猪排的亮度均显著降低，这些显著变化在未经处理的对照生猪排的第 11 天出现，还在 300MPa、400MPa 或 500MPa 高压处理的样品的第 16 天、第 23 天或第 30 天出现，亮度降低可能是因为存在棕色和深色的肉色素氧化产物。在整个贮存过程中，还观察到未经处理的原始对照样品和高压处理样品（高压处理样品的亮度更高，黄色更高，红色减少）在第 1 天有颜色差异。烹饪后，未经处理和高压处理的腌制猪排颜色明显变深，红色和黄色变弱。亮度降低可能是由于肌红蛋白的变性，因为烹调色素是变性的高铁肌红蛋白，颜色较深。红色和黄色的减少可能是由于烹调造成红色和黄色卤汁色素的损失。与煮熟的未经处理的对照样品相比，煮熟的高压处理腌制猪排颜色变化较大，因为高压处理腌制猪排时，可能会导致烹饪前蛋白质变性，烹饪过程中还可能会导致蛋白质进一步的变性，并导致更明显的由蛋白质含量变化引起的颜色变化。

在第 1 天，与未经处理的对照样品相比，煮熟的高压加工腌制猪排（与施加的压力水平

无关）显著更轻。然而，在红色和黄色方面，样品之间没有观察到显著差异，这可能是因为所有腌制熟猪排表面都存在腌制液。在贮藏过程中，煮熟的未处理腌制猪排和高压处理的腌制猪排的亮度均显著降低，这些显著变化在第 11 天（煮熟的未处理腌制猪排）或第 23 天、第 16 天或第 23 天（300MPa、400MPa、500MPa）。与生腌制猪排类似，未经处理或高压处理的熟腌制猪排的红色和黄色不会随贮存时间而改变，这可能是由于肉表面存在高度着色的皮里腌制液。在整个贮藏过程中，还观察到第 1 天未经烹调处理的对照样品和高压加工样品之间的色差（高压加工样品的亮度更高）。

（二）质构特性分析

结果表明，随着压力水平的增加，熟腌猪排的剪切力值（WBSF）显著增加，未经处理的对照腌制猪排具有最低的剪切力值，而在 500MPa 压力下进行高压处理的腌制猪排具有最高的硬度。与未经处理的对照组或 500MPa 压力下处理的模型预测控制微结构（MPC）相比，在 300MPa 或 400MPa 压力下处理的质构之间未观察到显著差异。这表明，仅当高压处理施加达 500MPa 时，才会比对照样品更加坚硬。在整个贮藏期间，未经处理的对照组和高压处理的腌制猪排的剪切力显著降低，导致腌制猪排变得更嫩。未经处理的对照腌制猪排在 16d 后以及分别在 300MPa、400MPa 或 500MPa 高压处理的腌制猪排在第 16 天、第 23 天或第 11 天硬度出现下降。在第 1 天，与未经处理的样品（0.1MPa）相比，在 500MPa 高压处理的腌制猪排中发现更坚硬的样品；然而，从第 7 天到各自的保质期结束，未经处理的对照组和高压处理的腌制猪排之间的韧性没有显著差异。这些结果突出了卤汁和高压处理在更高水平上结合的潜力，使用高压处理可对变得更硬的肉类进行嫩化。

（三）pH 分析

pH 测定结果表明，在生腌猪排中，高压处理水平成比例地增加样品的 pH，因为未经处理的对照样品的 pH 显著最低，500MPa 样品的 pH 最高。腌制液的 pH 为 4.4，由于在 400MPa 或 500MPa 高压处理的样品中腌制液吸收率较高，预计这些样品的 pH 也会低于未处理对照组和 300MPa 腌制猪排，后者的腌制液吸收率显著更低。然而，与施加的压力无关，高压处理增加了腌制猪排的 pH，与腌制液的吸收水平也无关。高压处理后 pH 的增加归因于肉中可用酸性基团的减少与蛋白质变性相关的构象变化。在整个贮存时间内，与对生腌制猪排进行的处理无关，pH 显著降低，这可能是由于其通过实验室代谢产生乳酸。腌制猪排蒸煮后，各处理 pH 均显著升高，然而在第 1 天或整个贮藏期间，未经处理或高压处理的腌制猪排的增加量没有显著差异。因烹饪导致的 pH 增加可能是由于蛋白质展开时肌肉蛋白质中酸性基团的数量减少。在高压处理的腌制猪排中，烹调和高压处理的联合应用对 pH 的增加没有促进作用，因此与烹调但未高压处理的对照样品相比，没有观察到显著差异。这可能是由于烹饪过程比高压处理过程的影响力更大。与未经处理的熟肉样品相比，高压处理的熟肉样品对 pH 也有类似的影响。

（四）脂质氧化分析

硫代巴比妥酸反应物测定结果表明，高压处理显著增加了腌制猪排的脂质氧化，这种增加与高压处理水平呈正比，因为对照组未经处理的腌制猪排具有最低硫代巴比妥酸反应物值，并且在 500MPa 下高压处理的腌制猪排具有最高硫代巴比妥酸反应物值。在所有处理中使用相同浓度的腌料不会削弱高压处理显著增加脂质氧化的能力，随着贮存时间的延长，硫代巴比妥酸反应物值显著增加。未经处理的对照组和高压处理的腌制猪排中，在其各自的保质期结束时，未经处理的对照组和高压处理的腌制猪排在第1天观察到硫代巴比妥酸反应物的差异（硫代巴比妥酸反应物随着高压处理水平的增加而增加）。但在整个贮存过程中，所有样品中的硫代巴比妥酸反应物值均低于最大值，硫代巴比妥酸反应物的可接受限值为1mg/kg，该值被视为肉制品通常会产生不良气味/味道的限值。

（五）感官分析

感官分析结果表明，在第1天，未经处理的对照组和高压处理的腌制猪排在外观、多汁性或感官特性（OSA）等方面没有显著差异，但在风味、质地和嫩度方面有显著差异。就风味而言，未经处理的对照腌制猪排最不受欢迎，而500MPa的样品是最受欢迎的，这可能是由于高压处理能够促进腌制液的吸收，从而改善了熟腌制猪排的风味。感官特性的接受分数为4.5，因为这代表了9分制的中点，超过该阈值的产品被认为是可接受的。在第1天，未经处理的对照猪排和300MPa高压处理的腌制猪排的质地可接受性没有显著差异；但是，400MPa或500MPa高压处理的腌制猪排的质地可接受性最低。与剪切力值类似，未经处理的对照组具有最低剪切力值，因此是最嫩的。在贮藏期间，未经处理的对照组和高压处理的腌制猪排在外观、风味、多汁性或感官特性方面都没有显著差异；然而，经过高压处理的腌制猪排样品会变得更嫩，因此质构显然是受欢迎的。

（六）主成分分析

主成分分析显示，0.1MPa结合有机酸（MPC）与红色（原始）和感官属性（包括对质地和嫩度的喜爱）关系最为密切。对照样品（0.1MPa）的红色值最高，并且对质地和嫩度的喜好得分最高。就其他结合有机酸处理而言，在主成分分析图上以及根据所有表中显示的数据，与对照样品（0.1MPa）最接近的样品是300MPa结合有机酸。结果还显示，500MPa结合有机酸与400MPa结合有机酸的关系最为密切，还与卤汁吸收、剪切力、明度、黄度、pH等物理化学特征以及风味的感官属性相关。在500MPa高压下处理的结合有机酸无论在生的还是熟的中都具有最高的卤汁吸收、pH、剪切力值以及最高的颜色变化程度。在400MPa和500MPa的结合有机酸中也观察到最高的风味感官评分。

（七）微生物分析

未经处理的腌制猪排的初始微生物质量良好。经高压处理后腌制的生猪肉样品低于菌落总数（TVC）和大肠杆菌的检测限（小于10CFU/g）。未经处理的对照样品（0.1MPa）的初始菌落总数为100CFU/g，大肠杆菌也低于检测限。在整个贮存过程中，所有样品中均未发现沙门菌、大肠杆菌和大肠菌群。对于含有0.3%食用有机酸的未经高压处理的对照生腌猪排样品，在贮存14d后达到菌落总数的可接受极限，而在300MPa、400MPa或500MPa下进行高压处理并含有0.3%食用有机酸的生腌猪排样品在30d、36d或43d后达到可接受极限。与未经处理的对照样品相比，在上述不同压力下对生腌制猪排进行高压处理，其保质期分别显著延长114%、157%和207%，而腌制液在减少微生物负荷或延长保质期方面未显示效果。显然，对于未经处理的对照和经过高压处理的腌制生猪排来说，其主要的腐败微生物是乳酸杆菌，并贮存期间显著增加，其增加速率与菌落总数相似。

本研究结果表明，高压处理和乳酸杆菌的联合作用延长了腌制猪排的保质期，保质期的延长取决于施加的压力水平；高压处理和混合有机酸的联合作用不仅可以提高腌制猪排的安全性和保质期，而且可以提高高压处理在压力下的有效性，加速猪排腌渍液的吸收，从而提高风味的可接受性，通过加快腌制液的吸收来改善腌制猪排的风味，掩盖由高压处理引起的变色，并加快腌渍猪排在贮存期间的嫩化速度。

六、 基于栅栏技术的高压处理延长新鲜鸡胸片的保质期

在全球范围内，禽肉是一种非常受欢迎的食品，欧洲肉类中有22.6%是禽肉，成为欧盟消费者仅次于猪肉的第二大选择。由于加工和零售分销距离较以前越来越长，作为高度易腐的商品，应用栅栏技术优化其保质期受到关注。而所选择的栅栏因子，主要侧重于气调包装与其他因子，如有机酸及其盐类、天然抗菌物质、辐射和冷冻冷藏等的结合。栅栏因子对肉类质量的影响可能是积极的，也可能是消极的，这取决于其应用方式和水平。而高静水压等冷杀菌技术在带来尽可能更少的消极因素上展现优势。Rodriguez-Calleja 等（2012）研究基于栅栏技术的高静水压处理延长新鲜鸡胸片的保质期，以评估栅栏组合在延长新鲜鸡胸片保质期的作用。

（一）对保质期和消费者评价的影响

实验结果分析显示，在第0天，C-MAP 和 A-HP-MAP 处理的样品保质期均随感官变量、多汁性的变化而变化。C-MAP 和 A-MAP 处理的样品保质期随表征、脱酸和氧化的变化而变化。贮藏 7d 后，HP-MAP 处理过的样品（相对靠近中心）保质期随鸡肉香气表征的变化而变化。C-MAP 样品的感官属性可接受限度为 7d，HP-MAP 和 A-MAP 样品为 14d，A-HP-MAP 样品为 28d。C-MAP 肉片的可接受性在贮藏期间下降，而香气、嫩度、脱腥味和氧化味的可接受性则增加。HP-MAP 和 A-MAP 感官评分也观察到类似的模式，但嫩度（A-MAP）和总体可接受性（HP-MAP 和 A-MAP）在保质期内略有下降或相对稳定。对于 A-HP-MAP 处理的样品，颜色、多汁性和总体可接受性得分在贮存期结束前保持稳定，嫩度和鸡肉香气增加，而非氧化风味和氧化风味得分则有波动。在总体可接受性方面，消费者首选 A-HP-MAP 样本，然后是 HP-MAP 样本。总体来说，A-MAP 和 C-MAP 鸡肉片比加压样品更不易被实验小组成员接受，后者的处理也显著影响鸡肉的香气属性。对于贮存一周后的未经高静水压处理样品，对与消费者偏好相关的非风味属性和氧化风味进行了负面评估。

（二）对微生物特性的影响

第0天，C-MAP 和 A-MAP 样本的菌落总数相似，分别为（$1\times10^{4.98}\pm1\times10^{0.60}$）CFU/g 和（$1\times10^{4.77}\pm1\times10^{0.30}$）CFU/g。加压样品的菌落总数初始水平显著降低，HP-MAP 为（$1\times10^{2.10}\pm1\times10^{0.70}$）CFU/g，低于 A-HP-MAP 的检测限（小于 $1\times10^{0.7}$CFU/g）。在贮藏期结束时，所有处理的菌落总数均高于 1×10^{6}CFU/g。微生物是导致肉类腐败的主要因素，形成的菌群取决于处理的综合效果和影响腐败的其他条件，如贮存温度、pH 和包装环境等。在本研究中，当菌落总数（TVC）水平为（$1\times10^{6.54}\pm1\times10^{0.49}$）CFU/g 时，C-MAP 样品的保质期估计为 7d，可通过高初始 pH（大于 6.0）和新鲜鸡肉片上发现的嗜冷细菌数量而降低，尽管有报道称，在类似条件下贮存的初始菌落总数较高和较低的鸡胸肉具有较长的保质期。对于 C-MAP 样品，热裂双歧杆菌和假单胞菌是腐败时的主要微生物（占总活菌群的 82%）。对于处理过的样品，A-MAP 样品贮藏期的主要菌群是唯一能够在 A-HP-MAP 鸡肉片上生长

的菌群，而热裂双歧杆菌就是 HP-MAP 样品的主要腐败菌群（占总活菌群的 89%）。

（三）对肉质属性的影响

高静水压会导致肉品质特性的不良变化，包括颜色和质地的改变、脂质氧化和烹饪损失，所有这些都会降低消费者的接受度。在贮存期间，不同组别的 L^* 值有降低（C-MAP 样品和 A-HP-MAP 样品），也有增加（HP-MAP 样品）或保持稳定（A-MAP 样品）。总体而言，非加压样品的初始 a^* 值在贮存期间增加，高静水压处理样品的初始 a^* 值降低。C-MAP 鸡肉片的黄色度（b^* 值）降低，但在其他处理中增加。在评估中，加压和非加压样品之间没有显著差异。消费者对加压鸡肉片的颜色可接受性可能与 a^* 值（红色度）的增加以及与红肉相比鸡胸肉中较低的肌红蛋白含量有关。这些结果与 Kruk 等的结果一致。

剪切力值测定结果，初始值不受不同处理或冷藏的显著影响。只有 A-MAP 样品有显著性差异，剪切力值还与大肠菌群数和 L^* 值之间存在正相关。高静水压处理也会影响肉蛋白质的构象，并诱导蛋白质变性、聚集或凝胶化，从而导致肉变嫩或变韧。这些结果取决于肉蛋白质系统、使用的温度、压力及其持续时间。本研究结果，处理方法、贮存时间及其组合对剪切力值没有显著影响。硫代巴比妥酸反应物值测定结果，所有样品的初始值都非常低，MDA 介于（0.159±0.033）mg/kg 和（0.223±0.042）mg/kg 之间，总体在冷藏期间略有增加。在保质期内，只有 HP-MAP 样品中的硫代巴比妥酸反应物值显著高于对照样品（C-MAP）。对于加压和非加压样品，硫代巴比妥酸反应物值在贮存 7d 后升高，然后再次降低。在烹调损失的影响方面，处理对其有显著影响，而贮藏时间无显著影响。第 0 天，HP-MAP 鸡鱼片［（8.1±0.3）%］的烹调损失值显著低于所有其他处理的观察值；但是贮存 21d 后，其增加到记录的最高值［（14.8±0.9）%］。

（四）对 pH 和顶空气体成分变化的影响

所有鸡肉样品在整个贮存期间都记录到 pH 的降低，加压样品的 pH 显著高于 C-MAP 和 A-MAP 样品。经高静水压处理后 pH 的升高归因于与蛋白质变性相关的构象变化导致的可用酸性基团减少，而在 MAP 条件下包装的鸡肉在整个贮存期内 pH 的显著降低可能是由于通过实验室代谢和/或 CO_2 产生乳酸，其为水溶性和脂溶性，可溶解到鸡肉中，直至达到饱和或平衡。对于处理过的样品和 C-MAP 样品，pH 与主要贮藏菌群之间存在显著的负相关。对照品（C-MAP）和处理过的鸡胸肉片在冷藏期间顶空气体成分的变化，初始 CO_2 浓度在 25.9%~27.5%，而 O_2 浓度在整个贮存过程中始终低于 1%。CO_2 浓度在贮存期间增加，到第 14 天（C-MAP 包装）时最大值为 31%，到第 21 天（a-MAP 包装）时最大值为 30.3%。CO_2 浓度与 C-MAP、A-MAP（LAB）和 HP-MAP（*B. thermosphacta*）样品中的主要贮藏菌群之间存在显著相关性（$P<0.05$）。

第二节　乳品和水产加工与栅栏技术

一、基于栅栏技术的温和巴氏杀菌干燥对牛初乳生物特性和品质的影响

牛乳是大众化营养食品之一，初乳更是含有多种生物活性化合物，如免疫球蛋白、乳铁

蛋白、乳过氧化物酶、溶菌酶和生长因子等。因此初乳在 IF、健康饮料、膳食补充剂和新型功能性食品和药物中具有良好的应用潜力。然而实际生产中所收集的初乳样品的微生物负载量通常超过行业可接受的 $1\times10^{5.0}$CFU/mL。在冷冻、食品添加剂、巴氏杀菌、微波、脱水等所有加工技术中，新鲜初乳的热处理和巴氏杀菌是减少细菌病原体最常用的方法之一。初乳的杀菌通常采用低温/长时间的巴氏杀菌（LTLT），63℃处理 30min，或较高温/短时间的巴氏杀菌（HTST），即 72℃处理 15s。这一工艺改善了产品的卫生质量，但会导致牛乳的营养、功能和理化特性发生不利变化。Shahram 等（2021）研究不同巴氏杀菌条件（时间和温度）和干燥方法（SD 和 FD）对牛和水牛初乳关键生物活性蛋白、抗氧化活性和微生物质量的影响，并提出保存初乳生物活性化合物的最佳条件。

（一）巴氏杀菌条件对免疫球蛋白含量的影响

免疫球蛋白（IgG）是一组具有保护性生物活性的蛋白质化合物，作为抗体发挥提高系统免疫力的作用。本实验结果表明，随巴氏杀菌时间延长和温度提升，免疫球蛋白浓度显著降低（$P<0.05$）。当温度从 57℃ 提高至 60℃ 并持续 30min，观察到免疫球蛋白损失从约 5.8%上升到 12.95%，在水牛初乳的巴氏杀菌处理中，免疫球蛋白的平均损失率为 9.27%～10.27%。牛和水牛初乳经过巴氏杀菌后的免疫球蛋白变化呈现显著差异（$P<0.05$）。尽管水牛初乳的免疫球蛋白含量显著高于牛初乳，但水牛初乳比牛初乳对热处理更敏感。例如，当水牛初乳在 63℃下巴氏杀菌 60min 时，免疫球蛋白的损失率超过 30%，而在相同的条件下，牛初乳中免疫球蛋白损失率仅为约 12%。IgG_1 和 IgG_2 对热的敏感性也有差异，这可能是牛和水牛初乳中免疫球蛋白热损失不同的原因，当然其还受到化学成分、pH 等差异的影响。

（二）巴氏杀菌条件对乳铁蛋白含量的影响

乳铁蛋白（LF）作为一种铁结合糖蛋白，具有多种生物活性，如抗菌、抗氧化、抗炎、抗癌和免疫调节特性。水牛和牛初乳样品分别含有约 1.19mg/mL 和 1.02mg/mL 的乳铁蛋白。乳铁蛋白浓度随着温度上升和时间延长而显著降低（$P<0.05$），这可能与热处理过程中的蛋白质变性有关。虽然巴氏杀菌时间和温度的增加对总免疫球蛋白有显著影响，但乳铁蛋白含量的降低最为显著。由于聚集速度快，在完全变性之前被锁定在聚集物中受到物理包埋的保护。此外变性的免疫球蛋白对天然蛋白质具有保护作用，并提高了热变性温度。此外，当 pH=6 时，免疫球蛋白呈现出最大稳定性，这是两种初乳的自然 pH，有可能是免疫球蛋白与乳铁蛋白相比具有相对良好的热稳定性。乳铁蛋白变性随着温度和蛋白质含量的升高以及 pH 向乳铁蛋白等电点的移动而增加。当水牛初乳在 57℃巴氏杀菌 60min 时，其乳铁蛋白水平仍然显著高于在 60℃处理 30min 时的水平。总体来说，温和的热处理还是保留了较多的免疫球蛋白和乳铁蛋白。

（三）DPPH 自由基清除活性（DRS）和铁离子还原/氧化能力

水牛和牛初乳巴氏杀菌 30min，随着温度从 57℃升高到 63℃，DPPH 自由基清除活性（DRS）水平分别降低大约 21%（从 64.83%降至 43.26%）和 26%（从 70.85%降至 44.95%）。牛奶和初乳蛋白被认为是具有抗氧化、抗菌、抗血栓、抗炎和免疫调节活性的生物活性肽的最佳来源之一。在初乳中发现了几种抗氧化剂，包括酶（超氧化物歧化酶、谷胱甘肽过氧化物酶、过氧化氢酶）、非酶蛋白和肽［乳过氧化物酶（LP）、乳铁蛋白（LF）

和铜蓝蛋白（CP）、乳清蛋白、酪蛋白水解物］、酚类化合物和维生素A和维生素E。根据肽浓度，水牛初乳显示出58%～88%的ABTS自由基清除能力。而在热处理过程中，这些生物活性化合物可能会变性并失去生物活性。此外，生物活性蛋白质和肽的热变性温度通常在60～90℃，通过增加巴氏杀菌的时间和温度，两种乳的抗氧化活性都显著降低。在热处理过程中，各种初乳样品中生物活性成分的损失和铁离子还原/氧化能力（FRAP）指数的降低也被发现。随着温度升高和时间延长，铁离子还原/氧化能力的还原趋势比更明显。这一差异可归因于生育酚和酚类化合物具有显著的铁还原活性。总体来说，许多研究都在60℃特别是63℃时进行，对于初乳的巴氏杀菌过程大大降低了其抗氧化潜力和生物活性蛋白质（尤其是乳铁蛋白）。此外，液体初乳的保质期低于粉末初乳。

（四）干燥方法对免疫球蛋白和乳铁蛋白含量的影响

尽管喷雾干燥有其优点，但在此过程中生物活性化合物可能会受到热损伤，因此在制备初乳粉时，该技术的使用受到了挑战。在这方面，冷冻干燥法可能是制备具有优异生物活性化合物稳定性的初乳粉的良好解决方案。然而，高生产成本、耗时的工艺和扩大规模的困难限制了冷冻干燥法的进一步工业发展。在本研究中，比较了这些干燥方法对初乳生物活性蛋白的影响，发现两种干燥过程仅引起轻微的蛋白质变性，两种方法在保留生物活性蛋白（免疫球蛋白和乳铁蛋白）方面的差异不显著（$P>0.05$）。尽管冷冻干燥提供了略高浓度的生物活性蛋白质，但喷雾干燥也是保留这些有价值的化合物的一种有前景且简易的技术。此外，乳铁蛋白在干燥过程中的稳定性高于免疫球蛋白。之前的实验表明，喷雾干燥和冷冻干燥对Igs和乳铁蛋白含量没有重大影响，而通过温和巴氏杀菌和干燥组合处理的样品的乳铁蛋白和免疫球蛋白含量高于在60℃及以上温度下热处理的含量。

（五）干燥方法对抗氧化活性的影响

在本研究中，经巴氏杀菌的牛初乳和水牛初乳的平均清除活性分别为64.8%和70.85%，而冷冻干燥样品的平均DSR值分别为51.56%和62.47%（$P<0.05$）。这种降低可能是由于在冷冻干燥过程中某些抗氧化化合物的损失。在冷冻干燥过程中，总抗氧化能力的显著降低是指抗氧化剂保护活性的变化，而不是抗氧化剂的直接破坏。喷雾干燥也显著降低了样品的DRS值（$P<0.05$）。虽然冷冻干燥和喷雾干燥处理的初乳的DRS值没有显著差异，但冷冻干燥过程的还原效果低于喷雾干燥过程。先前的研究表明，生物活性蛋白质和肽可能会在各种酸性胺残基上发生氧化，其中蛋氨酸残基最为敏感。因此，蛋氨酸氧化（降低游离蛋氨酸含量）可能是反应检测加工过程中发生的氧化水平变化的标志。此外喷雾干燥显著降低了样品的FRAP指数。由于酚类化合物和生物活性肽对高温的敏感性，所以喷雾干燥对其有害。

（六）干燥方法对微生物特性的影响

TPC和TCC是研究乳制品微生物质量的标准方法，新鲜初乳TPC和TCC的可接受限度分别为1×10^5CFU/mL和1×10^4CFU/mL。然而，在热处理初乳中，TPC和TCC的阈值分别为$1\times10^{4.3}$CFU/mL和100 CFU/mL。新鲜初乳的TPC值高于1×10^5CFU/mL的可接受限值。在30min温和巴氏杀菌后，TCC、大肠杆菌、酵母和霉菌计数低于10 CFU/mL。因此，温和巴氏杀菌可以使样品的微生物负载达到可接受的水平，在55℃下热处理60min或仅使用冷冻干燥和喷雾干燥工艺无法保证可接受的微生物限值（TPC<1×10^5CFU/mL）。

综合评估显示，温和巴氏杀菌（57℃处理30min）对初乳样品的生物活性蛋白质和抗氧化活性有可忽略的或轻微的负面影响，但此温和巴氏杀菌条件结合冷冻干燥法或喷雾干燥法作为一种良好的栅栏方法，在较长的时间和较高的温度下比巴氏杀菌法更能有效地保持牛和水牛初乳的生物活性，从而提高微生物稳定性和保质期。

二、 多因子栅栏抑制印度软乳制品帕里中大肠杆菌的研究

印度软乳制品帕里（paneer）是一种软奶酪制品，也称为印度农家干酪，是通过水牛或牛奶的酸和热凝固获得的乳制品，由于其高水分和丰富的营养成分，为微生物生长和快速繁殖提供了有利的食品基质，因此最终成为具有低保质期的高度易腐食品。Aman 等（2019）研究多因子栅栏抑制印度帕里中的大肠杆菌，旨在评估植物化学物质与温度和真空相结合对大肠杆菌生物防治的联合和单一效应，目的是延长印度帕里的保质期，最终实现产品安全。

（一）温度和真空度对产品基质中大肠杆菌生长和存活的影响

在30℃下贮存的印度帕里中的大肠杆菌数量显著增加，从0h的$1\times10^{5.95}$CFU/g增加到48h后的$1\times10^{7.625}$CFU/g。相比之下，在5℃储存48h后，大肠杆菌数量没有任何显著变化，在相同接种密度下保持不变。在5℃贮存的真空包装印度帕里样品大肠杆菌种群的增加极少，在48h内，大肠杆菌数量从细胞密度从0开始的$1\times10^{6.33}$增长至$1\times10^{6.66}$CFU/g。30℃贮存的真空包装罐中的大肠杆菌计数增加了$1\times10^{1.8}$CFU/g，从0h的$1\times10^{6.12}$CFU/g增加到48h后的$1\times10^{7.92}$CFU/g。由于在印度市场上出售的大多数商业包装的印度帕里都是真空包装的，并在低温下贮存，残留的大肠杆菌在温度和真空栅栏作用下没有任何减少，从而带来因大肠杆菌所致的相关疾病传播的隐患。印度许多的食品都是在未经加热/烹饪的情况下生食，这将为食品安全领域带来挑战。

（二）天然植物提取物在体外条件下对大肠杆菌的作用

在测试的5种植物化学物质中，槲皮素、薄荷醇、胡椒碱和丁香酚在100μg/mL的浓度下对大肠杆菌的生长有完全抑制作用（100%），没食子酸对大肠杆菌的生长抑制作用可达95%以上。每种试验化合物均表现出浓度依赖性的大肠杆菌抑制作用，丁香酚在所有试验浓度下最有效，其次是槲皮素、胡椒碱、薄荷醇和没食子酸。5种化学物质在100μg/mL时开始对大肠杆菌有抑制作用，这被认为是最低抑制浓度（MIC），将其原位添加到印度帕里中，以测试其在食品基质中抑制大肠杆菌的效果。这些结果与其他体外研究一致，证明了没食子酸、槲皮素、薄荷醇、胡椒碱和丁香酚对包括大肠杆菌在内的病原菌有抑制作用。本研究得出的MIC值与许多其他研究报告的MIC值之间的差异也曾在其他类别的植物化学物质中观察到，这可能是测定的方法有差异，以及细菌属/种内的种间和种内差异所致。

（三）各种栅栏对印度帕里基质中大肠杆菌生长和存活的影响

通过评估各种植物化学物质（没食子酸、槲皮素、胡椒碱、丁香酚、薄荷醇）单独添加或结合栅栏（真空和温度）对大肠杆菌的抗菌效果，发现所有测试的植物化学物质在低温和环境温度下对印度帕里中的大肠杆菌均有效。存在这些植物化学物质或植物提取物时，产品中的大肠杆菌的生长和存活率显著降低。将浓度为100μg/mL的胡椒碱添加到印度帕里中，在5℃贮存48h时后，印度帕里中的大肠杆菌数量适度减少至$1\times10^{1.3}$CFU/g，而在30℃

储存48h后的没有显示显著变化。据报道，胡椒碱乙醇提取物对大肠杆菌的MIC值高达1250μg/mL。在5℃贮存48h，向印度帕里中添加浓度为100μg/mL的没食子酸可有效减少大肠杆菌，而在30℃贮存的印度帕里在48h后大肠杆菌数量显著减少。在印度帕里中添加浓度为100μg/mL的槲皮素，分别在5℃和30℃贮存48h后，大肠杆菌计数显著减少。当单独使用每种化合物时，观察到没食子酸和槲皮素对大肠杆菌的杀灭作用更高，而胡椒碱和薄荷醇的杀伤力较低。这可能是由于植物化学物质的协同作用或拮抗作用，因为它们之间的交互作用会影响它们的联合活性。

（四）对其他产品特性的影响

影响软干酪（如印度帕里）味道的一个重要因素是其高水分含量和pH，所有印度帕里样品（处理后）的A_W和pH无显著变化，对照样品的L^*值、a^*值、b^*值与添加了胡椒碱、薄荷脑、丁香酚和没食子酸的样品相同，但槲皮素添加样品有更高的黄色泽，这可能会限制槲皮素作为印度帕里抗菌植物化学物质的有效使用。而且不同印度帕里样品的感官分析结果表明，槲皮素添加样品在外观、味道和风味方面被认为是最不可接受的，没食子酸处理的样品具有中等的可接受性，因为一些评估专家认为其带有苦味，而丁香酚添加样品可接受度最广。

三、 基于栅栏技术的冷杀菌对巴氏杀菌乳微生物灭活和保质期的影响

传统的热巴氏杀菌（TP）一直被公认为是商业生产中对牛奶等食品进行杀菌最有效且安全的方法，同时加工新技术，如微滤（MF）、脉冲电场（PEF）、超声波（US）等的研究与应用也在不断取得进展，尤其是基于栅栏技术的多因子协同效应显示出广阔前景。Walkling-Ribeiro等（2011）研究基于栅栏技术的冷杀菌技术对巴氏杀菌乳微生物灭活和保质期的影响，将MF、PEF及其组合（MF/PEF、PEF/MF）牛乳新型非热加工方法与传统热巴氏杀菌进行比较，并评估使用冷杀菌栅栏技术保存牛乳提升其微生物货架稳定性的作用。

（一）脉冲电场、微滤、微滤/脉冲电场、脉冲电场/微滤等处理牛乳中的微生物失活

采用脉冲电场或微滤单一加工技术可最大程度地降低微生物数量，分别为$1\times10^{4.6}$CFU/mL和$1\times10^{3.7}$CFU/mL，脉冲电场在407kJ/L、632kJ/L、668kJ/L和815kJ/L的能量密度下，微生物失活率分别降低了$1\times10^{2.0}$CFU/mL、$1\times10^{2.1}$CFU/mL、$1\times10^{2.3}$CFU/mL和$1\times10^{2.5}$CFU/mL。微滤和脉冲电场组合对牛乳进行栅栏处理，微生物减少$1\times10^{4.1}\sim1\times10^{4.9}$CFU/mL，与热巴氏杀菌相当。使用脉冲电场或微滤/脉冲电场时，未观察到电场强度、处理时间和能量密度增加的影响。然而，将栅栏处理顺序更改为脉冲电场/微滤可将处理效能从$1\times10^{4.9}$CFU/mL提高到$1\times10^{7.1}$CFU/mL，这表明脉冲电场处理参数的更改对该栅栏处理方法的整体效会产生一定影响。此外，与微滤、热巴氏杀菌和微滤/脉冲电场相比，最有效的脉冲电场/微滤处理也显著提高了天然牛乳微生物的减少率。单独脉冲电场和单独微滤处理的加性处理效果高达$1\times10^{6.2}$CFU/mL，因此，采用脉冲电场/微滤栅栏处理的牛乳中天然微生物的最大失活率为$1\times10^{7.1}$CFU/mL，略微低于协同处理效果。与脉冲电场和热巴氏杀菌相比，微滤处理牛乳的初始电导率发生了显著变化，而脉冲电场和热巴氏杀菌则没有受到影响。

（二）脉冲电场/微滤和热巴氏杀菌处理牛乳的微生物货架稳定性

使用最有效的脉冲电场/微滤栅栏法（42kV/cm，612μs，815kJ/L），与“热”巴氏杀菌

乳相比，“冷”巴氏杀菌乳的微生物货架稳定性相似。由于在原料脱脂乳均质化之前，初始总氧微生物（TAMC）高达$1\times10^{6.4}$CFU/mL，这对TAMC没有显著影响，脉冲电场/微滤和热巴氏杀菌均未使牛奶中的微生物种群完全失活，只是分别将微生物负荷降低了$1\times10^{3.1}$CFU/mL和$1\times10^{4.3}$CFU/mL。同样，经脉冲电场/微滤处理后，未处理的牛乳中$1\times10^{5.6}$CFU/mL和$1\times10^{6.4}$CFU/mL的初始酵母菌与霉菌点数分别降低至$1\times10^{2.8}$CFU/mL和$1\times10^{3.9}$CFU/mL，热巴氏杀菌处理后分别降低至$1\times10^{1.8}$CFU/mL和$1\times10^{4.6}$CFU/mL。

使用这两种处理技术，产气荚梭菌初始计数为$1\times10^{2.0}$CFU/mL、总菌落数为$1\times10^{1.7}$CFU/mL。脉冲电场/微滤处理将TEBC降低到$1\times10^{1.6}$CFU/mL。相比之下，脉冲电场/微滤处理后，初始总菌数为$1\times10^{5.6}$CFU/mL降低到检测限以下，而热巴氏杀菌将其降低到$1\times10^{1.5}$CFU/mL。尽管与热巴氏杀菌相比，脉冲电场/微滤保存牛乳后直接获得的微生物减少量略高，但采用任何一种方法处理的脱脂牛乳的微生物保质期都限制在7d的冷藏期内。对于脉冲电场/微滤处理的牛乳，各组微生物贮存7d后超过了$1\times10^{5.0}$CFU/mL的限制。在保质期分析期间，脉冲电场/微滤加工乳中的霉菌总数、产气荚梭菌等并未超出微生物稳定性和安全性的限制，同时，热巴氏杀菌处理乳在冷藏35d后，各种检测菌在保质期内也保持稳定。

（三）讨论

将脉冲电场和微滤结合作为栅栏技术用于牛乳的“冷”巴氏杀菌，结果表明比传统的TP更有效，如果加工温度增加到中等水平，则可以预期脉冲电场/微滤具有更高的抗菌功效，可以延长微生物牛乳的保质期。在较高温度水平下使用脉冲电场/微滤对牛乳进行处理将对总需氧菌数产生较大影响，尤其是肠道细菌、嗜冷菌、霉菌和酵母菌，并可能补偿使用TP以保留牛乳对这三种微生物群的轻微优势。鉴于本研究取得结果和其商业化潜力，应进一步研究这种非热栅栏技术的优化，重点关注不同乳制品的具体要求，如适度热辅助脉冲电场/微滤处理可提高微生物安全性和货架稳定性，而“冷”脉冲电场/微滤处理可提高营养和感官质量。此外，脉冲电场牛乳处理后的分子水平上的交互作用导致脉冲电场/微滤在微滤/脉冲电场处理序列中的抗菌效果增加，其机制有待进一步探究。

四、栅栏技术在鱼类保鲜中的应用

鱼类是一类极易腐烂的产品，除了保质期短之外，鲜鱼消费的另一个障碍是人们将海鲜产品视为烹饪耗时长的食品。在大多数情况下，鱼类和鱼类产品必须在收获或加工后立即冷藏或冷冻，以抑制微生物生长和质量恶化。一般而言，采后加工技术旨在克服鲜鱼保质期短的问题，以提高商业化程度并优化资源利用（如鱼片副产品）。传统的食品保存方法，如冷冻、腌制、罐装、腌制等常用于控制微生物的生长和延缓鱼产品的变质，而非热处理被引入，则作为替代方法以化解温度升高对产品的负面影响。Tsironi等（2020）研究总结了可应用于鱼类和鱼类产品的替代栅栏，以抑制微生物生长，从而延长其保质期。

（一）中高水分鱼制品

中等水分鱼类产品的A_w值的范围在0.6~0.9。在这种情况下，A_w是保障微生物稳定性和安全性的主要栅栏。这种鱼产品通过额外的栅栏来稳定，如加热、防腐剂、pH和竞争性微生物区系。在中等水分食品的制备过程中，新鲜食品中的一些水分被去除，通过添加合适的溶质（保湿剂），剩余水分对微生物生长的可用性可能会进一步降低。结合使用合适的抗菌剂和抗真菌剂生产的中等水分食品可在环境温度下长期贮存，降低保存成本和能耗（特别是当最终 A_W 值低于 0.85 时）。在 A_W 值高于 0.85 的中间水分鱼类产品中，pH 在控制腐败生物方面起着重要作用。当 pH=5.0 或更低时，除乳酸杆菌等理想菌株外的微生物生长将受到抑制。

高水分鱼类产品是经过最少加工的新鲜产品。最终产品的 A_W 值高于 0.9，这些食品需要冷冻。在冷链中保持低温会消耗能源，并需要较高的成本。同样明显的是，实际冷链中发生的温度波动可能会在食品供应链的任何阶段显著影响这些产品的质量水平和剩余保质期。因此，除了低温外，还应设置额外的栅栏，以保持高水分鱼类产品的质量并延长其保质期。通过对新鲜鱼片进行渗透脱水处理，可以达到略低的 A_W 水平。在这种情况下，最终 A_W 值低至 0.95，这可能会抑制假单胞菌的生长，此菌是有氧包装冷冻地中海鱼类的主要腐败因子。渗透脱水处理过的鱼产品的 pH 可以通过在渗透性溶液中加入葡萄糖酸-δ-内酯等试剂来降低。这是一个额外的栅栏，对低 A_W 和冷藏温度起协同作用，进一步延缓微生物生长和延长保质期。据报道，将香芹酚、乳链菌肽或其他天然抗菌剂和植物提取物加入用于鱼片渗透处理的渗透溶液中也有类似的协同效应。这种最低限度加工成本和能源效率的提高，可以延长食品的保质期，而不会显著影响其初始感官特性。

（二）发酵鱼制品

发酵鱼产品（如中国的臭鳜鱼）可以使用栅栏技术生产，以确保它们在室温下长期的稳定、优质和安全。发酵鱼的微生物稳定性是通过在生产过程的几个阶段结合使用栅栏因子来实现的。这种保存方式与生物保存直接相关，生物保存即通过接种对不良微生物具有抑制作用的细菌来延长冷藏产品的保质期。在大多数情况下使用乳酸菌，因为它们能够产生广泛的抑制性化合物，如有机酸、过氧化氢、双乙酰和细菌素。此外，由于生物保留产品与发酵过程的关联，它们具有美国食品药品监督管理局授予的 GRAS（美国 FDA 评价食品添加剂安全性指标，generally recognized as safe）认证。鱼肉在发酵过程中会经历一系列的变化，特别是味道和质地的变化。研究显示，发酵鳜鱼肌肉的质地与鱼肉的含水量密切相关；天冬氨酸和谷氨酸在发酵过程中对鱼露的鲜味有重要影响；将多黏菌素作为发酵剂发酵鱼，并添加盐，可减少组胺和其他生物胺的形成。

（三）热处理鱼制品

鱼产品的热处理主要依靠栅栏技术，最终产品通常具有很长的保质期。在 pH 为 5.7 的条件下添加 6% 的盐和 0.2% 的山梨酸盐，并以 80℃ 热处理 10min，可将鱼糜制品在 15℃ 条件下的保质期延长至 15d，而未处理样品的保质期不到 3d。通过在鳗鱼鱼片上加入迷迭香精油和/或提取物，以及与可食用涂层活性包装的组合应用。尽管迷迭香提取物和 EO 对总活菌数、假单胞菌属和乳酸菌的抗菌活性中等，但提取物（200mg/L）和 EO（2000mg/L）的组合显著延缓了初级和次级氧化产物的形成，因此表明二者可能存在协同效应。此外，将高压处理与冷熏相结合以延长产品保质期，而使用较高温度单独处理的鱼产品感官特征和营养价值显著较差。

（四）冷冻鱼制品

冷冻是鱼类等易腐产品较佳方式，然而实际冷链中的温度条件经常偏离推荐范围。因此，如果低温是唯一的应用栅栏，那么冷藏鱼产品的保存安全是值得怀疑的，而附加真空或气调栅栏则可靠得多。在0~15℃贮存期间，将气调与低A_W（通过渗透脱水）结合使用，并在渗透溶液中添加乳酸链球菌素，可显著延长冷藏真鲷鱼片的保质期。例如，通过含槲皮素的添加剂和改良的常压包装可延长4℃冷藏的太平洋白虾的保质期；应用不同浓度的银杏叶提取物在保持银鲳的可接受极限纹理参数、抑制脂质氧化、蛋白质降解以及微生物生长方面具有不同的效果，将臭氧处理与气调包装相结合，以延长条纹红鲻鱼的保质期；将高压（600MPa，5min）和0~2℃冷藏结合使gilthead seabream和seabass鱼片的保质期延长了3倍。将冷冻与添加抗菌剂或其他消毒技术等其他栅栏结合，可进一步抑制微生物生长并延长保质期。

（五）栅栏技术对鱼肉保护的综合效应建模

不同类型的主要微生物经验生长模型已被用于评估保存栅栏对食品质量和保质期的影响。研究人员将肉毒梭菌的热失活率（ln$k$）表示为$1/T$、pH和pH_2的线性函数，以及ln$k$作为$1/T$、pH、pH_2和A_W函数的回归相关性的类似方法。进一步模拟了在$1\times10^{6.90}$~$1\times10^{6.81}$CFU/g范围内以不同水平接种到胰蛋白酶大豆肉汤中的单核细胞增生李斯特菌的生长/无生长反应，作为温度、pH、A_W和贮存时间的函数，提供了有关栅栏对目标病原体生长的综合影响的定量数据。又如设计的一种改进的Arrhenius型预测模型，用于评估0~15℃冷藏期间的贮藏温度和A_W对渗透脱水金枪鱼鱼片的假单胞菌生长速率和保质期的影响，并选择一次多项式模型描述A_W随渗透溶液浓度和加工时间的变化。此外，考虑到鱼类保存的安全性，作为温度、包装顶部空间中的CO_2、pH和NaCl含量的函数，可模拟金枪鱼中组胺的形成，另一种改进的Arrhenius模型，可用于预测不同贮存条件下的海鲷鱼片的微生物实验室生长以及质量和保质期，可变条件下验证了该模型，对不同栅栏因子的防腐效果进行数学建模，在等温条件下建立预测保质期模型，并在可变条件下进行验证。

五、冷等离子体作为潜在栅栏延长气调包装亚洲鲈鱼片的保质期

等离子体是一种电离气体，通过激发具有高电场强度的任何气体（单个或组合）来实现。电离气体中的活性物质包括自由基、负离子和正离子、电磁辐射量子（即可见光和紫外线）、中性和激发分子以及电子。冷等离子体（CP）产生的活性物质取决于所用气体的类型。当湿空气用于冷等离子体时，会产生活性氮和氧物种（RNO），如过氧化物、单线态氧、臭氧和不同形式的氮氧化物（N_xO_y）。上述物质具有优良的抑菌性能，使冷等离子体技术成为一种很有前途的保鲜技术。

据报道，椰子壳富含多酚，乙醇椰壳提取物（ECHE）中占主导地位的单宁、单宁酸、间花青素和类黄酮则具有较高的抗菌和抗氧化性能。然而，乙醇椰壳提取物的应用，特别是在高浓度下，受到切片变色的限制，这是由其特有的深棕色介导的。将乙醇椰壳提取物包封在脂质体中可以绕过这一限制，并提高提取物的抗菌性能。脂质体由脂质分子和/或磷脂组成，由蛋黄和大豆等天然成分制备，并已用于封装活性化合物。由于脂质体有利于保障人类的稳定性、安全性和生物相容性，因此脂质体用于封装已在食品工业中占据了一席之地。亚洲鲈鱼（ASB）在冷藏期间质量仍然“较不稳定”，这与脂质氧化率高和微生物快速增殖有关。Oladipupo等（2020）研究了在4℃贮藏期间，冷等离子体和LE-ECHE栅栏调控对其质

量和保质期的综合影响。

（一）ASB的微生物特性变化

在冷藏21d期间，在400mg/L条件下，第0天两组分别为$1\times10^{3.38}$CFU/g和$1\times10^{3.41}$CFU/g。无论ECHE或包封-ECHE处理，经冷等离子体处理的亚洲鲈鱼的TVMBC低于未经冷等离子体处理的（$P<0.05$）。与RNO相关的抗菌特性，尤其是由冷等离子体产生的臭氧（O_3），本研究中当O_3为2600mg/L、O_3浓度在120~4400mg/L范围内时，产生的HVCAP具有优异的抗菌性能。随着贮藏时间的延长，亚洲鲈鱼中TVMBC的显著增加。然而，冷等离子体处理的亚洲鲈鱼中TVMBC的增加率降低，尤其是乙醇椰壳提取物或LE-ECHE预处理的亚洲鲈鱼。由ECHE或LE-ECHE处理的亚洲鲈鱼中，TVMBC的增加率低于对照组（$P<0.05$）。第0天发现菌落计数较低，但随着储存时间的延长，菌落计数在第18天显著增加，只有E400-CP和LEC400-CP样品的菌落计数低于$1\times10^{6.0}$CFU/g。然而，在第15天，冷等离子体、EC400-MAP和样品LEC400-MAP的菌落计数超过$1\times10^{6.0}$CFU/g。在冷藏期间，经冷等离子体处理的鲱鱼和鲭鱼，其TPBC持续增加。

在第0天，无论乙醇椰壳提取物或包封-ECHE掺入情况如何，在经冷等离子体处理的样品中均未检测到假单胞菌，这证实了冷等离子体具有使假单胞菌失活的能力。无论在第0天进行乙醇椰壳提取物或包封-ECHE预处理，经冷等离子体处理的亚洲鲈鱼中均未观测到产硫化氢细菌（HSPB）和肠杆菌科细菌（ETB），这些发现证实了冷等离子体在灭活革兰氏阴性菌方面的高效性。肠杆菌科细菌和产硫化氢细菌是鱼类腐败的主要原因。在第3天，EC400-CP和LEC400-CP中未检测到HSPB和ETB，但在其他样本中二者增加显著。对于所有样品，随着贮存的进行，HSPB和ETB都显著增加。HSPB和ETB在对照组中最高，其次是MAP、CP、EC400-MAP和LEC400-CP。在第18天，EC400-CP和LEC400-CP的ETBC低于1×10^{5}CFU/g。因此，冷等离子体联合ECHE或LE-ECHE预处理切片可抑制亚洲鲈鱼中HSPB和ETB的增殖，从而延长其保质期。

（二）亚洲鲈鱼的化学特性变化

在第0天，亚洲鲈鱼的总挥发性氮碱含量（TVNB-C）和三甲胺含量（TMA-C），无论采用何种处理均无显著差异。对于所有样品，获得的TVNB-C小于100mg/1kg（以氮计，下同），表明其处于优质状态。随着贮藏的进行，TVNB-C在所有样品中均显著增加。对照组TVNB-C的增加率最高，在第6天达到361.2mg/kg，高于鱼类可接受的TVNB-C上限（350mg/kg）。EC400-CP和LEC400-CP样品的TVNB-C增加率最低，其次是CP和仅使用ECHE或LE-ECHE处理的样品。在第18天，EC400-CP和LEC400-CP样品中的TVNB-C值相似，分别达到302.3mg/kg和311.2mg/kg。

在第0天，所有亚洲鲈鱼中的TMA-C均小于10mg/kg，随着贮存时间的延长，观察到TMA-C增加。然而，对照组的TMA-C增加率高于对照组接受冷等离子体。第9天对照组的TMA-C为224.7mg/kg；第18天后，CP、EC400-MAP和LEC400-MAP的TMA-C范围为203.7~214.8mg/kg。然而在第21天，EC400-CP和LEC400-CP样品中的TMA-C低于200mg/kg。因此，冷等离子体与ECHE的结合降低了冷冻ASB中三甲胺的形成。所有样本的pH（6.27~6.33）均相似（$P>0.05$），不考虑处理。对照组的pH迅速增加，第9天达到8.31。在贮存的初始阶段（第3天），MA包装的所有切片的pH降低，这可能与切片中的CO_2

溶解有关，从而导致碳酸的形成。然而，随着贮藏时间的延长，所有样品的 pH 均显著升高。在第 18 天，这些样品的 pH 分别达到 7.21 和 7.25。因此，冷等离子体与使用 ECHE 或 LE-ECHE 的预处理相结合有助于通过保持整个冷藏过程中的 pH 从而保持 ASB 的质量。

在整个贮存过程中，单独使用冷等离子体处理的亚洲鲈鱼中硫代巴比妥酸反应物值测得的脂质过氧化物（LPO）显著高于无冷等离子体的样品。然而，EC400-CP 和 LEC400-CP 样品的硫代巴比妥酸反应物值低于冷等离子体对应物，与未经处理的鲑鱼鱼子和鱼片相比，用臭氧水处理鲑鱼鱼子和鱼片，由硫代巴比妥酸反应物值导致脂质过氧化物增加，EC400-CP 和 LEC400-CP 样品的硫代巴比妥酸反应物显著低于冷等离子体样品，这可能与 ECHE 的抗氧化活性有关，与对照组相比，冷等离子体处理联合抗氧化剂处理的亚洲鲈鱼的脂质过氧化物降低。

随着贮藏时间的延长，所有样品的硫代巴比妥酸反应物值均显著增加，其中经冷等离子体处理的切片在未经提取物预处理的情况下增加率最高。与未经处理的鲱鱼片和即食肉相比，经冷等离子体处理的鲱鱼片和即食肉的硫代巴比妥酸反应物随着贮存时间的延长而增加。尽管冷等离子体处理样品中的硫代巴比妥酸反应物值增加，但未察觉到鱼腥味。在第 18 天，EC400-CP 和 LEC400-CP 样品的硫代巴比妥酸反应物值分别为 3.74mg/kg 和 3.87mg/kg，低于限值。然而，在第 18 天，冷等离子体处理样品的硫代巴比妥酸反应物值为 6.34mg/kg。

（三）亚洲鲈鱼的色泽变化

经乙醇椰壳提取物处理的亚洲鲈鱼，无论是否经冷等离子体处理，其 L^* 值和 b^* 值均低于对照组（$P<0.05$）。富含单宁的提取物特有的深棕色是上述切片中 L^* 较低的原因。然而，包封-ECHE 处理的切片的 L^* 值和 b^* 值与对照组没有差异。冷等离子体和 LEC400-CP 样品的 L^* 值和 b^* 值显著高于对照组。在冷等离子体处理期间，由产生介导的脂质和色素的氧化可能与 L^* 值的变化有关。随着贮存的进行，所有亚洲鲈鱼的 b^* 值均显著增加。经乙醇椰壳提取物或包封-ECHE 预处理的切片的 b^* 值增加率低于未经预处理的切片。与经 LE-ECHE 预处理的亚洲鲈鱼和对照组相比，经乙醇椰壳提取物预处理的亚洲鲈鱼，其 a^* 值更高。随着贮存的进行，所有样品的 a^* 值逐渐显著降低，这可能是由于血红蛋白、肌红蛋白和血红素蛋白质的氧化。a^* 值的减少与硫代巴比妥酸反应物值的增加相对应。用提取物（尤其是 LE-ECHE）对切片进行预处理，可将冷等离子体对亚洲鲈鱼颜色参数的有害影响降至最低。

（四）亚洲鲈鱼的脂肪酸组成变化

对照组、气调包装、EC400-MAP 和 LEC400-MAP 样品的脂肪酸组成相似（$P<0.05$）。这些切片中的二十碳五烯酸（EPA）和二十二碳六烯酸（DHA）分别为 28.4~28.7g/kg 和 69.0~69.2g/kg。CP 处理后，饱和脂肪酸（SFA）显著增加，包括花生酸、十五烷酸、月桂酸、七烷酸、二十烷酸、棕榈酸、硬脂酸、三烷酸和肉豆蔻酸（$P<0.05$），相反，不饱和脂肪酸和多不饱和脂肪酸显著降低。在第 18 天，EC400-CP 和 LEC400-CP 样品中的饱和脂肪酸持续增加，而多不饱和脂肪酸和不饱和脂肪酸进一步减少。上述亚洲鲈鱼中高硫代巴比妥酸反应物值所示的氧化增强可能与不饱和脂肪酸的减少有关。冷藏 18d 后，在 EC400-CP 和 LEC400-CP 样品中检测到二十碳五烯酸分别为 16.8g/kg 和 16.5g/kg，DHA 含量分别为

52.3g/kg 和 51.9g/kg。这一结果表明，冷等离子体联合乙醇椰壳提取物或 LE-ECHE 可降低冷等离子体诱导的亚洲鲈鱼中不饱和脂肪酸的损失率。

（五）亚洲鲈鱼的感官特性变化

在第 0 天，对照组和经包封-LECHE 处理的冷等离子体的外观、颜色、质地、气味、味觉相似性得分没有显著差异，无论是应用了冷等离子体或气调包装。经乙醇椰壳提取物处理的冷等离子体在颜色、外观、味道和整体相似性方面得分显著最低。第 0 天，冷等离子体样品的味道、气味、风味和整体相似性得分低于对照组（$P<0.05$），其分别达到 8.18、8.14、7.97 和 8.08。冷等离子体样本的低相似性得分与高硫代巴比妥酸反应物值密切相关。脂质过氧化物可以增强异味，这归功于冷等离子体样品的低味道、气味和味觉相似性分数。然而，在 LEC400-CP 和对照组之间未观察到所有测试属性的显著差异，这可能与提取物的抗氧化性能以及脂质体提取物的标记颜色有关。在第 18 天，EC400-CP 和 LEC400-CP 记录了所有属性的相似性得分下降。对两个样品进行比较，在贮存 18d 后，后者在外观、颜色、味道、风味和整体相似性方面的得分均高于前者。然而，相似性得分，特别是整体相似性得分大于可接受的限度（得分 5.0）。因此，上述条件可以延缓冷藏 18d 后亚洲鲈鱼感官特性的损失。

非热处理栅栏，如冷等离子体与乙醇椰壳提取物或 LE-ECHE 因子等联合使用，被证明是延长冷藏期间亚洲鲈鱼保质期的合适方法。EC400-CP 和 LEC400-CP 样品的保质期延长至 18d，而冷等离子体、EC400-MAP 和 LEC400-MAP 样品的保质期为 15d，对照组和 MAP 的保质期分别为 6d 和 9d。与仅用冷等离子体处理的亚洲鲈鱼相比，冷等离子体前用 ECHE 或 LE-ECHE 预处理的亚洲鲈鱼具有较低的 LPO 和蛋白质氧化。经乙醇椰壳提取物预处理的切片中发现无论是生的还是熟的，亚洲鲈鱼变色和颜色相似性均降低，与冷等离子体处理无关。脂质体中的乙醇椰壳提取物无变色、无异味。无论采用何种冷等离子体处理，LEC400-CP 的整体相似性与对照组并无差异，并且在贮存 18d 后，LEC400-CP 的整体相似性得分可接受。因此，LE-ECHE 与冷等离子体相结合可能是延长亚洲鲈鱼保质期的一种潜在栅栏。

六、栅栏技术在延长欧洲鳗鲡鱼片保质期中的应用

由于鱼类等水产品的 A_W、中性 pH、结缔组织含量低以及自溶酶的存在，导致风味衰减、异味产生和快速的腐败，加工和贮存可能会导致重要的物理、经济或营养方面相关的损失。欧洲鳗鲡（*Anguilla Anguilla*）是一种商业上重要的物种，因为它具有优良的品质属性，如丰富的 ω-3 脂肪酸、肉质、风味和高脂肪含量。然而，由于其多不饱和脂肪含量高，鳗鱼容易迅速丧失营养质量，脂质氧化会导致预期保质期显著缩短。Maria 等（2020）利用栅栏技术原理，研究通过结合两种温和保存因子（即用生物活性化合物浸渍组织，然后进行 A_W降低），探究延长冷藏欧洲鳗鲡鱼片保质期的可能性。

（一）冷藏过程中的微生物稳定性

选择 OS 工艺的脱水，以及在 45% 甘油渗透溶液中渗透处理（OS 和 RS/OS）进行微生物稳定性研究。未经处理的样品的初始总活菌数和嗜冷菌数平均值分别为 $1\times10^{3.0}$CFU/g 和 $1\times10^{3.2}$CFU/g，在 5℃ 冷藏 12d 后为 1×10^{4}CFU/g。在未经处理的样品中观察到乳酸菌

(LAB) 生长缓慢，从第0d的 1×10^{2}CFU/g开始，在冷藏8d后达到 $1\times10^{4.6}$CFU/g。渗透处理导致微生物实验室生长受到抑制，在保质期研究期间，测得的最终负荷从未超过 1×10^{3}CFU/g。因此，在渗透溶液中添加迷迭香提取物对鳗鱼肉中乳酸菌的生长没有显著影响。在冷冻贮存鳗鱼片期间，也对酵母菌和霉菌进行了监测，并且在贮存期间，未经处理和渗透处理的鳗鱼片，酵母菌和霉菌保持在检测限以下（即小于 1×10^{2}CFU/g）。从本研究获得的结果来看，A_W降低（通过OS程序）是抑制微生物的主要因素，且迷迭香提取物具有温和的抗菌效果。

（二）脂质氧化

食品中丙二醛的含量通常与氧化酸败有关，可通过氧化酸败的数量来衡量，然后使用硫代巴比妥酸值评估二次氧化产物的水平。鱼肉的初始丙二醛（MDA）含量在2.2~3.6mg/kg，随着贮存期的延长而增加，通过渗透获得的抗氧化剂浸渍与脱水的协同效应在脂质氧化抑制上的效果尤其明显。在以往的研究中，苦荞提取物与壳聚糖涂层、迷迭香提取物与乳链菌肽结合等，均显示可有效延缓鲜鱼微生物生长和化学劣化、改善鱼片的感官品质，从而延长保质期。

（三）颜色和纹理变化

冷藏期间，各类样品的 L^* 值几乎保持不变，渗透样品（OS样品和RS/OS样品）的亮度显著低于对照样品。未处理样品的色相角参数在整个保存期内显著增加（$P<0.05$），并达到微生物腐败后的值。贮存期间的颜色变化表明，浸渍到鱼组织中的酚类物质能够更有效地防止颜色变化，这可能归因于有色肌红蛋白衍生物的形成。结果显示，本实验的组合工艺可以更好地保留鳗鱼的水分，而关于质地，无论有无初始浸渍步骤，似乎都不会显著影响其质地，并且在整个冷藏过程中，所有样品的质地都得到了很好的保留。

（四）感官与保质期测定

对未经处理和渗透预处理的鳗鱼片（含或不含迷迭香提取物）的感官特征（外观、气味）进行了评估，结果表明渗透预处理保持了鱼样品的感官属性，新鲜度比未经处理的鱼片要好。在保质期上，对照样品在大约25d后达到8mg/kg鱼肉的初始丙二醛限值，OS在65d后达到限值，即使在4℃贮存82d后，RS/OS的MDA仍保持在较低水平。未处理样品的鳗鱼鱼片保质期为5d，经OS处理的样品为54d，经RS/OS处理的样品为52d。在富含酚的迷迭香提取物中进行浸渍渗透处理，是最有效地用于鳗鱼鱼片的保存。

第三节　果蔬加工与栅栏技术

一、 栅栏技术抑制椰子汁中鼠伤寒沙门菌的生长

从椰子果实胚乳中提取的椰子汁是在一些热带国家热销的保健饮料，随着近年来天然健康饮料消费量的不断增加，这一产品有可能在全球范围内流行。其保质技术中，常规的热加工可能会影响产品质量，因此相关的非热处理技术受到关注。Beristaín-Bauza等（2018）研究了栅栏技术在其非热加工中的应用，对紫外线光处理、添加香兰素或肉桂醛，以及贮存

温度调控等栅栏因子对接种在椰子水中的鼠伤寒沙门菌生长的影响进行了评估。

（一）抗菌剂浓度的抑菌效果与椰子汁的可接受性

在香兰素和肉桂醛最高浓度（100mg/mL），鼠伤寒沙门菌的负荷显著降低（$P<0.05$），尽管天然抗菌剂的作用机制尚不是很清楚，但很可能香兰素和肉桂醛会影响细胞质膜的通透性。此外，肉桂醛的羰基与蛋白质结合，影响氨基酸脱羧酶活性，这两种机制都会导致细菌死亡。肉桂醛可使鼠伤寒沙门菌负荷持续下降，而香兰素在食品系统中的抗菌活性稍低，需要更高的浓度才能达同等的抑菌效果。在含有抗菌剂椰子水的可接受性上，所添加的浓度未使样品的可接受性显著降低，香兰素和肉桂醛还可能提供了令人愉悦的味道。

（二）短波紫外线的抑菌效果

采用紫外线-C 光处理椰子水，随着处理时间的延长，鼠伤寒沙门菌减少量增加，经3.5min 和 7min 光照后，微生物减少量分别为 $1\times10^{(3.8\pm0.1)}$ CFU/mL 和和 $1\times10^{(5.2\pm0.1)}$ CFU/mL，至 10.5min 产生完全抑制效果。当然处理效果还取决于食品的物理化学和光学特性、微生物相关特性、短波紫外线剂量和设备特性等。本研究中有较好效果的条件：椰子水 pH＝5.3±0.1，TSS 为（4.4±0.3）%，短波紫外线吸收率为（1.25±0.01）%，以及按照短波紫外线设备进行的设计和操作。

（三）多因子栅栏技术的抑菌效果

采用短波紫外线、抗菌剂和调节贮存温度因子结合处理，结果显示出较好的协同效果，而未经处理的椰子水中鼠伤寒沙门菌最大生长量达到 $1\times10^{6.0}$CFU/mL。无论是否使用抗菌剂，采用低温贮存的椰子水均显示微生物种群的轻度失活；贮存于 22℃，观察到短波紫外线处理时间与鼠伤寒沙门菌生长率之间呈现直接相关。较低贮藏温度和天然抗菌剂都降低了鼠伤寒沙门菌在椰子水中的生长速度，肉桂醛对鼠伤寒沙门菌的抗菌活性最高。在 5℃贮存并添加香兰素或肉桂醛，经过 7min 的短波紫外线光处理，椰子水显示出 4d 的滞后期并在 30d 内没有出现鼠伤寒沙门菌生长，单独的短波紫外线光处理 10.5min 可达相同效果。这项研究清楚地表明，基于适当选择和组合栅栏的保存策略可能有助于延长椰子水的保质期。

二、　栅栏技术应用于预测桃花蜜腐败的建模

栅栏技术应用于食品防腐保鲜，是应用多因子交互作用，因为这些因子的单独应用不足以维持食品质量和安全，而组合栅栏可有效抑制不利微生物生长，同时对产品质量造成最小的不利变化，这在果蔬保鲜中已得到应用。栅栏技术也被广泛用于设计新产品，选择的保存因子应保持产品安全，产生与新鲜农产品相似的质量，并延长产品的保质期。González-Miguel 等（2016）研究将栅栏技术应用于食品腐败模型的建立，涉及的栅栏因子是 pH、A_W、山梨酸钾（KS）或苯甲酸钠（BNa），实验产品为桃花蜜，分析在 25℃贮存期间产品的微生物稳定性，以此为依据构建一个可以充分预测桃花蜜腐败时间的模型。

通过观察 25℃贮存的桃子花蜜的腐败模型，发现 pH 为 3.0 或 3.5、A_W 值为 0.96 或 0.97、苯甲酸钠或山梨酸钾含量为 500mg/L 或 1000mg/L 的花蜜具有更长的保质期。微生物变化结果分析，桃花蜜的初始菌数较低。不含苯甲酸钠或山梨酸钾的桃花蜜在 25℃培养 4d 后，均出现质量劣化的现象。微生物计数：中温需氧菌量大于 10^6CFU/mL，酵母和霉菌的浓度大于 10^3CFU/mL。含有 500mg/L 抗菌剂和 A_W 值为 0.98 的桃花蜜比 A_W 值为 0.97 或 0.96

的桃花蜜腐败得更早；山梨酸钾是一种比苯甲酸钠更好的抗菌剂。pH 的降低对中温需氧细菌、酵母菌和霉菌计数检测腐败的时间有显著影响。当使用苯甲酸钠时，中温需氧细菌数量在 10^4～10^5CFU/mL，而使用山梨酸钾配制的花蜜的中温需氧细菌数量约为 10^3CFU/mL。A_W 值为 0.98 和含苯甲酸钠的桃子花蜜的微生物数量较多，且最先出现腐败迹象。

使用失效时间（腐败）模型分析（TTF），调整自变量 A_W、pH、苯甲酸钠或山梨酸钾浓度及其交互作用。对数转换用于构建 TTF 模型，包括个体、交互作用和二次因素的显著影响（$P<0.05$）。可以观察到，随着抗菌剂浓度的增加和 pH 的降低，TTF 逐渐增加。对于 A_W值为 0.97 的桃花蜜，使用 1400mg/L 山梨酸钾或苯甲酸钠，TTF 可以在 60d 左右；而当 pH 为 3.0 左右时，TTF 可以延长到 80d 以上。建立的方程式表明，实验数据和预测数据之间具有良好的一致性（$R^2>0.98$）。TTF 模型在实际应用中有助于进行在设置的实验条件下，随贮藏进程桃花蜜可能发生或不发生腐败变质的结果分析，并可用于预测特定 A_W、pH 和抗菌剂浓度组合的桃花蜜的 TTF。根据本研究构建的模型，采用栅栏技术，可以获得无需冷藏即有较长时间保质期的桃花蜜产品。

三、 非热加工栅栏在提高甘蔗汁保质期中的作用

甘蔗是一种重要的经济和工业作物，甘蔗汁作为较佳的能源、抗氧化剂和矿物质来源，用于生产糖、糖浆和燃料，还在更快地治愈黄疸、降低血压、愈合皮肤伤口以及维持尿路和肾脏的正常功能上展现医疗价值。肠系膜明串珠菌是导致甘蔗汁变质的主要微生物，研究人员利用过滤、酸化剂、防腐剂、草药提取物、巴氏杀菌、稳定剂、辐照和高压处理等实现对该菌的有效抑制以保存甘蔗汁，最常用的方法是过滤、稀释、酸化，添加焦亚硫酸钾（KMS）等防腐剂，装瓶后进行巴氏杀菌。非热加工在果汁的加工保鲜上展现出其前景，但在甘蔗汁上尚无成熟的工艺。微流态化或高压均质（HPH）是一种潜在的替代方法，可用于在低温下生产质量更好的果汁，且已有将其应用于苹果、杧果、橙子、胡萝卜、香蕉、杏、草莓等果汁保鲜的报道，而应用于保存甘蔗汁尚空缺，因此 Gautam Kohli 等（2019）对此进行了研究。

（一）工艺优化

研究结果分析显示，甘蔗汁的菌落总数随着压力的增加而降低，LP 单道次后的微生物限值为 2.24×10^6 CFU/mL，在微流态化（MP）和高压均质（HP）时分别下降到 2.82×10^5CFU/mL 和 2.14×10^3CFU/mL。在相同压力下多次通过后，微生物计数进一步下降。HP 三次通过后酵母和霉菌完全消除，但在 LP 和 MP 中甚至在三次通过后仍然存在，在肠系膜乳酸菌中也观察到了相同的趋势。剪切力和摩擦力以及微流态化过程中产生的湍流导致微生物细胞受损，其作用随着施加压力和通过次数的增加而增强。未经任何处理的甘蔗汁样品具有的多酚氧化酶活性，随着微流态化，多酚氧化酶活性急剧下降。在三次通过 HP 后，多酚氧化酶活性降低至 0。因此，选择 HP 通过三次处理作为进一步实验的优化微流控处理。

（二）理化特性变化比较分析

在甘蔗汁贮存研究期间，对照样品组从第 0 天到第 63 天，增加了 7 倍，并伴随 pH 的降低，而实验组没有观察到如此剧烈的变化。巴氏杀菌和微流控都能显著降低多酚氧化酶活性，且两者的效果也相似。对照样品在保质期研究的前 28d 内多酚氧化酶活性呈上升趋势，

随后在贮存期内显著下降。28d 后多酚氧化酶活性的下降可归因于对照样品的 pH，因为在低 pH 的条件下酶可能发生变性。另一方面，在贮存期间，巴氏杀菌和微流控样品中的酶活性没有变化，而 10min 热处理后多酚氧化酶完全失活。

储存期间对照样品的 a^* 值增加，这是因为初始橄榄绿色快速降解。甘蔗汁的绿色是由于叶绿素色素的存在，其破坏可能导致脱脂。在对照样品中，其中经巴氏杀菌的样品（T_1），pH 的降低可能导致叶绿素的色素发生了热致破坏。但是，在贮藏期间，T_2 中未观察到如此显著的变化，这表明在施加压力下叶绿素的色素不受影响。对照样品在 1h 内发生沉淀，这是一些果肉的常见特征。该问题可通过非热栅栏得到解决。对照组和巴氏杀菌组 T_1 在冷藏条件下贮存 56d 后发生沉淀，T_2 样品在第 28 天也未观察到沉淀。这一结果可归因于微流态化和多道次过程中的高压导致大颗粒尺寸减小，因此，它们保持悬浮状态，而不是从表面沉降到玻璃瓶底部。

（三）微生物特性分析

对照样品（T_C）在贮藏期间迅速变质，TP_C 在冷藏 21d 内迅速增加至 3.39×10^8CFU/mL，而处理组 T_1 和 T_2 在贮藏期间没有此变化。T_2 组微生物数量在保质期结束时迅速增加，这可能是由于在此期间微生物的恢复。可滴定酸度的变化也反映了贮存最后几天期间微生物数量的增加，这表明腐败已开始，T_2 样品超过了变质极限。在贮存 56d 后，整个贮藏期间都没有酵母和霉菌。在相同的贮藏阶段，T_1 的微生物数量也超过了允许的限度。因此，63d 后不再进行进一步的分析。

（四）感官评价

贮藏期间每隔 7d 对甘蔗汁的感官特性进行分析，至 63d 终止。T_2 样品在颜色和味道等感官属性方面存在显著差异，而在气味方面没有显著差异。T_1 样品在颜色和气味方面与 T_2 样品显著不同，在味道方面没有显著差异。虽然观察到 T_1 和 T_2 样本的感官属性随时间的变化而变化，但未经热处理的样本得分高于经热处理的样本。结果显示，热加工确实破坏了果汁良好的感官特性，而优化的非热栅栏处理有效地解决了此问题。

（五）结论

在 HP 条件下，采用三次循环与天然多肽相结合的微流控技术，能够将甘蔗汁在（5±2）℃下的保质期提高到 56d。在贮藏期间，颜色、pH、TSS 和可滴定酸度等物理化学参数均没有显著变化，微生物负载量也在限制范围内。感官评估结果证明微流控样品优于巴氏杀菌样品。因此，在甘蔗汁的加工处理方面，这种栅栏方法被证明是高度可接受的，并且还可以进一步用于其他蔬菜和水果汁。

四、基于包埋柠檬醛、香兰素结合短波紫外线处理的栅栏技术加工浑浊果汁

香兰素是一种已为消费者所熟悉和广泛接受的调味剂，研究表明，浓度高达 3000mg/L 的香兰素在感官上与水果和水果衍生物相容。而柠檬醛由于其柑橘味也被广泛用作调味品，非常适合作为水果添加剂。添加香兰素（1000mg/L）和柠檬醛（100mg/L）的乙醇溶液的新鲜橙汁（pH=3.6）制成的水果饮料显示出足够的总体接受度（6/9 评分）。使用这两种天然抗菌剂的一个重要缺点是它们在水中的溶解度很低，这一问题可以通过包埋来解决。在包埋方法中，高强度超声波是一种快速有效地生成稳定纳米乳液的方法，该乳液具有低多分

散性和小液滴直径。与机械搅拌相比，使用超声波需要更少的表面活性剂，并产生更小、更稳定的液滴。天然抗菌剂可与其他传统技术或新兴技术基于栅栏技术原理进行结合使用，以缩短加工时间和/或所需的单个抗菌剂浓度。为此 Mariana Ferrario 等（2020）进行了一种基于短波紫外线光处理和添加天然抗菌剂的果汁加工栅栏技术的研究开发。

（一）抗菌乳液的表征

冻干柠檬醛乳液的特征：93%的包封率、(91.1±0.75)%的溶解度、(1.9±0.6)min 的润湿性、*D*（3，2）=（0.5±0.2）μm 和 *D*（4，3）=（0.2±0.0）μm。而香兰素乳剂的包封率为95%、溶解度为（91.9±0.16)%、润湿性为（1.5±0.1）min，*D*（3，2）=（217.1±94.4）μm，*D*（4，3）=（2.2±0.9）μm。柠檬醛［黏度：(0.0023±0.0005) Pa·s］和香兰素［黏度：(0.0039±0.0009) Pa·s］的重组乳液均表现出假塑性行为。这两种乳液显示出与剪切速率相似的黏度依赖性，这可能是因为其内部内容物完全受到 MD plus HI-CAP 涂层的保护。两种重组乳剂分别在（4±1）℃下保持稳定 1 周或 1 个月。两种冻干乳剂的溶解度均大于 80%，并在很短的时间内完全重组，达到与文献中报道的相似的溶解度。

（二）二元混合物的最小抑制浓度和功效

在实验室培养基中评估与大肠杆菌、植物乳杆菌 ATCC 8014 和酿酒酵母 KE 162 相对应的胶囊香兰素和柠檬醛抗菌剂的最小抑制浓度（MIC）值（MICV 和 MILL）。培养 1d 后，柠檬醛对所有受试菌株的最小抑制浓度值为 300~400mg/L。对于香草醛，所有处理的最小抑制浓度值均较高。特别是酿酒酵母对香兰素最敏感（1500mg/L），其次是植物乳杆菌（2000mg/L）和大肠杆菌（3500mg/L）。所有这些最小抑制浓度值在贮存期间保持不变。例外情况是植物乳杆菌，MICV 值从 2000mg/L（第 1 天）增加到 4000mg/L（第 5 天），而 MICC 在贮存期间从 400mg/L（第 1 天）增加到 600mg/L（第 5 天）。

根据之前的结果，香兰素和柠檬醛的一些最小抑制浓度值显著较高，因此在感官上不可被接受。所以，对几种二元混合物进行了评估，以找到含有较低浓度抗菌剂的抑制性组合。当使用由不同比例的香草醛和柠檬醛最小抑制浓度值制备的一些二元混合物时，未观察到其生长。特别是，使用 500mg/L 香兰素+300mg/L 柠檬醛和 400mg/L 香兰素+320mg/L 柠檬醛抑制植物乳杆菌。然而，与酿酒酵母相对应的所有分析组合均未记录到生长。因此，酵母对抗生素的混合物最敏感。由于抑菌浓度指数（FIC）值为 1，所有抗菌剂混合物均产生加性效应。需要强调的是，本研究中所使用的天然抗菌剂组合导致所需单剂量减少，这是由单个最小抑制浓度值确定的。香兰素和柠檬醛浓度的降低可能有助于防止消费者在感官上产生排斥反应。

在对实验数据应用逻辑回归后，拟定出描述大肠杆菌、植物乳杆菌和酿酒酵母生长/无生长界面的方程式，逻辑回归模型准确地拟合了观察数据，因为模型解释了高百分比的偏差（99.9%~100%）。根据逻辑回归，多重香兰素和柠檬醛组合导致生长概率值（$\pi<0.1$）显著低。

（三）果汁加工的栅栏技术策略

OT 果汁和 OBMKS 果汁混合物采用栅栏法处理，包括使用紫外线-C 光，在中试规模下通过温和加热（50℃）辅助或不辅助（25℃），并加入封装的天然抗菌剂柠檬醛（100mg/L）和香兰素（1000mg/L）。与对照组相比，紫外线-C 光处理使 OT 果汁和 OBMKS

果汁混合物中的酿酒酵母分别减少 $1\times10^{1.5}\sim1\times10^{1.6}$CFU/g。与混合果汁相比，MS 系统中观察到的更高的有效性可归因于其更高的紫外线透射率（88.3%），与 OT 果汁和 OBMKS 混合果汁相比，其浊度［(2.4±1.6) NTU］和粒径［(450±11) nm］更低。当应用紫外线-C 光/H 时，实现了酵母的失活，在 OBMKS 果汁或 OT 果汁混合物中，酿酒酵母的减少达到 $1\times10^{4.5}$CFU/g 和 $1\times10^{4.9}$CFU/g。与单独的紫外线-C 处理样品相比，在紫外线-C+A 处理的 OBMKS 和 MS 中，观察到额外的酵母减少。此外，与紫外线-C/H 处理的样品相比，在紫外线-C/H+A 处理的 OBMKS 中观察到额外的酵母减少。

对应未经处理（C）或添加 100mg/L 柠檬醛和 1000mg/L 香兰素（C+A）、单紫外线-C 光和紫外线-C 光的酿酒酵母 KE 162 细胞，在处理后和贮存 5d 与对照组相比，在贮存的第 5 天，在所有处理过的样品中测定出显著的粒度降低，细胞大小在紫外线-C 光处理后没有改变，但在 C+A 和紫外线-C 光+A 样品中增加了 14.3%~33.3%。未经处理的酿酒酵母细胞暴露于封装的天然抗菌剂（C+A）的二元组合中，引起细胞从 Q1（具有完整膜和酯酶活性的细胞）转移到 Q2 和 Q3。FDA+PIcells 的存在可能表明细胞在处理后膜受损，但其会水解 FDA，从而保持酯酶的活性。与未经处理的样品相比，添加抗菌素后，酯酶活性显著降低，膜透性略有增加，而紫外线-C 光样品显示出更高的改性。紫外线-C 光+A 最有助于降低酯酶活性和增加膜透性。值得注意的是，与流式细胞技术测定的膜受损细胞相比，培养技术测定的非存活细胞更多。特别是在贮存紫外线-C 光+A 样品 5d 后，MS 系统中记录了 6.5 个以上的酿酒酵母对数失活周期。然而，到第 5 天，紫外线-C+A 样品的膜透性仅增加了 1.8 个对数周期。因此，对数失活周期和通透性细胞之间的差异表明，除膜损伤外，可能还发生了其他机制。

（四）结论

在本研究中，天然抗菌剂柠檬醛和香兰素成功被微胶囊化包埋，并找到不同的有效二元组合，以减少所需的单个抗菌剂量，同时在不同温度下贮存时显示出相关微生物的加性抑制效应。根据生长/无生长界面的逻辑回归模型，获得了香兰素和柠檬醛的不同组合，预测了三种评估菌株的极低生长概率。为了减少添加天然抗菌剂后果汁混合物的感官变化，选择了栅栏技术方法，即使用紫外线-C 光辅助或不使用温和加热和胶囊化香兰素加柠檬醛。在湍流条件以及中试规模的温和加热下，紫外线-C 光对混浊果汁混合物中相关微生物灭活非常有效。选择向果汁中添加 1000mg/L 香兰素和 100mg/L 柠檬醛作为基准，以使残存的细菌在紫外线-C 光或紫外线-C/H 的处理下失活。在紫外线-C 光处理过的果汁中添加胶囊香兰素和柠檬醛在冷藏过程中产生了协同效应（对于酿酒酵母而言）和添加效应（对于大肠杆菌而言）。建议添加胶囊香兰素和柠檬醛的二元混合物，作为处理某些混浊果汁的替代品，因为它可以防止微生物腐败，并提高所检测果汁混合物的安全性。然而，在可预见的未来，将对提议的栅栏技术对果汁的感官和物理化学质量的影响进行进一步的研究，以及对其他微生物和本地菌群敏感性进行评估。

五、 基于主成分和层次聚类分析的萝卜加工栅栏技术应用

萝卜（*Raphanus sativus* L.）是一种根茎作物，味道辛辣或甘甜，富含叶酸、维生素 C 和花青素，广泛用于沙拉的制作，但由于切片褐变而导致的快速变质降低了其适销性。在加

工萝卜的过程中，如剥皮、切割等操作会诱导与几种生化反应相关的酶的生物合成，这些生化反应会导致颜色、香气、质地和营养价值的变化。所以加工过程中控制生理反应是获得高质量最低加工产品的关键因素。栅栏技术提供了一个将温和的因子结合，以提高产品的安全性和稳定性的途径。Rosario 等（2014）研究了基于主成分分析（PCA）和层次聚类分析（HCA），比较基于栅栏技术的不同栅栏因子对萝卜片在冷藏过程中颜色和 PPO 抑制的影响。

（一）第一阶段实验

本研究试验结果表明，当采用单一的物理或化学栅栏时，对萝卜片感官色泽和质地有较大影响；而应用栅栏技术后，第 1 组（NaCl）纹理过度软化，多酚氧化酶抑制率为 20%；第 2 组（ACA-1 和 LA）当量（DE）值大于 10，多酚氧化酶抑制率为 30%～40%；第 3 组（QUI-ACA 和 TT-601），影响与第 2 组相似，但不太强；第 4 组（TT-501、QUI-LA、US、NaCl-1 和 AA），感官指标均低于 3，DE 值低于 3，多酚氧化酶抑制率为 40%；第 5 组（CO、$CaCl_2$、CA、ACA-05）与对照组无显著差异。

在经过 4d 的贮存期后，PCA 和 HCA 分析结果，第 1 组位于一个极端，采用的栅栏具有非常高的 DE（DE 值高达 25）和过度的纹理软化（纹理值高于 4）。两个中心组（靠近轴 2）代表由不同因素引起的 DE 值高于 15 的处理；而第 2 组的感官指标值较高（高于 3），切片上出现褐变，纹理软化（纹理值大于 3），多酚氧化酶无抑制作用；第 3 组显示色素向切片的白色部分扩散（color V>4）；第 4 组和第 5 组多酚氧化酶抑制率在 10%～40%，DE 值低于 6，所有感官参数低于 3。

基于栅栏必须对颜色和质地产生最小影响并以 EPO 活性最小化的前提，以下栅栏被放弃：ACA-1、QUI-ACA、QUI-LA、NaCl-5 和 TT-601，原因如下。ACA-1 在第 4 天观察到不可接受的颜色和质地变化；QUI-ACA 和 QUI-LA 添加的壳聚糖不会改善由单独使用的酸（ACA 和 LA）造成的影响；NaCl-5 中浓度较低（1%）的反而表现更好；TT-601 为应用热处理，导致切片立即显著变色，且 4d 后切片呈现粉红，并在袋内渗出液体。保留萝卜片自然颜色的更好的栅栏如 AA、TT-501 和 NaCl-1。

（二）第二阶段实验

在试验研究的第二阶段，将 8 个选定的栅栏组合在一起，形成 28 种可能的处理方法。在处理的初始可分为 6 组：第 1 组代表与对照组无差异的样本，所有感官指标值均低于 3，DE 值低于 3（CO、AA+TT-501、CA+AA、AA+$CaCl_2$、CA+$CaCl_2$、AA+US、CA+US、ACA-05+$CaCl_2$）；第 2 组代表 DE 值约为 5% 和 30% 多酚氧化酶抑制的样品（CA+ACA-05、AA+NaCl-1、LA+ACA-05、LA+NaCl-1、ACA-05+NaCl-1、NaCl-1+$CaCl_2$、ACA-05+TT-501、$CaCl_2$+TT-501）；第 3 组为 A+ACA-05、CA+NaCl-1、CA+TT-501、NaCl-1+TT-501、ACA-05+US、NaCl-1+US、$CaCl_2$+US、US+TT-501，表现为 DE 值在 10 左右，低感官接受度（所有感观指数值低于 3）和多酚氧化酶抑制在 0%～40%；第 4 组代表具有 30%～40% 多酚氧化酶抑制的样品，但 DE 值高于 10，对应切片的色素扩散和紫色染料（ColorV>3），包括 AA+LA，LA+$CaCl_2$，LA+TT-501；第 5 组代表 LA+US，DE 值约为 18，色素扩散（ColorV>3）且无多酚氧化酶抑制；第 6 组出现在多酚氧化酶抑制率为 30% 的样本中，但 DE 值高于 25，并且由于其呈现为紫色（CA+LA），因此出现感官排斥。

在第 4 天分为 7 组：第 1 组代表 DE 值大于 20 的样品，对应于切片的色素扩散和紫色染料（ColorV>4）和纹理软化（LA+TT501）；第2组代表多酚氧化酶浓度为新鲜对照样品两倍的样品，DE值约为20，ColorM>3，显示切片褐变（CA+US、LA+$CaCl_2$、LA+US、$CaCl_2$+US、US+TT-501）；第3组（CA+LA，LA+ACA-05，LA+NaCl-1）和第4组（CA+TT-501，ACA-05+TT-501，NaCl-1+TT-501，$CaCl_2$+TT-501）代表DE值高于15的样品，但第3组因褐变（色度高于4）而感官受到排斥，观察到10%的多酚氧化酶抑制，第4组没有多酚氧化酶抑制；第5组代表与对照贮存样品（CO、AA+$CaCl_2$、CA+$CaCl_2$、ACA-05+$CaCl_2$、CA+NaCl-1、AA+LA、NaCl-1+$CaCl_2$）无差异的样品，这意味着应用这些栅栏组合不会对样品产生任何改善；第6组代表的样本（AA+ACA-05、AA+NaCl-1、ACA-05+NaCl-1、AA+TT-501、ACA-05+US），尽管DE值高于10，但从感官角度来看，它们是可接受的，并且在最初对多酚氧化酶没有抑制作用；最后，第7组代表DE值约为5，感官可接受和多酚氧化酶抑制率为15%的样本（CA+AA、CA+ACA-05、NaCl-1+US）。根据在第0天和第4天进行双栅栏结合后获得的结果，选择以下栅栏可更好地保持萝卜的天然颜色：AA+ACA-05、AA+NaCl-1、ACA-05+NaCl。

（三）最佳栅栏组合的选择

将选定的最佳栅栏进行主成分分析（PCA）和高内涵分析（HCA）分析，以确定最佳处理。在第0天分为5个组：第1组为对照样品（CO），其余各组主要在DE值上存在差异，尽管从感官角度来看，它们都是可以被接受的。在DE值中观察到的变化主要是由于L^*参数的降低，这意味着萝卜片色泽变暗。然而，这些客观的颜色变化并没有被感官小组察觉到。第2组由ACA-05+US、AA+ACA-05组成，DE值接近9。第3组由NaCl-1+US栅栏表示，其DE值约为7，且不使多酚氧化酶酶失活。第4组由TT-501、ACA-05+NaCl-1、CA+ACA-05、AA+NaCl-1栅栏组成，DE值介于4~5，多酚氧化酶抑制率介于10%~30%。第5组由AA+TT-501、NaCl-1、AA、CA+AA组成，它们对应第0天的最佳栅栏组，DE值约为3，多酚氧化酶的平均抑制率为50%。

在贮存结束时（4d）分为4组：第1组由对照样品（CO）表示，由于多酚氧化酶活性是新鲜样品的两倍，并且由于褐变（Color M>3）导致感官的排斥而被淘汰。第2组由ACA-05+NaCl-1、AA+TT-501、AA+ACA-05、ACA-05+US、AA+NaCl-1栅栏组成，DE值大于10，因此也被淘汰，尽管从感官角度来看其是合适的。其他两组中，第3组由AA、TT-501、CA+ACA-05、NaCl-1+US组成，DE值小于6，从感官角度来看是可以接受的，并且呈现的多酚氧化酶活性与新鲜对照组相似，甚至更低。第4组DE值小于2，从感官角度来看是可以接受的，并且呈现与新鲜对照相似的多酚氧化酶活性。由于选择的所有栅栏都具有可接受的感官参数和酶抑制作用，因此提出了基于DE值小于6的栅栏因子的选择标准，这些栅栏将是最好的选择。因此选择与第3组和第4组（AA、TT-501、CA+ACA-05、NaCl-1+US、CA+AA和NaCl-1）对应的处理作为具有最佳颜色特征的处理。

根据应用主成分分析和层次聚类分析，选择栅栏技术（物理和化学）可以抑制切片萝卜的多酚氧化酶活性和颜色稳定性。从结果来看，在第0天和第4天的双栅栏结合，选择以下栅栏可以更好地保持萝卜的天然颜色：AA+ACA-05、AA+NaCl-1、ACA-05+NaCl-1、AA+TT-501、ACA-05+US、CA+AA、CA+ACA05、NaCl-1+US。然而，在贮藏结束时（第4天），选择的栅栏AA、TT-501、CA+ACA-05、NaCl-1+US、CA+AA和NaCl-1能够保持萝卜片特有的新鲜颜色，且具有可接受的感官参数和酶抑制作用。

六、红外线和紫外线与臭氧结合栅栏对洋葱片和黑胡椒上大肠杆菌的净化作用

虽然香料通常含水量较低，这会减少微生物的生长，但其污染对食源性感染和疫情的发生起到了重要作用。香料已被证明是化学（真菌毒素）和微生物污染（沙门菌等致病菌）的媒介，而污染的实际原因还难以确定。干洋葱等香料广泛应用于食品工业，尤其是用于制作酱汁、汤和沙拉酱，在家庭烹饪中的使用也在增加。洋葱粉也被认为是一种营养食品，其具有抗菌、抗癌和其他促进健康的活性，因为其含有硫、酚、黄酮和硒。与任何其他农产品一样，洋葱在食品加工链的任何阶段都可能受到污染，如蜡样芽孢杆菌、沙门菌、大肠杆菌、产气荚膜梭菌和产毒霉菌，甚至发现被四环素和头孢曲松耐药细菌污染。有关于粉状或片状食品的去污，包括紫外线-C光处理、化学消毒剂、γ 辐射和过热蒸汽处理等，一些技术被证明会影响香料的质量和可接受性。

Nada（2021）研究了基于栅栏技术的红外、紫外线和臭氧对洋葱片和黑胡椒上大肠杆菌的净化作用，目的是评估组合紫外线-C光的系统性能。在前期试验中用臭氧、辐射和调制红外光等对洋葱片（OF）和黑胡椒（BP）进行去污，人工接种大肠杆菌作为试验生物体，试验包括单独处理（臭氧、紫外线和红外线）和组合处理（臭氧，然后紫外线与红外线结合）。

（一）系统与干燥动力学

在处理过程中需要注意的是，调节灯的开/关，以将外部温度保持在58~65℃。管内温度相对较低，保持在29~34℃。管外和管内的温度在前19s期间上升，随后平均稳定在32℃，这些条件被证明能保持洋葱片和黑胡椒的感官特性，因为40~60℃的较低温度不会影响风味。

接种大肠杆菌后，样品在烘箱中干燥，在洋葱片和黑胡椒样本上接种的大肠杆菌在时间零点的初始微生物负荷分别为 1.1×10^4 CFU/mL 和 1.35×10^4 CFU/mL，表明洋葱片和黑胡椒在2h内的可培养性分别降低68%和78%，比在辣椒片（CF）干燥观察到的减少更多，后者为55%。干燥时的细菌减少可能是由于 A_W 的降低，导致亚致死性损伤的细胞难以作为活菌落形成单位。

（二）接种后洋葱片和黑胡椒的个体化处理

实验结果显示，微生物的存活率随着每个过程处理时间的增加而降低，所有处理均使接种30min的大肠杆菌完全降低到计数极限，臭氧、紫外线或红外处理20min后，细菌培养率分别降低67%、94%和95%。对于黑胡椒，20min的臭氧或紫外线可使大肠杆菌完全失活，30min的红外线作用可使大肠杆菌完全失活。臭氧和紫外线处理使接种在黑胡椒上的大肠杆菌在17min后完全失活。

然而，20min的红外线作用不足以实现完全失活，因为试管内部的温度只有32℃。臭氧、紫外线和红外线作用15min后，黑胡椒的细菌培养率分别降低78%、95%和90%。考虑到20min后采用相同方法处理的细菌培养率分别降低67%、94%和95%，臭氧和紫外线对黑胡椒的效果略高于红外线。对于洋葱片来说，从所获取的数据来看，所有三种处理都需要高于20min和30min的处理时间才能实现完全失活。臭氧在洋葱片和黑胡椒上的应用对比表

明，与洋葱片相比，黑胡椒降低的幅度更大。这可以通过对黑胡椒进行17min臭氧处理和对洋葱片进行30min臭氧处理来证明，因为对洋葱片进行17min臭氧处理会导致45%的减少率。接种的细菌在洋葱片中更受保护，因为臭氧灭菌效率受渗透深度和臭氧与有机材料的交互作用影响。

值得注意的是，洋葱片和黑胡椒的随机流动允许更大的紫外线剂量到达不同的表面，湍流混合和接种的大肠杆菌的高去污效果已被检测到。紫外线灭菌效果受多种因素的影响，如与灯的距离、紫外线强度和暴露时间等。红外线对两种细菌和黑胡椒的效果都不如其他处理，但微生物仍然表现出一定的失活，即使在流量管内的升温幅度相对较低的情况下也是如此。这可能是由于快速的传热机制在短时间的处理内减少了细菌的负荷。

（三）栅栏协同作用处理

以往对臭氧（20min）与紫外线和红外线（60min）相结合在接种大肠杆菌上冷等离子体的去污的研究结果，臭氧起主导作用，且处理时间过长，即处理时间始终超过未检测到菌落的点。本研究仅应用2.5min的臭氧预处理的暴露时间，然后对洋葱片和黑胡椒进行10min的紫外线和红外线。通过这种方式，预计将获得更多关于臭氧综合处理后效果的信息。对于洋葱片和黑胡椒，臭氧处理2.5min可分别减少99.98%和99.99%的细菌培养率，5min可分别减少99.98%和99.99%。使用较短的处理时间（2.5min）是有意义的，因为在增加暴露的情况下没有观察到任何益处。对于接种了大肠杆菌的洋葱片，在臭氧暴露5min后，紫外线和红外线联合处理2.5min足以实现完全失活，在2.5min的紫外线和红外线处理中，洋葱片和黑胡椒的减少细菌培养率为99.99%，而在5min的紫外线和红外线处理中的减少为99.90%和99.99%。

然而，对于2.5min的臭氧处理，需要10min的紫外线和红外线联合使用才能达到相同的结果，单独使用臭氧30min就可以消除污染，将臭氧与紫外线和红外线联合使用可以缩短处理时间并提高效果。对于黑胡椒，单独使用臭氧20min就可以消除污染。因此，研究表明，栅栏协同作用通过刺激协同致死效应导致相关的细胞膜产生更多损伤，以此来提高去污效果。值得注意的是，臭氧处理2.5min和5min的效果相对接近，尽管5min处理时间的略低，但后续处理（紫外线和红外线）的影响更大，可以明显看出，处理时间越长效果越好。

通过测定臭氧、紫外线和红外线对洋葱片和黑胡椒的去污效果，进一步探究了这些栅栏因子交互作用的新方法。两种香料对处理的反应存在差异，其对黑胡椒的效果优于洋葱片。臭氧和紫外线处理完全减少了接种的微生物负荷（9.5×10^5 CFU/mL）。连续臭氧和紫外线与红外线联合处理短时间内使大肠杆菌失活率达到99.99%，与臭氧（处理2.5min和5min）或紫外线与红外线（处理2.5min和5min）单独处理相比，性能有所提高。

七、标记栅栏技术灭活莴苣、芽菜和菠菜上的细菌病原体

新鲜农产品的消费在过去十年中持续增长，加工程度低的生菜、菠菜、卷心菜和芽菜等，由于其较高的营养价值和大众饮食习惯的改变而深受青睐，但它们是大肠杆菌O157:H7、沙门菌和单核细胞增生李斯特菌的关键载体，作为食源性疾病在世界各地传播的媒介受到越来越多的关注。因此，开发有效的消毒剂以减少食品和农产品中的病原体是食品行业确保产品安全的重要步骤之一。食品工业在整个食品链中采用了各种去污技术，从化学清洗

（如氯基成分、酸性化合物和臭氧水）到新兴处理方法，如高静水压、介电加热、欧姆加热、超声波、辐照和使用细菌素和噬菌体等，在减少微生物负荷方面富有成效，但大多成本高昂，而且在技术上难以应用于实际生产。基于复合防腐方法的栅栏技术，已经成为一种可以减少营养和感官质量损失，同时提高食品安全性的具有潜力的技术。由于食品中微生物抑制或失活的不同机制，栅栏技术展现的协同效应具有特别的意义。Ngnitcho 等（2017）研究标记栅栏技术灭活莴苣、芽菜和菠菜上的细菌病原体，以评估不同的去污处理效果，建立具有协同抗菌效果的最佳栅栏技术，来提高新鲜农产品的质量和安全性。

（一）不同处理对莴苣的杀菌效果

在生鲜莴苣上接种大肠杆菌 O157:H7、单核细胞增生李斯特菌、金黄色葡萄球菌和沙门菌的平均初始密度分别约为 $1\times10^{6.85}$ CFU/g、$1\times10^{6.43}$ CFU/g、$1\times10^{6.34}$ CFU/g 和 $1\times10^{6.95}$ CFU/g。接种的生菜在室温下分别浸泡在无菌蒸馏水、SAEW（30mg/L）、FA（0.5%）、CaO（0.2%）、SAEW+FA 和 CaO+SAEW+FA 中 3min。所有处理对生菜受试微生物都有显著影响。与对照处理（DW）相比，所有消毒处理显著（$P<0.05$）将每种病原体的计数降低至 $1\times10^{1.67}\sim1\times10^{4.45}$CFU/g。与其他消毒处理相比，使用 CaO+SAEW+FA 处理对于每种病原体的减少率最高。根据莴苣上微生物数量的减少程度的排序：CaO、SAEW、FA<SAEW+FA<CaO+SAEW+FA，这些消毒剂对大肠杆菌 O157:H7 或单核细胞增生李斯特菌的灭菌能力更高。结果显示，处理后莴苣上的大肠杆菌和单核细胞增生李斯特菌的灭活能力分别为 $1\times10^{1.23}$CFU/g 和 $1\times10^{1.2}$CFU/g。研究显示，SAEW 的较高活性可能归因于本研究中所使用的 30mg/L ACC。0.2% CaO 对接种在莴苣上的大肠杆菌 O157:H7、单核细胞增生李斯特菌、金黄色葡萄球菌和沙门菌的抗菌效果，其显示总减少为 $1\times10^{1.78}\sim1\times10^{2.1}$CFU/g。CaO 是一种强碱性消毒剂，其抗菌作用来自 CaO 与水混合时产生的氢氧化钙，然而目前尚不清楚其确切的抗菌机制。

（二）不同处理对菠菜的杀菌效果

在菠菜的不同处理中，大肠杆菌 O157:H7、单核细胞增生李斯特菌、金黄色葡萄球菌和沙门菌的平均初始计数分别为 $1\times10^{6.90}$ CFU/g、$1\times10^{6.51}$ CFU/g、$1\times10^{6.49}$ CFU/g 和 $1\times10^{6.91}$CFU/g。所有处理均观察到相同的微生物减少模式。CaO+SAEW+FA 栅栏处理的微生物减少率最高，其次是 SAEW+FA 处理。与其他消毒处理相比，这两种处理明显使微生物减少更多。联合处理的微生物数量减少为 $1\times10^{2.97}\sim1\times10^{3.96}$CFU/g。然而，与莴苣样品相比，采用组合处理（SAEW+FA、CaO+SAEW+FA）的菠菜样品的计数减少程度较低。对于单独处理（SAEW、FA 或 CaO），微生物减少为 $1\times10^{1.32}\sim1\times10^{2.36}$CFU/g，类似于在氯化水（pH=10，ACC 为 200mg/L）中浸泡菠菜叶 5min 后的结果，这导致大肠杆菌 O157:H7 在 22℃ 和 40℃ 下分别减少 $1\times10^{1.2}$CFU/g 和 $1\times10^{1.4}$CFU/g。而 SAEW 处理（pH=6.3，ACC 为 5mg/L）使新鲜切菠菜上的大肠杆菌 O157:H7 和单核细胞增生李斯特菌的数量减少了 $1\times10^{1.64}\sim1\times10^{2.80}$CFU/g。

（三）不同处理对豆芽的杀菌效果

不同处理对芽苗菜的微生物灭活效果，大肠杆菌 O157:H7、单核细胞增生李斯特菌、金黄色葡萄球菌和沙门菌的平均初始计数分别为 $1\times10^{7.05}$CFU/g、$1\times10^{6.43}$CFU/g、$1\times10^{7.02}$CFU/g

和 $1\times10^{7.01}$CFU/g。虽然所有的处理方法都能有效地抑制芽上的细菌，但在不同的处理组中观察到微生物的减少存在一定差异。单核细胞增生李斯特菌和沙门菌分别在 $1\times10^{2.17}$CFU/g 和 $1\times10^{2.12}$CFU/g 的水平上减少，观察到单独处理时 FA 减少最显著。当苜蓿芽在 0.5% 的 FA 中浸泡 3min 时，单核细胞增生李斯特菌和沙门菌（分别为 $1\times10^{2.4}$CFU/g 和 $1\times10^{2.5}$CFU/g）也有类似的减少。CaO+SAEW+FA 处理减少微生物数量最多，但金黄色葡萄球菌和沙门菌除外，与其他消毒处理相比，SAEW+FA 处理没有显著差异。CaO+SAEW+FA 对沙门菌的灭活效果更高（减少 $1\times10^{3.55}$CFU/g），与生菜或菠菜相比，所有处理对芽菜的抗菌效果都略低。

(四) 栅栏多因子组合的协同效果

研究采用的多因子交互作用处理，用 CaO 与 SAEW+FA 联合洗涤，然后用微气泡、紫外线和超声波处理后，农产品上的大肠杆菌 O157:H7 计数降低 $1\times10^{3.23}\sim1\times10^{4.87}$CFU/g。与 CaO+SAEW+FA+MB 或 CaO+SAEW+FA+UV 相比，CaO+SAEW+FA+US 处理的效果显著不同。由于这些植物的复杂结构，与菠菜或莴苣相比，芽菜的微生物减少量仍然较低。由于附加的因子作用（微气泡、紫外线和超声波），生物减少量增加。同样的，在所有产品类型中观察到针对单核细胞增生李斯特菌、金黄色葡萄球菌、沙门菌属和大肠杆菌 O157:H7 的微生物减少模式。然而，经 CaO+SAEW+FA+US 处理后，莴苣上的金黄色葡萄球菌和沙门菌属的减少率最高（分别为 $1\times10^{4.93}$CFU/g 和 $1\times10^{5.09}$CFU/g）。这些结果表明，与其他处理相比，超声波联合 CaO+SAEW+FA 处理在减少新鲜农产品上的病原菌方面更为有效。微气泡已单独或与其他消毒剂（如 NaCl、醋酸和柠檬酸）组合用于食品工业。当用微气泡水清洗芫荽、三月薄荷、芦笋、秋葵、柠檬草和生姜样品 15min 时，与对照处理（自来水）相比，大肠杆菌和沙门菌显著减少。此外将微气泡与 NaCl、醋酸和柠檬酸组合洗涤 5min，可将接种在羽衣甘蓝上的大肠杆菌减少 $1\times10^{5.5}$CFU/mL，这明显比其他处理更有效。

(五) 栅栏技术处理对保质期的影响

研究结果表明，对照组（DW）在 4℃ 和（23±2）℃ 下贮存期间的 TAB 超过了不可接受的水平（分别在 6d 和 3d 内高于 1×10^{7}CFU/g），在此条件下贮藏的处理过的（CaO+SAEW+FA）莴苣和菠菜的微生物数量分别在 12d 和 6d 后超过了不可接受的水平，而芽菜的微生物数量分别在 10d 和 6d 后超过了不可接受的水平。CaO+SAEW+FA 处理可有效提高在 4℃ 和（23±2）℃ 贮藏的农产品保质期，分别提高约 6d 和 3d。CaO+SAEW+FA+US 处理的结果表明，在整个贮藏期间，在 4℃ 和 23℃ 贮藏的菠菜和莴苣的 TAB 水平保持在 1×10^{7}CFUg 以下，反映出这种处理有效地延长了它们的保质期，分别延长了约 8d 和 4d。然而，芽苗菜的 TAB 水平分别在 10d 和 5d 后超过了限度，从而分别将保质期延长了 5d 和 2d。根据这些新鲜农产品的微生物特性，在所有处理中，用 CaO 清洗 3min，然后用 SAEW+FA+US 处理 3min 被确定为最佳处理。

研究中采用的栅栏多因子处理有可能减少自然产生的细菌并延长新鲜蔬菜的保质期，在 4℃ 下将农产品的保质期延长 6d 或更长时间，保质期延长可能是由于新鲜农产品经处理后微生物的大量减少。关于蔬菜保质期结束的微生物指标，通常为 1×10^{7}CFU/g，其平均保质期通常为 10~14d。结果表明，CaO+SAEW+FA 和 CaO+SAEW+FA+US 处理可能有助于控制新鲜农产品上的自然微生物，CaO、SAEW 和 FA 消毒剂的组合也可能成为确保微生物安全以及延长新鲜农产品保质期的有效方法。

八、 栅栏技术对绿橄榄红曲霉生长的影响

食用橄榄是西方一种重要的发酵水果产品，该产品很容易在原料收获时污染红曲霉，该真菌曾从希腊的巴氏杀菌绿橄榄中分离出来，而且可在极低的氧张力下生长，在低 pH 和高浓度盐环境下存活，甚至在此条件下产生耐热的子囊芽孢，从而对产品质量产生不良影响。此外，盐水中 pH 的上升会导致大肠杆菌 O157:H7、肠炎和肉毒梭菌等生长，增加产品微生物安全性的风险。根据贸易标准，食用橄榄可以通过热处理或用 pH 较低的高浓度的盐水（小于 4%）保存，使用或不使用防腐剂（允许使用的防腐剂包括苯甲酸和山梨酸），以及它们相应的钠盐和钾盐，分别在 1000mg/L 和 500mg/L 的最大使用限度内，Leandro 等（2018）对此进行了研究。

结果显示，苯甲酸盐和山梨酸盐之间的交互作用显著（$P<0.05$），并且在生长的第 10 天、第 30 天和第 50 天表现出相同的响应趋势；因此，第 10 天的结果可用于描述第 30 天和第 50 天的生长和腐败趋势。温度和盐浓度交互作用的结果没有显示出任何显著性，因此这些参数对于控制真菌生长并不重要。在使用完整的 24 析因设计评估因子（FCCCD）在第 10 天、第 30 天和第 50 天时对真菌生长的重要性后，使用三个中心点的 FCCCD 来寻找最佳值集，这将提供控制真菌生长和最终劣化的最佳条件。FCCCD 仅考虑了 24 个因子的初步分析，即 10d 增长结果。选择对真菌生长有强影响和弱影响的因子，即显著（$P<0.05$）和微显著（$P<0.1$）因子，分析结果显示，NaCl 浓度不显著，而与温度的交互作用显著。

温度和 NaCl 浓度在所有试验条件下的交互作用不足以防止真菌腐败，山梨酸比苯甲酸更有效地抑制真菌生长。与苯甲酸盐相比，山梨酸盐浓度的增加对防止微生物生长的作用更大。只有山梨酸盐才能降低真菌的初始浓度，发挥其杀菌效果。与含防腐剂的样品相比，不含防腐剂的样品，其 pH 的增加更显著。在 30℃ 培养的样品中，菌丝体呈现出的发育最良好，pH 值上升幅度最大（pH = 4.0）。

总体分析显示，从 Arauco 品种绿橄榄的腐败卤水中分离到的这一真菌耐盐，且在不含防腐剂的样品中发生劣化（可见生长和 pH 增加）。说明盐的使用可能不足以控制该真菌导致的腐败。根据世界卫生组织的报告，这种真菌显示极强的耐盐性，甚至可以在含有 9% 氯化钠的食用橄榄盐水中生长。温度也是重要影响因子，在 30℃ 时的影响最大。山梨酸钾在抑制真菌生长方面比苯甲酸钠更有效，0.025% 的山梨酸盐开始发挥抑制作用，0.03% 时的抑制效果显著，而在 0.05% 时效果最高，再增加剂量也未见抑菌作用增强。两种抗菌剂的联合使用可以对微生物种群产生不同的效应，如协同效应、拮抗效应或加性效应，在本实验中，山梨酸钾和苯甲酸钠的结合使用未产生预期的协同效应。山梨酸钾是防止食用橄榄腐烂最有效的防腐剂。响应面分析显示，山梨酸钾的最小抑制浓度约为 0.03%，这对食用橄榄行业防止产品腐败具有指导性意义。

九、 栅栏技术应用于菜豆加工以稳定其保质期的研究

鲜切蔬菜的生产通常涉及清洁、修剪、切片、洗涤、干燥和包装等工序，加工进程中的呼吸作用、蒸腾作用，酶活性和微生物增殖等导致其快速变质，为此抗氧化剂处理、气调包装（MAP）、冷冻和氯洗等方法已应用于蔬菜保鲜。嗜冷细菌，如单核细胞增生李斯特菌，即使在改性气体包装也能在低温下生长，而商业加工线中使用的氯等消毒剂对其抑制和消

除程度有限。基于多因子交互作用的栅栏技术的研究与应用备受关注，Sumit Gupta 等（2012）以柠檬酸处理、γ 射线辐照、低温贮藏和气调包装为栅栏因子，研究栅栏组合应用于保鲜可贮的法国菜豆开发。

（一）微生物分析

在贮存期间，观察到微生物负荷显著增加（$P<0.05$），随着辐照剂量和柠檬酸处理的增加，初始的中温菌数减少。当辐照剂量为 2kGy 时，可观察到中温菌计数减少 5 个对数周期，在柠檬酸为 16g/L 时，可观察到中温计数减少 2 个对数周期。随着贮藏时间的延长，酵母和霉菌数量显著增加（$P<0.05$）。在贮存的最初几天，随着辐射剂量的增加和柠檬酸处理的增加，酵母和霉菌数量下降。值得注意的是，随着贮存时间的增加，在较高的辐射剂量和相应的柠檬酸处理下，可以观察到更多的酵母和霉菌。此外，较高的柠檬酸浓度导致 pH 降低，从而为酵母和霉菌的生长创造更有利的条件。

（二）质构和色泽

据观察，在贮藏初期，随着辐照剂量的增加，菜豆的硬度降低。果胶和其他细胞壁成分（如纤维素和半纤维素）的辐射诱导解聚可导致植物组织的硬度和软化度降低。在较低辐射剂量下，硬度与柠檬酸处理呈正相关，而在较高剂量（2kGy）下，硬度与柠檬酸处理呈负相关。然而，由于果胶物质的酸水解，较高的柠檬酸浓度可能导致质地软化。柠檬酸处理（10g/L）之前其已被证明与苹果片质地软化有关。在较低的柠檬酸处理下，在贮藏第 16 天发现，其硬度随着辐射剂量的增加而增加。辐照可降低植物产品的呼吸速率，从而减少水分损失，进而提高硬度。随着贮存期的延长和柠檬酸的增加，样品的绿色度降低，这可能是源于贮存期间色素的降解。a^* 值随着辐射剂量的增加呈下降趋势，表明辐照样品的绿色度更好。辐射处理可导致植物产物呼吸速率降低，导致色素降解速率减慢。据感官评分分析，加工条件对菜豆的质地和颜色没有显著影响。

（三）香气与味道分析

辐照和贮藏时间显著影响菜豆的香气品质和口感，而柠檬酸处理对这些参数没有影响。随着贮藏时间的延长，菜豆的香气质量下降。在初始贮存期间，与对照样品相比，在较高辐射剂量下辐照的样品香气感官评分稍低，但在贮存后期进行分析时，显示出更高的得分。与未经辐照即贮存的样品相比，辐照后样品更高的香气评分，可能是由于产品中的衰变减少。

（四）营养评价

菜豆贮藏期间抗氧化活性显著降低，贮藏 14d 后，抗氧化活性下降了 40%，最初 5d 的降低程度最大，而辐照处理对其无影响。与抗氧化能力相反，5d 的贮存期内未观察到酚类化合物的减少，但至 14d 总酚下降了 20%。黄酮类化合物含量在贮藏期间表现出与抗氧化能力相似的趋势。5d 期间内观察到显著的下降，此后并未持续。对照样品和加工样品的总维生素 C 含量在统计学上并无差异，整个贮藏期间保持稳定。在本研究中，所有维生素 C 被氧化成 DHA，这可能解释了未观察到维生素 C 含量降低的事实。

（五）包装中的顶空成分变化

在贮存期间，观察到辐照和贮存时间对 CO_2 和 O_2 的显著影响（$P<0.05$）。在对照样品中，在 8d 的贮存期内观察到 CO_2 增加，此后成分几乎保持不变，这表明包装顶部空间与大

气之间达到了平衡。与对照组相比，经过处理的样品在贮存 8d 之前表现出更高的 CO_2浓度，这可能是辐射处理后植物的呼吸速率增强所致。包装顶部空间中氧气含量低于 2% 时，厌氧条件形成，使异味产生，还可能导致肉毒梭菌等厌氧病原体的生长。因此，本研究中选择的加工和包装条件适合法国菜豆。

（六）结论

综上所述，响应曲面法成功地用于优化具有所需微生物和感官质量的最少加工法国菜豆的工艺参数。响应面分析表明，辐照剂量、柠檬酸和贮存时间等变量之间存在复杂的交互作用。辐照与柠檬酸显著减少了微生物污染，并发现柠檬酸可以减少辐射引起的软化。因此，使用柠檬酸处理可能有助于在辐射加工期间保持蔬菜的质地。使用响应曲面法的优势还源于这样一个事实，即当采用不同的质量标准进行优化时，会产生不同的适用解决方案，这可用于商业生产。验证实验证明，生成的数学模型适用于优化工艺参数，使所需的产品性能达到最佳状态。采用定性描述分析对开发产品的分析表明，经过加工的法国菜豆具有所需的香气、味道和质地属性，证明了响应曲面法在优化最少加工蔬菜生产处理方面的有效性。

十、 利用栅栏技术开发甜椒新产品拉木约

近年甜椒的消费需求有所增加，尤其是作为调味料用于速溶汤、冷冻比萨饼、沙拉酱和各种酱汁，以及各类即食食品中。在甜椒脱水过程中，水分含量和 A_W 部分或全部降低，因此，微生物生长和酶活性受到限制，从而延长了保质期。就甜椒而言，这些蔬菜具有一定的耐热性，因此能够很好地适应热风干燥。干燥前通常使用热烫来钝化酶，促进脱水过程并缩短处理时间。热烫后，应立即冷却以防止组织损伤和过度烹饪。同样，在贮存过程中，低于10℃的温度可能会延长脱水产品的保质期，并且应避免吸附湿气，因为这可能会导致其变色以及香气和味道的快速丧失。此外，部分脱水产品可能受益于气调包装，而有关部分脱水和气调包装延长红辣椒保质期的综合效应尚不明确。Sandra 等（2013）在拉木约（lamuyo）甜椒新产品的开发中对此进行了研究，其保质期的保障就是通过部分脱水和气调包装来实现的。

（一）原料及理化特性分析

原料除了 A_W 和果皮厚度外其他指标不存在显著差异。无论是切割类型还是应用的预处理方法，都不会显著影响原料，技术参数的选择主要基于水分含量和 A_W 降低的干燥工艺，选择的较佳条件：辣椒切条状，规格 2~3cm，洗涤后在 80℃、10% 相对湿度条件下干燥 6h，初始气体含量 O_2 和 CO_2 分别为 3mL/dL 和 5mL/dL。在冷藏期间，O_2 浓度持续下降，21d 后达到最终值 1.53mL/dL。CO_2 在第 14 天之前保持不变，14d 后浓度增加，最终浓度为 5.85mL/dL。干燥后的辣椒表现出如下特征：水分含量为（65.19±3.33）%、A_W = 0.965±0.005、pH = 4.68±0.02、L^* 值为 36.21±2.32、a^* 值为 29.55±3.85、硬度为（4.77±1.50）N，对于该类产品有效保存的 A_W 值为 0.920~0.970。在贮存过程中，重量损失可以忽略不计。气调包装可能会减缓贮存产品的新陈代谢，pH 和硬度可能比普通包装产品保持更长时间的稳定。

（二）微生物特性分析

所有组别的微生物初始值均低于检测限，然后在保存中逐渐增加。在第 21 天，中温菌和耐冷菌的最大计数分别为 $1\times10^{4.18}$ CFU/g 和 $1\times10^{2.08}$ CFU/g，酵母和霉菌超过了 1×

10^5CFU/g。在此评估期内，观察到托盘内出现微生物生长，以及CO_2浓度增加和过度果汁渗出的现象。对于这种富含糖类的蔬菜中，腐烂主要是由酵母或乳酸菌的生长所致。

（三）感官特性分析

所有样本最初感评得分都很高，在贮存期间逐渐降低。尽管至11d硬度开始低于可接受限值，但在评估整体印象时，该指标并非决定性因素。此外，直到第16天，视觉质量、香气和整体印象都保持在可接受限值以上。至21d后，微生物的生长和臭味的产生使辣椒的感官特性变得不可接受。产生的不良气味被描述为“醋味”，这可能是袋内微生物发酵所致，与同时测得的低O_2浓度和检测到的微生物生长有关。

（四）结论

实验中，辣椒在80℃、10%相对湿度条件下进行6h脱水时，已可获得稳定产品，而部分脱水和气调包装在内的栅栏组合有效地延长了红甜椒在8℃下冷藏的保质期。为了避免包装内出现厌氧条件，需要达到更高的O_2浓度，这反过来可以提高产品感官质量并减少真菌数量。

十一、 微酸性电解水与超声波结合栅栏灭活马铃薯上的蜡样芽孢杆菌

蜡样芽孢杆菌是被广泛认为是主要食源性病原体之一，由于芽孢的形成可以在高温下存活，并产生两种不同类型的毒素，即呕吐型和腹泻型。呕吐型疾病是由于摄入蜡样芽孢杆菌分泌的蜡样毒素引起的，而腹泻型疾病通常是因食用由蜡样芽孢杆菌分泌的腹泻毒素所污染的食物而引起的。微酸电解水（SAcEW）由于存在高浓度的次氯酸（HOCl），已成为一种环境友好型抗菌剂，具有很好的抗菌效果。电解水产生的HOCl可通过氯氧化巯基抑制葡萄糖氧化，使微生物细胞失活，导致蛋白质合成中断，通过形成有毒的*N*-氯胞嘧啶衍生物抑制氧的摄取，最终导致细胞死亡。已有部分关于SAcEW和物理处理法等多因子栅栏结合的研究，以寻求在减少细菌病原体方面的更高效率。Ke等（2016）提出了一种SAcEW和超声波处理的组合栅栏技术，以增强蜡样芽孢杆菌中SAcEW对马铃薯的抗菌效果，从而提高马铃薯的微生物安全性。

（一）不同温度下超声及与SAcEW结合的处理效果

样本中蜡样双歧杆菌的初始种群约为1×10^6CFU/g，无论温度如何，微酸性电解水和超声波处理（US）有效地减少了马铃薯上蜡样芽孢杆菌的数量，减少幅度为$1\times10^{0.19}\sim1\times10^{1.45}$CFU/g，与未使用US或使用100W/L和200W/L微酸性电解水进行US处理的情况相似。同样，当温度从25℃升高到60℃时，细菌减少量也会增加。在40℃和60℃时，处理1min的细菌减少量明显低于3min和5min的细菌减少量。而无论AED如何，3min和5min之间的细菌减少量无显著差异。在60℃下，US处理引起的细菌减少量高于25℃和40℃下的细菌减少量。然而，当温度升高到60℃时，观察到马铃薯颜色的显著变化。因此，选择400W/L、40℃和3min的US处理作为最佳条件而联合处理（SAcEW-US）的抗菌效果显著高于单一处理。

（二）SAcEW+US处理对马铃薯蜡样芽孢杆菌生长的影响

未经处理和经处理的马铃薯上蜡样芽孢杆菌的初始菌量分别为$1\times10^{5.8}$CFU/g和$1\times$

$10^{3.4}$CFU/g，无论温度如何贮藏结束时的低于对照。将所有原始实验数据拟合到 Baranyi 模型中，以计算未处理和处理（SAcEW+US）马铃薯在不同贮藏温度下蜡样芽孢杆菌生长的比生长率（SGR，CFU/h）和滞后时间（LT，h），基于高相关系数（R^2>0.97），Baranyi 模型提供了良好的统计拟合。正如预期的那样，随着温度的升高，SGR 增加、LT 降低。结果表明，经处理的马铃薯蜡样芽孢杆菌生长的 SGR 值低于未经处理的马铃薯，而在处理组中观察到了更大的 LT 值。

随后建立二级模型，以描述从未处理和处理的马铃薯中获得的 SGR 和 LT 随温度的变化。SGR 模型和 LT 模型的偏差和准确度因子的范围为 1.00~1.07 和 1.02~1.08。此外，之前与电解水相关的研究表明，当电解水用作水性消毒剂时，3min 是最佳浸泡时间。因此，在 40℃下进行 3min 的 US 处理被视为最佳条件，并应用于随后的实验中以评估各种联合处理方法的抗菌效果。超声波处理期间，马铃薯上蜡样芽孢杆菌的生长得到有效抑制，而与 40℃处理 3min 结合，可使附着在马铃薯上的蜡样芽孢杆菌减少约 1×10^3CFU/g。

（三）结论

研究结果表明，SAcEW 与 US 同时在 40℃处理 3min，对马铃薯上的蜡样芽孢杆菌产生了令人满意的协同效应，并且在 5~35℃不同温度下的贮藏期间抑制了蜡样芽孢杆菌的生长。因此，该栅栏技术有望成为提高马铃薯在贮藏或配送过程中微生物安全性的实用技术，本研究中获得的参数和建立的模型可作为建立危害分析和关键点控制（HACCP）中的关键控制点（CCP）或定量微生物风险评估的参数（QMRA）的依据。

十二、 超声波冷杀菌协同热诱导栅栏对酿酒酵母细胞的影响研究

根据栅栏技术的基本原理，不同栅栏因子在食品中协同作用，对污染微生物的伤害导致细胞内“代谢衰竭”，从而导致“自动灭菌”。超声波已成为一种很有发展前景的替代食品加工技术，当与其他保鲜技术结合时，可促进食品中的微生物失活。因此，超声波是栅栏技术的理想选择因子。在食品工业中，酿酒酵母会污染各种饮料，需要有效的手段来防止这种污染。Wordon 等（2012）研究了使用荧光流式细胞仪实时分析连续应用超声波和热诱导对悬浮在生理盐水中酿酒酵母种群的影响，以探究超声波和热诱导对酿酒酵母细胞活力、损伤和死亡的影响。

（一）热环境处理对酿酒酵母的影响

在加热（55℃）之前，指数生长后期的酿酒酵母细胞大多还具有活性（PF 值为 0.94±0.01），膜损伤细胞（PF 值为 0.05±01）和死细胞（PF 值为 0.01±0.00）也存在。加热导致种群动态的变化，在 55℃时，暴露于环境中 1~5min，受损部分增加到最大（PF 值为 0.21±0.09），死亡细胞增加到 PF 值为 0.15±0.3，剩余的群体（PF 值为 0.63±0.08）仍然存活。细胞膜损伤是 55℃热处理 5min 的一个特征。在测试的时间段内（5~20min），无法计算 55℃暴露的 D 值。当在 60℃时，暴露 1min，平均受损细胞群分数增加到 PF 值为 0.37±0.05。在 2~3min，大多数细胞群（PF 值为 0.67~0.79）受损，剩余细胞存活（PF 值为 0.09~0.23），或死亡（PF 值为 0.10~0.15）。在 60℃暴露 5min 后，死亡细胞群分数增加至 PF 值为 0.25±0.05，但大多数细胞仍然受损（PF 值为 0.7±0.06），D_{60}为 3.53min。

（二）超声波处理对酿酒酵母的影响

处于指数生长后期的酿酒酵母细胞群暴露于 5min 的超声波作用下，位移幅度为 124 μm。

在超声波作用开始时，细胞大多存活（PF 值为 0.97±0.01），损伤最小（PF 值为 0.03±0.01）。处理 1min 后，细胞总数暂时增加了 14%；4min 后，活细胞 PF 值进一步下降至 0.04，处理 5min 后，约 92%的细胞群死亡。超声波处理 2min 后，总细胞数下降约 6%，处理 5min 后下降 42%。这是由于整个细胞被与空化相关的物理力破坏。通过外推超声波作用 20min 后的细胞分裂数据，计算出通过 1 个周期使细胞群分裂所需的时间为 21.26min。扫描电子显微镜研究表明，与未经处理的酿酒酵母细胞相比，暴露于 1min 或 5min 超声波处理的酿酒酵母细胞出现广泛的边界损伤。本研究结果表明，位于空化气泡附近的酿酒酵母细胞会立即死亡。

（三）超声波和加热栅栏结合对酿酒酵母的影响

超声波和加热灭活酿酒酵母之间的协同作用已被证实，但其机制尚不清楚。在本研究中，用 1min 超声波处理酿酒酵母，然后将其添加到预加热至 55℃ 或 60℃ 的无菌生理盐水中，然后使用进行分析。超声波处理后，存在由活细胞或死细胞组成的两个亚群。在暴露于 55℃ 的第 1min，活的、受伤的和死亡的种群迅速形成。在 55℃ 下加热 4min 后，死亡细胞增加到 PF 值 0.86±0.07，受损细胞增加到 PF 值 0.13±0.07。2min 后检测到最大边界损伤（40%）。当暴露于 60℃ 时，预超声波处理的细胞迅速失活。热暴露 1min 后，大多数细胞（PF 值为 0.97±0.01）死亡。

（四）结论

热量和超声波栅栏处理 5min 内进行的荧光分析可揭示细胞状态及其进程机制，以帮助设计微生物抑制剂或杀灭微生物栅栏技术。与该技术相关的灵敏度和实时分析表明，酿酒酵母对热量或超声波的反应方式存在重大差异。对于加热的细胞，在死亡前观察到大量膜损伤。因此，在加热（55℃ 或 60℃）过程中，活细胞数量的减少是由于损伤，而不一定是由于死亡。当使用传统的平板计数来测定这些残留菌时，损伤对 D 值的影响并不明显。相比之下，超声波能有效地杀灭微生物。荧光分析表明，热诱导和空化诱导的死亡机制不同。在酿酒酵母中，超声波和/或热诱导损伤和细胞失活的机制是复杂的，但这两种物理过程在诱导细胞死亡方面显现出协同作用。本研究还表明，短时间超声波照射加上较长时间的微热处理栅栏技术可能对受酿酒酵母污染饮料的消毒发挥显著作用。在温和加热的饮料中长时间应用超声波的缺点是反应过程中产生的自由基可能会形成不良风味。而本研究中栅栏技术的短时超声波处理解决了这一问题。此外，根据所用换能器的功率，可能进一步缩短超声波时间，从而优化栅栏（热和空化）强度，实现饮料灭菌。

第四节　栅栏技术在食品加工中的应用综述

一、基于超声波处理的食品防腐保鲜多因子调控栅栏技术

消费者对新鲜、高质量、微生物安全和稳定食品的需求促进了对微生物和酶失活的非热方法研究。在非热加工过程中，食品的温度会保持在热加工温度以下，因此，预计食品质量的下降幅度将最小。然而，非热技术不仅要改善食品质量，而且与它们所取代的其他程序相

比，还必须提高或至少有同等的安全水平。在过去几十年中，人们对各种新的替代物理因素进行了深入的研究（如高静水压、脉冲电场、超声波、臭氧、脉冲光和紫外线等），目的是至少部分替代热处理，避免其对产品质量的有害影响。在非热技术中，高强度超声波在食品保鲜方面的应用引起了人们的极大兴趣，如今其更加普及，使用成本已经降低，其应用在经济上的可行性也增加。Sandra 等（2013）就基于超声波处理的食品防腐保鲜多因子调控栅栏技术进行了总结概述。

（一）最常用的超声波栅栏组合

根据栅栏技术的原理，食品设计选择具有不同目标（而不是具有相同目标）、多靶向的多个强度较小的栅栏来抑制微生物，针对微生物修复机制失活、各种细胞靶点的攻击等，即栅栏的协同效应。使用高强度的相同靶点栅栏进行抑菌，存在对食品品质造成不可逆损伤的可能性。相比之下，针对不同部位的攻击也有可能对微生物的几个部位造成亚致死性损伤，但无法使其失活。当使用超声波等非热应激源时，对微生物的损伤可能是永久性的或亚致死性的。亚致死性损伤的受损细胞能够在贮存期间修复其功能结构，并可能生长，从而可能危及产品质量或安全。微生物细胞对新出现的因素以及其他制约因素的生理反应是复杂的，就像许多传统保存因素一样。食品保藏技术的发展趋势，是栅栏技术作为整体处理设计的原则，采用较为温和的多个栅栏因子实现产品可贮性。超声波与其他栅栏因子的结合，涉及如温度、pH、化学防腐剂等因素。

1. 超声波与温度

众所周知，为了达到实际使用所需的微生物失活水平，可能仍然需要进行热处理，但压力源调控与加热处理相结合，可以显著降低温度强度，从而减少对产品品质的不利影响。特别是超声波处理与亚致死温度或致死温度处理的结合，其潜力在食品保存上已被证实。与传统热处理相比，超声波处理可以生产出质量更好的产品，改善口感、质地和外观。然而，液体介质取决于许多变量，其中最为相关的是处理介质的固有性质和与超声波设备相关的特定因素。当超声波与中等热量相结合时，在热和空化的共同作用下，酶促和微生物失活增加，对热激细胞结构和大分子解聚产生协同和累积作用，而不会显著改变产品质量。压力的快速变化是微生物灭活的主要机制。除了对空化现象本身的影响之外，温度还可能是生物体对超声波特殊敏感性的一个因素。如果空化过程中发生的压力变化是造成超声波失活的原因，那么升高温度，从而提高膜流动性（即减弱分子间力），将增强其破坏性。超声波与热处理相结合后，细菌细胞经过超声波处理，它们对热处理更敏感，细胞死亡增加。对此的研究包括应用于超高温瞬时杀菌全脂牛乳、婴儿配方奶粉、各种果汁等。例如与单独 75℃热处理后的活芽孢数增加相反，超声波与 75℃热处理使芽孢失活。甚至在 50~66℃的较低温度范围，与超声波的结合也显现出有效的杀菌作用。杧果汁在 50℃（10min）和 60℃（5min）下进行热超声波处理，大肠杆菌和肠炎链球菌的亚致死性损伤分别为 99.95%和 99.99%。在 60℃热超声波处理 5min 后，单核细胞增生李斯特菌细胞在室温下 6h 内死亡。温度辅助超声波处理对微生物细胞的影响取决于许多因素。一些微生物可能比其他微生物更容易受到热超声波处理的影响，这取决于微生物的大小和形状、pH 等，而超声波与热处理的结合效应还在提高果汁类食品质量和延长食品保质期上比传统热处理具有更大的优势，可作为一种可靠的替代方案。

2. 超声波与压力

压力提升超声波灭菌效果早已通过研究证实，如静水压力使超声波致死效应提高了四倍以上，使压力超声波成为室温下植物细胞灭活的合适方法。但与振幅不同，过高的静水压力不一定会导致更大的致死效应，在任何工业压力超声波处理过程的最终设计中，应仔细选择压力的最佳值。对于细菌芽孢来说，虽然压力超声波也可以使之失活，但对其致死作用有限。例如，草芽孢杆菌孢在500kPa和117mm的条件下，*D*值约为6min，因此只有在非常特殊的情况下，压力超声波才能真正替代当前的热灭菌处理。而环境温度下的超声波处理对单核细胞增生李斯特菌等的灭活效果不是很好，*D*值为4.3min。通过使用压力超声波，超声波处理的*D*值减少到1.5min。将温度升高到50℃对灭活没有任何显著影响，但在较高温度下灭菌效果有相当大的增强效应，与热处理相比，此方法的优势更大。总体来说，当被耐热性很强的细菌污染时，或者当食品成分保护微生物不受热时，压力超声波/压力热超声波的优势更大，当然如果与其他栅栏结合效果会更好。

3. 超声波与化学防腐剂

超声波长期以来在工业上的主要应用之一是食品去污，它已被证明是一种非常有效的方法。超声波清洗的优势在于可触及传统卫生方法难以触及的裂缝。与类似的热处理相比可大大缩短处理时间，通过组合使用超声波与热处理及消毒剂的结合更能有效杀灭真菌、细菌和病毒。例如，用$Ca(OH)_2$或市售消毒剂溶液浸泡并在55℃进行超声波处理2~5min，杀菌效果达到化学物质单独处理的2~3倍，减少了沙门菌和大肠杆菌O157:H7的数量；将铜离子水或次氯酸钠溶液与超声波结合进行处理，使苹果上的单核细胞增生李斯特菌和大肠杆菌O157:H7减少至少99%，而单独的杀菌液并不能显著减少接种的两种病原菌数量；将超声波应用于消毒剂清洗处理显著增加了大肠杆菌的减少，与亚氯酸钠处理结合使菠菜叶上的大肠杆菌数的最高减少达4个对数级；在SAEW溶液中进行40kHz超声波处理用于大白菜、莴苣、芝麻叶和菠菜等常见新鲜蔬菜的消毒，与单独使用SAEW处理相比产生了更强的抗菌效果；将超声波与次氯酸钠组合对降低新鲜生菜中阪崎镰刀菌，这种病菌与早产儿和免疫功能受损的老年人的致命感染有关，在联合处理下使莴苣叶等蔬菜上的阪崎镰刀菌减少了$1\times10^{4.4}$CFU/g，而单独超声波处理的效果则很差；将超声波与苯甲酸钠和柑橘提取物的联合使用，有效抑制了菠萝汁中的毕赤酵母菌，而单独使用超声波不足以抑制或控制果汁中酵母菌的生长。

（二）超声波与新型栅栏的结合应用

1. 基于光学技术与超声波

基于光学技术（如紫外线光和光荧光）抑菌的靶向目标是细菌的DNA，导致细胞复制功能失调而死亡，并与超声波结合成为提升栅栏效应的手段。然而，这些基于光技术的穿透深度有限，与超声波的组合在不同的液体食品中主要表现出加性效应。研究结果显示光致发光和压力热超声波应用于新鲜苹果汁和蔓越莓汁混合物中的埃希氏大肠杆菌（*E. coli*）和费伦斯氏卓胞菌（*P. ferentians*）灭活，达到了美国食品药品监督管理局对果汁的卫生要求，而单独使用则无法实现；在连续流动系统中测定了光荧光（PL）和热超声波结合用于橙汁和苹果汁中，使其大肠杆菌失活，联合处理可实现橙汁中大肠杆菌降低$1\times10^{2.5}\sim1\times10^{3.9}$CFU/mL，苹果汁中则能达到$1\times10^{4.8}\sim1\times10^{5.9}$CFU/mL；研究接种到经超声波组合处理的商业和天然挤压苹果汁中的酿酒酵母失活，酵母数量极为显著地减少，最多可达到99.9999%，这些技术组合显示出加性效应。

2. 脉冲电场与超声波

脉冲电场具有显著的杀菌效果，尽管使微生物失活的机制尚未完全阐明，但发现了一种被称为“电穿孔”的现象，即施加电场在细胞膜上形成可逆或不可逆的孔，是被普遍接受的导致细胞死亡的机制。使用脉冲电场的不足是其有效性取决于产品的性质和目标微生物，以及与食品相关的pH和电导率等。通过与超声波的结合，可使其应用效果得到提升。已研究了如通过脉冲电场和超声波处理的液态全蛋中肠炎链球菌的失活情况，证实了加性效应的存在；采用脉冲电场和热超声波处理对橙汁中金黄色葡萄球菌灭活和质量特性的影响，单独的超声波和脉冲电场针对低脂UHT牛乳中李斯特菌的联合效应。单独的超声波或脉冲电场栅栏仅使牛乳中细菌数量适度减少，而与脉冲电场结合会导致$1\times10^{6.8}$CFU/g的降低。在超声波之前预热至55℃，然后进行脉冲电场处理，显示的菌数减少为$1\times10^{4.5}\sim1\times10^{6.9}$CFU/g。

3. 高静水压与超声波

高静水压和超声波的结合可产生不同的灭菌效果，如超声波和高静水压巴氏杀菌在液态全蛋中导致大肠杆菌失活程度显著增加；高静水压增强了橙汁中脂环芽孢杆菌的热渗透失活，在压力达到450MPa会产生完全失活，而通过在高静水压和超声波组合处理的液态全蛋中检测肠炎链球菌，发现组合处理的抑菌效果大于单独处理，但小于其相加总和。

4. 其他栅栏与超声波

超声波和超临界二氧化碳的结合是在选择新兴栅栏方面不断创新的一个很好的例子，将其应用在鲜切胡萝卜中，表现出较好的协同效应。还有一种可能的应用是超声波与微波（MW）的结合，该技术已在食品行业中流行，用于解冻、干燥和烘焙食品，以及食品中微生物的灭活。另外，添加天然抗菌剂与超声波联合使用也被证明是有效的，如超声波和壳聚糖在肉汤中灭活酿酒酵母的协同效应，从超声波组合牛至精油应用于莴苣种大肠杆菌的抑制获得了加性效应。而采用了基于超声波与温和天然抗菌剂的结合，可使鲜榨橙汁中单核细胞增生李斯特菌失活；添加柑橘提取物对脱脂牛乳中恶臭假单胞菌的灭活无明显影响，而与超声波结合则显现出效果。Gould（1995）将超声波与有机酸（如乳酸）等应用于果汁中，发现有机酸渗透到细胞质膜，干扰细胞pH的稳态，从而发挥了两个栅栏共同作用的增强效应。

（三）基于超声波的多因子栅栏技术对食品质量的影响

虽然超声波与其他压力源结合在微生物灭活方面的效果已得到充分证明，但对其他质量属性的影响对行业更为重要（如颜色、质地、感官和功能问题等），对此尚未进行广泛的研究。已有将超声波与各种栅栏结合并成功应用的研究，如使用二氧化氯和超声波贮藏水果，延缓了李子果实成熟相关酶的活性，从而抑制软化，对维持总黄酮、抗坏血酸、还原糖和可滴定酸含量比单一处理和未处理的果实更有效，延长了60d的果实保质期；应用超声波结合中温或热渗透显著增加了胡萝卜汁的保质期，与单一处理相比，总类胡萝卜素、酚类化合物和抗氧化活性增加。此外，总类胡萝卜素和抗坏血酸等生物活性化合物的保留率分别超过98%或100%。又如在酸化水中对从热烫胡萝卜中提取的胡萝卜汁进行超声波处理，与未经处理的新鲜果汁相比，加工果汁在18d的贮藏期间，总酚、总抗氧化能力和抗坏血酸等功能参数表现出更高的稳定性；在联合使用超声波和抗坏血酸，可显著抑制冷藏鲜切富士苹果酶促褐变，延长其保质期；采用热超声波处理番茄汁，75℃下的番茄汁热超声波处理导致甲基脂酶（PME）几乎完全失活；将脉冲电场、紫外线和光荧光与压力热超声波结合加工橙汁和胡萝卜汁混合物，结果引起果汁质量的变化，但所有处理在颜色方面都比传统热处理的更容易被接受。此外，应用超声波和紫外线-C光在不同的水果和蔬菜汁（橙汁、甜酸橙汁、胡萝卜汁和菠菜汁）上，或者将超声波与抗菌化合物相结合，尽管在延长保质期上的效果有限，但在保持产品营养特性上则展现其优势。其他研究者也在采用热超声波保藏鲜葡萄柚汁、双孢菇、梨、草莓泥、番石榴汁等中取得了较好的效果。

（四）存在的问题及未来的挑战

超声波技术应用于声化学、生物催化、声生物处理、冷冻、切割、干燥、回火、漂白等已取得较大进展，在食品工业中的应用包括巧克力、肉、罐装液体和蛋壳中的脂肪、瘦肉组织等食品成分，以及食品中污染物（如金属、玻璃或木屑）等的测定。而衍生的栅栏技术尚未达到广泛商业使用阶段，虽然这些技术已被提出并展开了用于食品加工的研究，但对于各种过程，影响其效果的因素仍不是很确定，食品制造商也在评估其他技术替代当前技术的可能性，以及设备转换的成本等。从多学科（微生物生态学、化学、流变学、感官等）以及工程原理和食品安全的应用角度分析，将科学与工程组件相结合，以应对微生物和化学安全的挑战，即开发先进的工艺技术，先进的食品去污方法，先进的食品加工、贮存和包装再污染控制系统等。而在基于超声波的技术广泛成为食品保存的替代方法之前，尚面临很多的挑战。

二、新兴非热加工技术与热加工结合应用于食品防腐的栅栏协同效应

食品早期的保存技术，多利用控制A_W、调节pH和环境条件来抑制微生物，后来的高温处理和化学防腐剂因其在食品去污方面的显著效果而得到广泛认可，但也带来品质下降和化学物残留的风险。新兴物理技术，如辐射、高压处理、高强度超声波（HIUS）、脉冲电场、紫外线照射和非热等离子体（NTP）对微生物进行净化，具有环保、无残留、无毒等优势。当然其中一些技术也可能会对食品的营养和感官产生负面影响，并降低消费者的可接受性。而栅栏技术的应用，则通过较低的个体处理强度来提高食品的安全和质量。许多栅栏技术是通过不同的栅栏因子协同效应，使目标微生物失活或受抑制。Basheer等（2021）对灭菌中热技术和非热技术结合的栅栏技术的最新研究进行了总结。

（一）水果和蔬菜

由于其价值，水果和蔬菜是保障人类营养和健康饮食不可或缺的组成部分，由于近年来人们对于最少加工或生食形式果蔬产品的推崇，使相关微生物污染导致疾病的概率增加。果蔬水分含量高，收获、贮运和加工过程中容易受到各种微生物污染，最常见的病原体是李斯特菌、沙门菌和大肠杆菌。而许多病原体，如葡萄球菌、芽孢杆菌、大肠杆菌、沙门菌和李斯特菌，都具有在水果和蔬菜表面黏附和形成生物膜的能力。目前果蔬中采用了多种表面消毒方法和微生物灭活方法，氯是最常用的抗菌消毒剂，其微生物还原能力最低。但由于残毒的安全问题，比利时、瑞士和荷兰等国家禁止新鲜农产品用氯消毒。

用于使新鲜果蔬和果蔬汁微生物失活的非热技术的出现是为了克服由热处理引起的不良生化变化、物理劣化和感官特性变化，常用的非热方法有高压处理、高强度超声、电离辐射、紫外线、光荧光、高压二氧化碳（HPCD）、非热等离子体等。其中非热等离子体得到了广泛的认可，直接或间接的非热等离子体处理可用于各种新鲜农产品，如柑橘、番茄、莴苣。许多研究报道了非热等离子体在消除自然污染或人工污染果汁和果汁中的微生物方面的作用。然而非热处理也存在一些缺点，如由于悬浮物和可溶性固形物含量高，降低了通过样品的紫外线透射率，因此紫外线辐射灭菌不适合用于果汁。此外，高强度超声可能会使蛋白质变性并产生自由基，从而影响新鲜农产品的风味。因此，为了加强灭菌过程的有效性，应用于栅栏技术的各种组合应运而生。对高强度超声和中性电解水的联合洗涤（NEO）对微生物减少的影响的研究结果显示，在莴苣中，联洗涤使鼠伤寒沙门菌 DT 104 和大肠杆菌 O157:H7 减少量超过 $1\times10^{2.5}$CFU/g，而联合洗涤和高强度超声处理使病原体减少大于 1×10^{4}CFU/g。而光荧光和新型抗菌剂（LAPEN）联合处理对樱桃番茄茎瘢痕沙门菌的灭活效果，接种的番茄在 LAPEN 消毒前暴露于最佳 PL 剂量下 2min，联合处理显示出强烈的协同效应，因为在处理后未检测到沙门菌属，表明减少量达到 99.999% 以上。

对果汁的研究发现，组合处理有助于使用温和水平的特定处理以及其他技术，从而提高处理产品的质量，与单一处理相比可以更有效地保留还原糖、总黄酮、可滴定酸和抗坏血酸。就果汁的安全性和质量而言，协同效应是最有利的。温和热处理与化学和天然抗菌剂或非保温技术（如高压处理、脉冲电场、高强度超声和光基技术）相结合的协同效应已显示出令人满意的微生物安全性和质量属性。单独的热超声波法与栅栏技术法的比较，与单一处理相比，栅栏技术使胡萝卜汁保质期提高了 60%。

进一步的研究显示，橙汁采用高强度超声（20kHz）进行联合处理，蓝光［高强度（462±3）nm 发光二极管］和 PS（姜黄素-50μmol/L 和 100μmol/L）对病原体大肠杆菌和金黄色葡萄球菌展现了显著的协同作用，大肠杆菌和金黄色葡萄球菌的微生物减少量分别为 $1\times10^{(4.26\pm0.32)}$CFU/g 和 $1\times10^{(2.35\pm0.16)}$CFU/g。而结合紫外线-C 处理苹果汁，脉冲电场对微生物的失活作用显著增强。不同的果汁在紫外线-C 光辅助温和加热下进行处理后在 5℃ 下贮存。在橘子、梨、香蕉、芒果、猕猴桃、草莓汁中观察到细菌灭活协同作用，减少量分别达到 $1\times10^{5.2}$~$1\times10^{5.6}$CFU/g、$1\times10^{5.5}$~$1\times10^{6.7}$CFU/g 和 $1\times10^{6.3}$~$1\times10^{6.6}$CFU/g。各种研究均表明栅栏技术在果蔬防腐保鲜中具有更高的效率，也更加有助于减少消毒剂的使用、缩短加工时间，并提高新鲜农产品及其产品的质量和保质期。

（二）鱼类和其他海鲜

鱼类是一种高度易腐的食品，低温是最适合的贮存方式，因为涉及高温的保存方法会导致不良的质量变化。因此，鱼类和贝类在收获后立即冷藏或冷冻，以延缓微生物的生长并防止质量恶化。传统的鱼类保存方法包括冷冻、罐装、腌制。尽管这些方法是有效的，但在海产品加工行业，仍然需要新的表面去污处理技术，如紫外线、光致发光和超声波等技术的开发已接近市场应用，而其他保鲜技术如非热等离子体仍处于研究阶段。为了在对感官和营养属性影响最小的前提下提高鱼产品的质量和保质期，可以将传统方法与先进或新兴的微生物净化技术相结合。

除贮存外，鱼和鱼制品在加工中的所有阶段都需要低温。冷藏或冷冻与其他保存过程（如去污技术或添加抗菌剂）的联合作用有助于有效抑制微生物的生长，如 HPP 与冷藏协同组合的新方法，与单独冷藏相比，鱼片的保质期延长了三倍。结果显示了传统干预和组学干预的互补性，以及它们开发鱼类加工新监测工具的能力。在对鳗鱼鱼片的保鲜研究中，热吸烟和使用迷迭香精油和/或油的可食用涂层的活性包装联合效应对真空冷藏具有良好的协同效应。使用 Baranyi 生长模型对微生物的生长过程进行建模，研究并评估了动力学参数、微生物生长速率和微生物生长负荷。总体来说，最低限度的加工技术相结合，如低温处理，pH 和 A_w的改变以及抗菌剂、HPP、MAP 等的应用，使得鱼类和鱼类产品的保质期得到有效延长。

（三）肉类及肉制品

与鱼类类似，肉类也是一种极易腐烂的食品，其大多产品的 A_w值高于 0.90，并且容易受到微生物污染。肉和肉制品中常见的病原体是革兰氏阳性菌，如单核细胞增生李斯特菌、金黄色葡萄球菌、蜡样芽孢杆菌、肉毒梭菌、产气荚膜梭菌，以及大肠杆菌、小肠结肠炎耶尔森菌、空肠弯曲菌、肠炎链球菌、志贺菌、肠杆菌、布鲁氏菌和气单胞菌等革兰氏阴性菌。此外，一些病原体，如肠出血性大肠杆菌（EHEC），能够在肉制品中冷冻贮存 180d 以上。上述微生物污染源主要来自动物或人类粪便、未经处理的废水以及加工环境中不符合标准的卫生条件。为了确保新鲜和加工肉类产品的微生物安全性和稳定性，必须采用食品保鲜技术。传统的肉制品加工包括热加工、冷藏、真空包装以及亚硝酸盐和其他防腐剂的应用。然而，这些传统栅栏似乎对肉品经常受到污染的单增李斯特菌等病原菌等无法实现有效抑制。巴氏杀菌处理不能应用于肉类切割，因为在有效的巴氏杀菌温度下加热时，切割的肌肉表面会不可避免地变色。而非热处理成为首选，以消除潜在的有害残留物，并避免在高温处理过程中出现有害的质量变化。暴露在高压处理、紫外线、X 射线和 γ 射线下可破坏肉类表面的细菌。研究显示，非热处理技术可以有效地使这些类型肉品中的微生物失活。

栅栏技术应用于肉制品，特别是在新产品研发中，有助于专家设计和制造出既能保障保质期稳定又能被消费者接受的产品。由于使肉制品中的致病菌失活所需的电离辐射剂量会导致感官特性的不良变化，因此低剂量辐射与其他去污技术相结合有助于消除微生物，且不会影响感官质量。对高强度超声和高压二氧化碳协同作用的可行性的研究结果显示，在 4℃下贮存 4 周的熟火腿中微生物稳定性的影响。研究表明，HPU 和高压二氧化碳处理的火腿具有微生物稳定性的条件是 12MPa，45℃、10W，15min 的处理时间内每 2min 进行 1 次处理，可确保保质期达到约 3 周。非热技术与真空包装或气调包装的组合也用于优化抗菌活性，可显著改善产品的微生物稳定性，且对品质的影响最小。

（四）牛乳和乳制品

牛乳和乳制品的物理化学和感官属性在质量保障和保存过程中尤为重要，但其受应用加工类型和强度的影响较大。根据处理时间和热负荷，牛乳中的热处理方法分为低温长时间巴氏杀菌法、高温短时巴氏杀菌法和超高温杀菌法。同时，巴氏杀菌仍然是延长牛乳保质期和确保牛乳微生物安全性的最有效技术，但它通常会带来有害的质量变化。因此，乳制品行业十分关注替代牛乳传统加工的新技术，以期改善产品质量特征。除了巴氏杀菌、杆菌发酵、微滤、高压均质、欧姆加热、高压处理、脉冲电场等技术外，其他对牛乳去污的方法也都有对其探究的报道。尽管新兴的非热技术显示出可被接受的效果，但栅栏技术显然在牛乳和乳制品去污以及提高其保质期方面更为有效。

牛乳和乳制品的大多数栅栏技术是基于高压处理或脉冲电场的技术。虽然基于高压处理的牛乳和乳制品脱菌栅栏的策略侧重于使用热或抗菌剂，但在牛乳加工过程中，对可与PEF结合使用的栅栏进行了更广泛的选择。大多数涉及脉冲电场的非热或亚巴氏杀菌级障碍处理包括轻度（40~50℃）或中度（50~65℃）热处理。然而，这些实验研究大多是通过结合PEF和热量使本地微生物群失活，而不是选择性地净化牛乳和乳制品中的特定病原体。研究发现，通过将高强度超声波（HIUS）（室温下为40W/L的40kHz）和弱酸性电解水（SAEW）（pH=5.3~5.5，具有氧化还原电位）相结合使细菌失活具有协同效应，有效氯浓度在20~22mg/L范围内。通过栅栏技术，金黄色葡萄球菌、蜡样芽孢杆菌和大肠杆菌的微生物减少量分别为$1\times10^{1.87}$CFU/g、$1\times10^{1.67}$CFU/g和$1\times10^{1.71}$CFU/g。因此，对于牛乳和乳制品的微生物净化，采用连续处理栅栏方法，包括中热、微滤、脉冲电场、压力超声波、热超声波、压力恒温器超声波、紫外线、光荧光、细菌素等似乎非常有效。关于固体和半固体乳制品中的病原体缓解，结合中热、高压处理、高压均质化、杆菌糖化、脉冲电场、γ辐射、细菌素和噬菌体的分批加工栅栏技术是传统巴氏杀菌或灭菌中极具潜力的替代方法。

（五）低水分食品

低水分食品是$A_W\leqslant0.7$的产品，如谷物、香料、坚果、食品粉末等，其可能会经历干燥过程，因此会受到致病或腐败细菌或细菌芽孢的污染。此外，残留的抗干应激的微生物，如沙门菌，当产品再水化或与含可用营养素的高水分成分混合时，其可以在产品中繁殖。近年来，食品粉末出现了食源性微生物致死情况。例如，婴儿配方奶粉中的阪崎肠杆菌、乳粉中的肠球菌等。香料粉和米粉中的蜡样芽孢杆菌可能对婴儿、幼儿甚至成人造成严重的健康和安全问题。最初，熏蒸被认为是消除食品粉末中微生物的一种成功方法。但是，熏蒸会在食品处理过程中留下致突变和致癌残留物。因此，引入了潜在的热和非热技术作为低水分食品去污的替代处理方法。对食品粉末进行评估的微生物灭活处理包括高压处理、臭氧处理、射频加热、微波加热、红外加热、即时控制压降、脉冲电气、光荧光和非热等离子体。在这些技术中，高压处理、脉冲电场正处于商业化的边缘。由于抗应激微生物可以在食品粉末上生存，引入两种或两种以上的技术有助于低水分食品中微生物的显著稳定性。尽管物理去污技术似乎可以接受，但它缺乏相关研究来证明它适合于工业应用。因此，需要对其进行深入研究或者开发新的栅栏组合以扩大其商业化规模。

（六）结语

提供安全的食品是一个至关重要的过程，涉及对整个食品生产和消费过程中进行充分的过程控制。从目前的研究来看，热处理和非热处理相结合显然是消除单个微生物去污过程缺点的替代方法。受栅栏技术影响的食品中的微生物通常以远低于最佳速率的速度生长，并被剥夺了在多种压力条件下可能需要的营养储备。每种热技术和非热技术都利用不同的机制来消除细菌污染，不同抗菌栅栏的组合更加有效，因为细菌细胞上的许多亚致死压力迫使细菌将其能量用于克服压力条件，最终导致代谢衰竭并死亡。农场到餐桌的产品质量控制与安全涉及复杂的系统，通过每一关键环节的严格控制才能确保产品的安全。

附录　术语中英对照表

术语	英语
栅栏	hurdles
栅栏技术	hurdle technology
风味衰减	flavor decay
乳酸链球菌素	nisin
高静水压	high hydrostatic pressure
高压电脉冲	high voltage electrical pulse
高强度激光	high intensity laser
非相干光脉冲	incoherent light pulse
纳他霉素	natamycin
烹煮-冷却技术	cook-chill process
栅栏因子	hurdle factor
栅栏效应	hurdle effect
水分活度因子	A_W-factor
低温因子	t-factor
高温因子	F-factor
优势菌群因子	c. f. -factor
防腐剂因子	Pres. -factor
栅栏效应顺序	hurdle effect sequence
栅栏协同效应	hurdle synergy
靶向调控	targeted regulation
内稳态	homeostasis
代谢衰竭	metabolicexhausyion
协同种群稳态	co-population homeostasis
寡营养	oligotrophy
养分清除	nutrient scavenging
静态响应	stationaryphaseresponse

续表

术语	英语
稳态机制	homeostatic mechanism
被动性稳态	passive homeostasis
内置性稳态	refractory homeostasis
冷休克	cold shock
热休克	heat shock
自动灭菌	autosterilization
应激反应	stress response
多靶共效	multi-target synergy
多靶共效防腐	multi-targetsynergy mehrzielsynergie
固定相响应	stationary phase response
整体反应机制	global esponse mechanism
抗应激蛋白	stress shock protein
天平式调控	balance control
魔方式调控	rubik's cube control
栅栏的顺序式作用	sequence of hurdles
孔道理论	channel theory
自由基链式反应	free radical chain reaction
高活性氧化物	reactive oxygen species, ROS
因促氧化剂	prooxidants, PO
拮抗作用	antagonistic effect
累加作用	cumulative effect
共效作用（协同效应）	synergy effect
预测微生物学	predictive microbiology
“新兴”栅栏	newly emerging hurdles
潜在栅栏	additionalhurdles
物理栅栏	physical hurdles
物理化学栅栏	physicochemical hurdles
微生物衍生栅栏	microbiologically derived hurdles

续表

术语	英语
中间水分食品	intermediate moisture food，IMF
冷杀菌	cold sterilization
标准值控制	indicative value
半杀菌罐头	halbkonserven，HK
蒸煮杀菌罐头	kesselkonserven，KK
四分之三高温杀菌罐头	dreiviertel-konserven，DK
全高温杀菌罐头	vollkonserven，VK
超高温杀菌罐头	tropenkonserven，TK
货架稳定食品	shelf stable pruducts，SSP
水分活度仪	A_W-kryometer
热电偶	thermocouples
温度测量仪	thermometers
平衡相	equilibrium phase
湿度测定仪	psychrometer
风速测定仪	Anemometer
照度仪	chroma-meter
pH 测定仪	ph-meter
菌落计数器	colony counter
噪声测定仪	noise measuring instrument
电导率测定仪	conductivity meter
色度仪	chroma-meter
快速冷却法	rapid cooling
超快速冷却法	shock cooling
肌肉僵硬期	prae-rigor-phase
冷收缩	cold shortening
冷鲜肉	chilled fresh meat
电刺激	elektrostimulation
冷气冻结法	air freezing process

续表

术语	英语
接触冻结法	contact freezing process
僵直	taurigor
接触式平板冷冻机	contact plate freezer
螺旋式速冻机	spiral freezer spiralfroster
极缓冻结	very slow generation
缓慢冻结	slowgeeling
快速冻结	fast freezing
极快速冻结	very quick gearing
冷风解冻	defrost in chilled air
盐水解冻	brine thawing
微波解冻	microwave thawing
低温高湿解冻	defrost at low temperature and high humidity
水流解冻	water thawing
超高压解冻	ultrahigh pressure thawing
超声波解冻	ultrasonic thawing
欧姆加热解冻	ohmic heating thawing
热鲜冻结肉	hot fresh frozen meat
一次性斩拌技术	blendertechnik
干斩拌	drycutte
肝香肠	liver sausage
热灌装	hot filling
血香肠	bloodsausage
腌制熟肉制品	cured and cooked meat products
白肌肉	pale，soft，exduative（PSE）meat
黑干肉	dark，firm，dry（DFD）meat
异质肉	abnormal quality meat
过冻肥肉	over-frozen fat
智能自动气候调控	intelligent automatic climate control

续表

术语	英语
（香肠的）“干边”硬壳	dry edge
一阶段发酵技术	one-stage fermentation technology
二阶段发酵技术	two-stage fermentation technology
三阶段发酵技术	three-stage fermentation technology
增量 T 烹饪法	delta-T cooking
二次热加工法	double heating
基于 F 值的热加工	Heating according to the F-value
经验式栅栏	empirical hurdle
危害分析关键控制点	hazard analysis critical control point，HACCP
良好生产规范	good manufacturing practice，GMP
卫生标准操作程序	sanitation standard operation procedures，SSOP
检查清单	checklist
栅栏技术食品	hurdle technology food，HTF
定量微生物风险评估	microbial risk assessment，MRA
高水分活度食品	H-A_w-F
抗菌包装	antimicrobial packaging
冷杀菌技术	cold sterilization technology
高压处理	high hydrostatic pressure，HHP
鲜切果蔬	fresh-cut fruits and vegetable
MP 果蔬	minnimally processed fruits and vegetables
轻度加工果蔬	lightly processed fruits and vegetables
最终食用日期	use-by-date

参考文献

[1] 班硕，胡楠楠，孙永杰，等. 浅析微生物性抑菌剂与壳聚糖的协同抑菌机理［J］. 食品安全导刊，2018（30）：156.

[2] 包骏，邓放明. 栅栏技术在预包装鸭脯串生产过程中的应用研究［J］. 食品与机械，2015（3）：212-218；223.

[3] 别春彦，杨宪时. 量化栅栏技术和创建生长/非生长界面模型对食品保藏的意义［J］. 食品工业科技，2006，27（3）：200-203.

[4] 曹文新. 高新技术在常温流通低温肉制品中的应用［J］. 肉类工业，2012（7）：351-353.

[5] 常建军，赵静，张贵花. 牦牛肉发酵香肠制品关键技术研究［J］. 食品研究与开发，2008，29（5）：65-69.

[6] 常姗姗，华春，丁春霞，等. 马齿苋和盐角草的协同抑菌作用［J］. 江苏农业科学，2012，40（11）：351-353.

[7] 车云波，李杨，张玲. 栅栏技术在肉制品加工中的应用［J］. 农村新技术，2010（9）：26-27.

[8] 陈安太，王豪，汪归归，等. 多屏显示的并行绘制同步控制算法［J］. 计算机工程与设计，2011，32（10）：3438-3441.

[9] 陈晨，胡文忠，姜爱丽，等. 栅栏技术在鲜切果蔬中的应用研究进展［J］. 食品科学，2013，34（11）：338-343.

[10] 陈丽娇，郑明锋. 应用栅栏技术确定带鱼软罐头杀菌工艺的研究［J］. 农业工程学报，2004，20（2）：196-198.

[11] 陈山乔，孙志栋. *N*α-月桂酰-L-精氨酸乙酯盐酸盐与山梨酸钾对榨菜的协同保鲜及诱导致腐菌的氧化应激作用［J］. 现代食品科技，2020，36（10）：125-132.

[12] 陈世彪，赵静，许海全. 栅栏技术延长牦牛肉干货架期的应用研究［J］. 四川畜牧兽医，2007，34（5）：30-32.

[13] 陈学红，秦卫东，马利华，等. 狗肉制品栅栏保藏技术的研究［J］. 食品科技，2010（10）：158-161.

[14] 陈雪香，刘晓娟，周丽萍，等. 山莓叶乙醇提取物与抗生素的协同抑菌效果研究［J］. 广东农业科学，2015（7）：77-82.

[15] 陈紫婷，唐诗淼，谈江莹，等. 儿茶素与壳寡糖的协同抑菌作用研究［J］. 湖北农业科学，2021：113-115；154.

[16] 成波，刘成国. 栅栏技术在传统肉制品生产中的应用［J］. 肉类研究，2007（5）：20-23.

[17] 达仁. 栅栏包装技术的应用及特点［J］. 农产品加工，2006（11）：45-46.

[18] 杜凡，李惠芬，王宇歆，等. 牡丹皮中丹皮酚、总苷、多糖单用及合用后的协同抑菌作用考查［J］. 天津药学，2008，20（2）：10-12.

[19] 冯丽莎. 食品化学防腐剂与纳他霉素的协同抑菌作用分析［J］. 化学工程与装备，2012（1）：26-28.

[20] 付晓，王卫，张佳敏，等. 栅栏技术及其在我国食品加工中的应用进展［J］. 食品研究与开发，2011，32（5）：179-182.

[21] 高磊，谢晶. 生鲜鸡肉保鲜技术研究进展［J］. 食品与机械，2014（5）：310-315.

[22] 高翔，王蕊. 栅栏技术在鲜切菜生产中的应用 [J]. 食品与发酵科技，2004，40（2）：35-39.
[23] 高学军，李小曼，王晓燕. 溶菌酶与 EDTA 二钠的协同抑菌作用 [J]. 北京大学学报：医学版，2015，47（1）：52-56.
[24] 耿敬章. 栅栏技术在苦荞鲜湿面保藏中的应用 [J]. 食品工业，2019，40（11）：14-17.
[25] 古应龙，杨宪时. 南美白对虾温和加工即食制品栅栏因子的优化设置 [J]. 食品科技，2006，31（6）：68-72.
[26] 关楠，马海乐. 栅栏技术在食品保藏中的应用 [J]. 食品研究与开发，2006，27（8）：160-163.
[27] 郭欣. 栅栏技术在低糖番石榴果脯防腐中的应用 [J]. 新余学院学报，2019，24（6）：51-55.
[28] 郭燕茹，顾赛麒，王帅，等. 栅栏技术在水产品加工与贮藏中应用的研究进展 [J]. 食品科学，2014（11）：339-342.
[29] 韩乾杰，张玲玲，陈敏，等. 植物精油与丁酸钠的体外协同抑菌效果研究 [J]. 动物营养学报，2017，29（2）：712-718.
[30] 郝文凤，田玉红，董菲，等. 植物精油协同抑菌的研究进展 [J]. 中国调味品，2020，45（3）：172-175.
[31] 何丹，王卫，吉莉莉. 天然植物提取物对传统腌腊及酱卤肉制品特性的影响 [J]. 肉类研究，2019，（11）：54-56.
[32] 何健，代小容. 羊肉保鲜技术的研究进展 [J]. 肉类研究，2008（12）：72-74.
[33] 贾小丽，孙艳辉，董艺凝. HACCP 体系协同栅栏技术在甜炼乳生产中的应用 [J]. 黑河学院学报，2018，9（9）：219-220.
[34] 蒋家新，黄光荣，蔡波，等. 栅栏技术在软包装榨菜中的应用研究 [J]. 食品科学，2003（3）：22-24.
[35] 蒋云升，汪志君，于海，等. 生鲜鸭肉制品深加工新技术及其进展 [J]. 安徽农业科学，2007，35（13）：16-18.
[36] 蒋增良，张辉，杜鹃，等. 月桂酸单甘油酯抑菌机理，影响因素及其复配体系的抑菌特性 [J]. 中国食品学报，2016（3）：146-151.
[37] 金永国，郑彩燕，马美湖. 卵白蛋白与卵转铁蛋白协同抑菌作用研究 [J]. 食品工业，2016（10）：19-22.
[38] 荆新堂，于东，陈宁波，等. 葡萄糖氧化酶协同抗生素抑菌效果的研究 [J]. 广东饲料，2020：26-29.
[39] 雷珺. 栅栏保鲜技术对脊腹褐虾虾仁制品品质变化的影响 [J]. 浙江海洋学院学报：自然科学版，2015，34（2）：158-161.
[40] 雷英杰，王卫，刘文龙，等. 调理肉制品防腐保鲜技术研究进展 [J]. 农产品加工，2020（22）：98-102.
[41] 雷志方，谢晶. 水产品冰温保鲜技术研究现状 [J]. 广东农业科学，2014，41（19）：112-117.
[42] 李丹花，昝立峰，岳丹，等. 柿叶和桔皮提取物的体外协同抑菌效果研究 [J]. 天然产物研究与开发，2016，28（4）：556-560.
[43] 李更森，涂荣祖，洪训宇，等. 异绿原酸联合抗生素对铜绿假单胞菌-烟曲霉混合生物被膜的体外协同抑菌作用 [J]. 中华微生物学和免疫学杂志，2020，40（10）：763-767.
[44] 李光辉，郭卫芸，高雪丽，等. 安石榴苷和绿原酸对金黄色葡萄球菌的协同抑制作用及机理研究 [J]. 食品工业科技，2018，39（10）：17-21.
[45] 李光月，陈漪汶，李雪玲. 金属离子与乳酸菌素对沙门氏菌的协同抑菌作用 [J]. 中国食品学报，2021，21（1）：65-71.
[46] 李洁，朱科学. 生鲜面保鲜技术的研究进展 [J]. 粮食与饲料工业，2010（10）：21-23.
[47] 李津津，匡珍，徐春霞，等. Nisin Z 复配剂对常见食源性致病菌的协同抑菌作用 [J]. 中国食品

学报，2021，21（4）：114-121.
［48］李南薇，刘佳，刘锐，等. 32种食品添加剂对蜡样芽孢杆菌的协同抑菌作用［J］. 中国食品学报，2015（2）：138-142.
［49］李兴峰，刘豆，薛江超，等. 天然食品防腐剂的协同抗菌作用［J］. 中国食品学报，2014（3）：140-144.
［50］李燕利. 栅栏技术在低温肉制品中的应用［J］. 肉类研究，2010（12）：42-48.
［51］李莹，黄开红，周剑忠，等. 栅栏技术结合HACCP体系延长“叫化鸡”货架期的研究［J］. 江西农业学报，2012，24（1）：114-116.
［52］李莹，周剑忠，黄开红，等. 栅栏技术在调味对虾制品中的应用［J］. 江西农业学报，2008，20（9）：115-117.
［53］李云捷. 栅栏技术在苹果果脯保藏应用中的研究［J］. 安徽农业科学，2011，39（20）：12552-12554.
［54］李云捷，张迪. 栅栏技术在半干鲢鱼片生产工艺中的应用及保藏研究［J］. 武汉生物工程学院学报，2011（3）：163-166.
［55］李宗军. 应用多靶栅栏技术控制羊肉生产与贮藏过程中的微生物［J］. 肉类研究，2005（3）：127-129.
［56］李宗哲，李德远，苏丹，等. 中国卤鸭制品加工现状及发展对策［J］. 食品与机械，2014（6）：251-254.
［57］林进，杨瑞金，张文斌，等. 栅栏技术在即食南美白对虾食品制作中的应用［J］. 食品与发酵工业，2010（5）：45-51.
［58］刘彬，景姣姣，董博阳，等. 超声协同抑菌的研究进展［J］. 辽宁大学学报：自然科学版，2017，44（3）：241-250.
［59］刘冠勇，李慧东. 栅栏技术与香肠加工［J］. 肉类工业，2007（8）：4-5.
［60］刘洪霞，韩址楠，姜咏栋，等. 苍耳叶提取物与生物抑菌剂对几种常见食品污染菌的体外协同抑菌作用及其作用机理［J］. 食品与发酵工业，2013，39（4）：17-21.
［61］刘唤明，张文滔，吴燕燕，等. 脂肽和茶多酚对副溶血弧菌的协同抑菌效应和机理［J］. 食品科学，2017，38（13）：14-19.
［62］刘琳. 栅栏技术在肉类保藏中的应用［J］. 肉类研究，2009（6）：66-70.
［63］刘娜，梁美莲，谭媛元，等. 脉冲强光与紫外协同延长切片腌腊肉货架期的工艺优化［J］. 肉类研究，2017（7）：16-21.
［64］刘娜，梁美莲，谭媛元，等. 响应面法优化切片腊肉的脉冲强光-紫外照射杀菌工艺［J］. 肉类研究，2017（6）：29-34.
［65］刘文丽，包怡红. 松针精油的协同抑菌效应及机制［J］. 南京林业大学学报：自然科学版，2020，44（2）：98-104.
［66］刘学彬，刘薇，王泽斌，等. 栅栏技术在核桃贮藏中的应用研究［J］. 安徽农业科学，2013（4）：1721-1723.
［67］龙昊，刘成国. 栅栏技术在中式香肠加工中的研究进展［J］. 肉类研究，2011（2）：45-48.
［68］吕银德，赵俊芳. 栅栏技术在面包防腐中的应用［J］. 中国食品添加剂，2016（9）：164-168.
［69］马荣琨，宋志强，高向阳，等. 栅栏技术在鲜腐竹保藏中的应用研究［J］. 食品科技，2016（3）：58-61.
［70］马荣琨，王莹莹，苏东民. 鲜腐竹保鲜技术的研究［J］. 粮食与油脂，2016，29（7）：43-45.
［71］孟秀明，马玉山. 纳他霉素与其它保鲜剂在酱卤制品中的应用［J］. 肉类工业，2011（10）：43-44.
［72］宁亚维，付浴男，何建卓，等. 苯乳酸和醋酸联用对单核细胞增生李斯特菌的协同抑菌机理［J］.

食品科学，2020，41（23）：70-76.
[73] 宁亚维，苏丹，付浴男，等. 抗菌肽 brevilaterin 与 ε-聚赖氨酸对金黄色葡萄球菌的协同抑菌机理［J］. 食品科学，2020，41（5）：15-22.
[74] 宁亚维，苏丹，付浴男，等. 抗菌肽 brevilaterin 与柠檬酸联用对大肠杆菌的协同抑菌机理［J］. 食品科学，2020，41（19）：31-37.
[75] 宁亚维，闫爱红，王世杰，等. 苯乳酸与食品防腐剂联合抑菌效果［J］. 食品与机械，2017，33（9）：117-120.
[76] 牛佳，陈辉，罗瑞明. 不同减菌方式对滩羊肉制品货架期的影响［J］. 肉类研究，2017，31（7）：34-43.
[77] 农朝赞，叶海洪，王丽，等. 黄酮类化合物与大环内酯类抗生素的协同抑菌作用机制［J］. 中国医院药学杂志，2011，31（9）：750-752.
[78] 潘超，朱斌，苗孙壮. 栅栏技术及其在肉品保鲜中的应用［J］. 肉类工业，2009（10）：17-19.
[79] 彭红，周刚，王颖思，等. 苦楝素联合 BIT 对白色念珠菌的协同抑菌效果研究［J］. 工业微生物，2019，49（5）：24-28.
[80] 彭珊珊，徐吉祥. 栅栏技术在食用菌保鲜贮藏中的应用［J］. 广东农业科学，2009（10）：131-132.
[81] 齐占峰. 食品防腐的栅栏技术在肉制品生产中的应用［J］. 农产品加工，2006（2）：34-36.
[82] 齐占峰. 食品防腐栅栏技术在肉制品生产中的应用［J］. 肉类工业，2004（7）：23-27.
[83] 钱峰. 栅栏技术在肉类加工中的应用［J］. 肉类工业，2013（7）：54-56.
[84] 钱丽旗，马建丽，权菊香，等. 柏黛膏的体外抗菌活性及其与青霉素的协同抑菌作用［J］. 中国临床药理学杂志，2012，28（10）：765-766.
[85] 任增超，王炎冰，杨淑平，等. 栅栏技术在海鲜调味料开发中的应用［J］. 中国调味品，2011（3）：71-73.
[86] 石琳，姚勇芳. 艾草、桔皮提取复合物协同抑菌效果的研究［J］. 食品科技，2013，38（7）：239-242.
[87] 史君彦，高丽朴，王清，等. 食用菌保鲜技术的研究进展［J］. 食品工业，2017（6）：278-282.
[88] 宋欢，蔡君，晏家瑛，等. 栅栏技术在果蔬保鲜中的应用［J］. 食品工业科技，2010（11）：408-412.
[89] 宋振，王英，张欣茜，等. 天然栅栏保鲜技术对冷鲜羊肉保鲜效果的研究［J］. 农产品加工，2011（3）：27-30.
[90] 苏瑛. 优质肉鸡屠宰加工流程中 HACCP 体系及栅栏技术的应用［J］. 中国家禽，2009（19）：62-65.
[91] 孙楠，刘又铭，王倩，等. 蜂源抗菌肽 Melittin 与饲料酸化剂协同抑菌效应评价［J］. 饲料研究，2020，43（11）：64-67.
[92] 孙信仁，程明，王彩凤. 多栅栏技术结合 HACCP 系统在肉品加工储贮中的应用［J］. 中国畜牧兽医文摘，2013（7）：186.
[93] 唐春丽，杨冰，方自扬，等. 核桃青皮提取物的抑菌和协同抑菌作用［J］. 中国药师，2018，21（4）：577-580.
[94] 陶冉，王成章，孔振武. 银杏叶类脂成分与聚戊烯醇的协同抑菌作用［J］. 中国实验方剂学杂志，2013，19（17）：203-210.
[95] 田雨，秦坤，黄冲，等. 水产品冰温保鲜技术研究现状［J］. 制冷与空调，2018，18（12）：1-10.
[96] 汪蕾，刘洋，孙杨赢，等. 迷迭香酸协同 ε-聚赖氨酸对金黄色葡萄球菌的抑菌机理初探［J］. 食品工业科技，2020，41（14）：192-196.
[97] 汪涛，马妍，金桥. 利用栅栏技术研制 H-A_w 型即食调味鱼片［J］. 沈阳农业大学学报，2007

(2): 224-228.
[98] 汪艳群，陈芳，李武祎，等. 低糖脆梅加工中栅栏技术的研究 [J]. 食品与发酵工业，2007: 80-83.
[99] 王安凤，赵永强，陈胜军，等. 栅栏技术制备高水分即食合浦珠母贝肉工艺的研究 [J]. 食品工业科技，2016，37 (21): 183-188.
[100] 王龘，刘俊荣，岳福鹏，等. 栅栏因子对低值鱼蛋白组织化模拟食品感官质量的影响 [J]. 大连水产学院学报，2008 (2): 149-152.
[101] 王静，田其英. 鲟鱼片加工及其质量控制探析 [J]. 食品研究与开发，2016，37 (20): 210-211.
[102] 王婷婷，李大鹏，徐晓燕，等. 黄连，连翘对几种常见食品污染菌的体外协同抑菌效果 [J]. 食品与发酵工业，2011，37 (5): 70-72.
[103] 王卫，何容. 不同类型发酵香肠产品特性及其栅栏效应的比较研究 [J]. 食品科技，2003 (1): 32-35.
[104] 王卫，黄邓萍. 香豉兔肉防腐保质栅栏因子的调控研究 [J]. 食品工业科技，2003 (2): 31-33.
[105] 王卫，莱斯特. 传统肉制品加工中栅栏技术的应用 [J]. 肉类研究，1995，3: 8-11.
[106] 王卫. 迷你萨拉米香肠加工及其产品特性分析 [J]. 食品科技，2003 (12): 36-38.
[107] 王卫. 迷你萨拉米香肠栅栏效应及其加工控制研究 [J]. 食品科学，2004，25 (12): 124-127.
[108] 王卫. 栅栏技术在肉食品开发中的应用 [J]. 食品科学，1997，18 (3): 9-13.
[109] 王卫，张佳敏，王新惠，等. 肉品加工栅栏技术控制与冷链管理 [J]. 肉类研究，2013 (7): 58-61.
[110] 王晓凡，肖月娟. 利用栅栏技术研制即食调味鲅鱼片 [J]. 现代商贸工业，2016，37 (3): 224-225.
[111] 王雪燕，陈瑛，张嘉敏，等. 草鱼鱼鳞抗菌肽与肉桂精油联合抑菌作用及机理 [J]. 食品科学，2020，41 (23): 100-106.
[112] 王雅玥，郭燕茹，王锡昌，等. 栅栏技术对常温蟹酱的品质影响 [J]. 食品与发酵工业，2016，42 (7): 114-118.
[113] 王一鑫，金永传，郭立达，等. 姜黄素-胡椒碱联合抑菌防腐作用研究 [J]. 中国食品添加剂，2018 (4): 171-176.
[114] 卫民. 栅栏技术可有效延长水产制品的保质期 [J]. 农产品加工 (上)，2013 (7): 74-74.
[115] 魏奇，钟鑫荣，龚镁青. ε-聚赖氨酸和乳酸链球菌素协同抑菌效应的研究 [J]. 安徽农学通报，2021 (21): 38-42.
[116] 魏涯，钱茜茜，吴燕燕，等. 栅栏技术在淡腌半干鲈鱼加工工艺中的应用 [J]. 南方水产科学，2017，13 (2): 109-120.
[117] 吴浩，邵华平，朱勇，等. 栅栏技术在麻糬生产综合防腐中的应用 [J]. 现代食品科技，2012，28 (6): 672-675.
[118] 吴清平，黄静敏，张菊梅，等. 细菌素的合成与作用机制 [J]. 微生物学通报，2010 (10): 1519-1524.
[119] 吴希铭. 栅栏技术在我国食品企业中存在的缺陷及其对策 [J]. 食品安全质量检测学报，2013 (2): 604-608.
[120] 吴燕燕，李来好，杨贤庆，等. 栅栏技术优化即食调味珍珠贝肉工艺的研究 [J]. 南方水产科学，2008，4 (6): 56-62.
[121] 熊海燕. 水产品栅栏技术控制与冷链物流 [J]. 海峡科技与产业，2015 (8): 86-88.
[122] 徐吉祥，钟桂兴，彭珊珊. 栅栏技术在食用菌保鲜贮藏中的应用 [J]. 广东农业科学，2009 (10): 131-132.

[123] 严奉伟. 栅栏技术在食品包装中的应用与发展趋势 [J]. 食品工业，1998 (4)：8-10.
[124] 颜威，王维民，林文思，等. 栅栏技术优化即食调味罗非鱼片工艺的研究 [J]. 农产品加工（下），2012：73-76.
[125] 杨欢，李思宁，闫志农，等. 栅栏技术在泡椒凤爪保藏中的应用 [J]. 食品科学，2012，33 (24)：348-351.
[126] 杨文俊，宗学醒，母智深. 栅栏技术在乳品工业中的应用 [J]. 中国乳品工业，2007，35 (2)：50-53.
[127] 杨轶浠，崔钊伟，王卫. 香辛料提取物及其在肉制品抑菌防腐中的应用进展 [J]. 现代食品科技，2022 (3)：67-69.
[128] 尹金凤，史锋，王小元. 蛋清溶菌酶与渗透剂对大肠杆菌的协同抑菌作用 [J]. 食品科学，2011，32 (11)：176-180.
[129] 游新侠，郭楠楠. 栅栏技术在花色生鲜面保鲜中的应用 [J]. 粮食与油脂，2016，29 (11)：66-70.
[130] 余坚勇，李碧晴，王刚. 栅栏技术原理在蔬菜罐头中的应用 [J]. 粮油加工与食品机械，2002 (10)：44-46.
[131] 余元善，肖更生，陈卫东，等. 凉果加工技术及微生物控制原理 [J]. 广东农业科学，2007 (4)：70-72.
[132] 喻阿坤，王文，胡菡，等. 山苍子精油与右旋龙脑协同抗菌抗氧化作用 [J]. 食品科技，2019，44 (5)：286-291.
[133] 袁霖，郭新竹. 栅栏技术在膏状肉类香精防腐中的应用 [J]. 食品工业科技，2005：240-243.
[134] 袁洋. 多靶栅栏因子技术在肉类制品中的应用 [J]. 中国食品，2021 (5)：106-107.
[135] 曾凡清，王立新. 浅谈栅栏技术在食用菌保鲜中的运用 [J]. 丽水农业科技，2013 (2)：43-46.
[136] 曾瑶英，邵晓露，成淑君，等. 靓果安和大蒜油的联合抑菌作用及抑菌机理 [J]. 食品工业科技，2020，41 (10)：112-117.
[137] 张长贵，董加宝，王祯旭. 栅栏技术及其在软包装低盐化盐渍菜生产中的应用 [J]. 食品工业，2006 (2)：133-136.
[138] 张二康，王修俊，王丽芳，等. 栅栏技术在发酵辣椒保藏中的应用研究 [J]. 中国酿造，2019，38 (6)：54-58.
[139] 张根生，姜艳，张毅超，等. 冷却肉栅栏保鲜工艺优化 [J]. 食品安全质量检测学报，2015 (11)：4502-4509.
[140] 张桂，赵国群. 利用食品栅栏技术进行番茄保鲜的研究 [J]. 食品科技，2010 (10)：66-68.
[141] 张桂，赵国群，王平. 食品栅栏技术在草莓保鲜中的应用研究 [J]. 食品科技，2010 (5)：54-56.
[142] 张黎利，刘国庆，宗凯，等. 法兰克福肠保鲜性和保水性研究 [J]. 食品研究与开发，2011，32 (2)：151-155.
[143] 张群. 栅栏技术在查新审核工作的应用 [J]. 图书馆论坛，2013，33 (4)：109-114.
[144] 张伟威，罗瑞明，胡聪. 栅栏技术在传统清蒸羊羔肉低温制品加工中的应用 [J]. 食品工业科技，2014，35 (19)：220-224.
[145] 张晓娟，张岗，吕欣. 羊肉保鲜技术研究进展及发展趋势 [J]. 食品工业科技，2006，27 (2)：198-200.
[146] 张雁南，宁志亮，陈长武，等. 丁香、甘草协同抑菌作用研究 [J]. 食品科学，2010 (21)：65-68.
[147] 赵静，莫海花，李红征. 栅栏技术延长牦牛腱子制品货架期的应用研究 [J]. 食品研究与开发，2006，27 (7)：193-195.

[148] 赵静，严蓉，李红征. 栅栏技术延长牦牛肉肠货架期的应用研究［J］. 肉类研究，2006（2）：28-30；33.

[149] 赵友兴，郁志芳，李宁. 栅栏技术在鲜切果蔬质量控制中的应用［J］. 食品科技 2000（5）：10-15.

[150] 赵宇瑛. 栅栏技术对毛竹笋采后品质劣变的调控作用［J］. 食品工业科技，2016，37（9）：340-343.

[151] 赵志峰，雷鸣，卢晓黎，等. 栅栏技术及其在食品加工中的应用［J］. 食品工业科技，2002（8）：93-95.

[152] AALIYA B，SUNOOJ K V，NAVAF M，et al. Recent trends in bacterial decontamination of food products by hurdle technology：A synergistic approach using thermal and non-thermal processing techniques［J］. Food Research International，2021，147：110514.

[153] ALZAMORA S，CERRUTTI P，GUERRERO S，et al. Minimally processed fruits by combined methods［J］. Food preservation by moisture control：fundamentals and applications，1995：463-492.

[154] AMAN S，SHIVAPRASAD DP，KOMAL C，et al. Control of E. coli growth and survival in Indian soft cheese（paneer）using multiple hurdles：Phytochemicals，temperature and vacuum［J］. LWT - Food Science and Technology，2019（114）108350.

[155] ANUM I，QAMAR A S，PAUL DE，et al. Multiple hurdle technology to improve microbial safety，quality and oxidative stability of refrigerated raw beef oxidative stability of refrigerated raw beef［J］. LWT-Food Science and Technology，2021（138），110529.

[156] BARBOSA-CÁNOVAS G V，BERMÚDEZ-AGUIRRE D，FRANCO B G，et al. Novel food processing technologies and regulatory hurdles［J］. Ensuring global food safety，2022：221-228.

[157] Basheer Aaliya，Kappat Valiyapeediyekkal Sunooj，Muhammed Navaf，et al. Recent trends in bacterial decontamination of food products by hurdle technology：A synergistic approach using thermal and non-thermal processing techniques［J］. Food Research International，2021（147），110514.

[158] BERISTAIN-BAUZA S，MARTINEZ-NINO A，RAMIREZ-GONZALEZ A P，et al. Inhibition of *Salmonella Typhimurium growth* in coconut（*Cocos nucifera* L.）water by hurdle technology［J］. Food Control，2018，92：312-318.

[159] BERISTAÍN-BAUZA S. MARTÍNEZ-NINO P，RAMREZ-GONZALEZ. Inhibition of Salmonella Typhimurium growth in coconut（Cocos nucifera L.）water by hurdle technology［J］. Food Control，2018（12）：312-318.

[160] BEULENS A J，BROENS D-F，FOLSTAR P，et al. Food safety and transparency in food chains and networks Relationships and challenges［J］. Food Control，2005，16（6）：481-486.

[161] CAI H L，YANG S，JIN L，et al. A cost-effective method for wet potato starch preservation based on hurdle technology［J］. Lwt-Food Science and Technology，2020，121：108958.

[162] CAPPATO L P，MARTINS A M D，FERREIRA E H R，et al. Effects of hurdle technology on Monascus ruber growth in green table olives：A response surface methodology approach［J］. Brazilian Journal of Microbiology，2018，49（1）：112-119.

[163] CIARA M，MALCO C，GERALDINE D，et al. Improving marinade absorption and shelf life of vacuum packed marinated pork chops through the application of high pressure processing as a hurdle［J］. Food Packaging and Shelf Life，2019（21），100350.

[164] DARRA N E，XIE F，KAMBLE P，et al. Escherchia coli decontamination of dried onion flakes and black pepper using Infra-red，Ultraviolet and ozone hurdle technologies［J］. Heliyon，2021（9）：e07259.

[165] DEBAO N，QIANY，ER-FANG R. Multi-target antibacterial mechanism of eugenol and its combined

inactivation with pulsed electric fields in a hurdle strategy on Escherichia coli [J]. Food Control, 2019 (106), 106742.

[166] DEGALA H L, MAHAPATRA A K, DEMIRCI A, et al. Evaluation of non-thermal hurdle technology for ultraviolet-light to inactivate *Escherichia coli* K12 on goat meat surfaces [J]. Food Control, 2018, 90: 113-120.

[167] DE-LA-FUENTE M, ROS L. Cold supply chain processes in a fruit-and-vegetable collaborative network [C] //proceedings of the International Conference on Information Technology for Balanced Automation Systems. Berlin: Springer, 2010.

[168] EL DARRA N, XIE F, KAMBLE P, et al. Decontamination of *Escherichia coli* on dried onion flakes and black pepper using Infra-red, ultraviolet and ozone hurdle technologies [J]. Heliyon, 2021, 7 (6): e07259.

[169] FERRARIO M, FENOGLIO D, CHANTADA A, et al. Hurdle processing of turbid fruit juices involving encapsulated citral and vanillin addition and UV-C treatment [J]. International Journal of Food Microbiology, 2020, 332: 108811.

[170] GABRIELE R, IRENE F, GIULIANO D, et al. Impact of hurdle technologies and low temperatures during ripening on the production of nitrate-free pork salami: A microbiological and metabolomic comparison [J]. LWT-Food Science and Technology, 2021, 141: 110939.

[171] GALHOTRA A, GOEL N K, PATHAK R, et al. Surveillance of cold chain system during Intensified Pulse Polio programme-2006 in Chandigarh [J]. Indian Journal of Pediatrics, 2007, 74 (8): 751-753.

[172] GAUTAM K, GAURAV J, AKSHA Y B, et al. Effect of non-thermal hurdles in shelf life enhancement of sugarcane juice [J]. LWT-Food Science and Technology, 2019, 112: 108233.

[173] GONZÁLEZ-MIGUEL M, RAMÍREZ-CORONA N, PALOU E, et al. Modeling the Time to Fail of Peach Nectars Formulated by Hurdle Technology [J]. Procedia Food Science, 2016, 7: 89-92.

[174] Gould GW. Homeostatic Mechanisms in Microorganisms [M]. Bath University Press. England: 1995.

[175] Gould GW. Use of superficial edible layer to protect intermediate moisture foods, application to the protection of tropical fruit dehydrated by osmosis [M]. Elsevier Applied Science Publilshers, London: 1985.

[176] GOYENECHE R, ROURA S, SCALA K D. Principal component and hierarchical cluster analysis to select hurdle technologies for minimal processed radishes [J]. LWT-Food Science and Technology, 2014, 57 (2): 522-529.

[177] GUERRERO S N, FERRARIO M, SCHENK M, et al. Hurdle technology using ultrasound for food preservation [M]. Ultrasound: Advances for Food Processing and Preservation. Berlin: Elsevier. 2017: 39-99.

[178] GUPTA S, CHATTERJEE S, VAISHNAV J, et al. Hurdle technology for shelf stable minimally processed French beans (*Phaseolus vulgaris*): A response surface methodology approach [J]. Lwt-Food Science and Technology, 2012, 48 (2): 182-189.

[179] HADI J, WU S, BRIGHTWELL G. Antimicrobial blue light versus pathogenic bacteria: Mechanism, application in the food industry, hurdle technologies and potential resistance [J]. Foods, 2020 (12): 1895.

[180] HAO L C, SHA Y, LU J, et al. Acost-effective method for wet potato starch preservation based on hurdle technology [J]. LWT-Food Science and Technology, 2020, 121: 108958.

[181] HEMA L, AJIT K, Mahapatra, ALI D, et al. Evaluation of non-thermal hurdle technology for ultraviolet-light to inactivate Escherichia coli K12 on goat meat surfaces [J]. Food Control, 2018

(90), 113e120.

[182] HORVITZ S, CANTALEJO M J. Development of a new fresh-like product from "Lamuyo" red bell peppers using hurdle technology [J]. Lwt-Food Science and Technology, 2013, 50 (1): 357-360.

[183] IMRAN K, CHARLES N T, SUMAIRA M, et al. Hurdle technology: A novel approach for enhanced food quality and safety e Areview [J]. Food Control, 2017, 73: 1426e1444.

[184] ISHAQ A, SYED Q A, EBNER P D, et al. Multiple hurdle technology to improve microbial safety, quality and oxidative stability of refrigerated raw beef [J]. LWT-Food Science and Technology, 2021, 138 (12): 110529.

[185] KANATT S R, CHAWLA S P, CHANDER R. Shelf-stable and safe intermediate-moisture meat products using hurdle technology [J]. Journal of Food Protection, 2002, 65 (10): 1628-1631.

[186] KE L, SEON Y K, JUN W, et al. Acombined hurdle approach of slightly acidic electrolyzed water simultaneous with ultrasound to inactivate Bacillus cereus on potato [J]. LWT-Food Science and Technology, 2016, 73: 615e621.

[187] KHAN I, TANGO C N, MISKEEN S, et al. Hurdle technology: A novel approach for enhanced food quality and safety - A review [J]. Food Control, 2017, 73: 1426-1444.

[188] KOHLI G, JAIN G, BISHT A, et al. Effect of non-thermal hurdles in shelf life enhancement of sugarcane juice [J]. Lwt-Food Science and Technology, 2019, 112 (9): 108223.

[189] KOMORA N, MACIEL C, AMARAL R A, et al. Innovative hurdle system towards *Listeria monocytogenes* inactivation in a fermented meat sausage model-high pressure processing assisted by bacteriophage P100 and bacteriocinogenic *Pediococcus acidilactici* [J]. Food Research International, 2021, 148 (10): 1-11.

[190] LÜCKE F K. Fermented sausages [M] //Microbiology of Fermented Foods. Bosston: Springer, 1998: 441-483.

[191] LEANDRO P, AMANDA M, ELISA HR, et al. Effects of hurdle technology on Monascus ruber growth in green table olives: a response surface methodology approach [J]. brazilian journal of microbiology, 2018, 49: 112-119.

[192] LEISTNER L. Basic aspects of food preservation by hurdle technology [J]. Food Research International, 2000, 55 (1-3): 181-186.

[193] LEISTNER L. Combined methods for food preservation [M]. Handbook of food preservation. Frankfurt an Main: CRC press, 2007: 885-912.

[194] LEISTNER L, GOULD G W. Hurdle technologies: Combination treatments for food stability, safety and quality [M]. Berlin: Springer, 2002.

[195] LEISTNER L. Hurdle effect and energy saving [M] //Downey W K. Food quality and nutrition London: Applied Science Publishers, 1978: 553-557.

[196] LEISTNER L. Minimally processed, ready to eat and ambient stable meat products [M] //Shelf-Life Evaluation of Foods. Gaithersburg: Aspen Publishers, 2000: 242-262.

[197] LEISTNER L, RÖDEL W. significance of water activity for microorganisms in meats [C] // Proceedings of and International Symposium held in Glasgow. St. Louis: Academic Press, 1975.

[198] LEISTNER L. Use of combined preservative factors in foods of developing countries [M] //The Microbiological Safety and Quality of Food. Gaithersburg: Aspen Publishers, 2000: 294-314.

[199] LEISTNER L, Shelf-stabile Products and intermediate moisture foods based on meat [M]. In Water Activity Theory and Applications to Food (L. B. Rockland and L. R. Beuchat, eds), Marcel Dekker. New York, 1987.

[200] LEISTNER L., User guide to food design [M]. In Final Report of FLAIR-Concerted Action No.

7. Comm. EC. DGⅫ. 1994.

[201] LIU S-R, ZHENG S-Z, ZHANG W-R. Modeling the effects of ε-poly-L-lysine, chitosan, and temperature as hurdles on the prevention and control of indicator bacteria in a submerged culture of the commercially important *Flammulina velutipes* for liquid spawn production [J]. Scientia Horticulturae, 2020, 270: 109414.

[202] LUO K, KIM S Y, WANG J, et al. A combined hurdle approach of slightly acidic electrolyzed water simultaneous with ultrasound to inactivate *Bacillus cereus* on potato [J]. Lwt-food science and technology, 2016, 73: 615-621.

[203] MARIA C G, NATALIA S, THEOFANIA T, et al. Application of hurdle technology for the shelf life extension of European eel (Anguilla anguilla) fillets [J]. Aquaculture and Fisheries, 2020. 10. 003.

[204] MARIANA F, DANIELA F, ANA C, et al. Hurdle processing of turbid fruit juices involving encapsulated citral and vanillin addition and UV-C treatment [J]. International Journal of Food Microbiology, 2020, 332: 108811.

[205] NADA E D, FEI X, PRASHANT K, et al. Decontamination of Escherichia coli on dried onion flakes and black pepper using Infra-red, ultraviolet and ozone hurdle technologies [J]. Heliyon, 2021, 7: e07259.

[206] NGNITCHO P F K, KHAN I, TANGO C N, et al. Inactivation of bacterial pathogens on lettuce, sprouts, and spinach using hurdle technology [J]. Innovative food science & emerging technologies, 2017, 43: 68-76.

[207] NIU D B, WANG Q Y, REN E F, et al. Multi-target antibacterial mechanism of eugenol and its combined inactivation with pulsed electric fields in a hurdle strategy on *Escherichia coli* [J]. Food Control, 2019, 106 (12): 106742.

[208] NIU D B, WANG Q Y, REN E F, et al. Multi-target antibacterial mechanism of eugenol and its combined inactivation with pulsed electric fields in a hurdle strategy on *Escherichia coli* [J]. Food Control, 2019, 106 (12): 106742.

[209] N. K. HACCP: Principles and applications: Merle D. Pierson and Donald A. Corlett, Van Nostrand Reinhold [J]. Food Control, 1993, 4 (4): 227-228.

[210] NORTON K, CLAUDIÁ M, RENATA A. Innovative hurdle system towards Listeria monocytogenes inactivation in a fermented meat sausage model-high pressure processing assisted by bacteriophage P100 and bacteriocinogenic Pediococcus acidilactici [J]. Food Research International, 2021: 148, 110628.

[211] OLADIPUPO O, SOOTTAWAT B, KITIYA V. Cold plasma combined with liposomal ethanolic coconut husk extract: A potential hurdle technology for shelf-life extension of Asian sea bass slices packaged under modified atmosphere [J]. Innovative Food Science and Emerging Technologies, 2020, 65: 102448.

[212] OLATUNDE O O, BENJAKUL S, VONGKAMJAN K. Cold plasma combined with liposomal ethanolic coconut husk extract: A potential hurdle technology for shelf-life extension of Asian sea bass slices packaged under modified atmosphere [J]. Innovative Food Science & Emerging Technologies, 2020, 65 (10): 102448.

[213] O'NEILL C M, CRUZ-ROMERO M C, DUFFY G, et al. Improving marinade absorption and shelf life of vacuum packed marinated pork chops through the application of high pressure processing as a hurdle [J]. Food Packaging and Shelf Life, 2019, 21 (9): 100350.

[214] PAIK H D, KIM H J, NAM K J, et al. Effect of nisin on the storage of sous vide processed Korean seasoned beef [J]. Food Control, 2006, 17 (12): 994-1000.

[215] PAUL-FRANÇOIS K N, IMRAN K, CHARLES N T. Inactivation of bacterial pathogens on lettuce,

sprouts, and spinach using hurdle technology [J]. Innovative Food Science and Emerging Technologies, 2017, 43: 68-76.

[216] RAO K J, Application of hurdle technology in development of long life paneer-based convenience food [J]. 1993.

[217] RODRIGUEZ-CALLEJA J M, CRUZ-ROMERO M C, O'SULLIVAN M G, et al. High-pressure-based hurdle strategy to extend the shelf-life of fresh chicken breast fillets [J]. Food Control, 2012, 25 (2): 516-524.

[218] ROSARIO G, SARA R, KARINA D S. Principal component and hierarchical cluster analysis to select hurdle technologies for minimal processed radishes [J]. LWT-Food Science and Technology, 2014, 57, 522e529.

[219] SALAR S, JAFARIAN S, MORTAZAVI A, et al. Effect of hurdle technology of gentle pasteurisation and drying process on bioactive proteins, antioxidant activity and microbial quality of cow and buffalo colostrum [J]. International Dairy Journal, 2021, 121 (10): 105138.

[220] SANDRA H, MARÍA J C. Development of a new fresh-like product from 'Lamuyo' red bell peppers using [J]. LWT-Food Science and Technology, 2013, 50: 357e360.

[221] SANDRA N G, MARIANA F, MARCELA S, et al. Carrillo. Hurdle Technology Using Ultrasound for Food Preservation [M]. Advances in Food Processing and Preservation. http: //dx. doi. org/10. 1016/B978-0-12-804581-7. 00003-8.

[222] SARKIS J. A strategic decision framework for green supply chain management [J]. Journal of Cleaner Production, 2003, 11 (4): 397-409.

[223] SHABANI A, SAEN R F, TORABIPOUR S. A new benchmarking approach in Cold Chain [J]. Applied Mathematical Modelling, 2012, 36 (1): 212-224.

[224] SHAHRAM S, SARA J, ALI M, et al. [J]. International Dairy Journal, 2021, 121: 105138.

[225] SHARMA A, SHIVAPRASAD D P, CHAUHAN K, et al. Control of *E. coli* growth and survival in Indian soft cheese (paneer) using multiple hurdles: Phytochemicals, temperature and vacuum [J]. Lwt-Food Science and Technology, 2019, 114 (11): 108350.

[226] SUMIT G, SUCHANDRA C, JASRAJ V, et al. Hurdle technology for shelf stable minimally processed French beans (Phaseolus vulgaris): A response surface methodology approach [J]. LWT- Food Science and Technology, 2012, 48: 182e189.

[227] Theofania Tsironia, Dimitra Houhoulab, Petros Taoukis, et al. Hurdle technology for fish preservation [J]. Aquaculture and Fisheries, 2020, 5: 65-71.

[228] TSIRONI T, HOUHOULA D, TAOUKIS P. Hurdle technology for fish preservation [J]. Aquaculture and Fisheries, 2020, 5 (2): 65-71.

[229] WALKLING-RIBEIRO M, RODRIGUEZ-GONZALEZ O, JAYARAM S, et al. Microbial inactivation and shelf life comparison of 'cold' hurdle processing with pulsed electric fields and microfiltration, and conventional thermal pasteurisation in skim milk [J]. International Journal of Food Microbiology, 2011, 144 (3): 379-386.

[230] WIRTH F, LEISTNER L, RÖDEL W. Richtwerte der fleischtechnologie, 48-49 deutscher fachverlag [J]. Frankfurt am Main, 1990: 48-49.

[231] WORDON B A, MORTIMER B, MCMASTER L D. Comparative real-time analysis of Saccharomyces cerevisiae cell viability, injury and death induced by ultrasound (20 kHz) and heat for the application of hurdle technology [J]. Food Research International, 2012, 47 (2): 134-139.